U0946531

计算机应用与职业技术实训系列

中文 AutoCAD 2008 计算机辅助设计实训教程

周为民　张军安　编

西北工業大學出版社

西　安

【内容提要】 本书为计算机应用与职业技术实训系列教材之一。主要内容包括 AutoCAD 2008 基础知识、二维图形的绘制、编辑基本二维图形、线型颜色及图层设置、面域与图案填充、文字标注与表格、图形尺寸标注、绘制基本三维图形、绘制三维实体及编辑三维实体以及行业应用实例。

本书通俗易懂，操作步骤叙述详细，既可作为 AutoCAD 培训教材，也可供广大 AutoCAD 爱好者和专业设计人员参考。

图书在版编目（CIP）数据

中文 AutoCAD 2008 计算机辅助设计实训教程/周为民，张军安编.—西安：西北工业大学出版社，2008.6（2012.9 重印）
（计算机应用与职业技术实训系列）
ISBN 978-7-5612-2380-2

Ⅰ. 中…　Ⅱ. ①周… ②张…　Ⅲ. 计算机辅助设计—应用软件，AutoCAD 2008—教材
Ⅳ. TP391.72

中国版本图书馆 CIP 数据核字（2008）第 070557 号

出版发行：西北工业大学出版社
通信地址：西安市友谊西路 127 号　邮编：710072
电　　话：(029) 88493844　88491757
网　　址：www.nwpup.com
电子邮箱：computer@nwpup.com
印 刷 者：陕西富平万象印务有限公司
印　　张：14
字　　数：376 千字
开　　本：787 mm × 1 092 mm　1/16
版　　次：2008 年 6 月第 1 版　2018 年 9 月第 3 次印刷
定　　价：35.00 元

前　言

计算机的日益普及，极大地改变了人们的工作和生活方式，越来越多的人在积极学习计算机知识，掌握相关软件的使用方法，努力与现代社会同步。其中更多的人学习计算机知识是为了进一步提高自身的职业能力和职业素质，以适应激烈的市场竞争和就业竞争。为了满足读者的实际需求，我们精心编写了这套“**计算机应用与职业技术实训系列**”教材。

本系列教材真正从便于广大读者学习计算机知识的目的出发，根据国家教育部最新颁布的计算机教学大纲及人事部、信息产业部、劳动和社会保障部对计算机职业技能培训的要求，结合作者多年的教学实践经验，在听取了广大计算机初学者的意见和建议的基础上编写而成。全套书**突出为职业教育量身定制的特色，满足就业技能的培训要求，以工作任务为导向，以培养职业能力为核心，以工作实践为目的**。在理论与实践紧密结合的基础上进一步把内容做“**精**”，把形式做“**活**”，既利于教师上课教学，又便于读者理解掌握，使读者用最少的时间和金钱去获得最多的知识，并能真正地应用于实际工作中。

本书内容

AutoCAD 是美国 Autodesk 公司推出的通用计算机辅助绘图和设计软件，它功能强大且简捷、易操作、易掌握，在建筑与工程等设计领域中得到了极为广泛的应用。目前，AutoCAD 已经成为建筑与机械设计领域应用最为广泛的计算机辅助设计软件之一。

全书共分 11 章。第 1 章主要介绍了 AutoCAD 2008 的基础知识；第 2 章和第 3 章主要介绍了基本二维图形的绘制与编辑的方法；第 4 章主要介绍了线型、颜色及图层的设置方法；第 5 章主要介绍了面域与图案填充的方法；第 6 章主要介绍了文字标注与表格的创建与编辑的方法；第 7 章主要介绍了尺寸标注的创建与编辑的方法；第 8 章主要介绍了基本三维图形的绘制方法；第 9 章和第 10 章主要介绍了三维实体的绘制与编辑的方法；第 11 章是行业应用实例。

特色展示

☑ 完整的教学体系和规范的课程安排，切合职业培训需要

本书是一本体系完整的计算机职业培训教材，选材全面，编排讲究，适合作为计算机职业应用教学用书，也可作为各大中专院校计算机相关专业教材，还可作为计算机爱好者的自学用书。

☑ **实例驱动的教学模式，紧扣教学需求**

本书将实用易学的实例贯穿于各个章节，不但可以调动读者的兴趣，而且能够最大限度地锻炼读者的实际动手能力。

☑ **图像解说的写作手法，便于学习掌握**

本书以活泼直观的图解方式来代替呆板的文字说明，使读者真正实现直观地学习，使学习的过程更加轻松有效。

☑ **结构设置合理，利于读者实践**

本书从最基础的理论知识讲起，在各章都附有重点提示，让读者有针对性地学习本章内容。同时在重点知识的讲解过程中配以“注意”、“提示”、“技巧”等精彩点拨，帮助读者更加准确地完成操作。

☑ **免费提供电子课件，活跃教学氛围**

为了方便教师开展教学活动，提高教学效果，我们将为教师免费提供与教材配套的电子课件及相关素材。

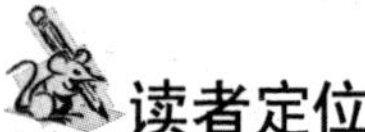

读者定位

☑ **需要接受计算机职业技能培训的读者**

☑ **全国各大中专院校相关专业的师生**

☑ **计算机初、中级用户**

由于编者水平有限，疏漏之处在所难免，敬请读者朋友批评指正。

编　者

目　录

第 1 章　AutoCAD 2008 基础知识

AutoCAD 2008 是当今最流行的计算机辅助绘图软件之一，本章主要介绍 AutoCAD 2008 的工作界面及其基本操作。通过本章的学习，使读者详细了解 AutoCAD 2008 的操作界面，并能进行一些简单的操作。

本章重点

（1）AutoCAD 2008 工作界面。
（2）管理图形文件。
（3）设置绘图环境。
（4）控制图形显示。
（5）图形图纸的打印。

1.1　中文 AutoCAD 2008 经典界面组成

AutoCAD 沿用 Windows 的界面风格，启动 AutoCAD 2008 后选择进入经典界面，如图 1.1.1 所示。中文 AutoCAD 2008 经典界面主要由标题栏、菜单栏、工具栏、绘图窗口、命令栏、坐标系图标、状态栏等组成。

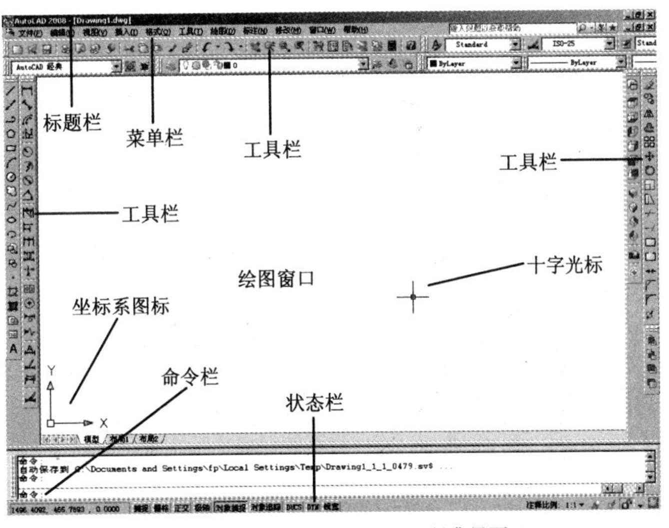

图 1.1.1　中文 AutoCAD 2008 经典界面

1.1.1　标题栏

标题栏位于屏幕的顶部，其中显示的内容有 AutoCAD 的程序图标、软件名称（AutoCAD 2008）、当前打开的文件名等信息。标题栏的右边是 Windows 标准应用程序的控制按钮（、、），用户可以通过单击相应的按钮使 AutoCAD 窗口最小化、最大化或者关闭，如图 1.1.2 所示。

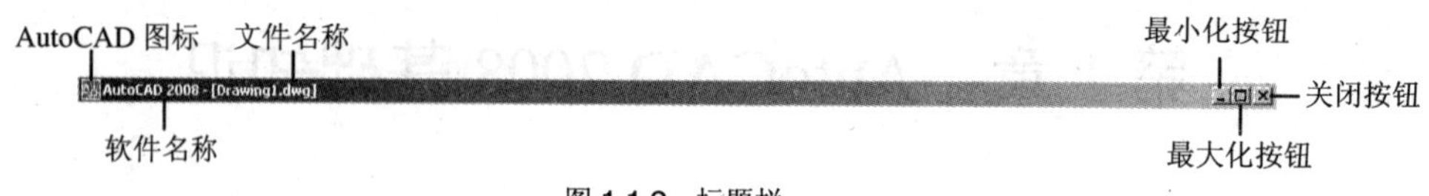

图 1.1.2 标题栏

1.1.2 菜单栏

中文 AutoCAD 2008 的菜单栏由“文件”、“编辑”、“视图”等 11 个菜单项组成，如图 1.1.3 所示。每个菜单项中又有多个子菜单，其中几乎包括了 AutoCAD 的所有功能和命令。

文件(F) 编辑(E) 视图(V) 插入(I) 格式(O) 工具(T) 绘图(D) 标注(N) 修改(M) 窗口(W) 帮助(H)

图 1.1.3 菜单栏

单击某个菜单项，就会弹出相应的下拉菜单，部分下拉菜单还包含有子菜单，在使用这些子菜单时应注意以下几点：

（1）命令后跟有右三角符号，表示该命令下还有子命令。

（2）命令后跟有快捷键，表示按下该快捷键即可执行该命令。

（3）命令后跟有组合键，表示直接按组合键即可执行该命令。

（4）命令后跟有省略号，表示选择该命令后会弹出相应的对话框。

（5）命令呈现灰色，表示该命令在当前状态下不可用。

中文 AutoCAD 2008 的另一种菜单是快捷菜单。在 AutoCAD 命令文本框中单击鼠标右键，在光标处弹出快捷菜单，如图 1.1.4 所示。该菜单中的命令与 AutoCAD 当前状态有关，使用快捷菜单可以更快、更方便地完成某些操作。

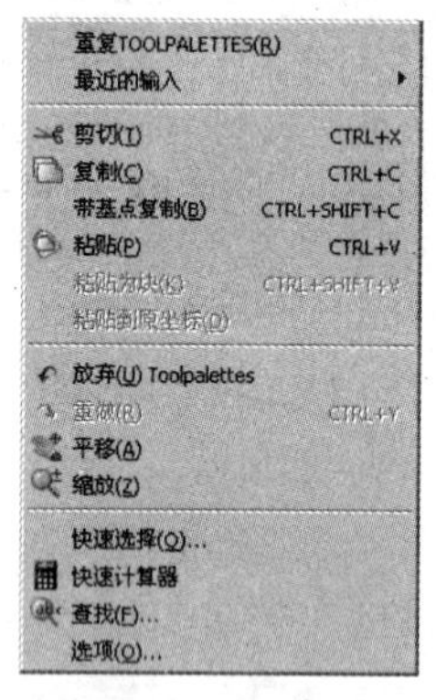

绘图窗口中的快捷菜单

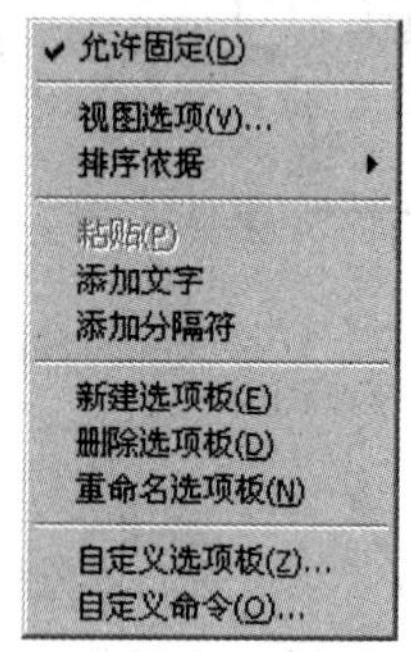

工具选项板中的快捷菜单

图 1.1.4 快捷菜单

1.1.3 工具栏

工具栏是由图标命令按钮组成的 AutoCAD 命令的快捷方式，单击这些按钮可以实现直观操作。中文 AutoCAD 2008 提供了 30 种标准工具栏，在默认情况下，系统打开“标准”、“属性”、“绘图”和“修改”等工具栏，并且将其固定在绘图窗口周围，用户可以使用鼠标拖动这些工具栏，使其处于

浮动状态，如图 1.1.5 所示。要显示隐藏的工具栏，可以在任意工具栏中单击鼠标右键，通过在弹出的快捷菜单中选择相应的命令即可显示或关闭工具栏。

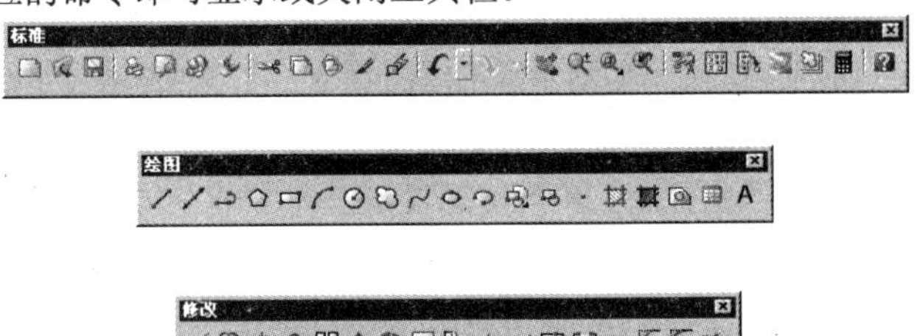

图 1.1.5　“标准”、“绘图”和“修改”工具栏

1.1.4　绘图窗口

绘图窗口类似手工绘图时的图纸，是用户绘制与编辑图形的主要场所。用户可以根据需要隐藏或关闭绘图窗口周围的选项板和工具栏来扩大绘图区域，也可以按“Ctrl+0”键切换到“专家模式”，在该模式下只显示菜单栏、绘图窗口、命令栏和状态栏，最大限度地扩大了绘图区域，如图 1.1.6 所示。“专家模式”只适用于对 AutoCAD 非常熟悉的高级用户。

在绘图窗口中有一个类似光标的十字线，称为十字光标，其交点反映了光标在当前坐标系中的位置，十字光标的方向与当前用户坐标系的 X 轴、Y 轴方向平行。绘图窗口的左下角显示了当前使用的坐标系类型，坐标原点和 X、Y、Z 轴的方向等。在默认情况下，坐标系为世界坐标系（WCS）。窗口的下方还有“模型”和“布局”选项卡，选择相应的选项卡可以在模型空间和布局空间之间进行切换。

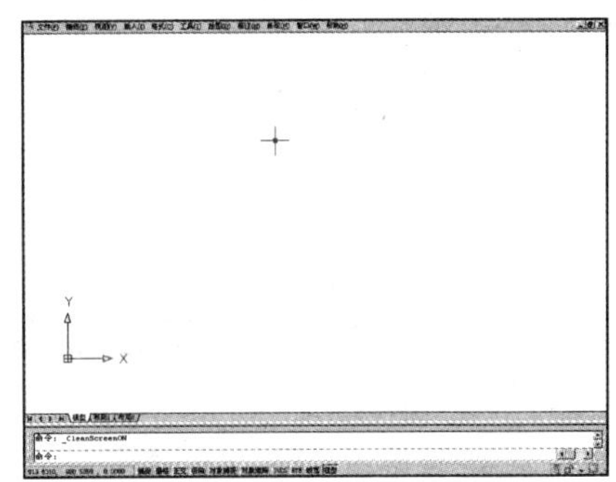

图 1.1.6　绘图窗口的专家模式

1.1.5　命令栏

命令栏位于绘图窗口的下边，是显示用户输入 AutoCAD 命令和信息提示的地方，它由命令行和命令窗口组成。命令行显示的是用户输入的命令信息，命令窗口显示的是 AutoCAD 2008 启动后的所有命令信息。在默认情况下，命令行固定于绘图窗口的底部，用户可以根据需要用鼠标拖动命令栏的边框来改变命令行的大小，或拖动命令行的标题栏，使其处于浮动状态。另外，用户还可以按“F2”键或选择 视图(V) → 显示(L) → 文本窗口(T)　F2 命令，在打开的“AutoCAD 文本窗口”中查看这些信息，如图 1.1.7 所示。

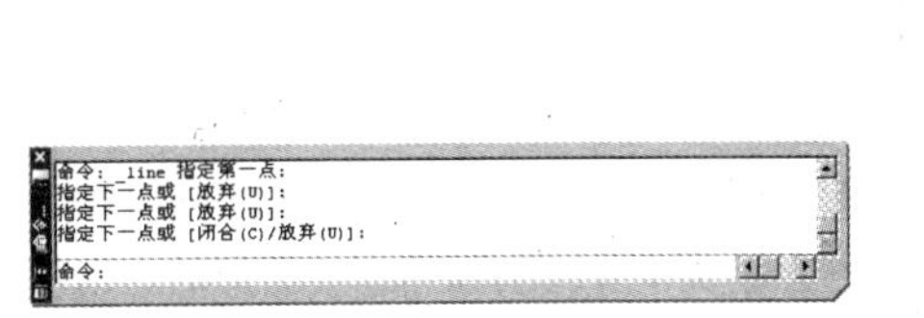

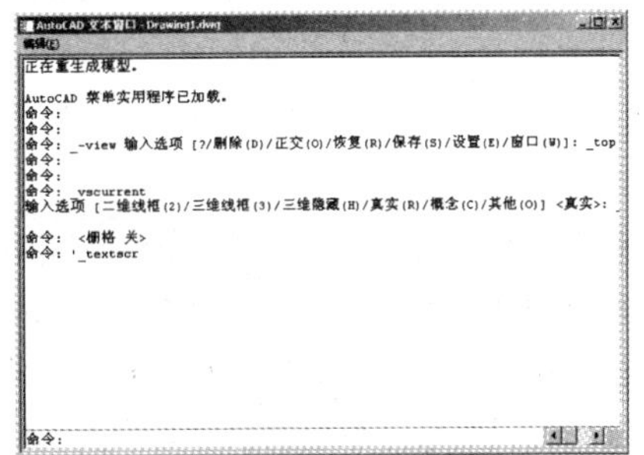

图 1.1.7　浮动的命令行和 AutoCAD 文本窗口

1.1.6 状态栏

状态栏位于绘图窗口的下端，用来显示当前的绘图状态。状态栏左端显示绘图区中光标定位点的坐标 X、Y、Z，右侧依次有“捕捉”、“栅格”、“正交”、“极轴”、“对象捕捉”、“对象追踪”、“允许/禁止动态 UCS”、“动态输入”、“线宽控制”和“模型/图纸空间”10 个辅助绘图按钮，如图 1.1.8 所示。

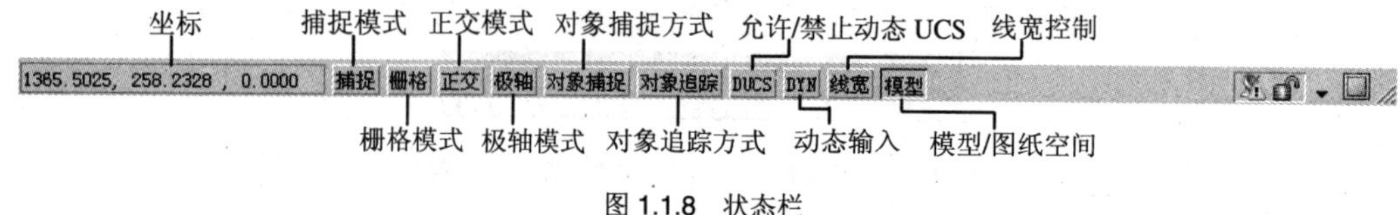

图 1.1.8　状态栏

1.2 图形文件管理

在 AutoCAD 中，图形文件操作主要包括新建图形文件、打开图形文件、保存图形文件、加密图形文件和关闭图形文件等，本节将进行详细介绍。

1.2.1 新建图形文件

执行新建图形文件命令的方法有以下 4 种：

（1）单击“标准”工具栏中的“新建”按钮。

（2）选择 文件(F) → 新建(N)... CTRL+N 命令。

（3）在命令行中输入命令 new 或 qnew。

（4）按下组合键“Ctrl+N”。

执行新建图形命令后，AutoCAD 将弹出 选择样板 对话框，如图 1.2.1 所示。在该对话框中的列表框中选择需要的样板文件，单击 打开(O) 按钮即可新建图形文件。

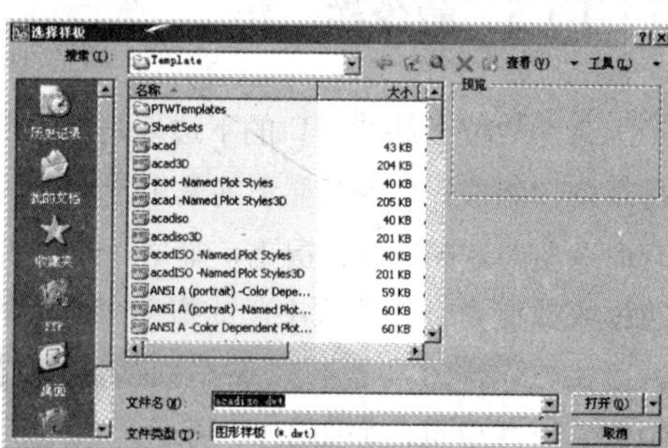

图 1.2.1　“选择样板”对话框

1.2.2 打开图形文件

执行打开图形文件命令的方法有以下 4 种：

（1）单击“标准”工具栏中的“打开”按钮。

（2）选择 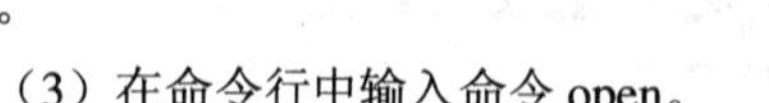 命令。

（3）在命令行中输入命令 open。

（4）按组合键“Ctrl+O”。

执行打开图形文件命令后，弹出 选择文件 对话框，如图 1.2.2 所示。

在该对话框中的图形文件列表框中选择要打开的图形文件，单击 打开(O) 按钮即可打开选中的图形文件。在默认情况下，系统会打开图形的全部信息。如果文件很大，打开图形文件所需要的时间会很长，而且在编辑图形时系统刷新屏幕需要的时间也会很长，所以在打开此类图形时，用户可以单击

打开(O) 按钮右边的下三角按钮，在弹出的下拉列表中选择“局部打开”命令，只打开局部图形文件，这样可以有效地提高工作效率。

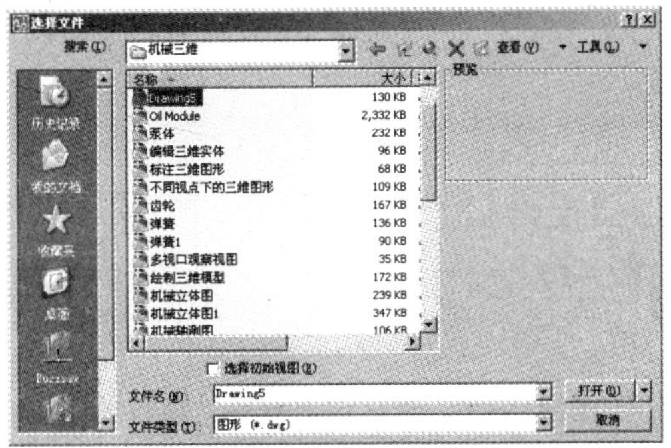

图 1.2.2 “选择文件”对话框

1.2.3 保存图形文件

在 AutoCAD 中可以采用多种方式保存图形文件，执行保存图形文件命令的方法有以下 5 种：

（1）单击“标准”工具栏中的“保存”按钮。

（2）选择 文件(F) → 保存(S) CTRL+S 命令。

（3）选择 文件(F) → 另存为(A)... CTRL+SHIFT+S 命令。

（4）在命令行中输入命令 qsave。

（5）按组合键“Ctrl+S”。

如果图形文件从来没有保存过，执行保存命令后，弹出 图形另存为 对话框，如图 1.2.3 所示。用户可以在该对话框中的 文件名(N): 文本框中为绘制的图形创建名称并保存。如果图形文件已经保存过，则执行保存命令后会以原文件名进行保存，并覆盖原图形文件。

图 1.2.3 “图形另存为”对话框

1.2.4 加密图形文件

在 AutoCAD 2008 中，用户在保存文件时可以使用密码保存功能，对文件进行加密保存。加密的图形文件只有知道正确口令的用户才能打开。对图形文件进行加密的具体操作方法如下：

（1）选择 文件(F) → 另存为(A)... CTRL+SHIFT+S 命令，弹出 图形另存为 对话框，在该对话框中的 工具(L) 下拉列表中选择 安全选项(S)... 选项，弹出 安全选项 对话框，如图 1.2.4 所示。

（2）在 安全选项 对话框中选择 密码 选项卡，在该选项卡中的文本框中输入密码，单击 确定 按钮后弹出 确认密码 对话框，如图 1.2.5 所示。

（3）在 确认密码 对话框中的文本框中再次输入密码，单击 确定 按钮后返回到 图形另存为 对话框。

这样保存的图形文件在打开时就会弹出 密码 对话框，用户只有输入正确的密码后，单击 确定 按钮才能打开该图形文件。

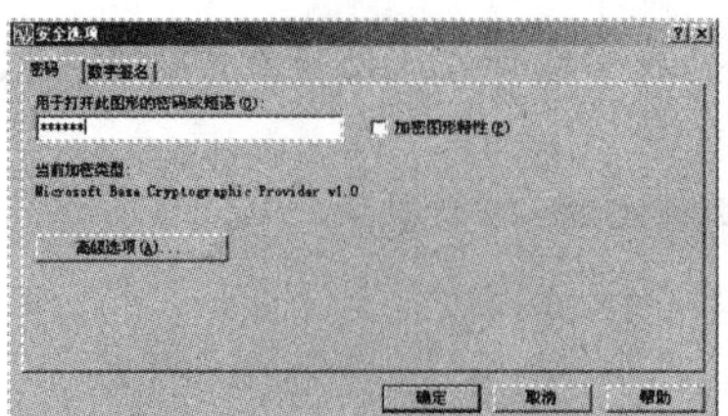

图 1.2.4 “安全选项”对话框

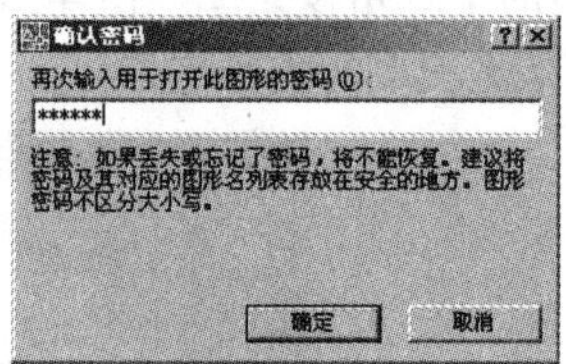

图 1.2.5 “确认密码”对话框

1.2.5 关闭与退出

绘制图形结束后，需要关闭图形文件，然后退出程序。执行关闭图形文件的方法有以下 5 种：

（1）单击标题栏右上角的“关闭”按钮 X 。

（2）选择 文件(F) → 关闭(C) 命令。

（3）选择 文件(F) → 退出(X) CTRL+Q 命令。

（4）双击标题栏左上角的图标或图标。

（5）在命令行中输入命令 close 或 quit。

执行以上命令后，即可关闭图形文件。如果图形文件尚未保存，则系统弹出如图 1.2.6 所示的提示框，单击 是(Y) 按钮系统将保存文件，然后关闭文件；单击 否(N) 按钮系统将不保存文件，并关闭文件；单击 取消 按钮，系统将取消本次关闭图形文件的操作。

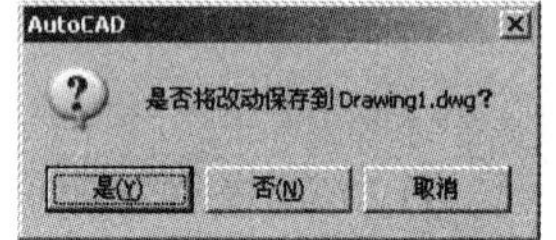

图 1.2.6 系统提示框

1.3 配置绘图系统

一般来讲，使用 AutoCAD 2008 的默认配置即可绘制图形，但为了使用一些专业设备或提高绘图效率，用户在开始绘图前需要进行一些必要的设置。

1.3.1 显示配置

显示配置用于控制 AutoCAD 窗口的外观，选择 工具(T) → 选项(N)... 命令，在弹出的 选项 对话框中选择 显示 选项卡，如图 1.3.1 所示。该选项卡用于设置窗口元素、布局元素、十字光标的大小、显示精度和性能，以及参照编辑的褪色度等。

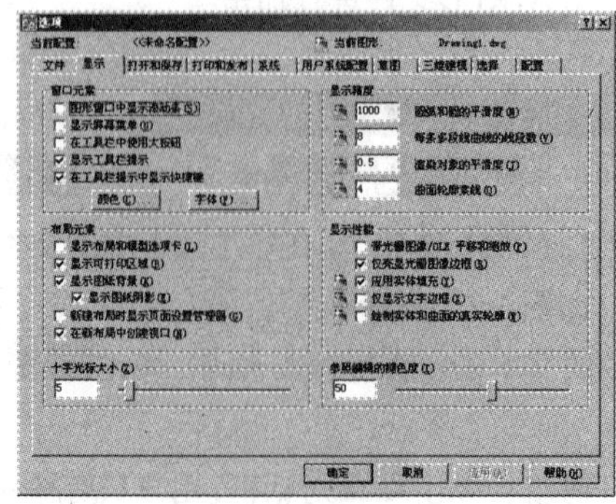

图 1.3.1 “显示”选项卡

在设置显示精度时，如果设置的精度越高，即分辨率越高，计算机计算的时间也越长，显示图形的速度也就越慢，所以千万不要将显示精度值设置得太高。

1.3.2　系统配置

系统配置用于控制 AutoCAD 系统的有关特性。选择工具(T)→选项(N)...命令，在弹出的选项对话框中选择系统选项卡。

其中三维性能选项组用于设置当前三维图形的显示特性，可以选择系统提供的三维图形显示特性配置，也可以单击性能设置(P)按钮自行设置该特性。当前定点设备(P)选项组用于安装及配置定点设备，如数字化仪和鼠标。布局重生成选项选项组用于确定切换布局时是否重生成或缓存模型选项卡和布局。数据库连接选项选项组用于设置有关数据链接的特性，包括设置是否在图形文件中保存链接索引，在只读模式下是否打开数据表格等。

1.3.3　草图配置

草图配置用于设置对象草图的有关参数。选择工具(T)→选项(N)...命令，在弹出的选项对话框中选择草图选项卡。

在该选项卡中，自动捕捉设置选项组用于设置对象自动捕捉的有关特性，其中包括 4 个复选框和一个按钮，分别用于设置标记、磁吸、显示自动捕捉工具栏提示和显示自动捕捉靶框，以及自动捕捉标记的颜色。自动捕捉标记大小(S)选项组用于设置自动捕捉标记的尺寸。对象捕捉选项选项组用于指定对象捕捉的选项，其中包括 3 个复选框，分别用于设置忽略图案填充对象、使用当前标高替换 Z 值和对动态 UCS 忽略负 Z 对象捕捉。自动追踪设置选项组用于设置自动跟踪的有关特性。另外，用户还可以在该对话框中设置对齐点获取方式、靶框大小、设计工具栏提示设置、光线轮廓设置和相机轮廓设置等。

1.3.4　选择配置

选择配置用于设置对象选择的有关特性。选择工具(T)→选项(N)...命令，在弹出的选项对话框中选择选择选项卡。

在该选项卡中，拾取框大小(P)选项组用于设置拾取框的大小，用户可以拖动滑块改变拾取框大小，拾取框大小显示在左边的显示窗口中。选择预览选项组用于当拾取框光标滚动过对象时，亮显对象的方式。选择模式选项组用于控制与对象选择方法相关的设置。夹点大小(Z)选项组用于设置对象夹点的大小，拖动滑块可以改变夹点的大小，夹点大小显示在左边的窗口中。夹点选项组用于设置对象夹点的有关特性，可以选择是否启用夹点和在块中选择夹点。

1.4　控制图形显示

使用 AutoCAD 进行绘图时，需要从多个角度绘制、观察以及编辑图形，而 AutoCAD 2007 就提供了多种观察图形的方法，掌握好这些方法，将会大大提高绘图的效率。

1.4.1 缩放与平移视图

在 AutoCAD 2008 中，用户可以使用缩放和平移视图命令改变视口显示的图形对象和比例，但对象的真实大小保持不变。通过改变显示区域和图形对象的大小可以更准确、更详细地绘图。

1. 缩放视图

使用缩放命令可以放大显示图形的局部或缩小图形来显示图形的整体效果。在 AutoCAD 2008 中，执行缩放命令的方法有以下 3 种：

（1）单击“缩放”工具栏中的相应命令按钮，如图 1.4.1 所示。

（2）选择 视图(V) → 缩放(Z) 命令的子菜单命令，如图 1.4.2 所示。

图 1.4.1 “缩放”工具栏

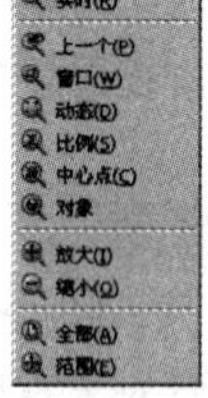

图 1.4.2 “缩放”命令子菜单

（3）在命令行中输入命令 zoom 后按回车键，命令行提示如下：

指定窗口的角点，输入比例因子 (nX 或 nXP)，或者[全部(A)/中心(C)/动态(D)/范围(E)/上一个(P)/比例(S)/窗口(W)/对象(O)] <实时>:

选择合适的命令选项，即可对图形进行缩放，如图 1.4.3 为动态缩放后的显示效果。

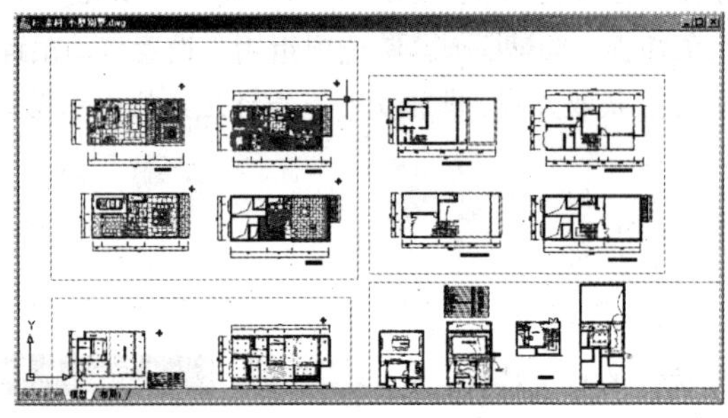

图 1.4.3 动态缩放后的显示效果

2. 平移视图

平移命令用于在不改变图形显示大小的情况下，通过移动图形来观察当前视图中的不同部分。启动平移视图命令有如下两种方法：

（1）菜单栏：选择 视图(V) → 平移(P) 命令。

（2）命令行：在命令行中输入 pan。

下面分别对平移视图进行介绍。

（1）实时平移：进入实时平移模式，此时在屏幕上将出现小手符号。该模式提供了一种动态平移视图的功能，按住鼠标左键向任何方向移动光标，窗口内的图形就可以按光标移动的方向移动。松开鼠标左键，即可退出平移状态。

（2）定点平移：该模式通过输入两点来平移图形，这两点之间的方向和距离便是视图平移的方

向和距离。

注意　在命令行提示下输入 pan，启动实时平移，若输入-pan，则启动定点平移。

1.4.2　使用鸟瞰视图

鸟瞰视图提供了一种可视化平移和缩放视图的方法。当图形文件很大，当前视口中不能完全显示时，可以使用鸟瞰视图进行浏览。选择 视图(V) → 鸟瞰视图(W) 命令，系统打开 鸟瞰视图 窗口，如图 1.4.4 所示。

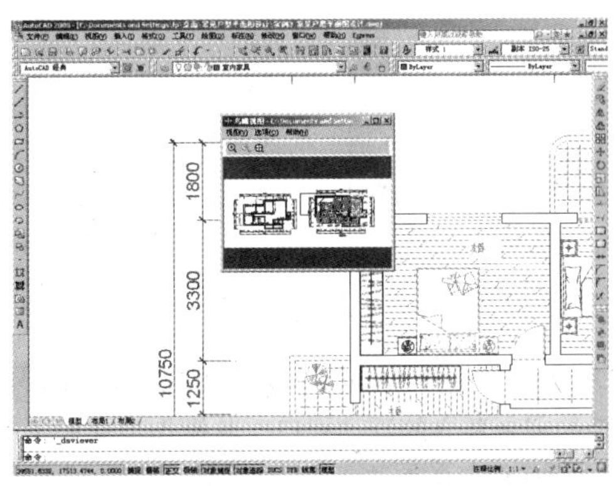

图 1.4.4　“鸟瞰视图”窗口

在 鸟瞰视图 窗口中显示了图形中的所有对象，其中粗线矩形框用于设置图形的观察范围。当需要放大图形时，可以缩小矩形框；当缩小图形时，可以放大矩形框。使用鸟瞰视图观测图形的方法与使用动态视图缩放图形的方法相似，但使用鸟瞰视图观察图形是在一个独立的窗口中进行的，其结果反映在绘图窗口的当前视口中。

选择 鸟瞰视图 窗口中 视图(V) 菜单的子命令，或单击 鸟瞰视图 窗口中的缩放按钮，可以调整该窗口显示图形的大小，同时不会影响到绘图区域中的视图。

1.4.3　使用视口

视口就是绘图窗口中显示图形的窗口。在 AutoCAD 2008 中，用户可以在绘图窗口中创建多个视口，并通过这些视口观察图形的整体和局部效果。

1. 创建视口

选择 视图(V) → 视口(V) → 新建视口(E)... 命令，系统弹出 视口 对话框，如图 1.4.5 所示。在 新名称(N): 文本框中输入新建视口的名称，然后再从 标准视口(V): 下面的列表框中选择合适的一种视口类型。

2. 命名视口

选择 视图(V) → 视口(V) → 命名视口(N)... 命令，系统弹出 视口 对话框，如图 1.4.6 所示，在 命名视口(N): 下边的列表框中选中需要更改名称的视口，单击鼠标右键，从弹出的快捷菜单中选择 重命名(R) 命令，即可为视口重新命名。

3. 合并视口

AutoCAD 2008 允许用户对两个相邻的视口进行合并，其操作步骤如下：

（1）选择 视图(V) → 视口(V) → 合并(J) 命令，激活合并视口命令。

（2）根据命令行提示，用鼠标单击要进行合并的第一个视口，然后单击需要合并的相邻视口，即可将其与第一个视口合并。

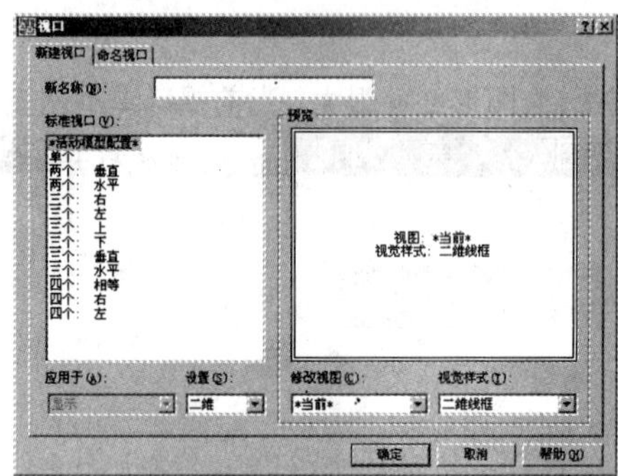

图 1.4.5 “视口”对话框

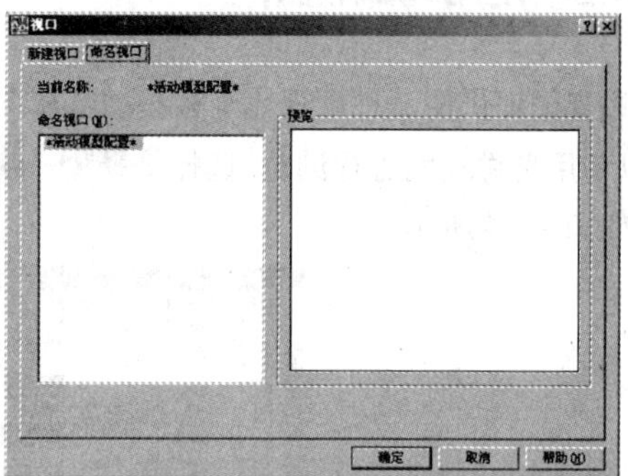

图 1.4.6 “命名视口”选项卡

4. 浮动视口

如果系统变量 TILEMODE 被设置为 0，AutoCAD 2008 将切换到布局环境，用户就能够把屏幕的图形区域分割成多个可以重叠的或者独立的浮动视口，其操作步骤如下：

（1）在命令行中输入命令 TILEMODE，命令行提示如下：

命令：tilemode。

输入 TILEMODE 的新值 <1>：0　　　　　　//设置参数值为 0

此时绘图区域如图 1.4.7 所示。

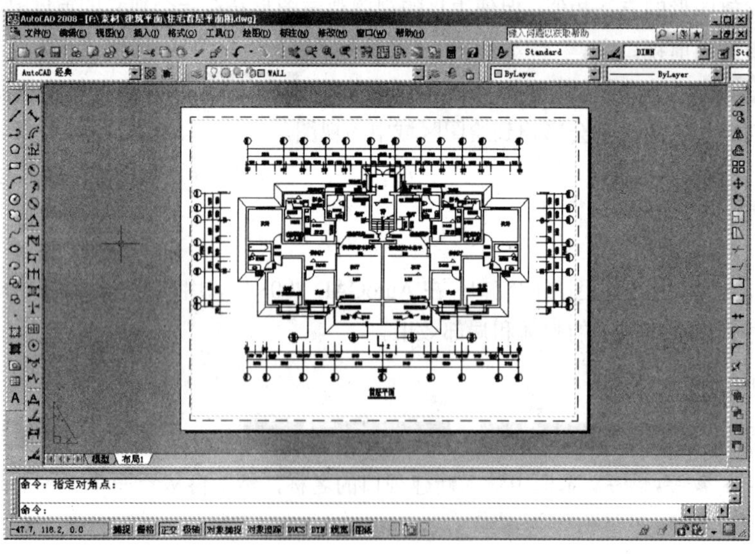

图 1.4.7 浮动视口

（2）用户在浮动视口中工作时，使用 MSPACE 和 PSPACE 命令就可以在布局中分别切换到布局模型空间和图纸空间。

1.5　图形图纸的打印

使用 AutoCAD 2008 绘制完图形后，可以通过打印机将图形输出，也可通过电子打印。用户可以通过模型布局空间打印输出绘制好的图形，模型空间用于在草图和设计环境中创建二维图形或三维模型。布局空间有利于安排、注释和打印在模型空间中绘制的多个视图。

1.5.1　在模型空间打印

在默认情况下，用户都是从模型空间中打印输出图形的。在模型空间中绘制完图形后，可以在工作空间中直接打印图形。使用“打印-模型”对话框可以进行打印设置，如图 1.5.1 所示。弹出“打印-模型”对话框有以下 4 种方法：

（1）单击 文件(F) → 打印(P)... 命令。

（2）在命令行中输入 PLOT 命令并按回车键。

（3）在“标准”工具栏中单击“打印”按钮。

（4）按“Ctrl+P”组合键。

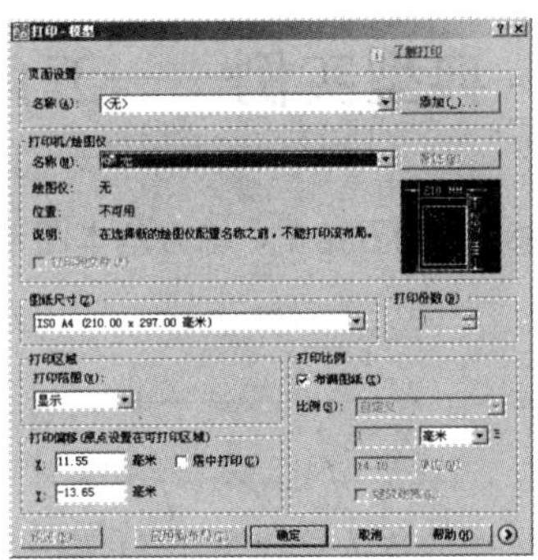

图 1.5.1　“打印-模型”对话框

在该对话框中可以设置打印页面、打印机/绘图仪的类型、图纸尺寸、打印区域、打印偏移及打印比例等参数。设置好这些参数后，单击 确定 按钮即可将图形打印出来。

1.5.2　在布局空间打印

在 AutoCAD 2008 中，将鼠标指针移到“布局”标签上，并单击鼠标右键，在弹出的快捷菜单可以选择相应的选项创建新的布局、删除已创建的布局、移动或复制布局、保存和重命名布局等操作，如图 1.5.2 所示。

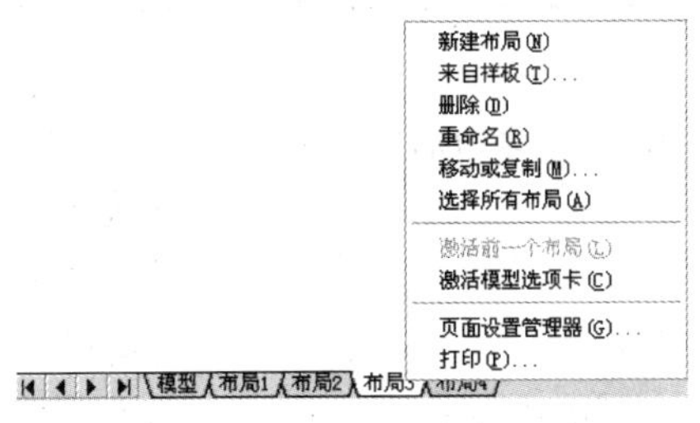

图 1.5.2　快捷菜单

（1）使用向导创建布局。用户可以为图形创建多种布局，每个布局代表一张单独的打印输出图纸。创建新布局后，就可以在布局中创建浮动视口。视口中的各个视图可以使用不同的打印比例，还可以控制视图中图层的可见性。

如果要修改新布局的设置，可以选择相应的布局选项卡，通过“文件”菜单或快捷菜单来设置。

（2）使用样板创建布局。样板布局是用包含基本样板（DWT）、图形（DWG）或图形交换（DXF）文件中现有的布局来创建新布局选项卡。

1.5.3 电子打印图形

使用 AutoCAD 2008 中的 ePlot 驱动程序，可以发布电子图形到 Internet 上，所创建的文件以 Web 图形格式 DWF 文件保存。

DWF 文件支持图形文件的实时移动和缩放，并支持控制图层、命名视图和嵌入链接显示效果。DWF 文件是矢量压缩格式的文件，可提高图形文件打开和传输的速度，缩短下载时间。以矢量格式保存的 DWF 文件，完整地保留了打印输出属性和超链接信息，并且在进行局部放大时，能够保持图形的准确性。

1.6 典型实例——五角星

本节主要介绍使用 AutoCAD 2008 绘制五角星，练习基本图形的绘制方法，效果如图 1.6.1 所示。

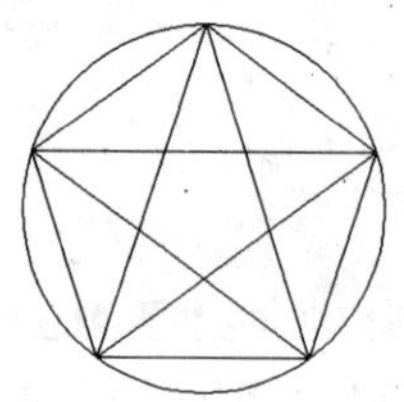

图 1.6.1 效果图

创作步骤

（1）单击“绘图”工具栏中的“圆”按钮，命令行提示如下：

命令: _circle　　//执行绘制圆命令

指定圆的圆心或 [三点(3P)/两点(2P)/相切、相切、半径(T)]:　　//在绘图窗口中任意指定一点

指定圆的半径或 [直径(D)] <242.0258>: 20　　//输入圆的半径

（2）选择 工具(T) → 草图设置(F)... 命令，在弹出的 草图设置 对话框中选择 对象捕捉 选项卡，在该选项卡中选中 ☑ 启用对象捕捉 (F3)(O) 、□ ☑ 端点(E) 和 ○ ☑ 圆心(C) 复选框，如图 1.6.2 所示。

（3）单击“绘图”工具栏中的“正多边形”按钮，命令行提示如下：

命令: _polygon　　//执行绘制正多边形命令

输入边的数目 <4>: 5　　//指定正多边形的边数

指定正多边形的中心点或 [边(E)]:　　//捕捉步骤圆的圆心

输入选项 [内接于圆(I)/外切于圆(C)] <I>:　　//直接按回车键选择“内接于圆”选项

指定圆的半径: 20　　　　　　　　　　　　　　//指定圆的半径

绘制的正多边形如图 1.6.3 所示。

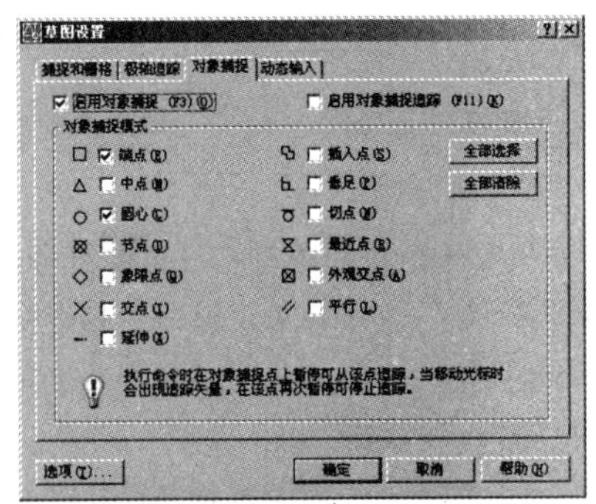

图 1.6.2 “草图设置”对话框

（4）单击“绘图”工具栏中的“直线”按钮，命令行提示如下：

命令: _line　　　　　　　　　　　　　　//执行绘制直线命令
指定第一点:　　　　　　　　　　　　　　//捕捉如图 1.6.4 所示 A 点
指定下一点或 [放弃(U)]:　　　　　　　　//捕捉如图 1.6.4 所示 B 点
指定下一点或 [放弃(U)]:　　　　　　　　//按回车键结束命令

绘制的直线如图 1.6.4 所示。

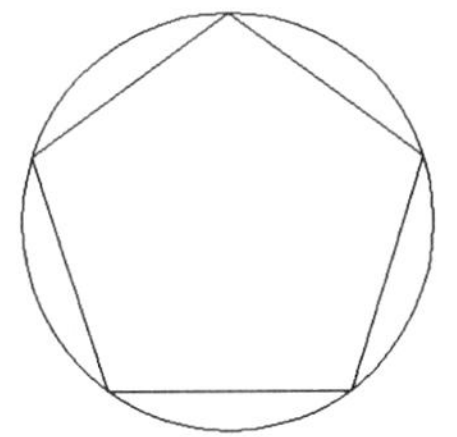

图 1.6.3 捕捉 A 点

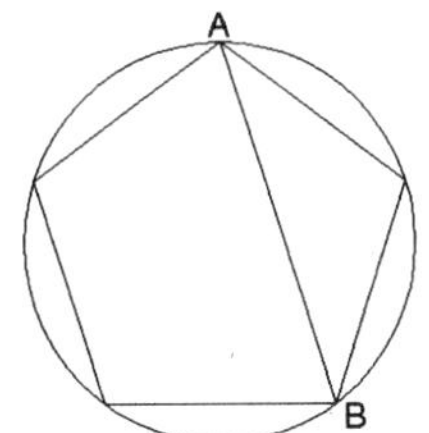

图 1.6.4 绘制直线

（5）重复执行步骤（4）的操作绘制其余直线，最终效果如图 1.6.1 所示。

小　结

本章主要介绍了 AutoCAD 2008 的基础知识，熟练掌握 AutoCAD 2008 界面组成、图形文件管理、绘图环境设置、控制图形显示及图形图纸的打印，为以后的学习奠定扎实的基础。

过关练习一

一、填空题

1．AutoCAD 的基本功能包括__________、__________、__________和__________。

2．中文 AutoCAD 2008 经典界面由__________、__________、__________、__________、命令栏和__________等元素组成。

3．利用________和________命令可以改变图形的大小和位置，使用户可以观察图形的整体和局部情况。

4．在 AutoCAD 2008 中，用户可以使用________命令给当前视图命名并保存。

5．在 AutoCAD 2008 中，使用________命令可以调用“打印-模型”对话框。

二、选择题

1．在 AutoCAD 的菜单中，如果菜单命令后跟有右三角▶符号，表示（ ）。

A．该命令下还有子命令　　B．该命令具有快捷键

C．单击该命令可打开一个对话框　　D．该命令在当前状态下不可使用

2．以下（ ）命令可以打开已经存在的图形文件。

A．新建　　B．打开

C．保存　　D．另存为

3．如果一张图纸的左下角点为（100，120），右上角点为（450，550），那么该图纸的图限范围为（ ）。

A．100×120　　B．450×550

C．350×430　　D．550×670

4．在 AutoCAD 2008 中，启动定点平移的命令是（ ）。

A．pan　　B．-pan

C．move　　D．-move

三、上机操作题

1．启动 AutoCAD 2008 程序，进入 AutoCAD 2008 经典界面，熟悉 AutoCAD 2008 经典界面的组成，然后选择 绘图(D) 菜单子命令，根据命令行的提示在绘图窗口中绘制几个基本的图形对象，初步了解 AutoCAD 绘制图形的方法。

2．图形文件操作命令主要包括文件的新建、打开和保存。练习打开如题图 1.1 所示的文件，并将其另存为“小花伞.dwg”。

3．利用命令输入方法绘制如题图 1.2 所示的天然气灶平面图。

题图 1.1

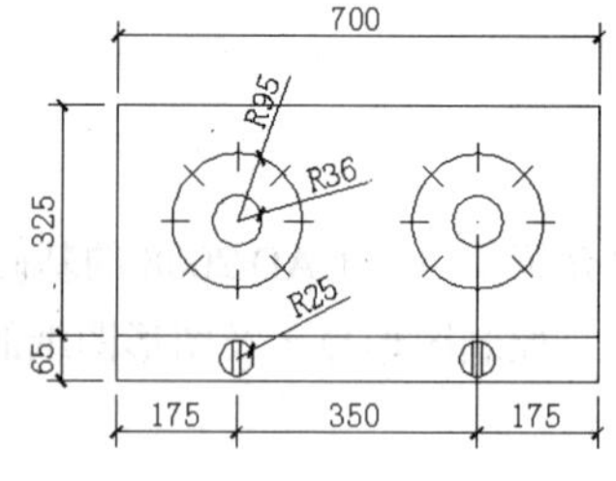

题图 1.2

第 2 章　二维图形的绘制

平面图形是由基本二维图形组成的，本章主要介绍 AutoCAD 2008 中基本二维图形的绘制方法。通过本章的学习，读者应熟练掌握这些基本二维图形的绘制方法，这对以后的绘图将会有很大的帮助。

本章重点

（1）基本绘图方法。

（2）点、线的绘制。

（3）矩形和正多边形的绘制。

（4）圆、圆弧和椭圆的绘制。

（5）圆环的绘制。

（6）徒手画线。

2.1　基本绘图方法

在 AutoCAD 2008 中，调用基本绘图命令的方法有以下 3 种：

（1）单击“绘图”工具栏中的命令按钮，如图 2.1.1 所示。

（2）选择 绘图(D) 菜单中的子菜单命令，如图 2.1.2 所示。

（3）直接在命令行中输入绘图命令。

图 2.1.1　“绘图”工具栏

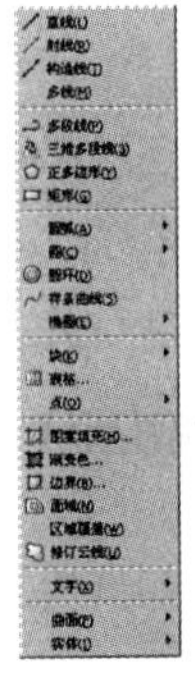

图 2.1.2　“绘图”菜单中的子菜单

在绘图过程中，用户可以采用以上 3 种方法中的一种进行绘图，也可以灵活地使用这 3 种方法进行绘图。

2.2　点的绘制

在 AutoCAD 2008 中，点的绘制方法有 4 种，分别为绘制单点、绘制多点、绘制定数等分点和绘制定距等分点。启动绘制点命令有以下 3 种方法：

（1）单击“绘图”工具栏中的“点”按钮，绘制多点。

（2）选择 绘图(D) → 点(O) 命令，在其子命令中选择绘制点的方法，如图 2.2.1 所示。

（3）在命令行中输入命令 point（单点或多点），divide（定数等分点），measure（定距等分点）。

绘制点的类型不同，其操作方式也不相同，以下分别介绍。

2.2.1 绘制单点

启动绘制单点命令后，命令行提示如下：

命令: _point

当前点模式： PDMODE=0 PDSIZE=0.0000

指定点: （在屏幕上指定一点）

绘制单点命令一次只能绘制一个点，用户可以选择 格式(O) → 点样式(P)... 命令，在弹出的 点样式 对话框中选择要绘制的点的样式，如图 2.2.2 所示。

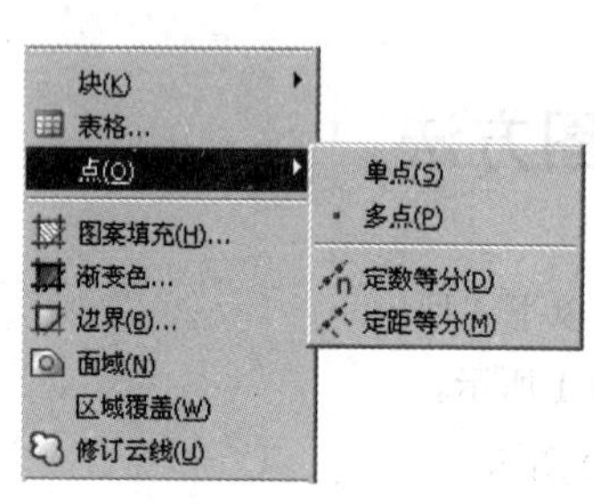

图 2.2.1 “点”子命令

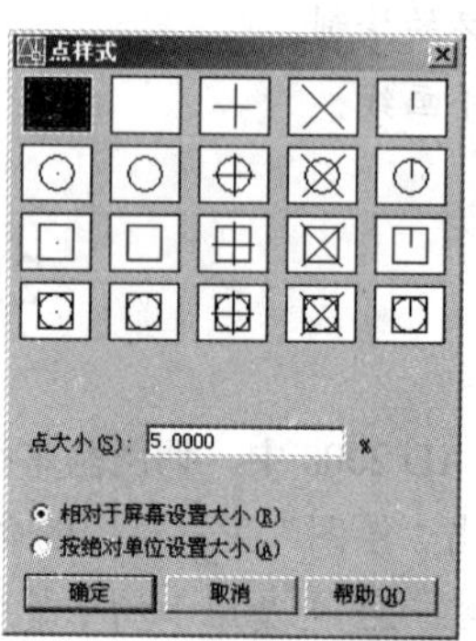

图 2.2.2 “点样式”对话框

2.2.2 绘制多点

启动绘制多点命令后，命令行提示如下：

命令: _point

当前点模式： PDMODE=0 PDSIZE=0.0000

指定点: （在屏幕上指定多个点）

按“Esc”键结束操作。

2.2.3 绘制定数等分点

启动绘制定数等分点命令后，命令行提示如下：

命令: _divide

选择要定数等分的对象: （选择定数等分的对象）

输入线段数目或 [块(B)]: （输入等分数，按回车键结束操作）

如果选择“块（B）”选项，则表示在等分点处插入指定的块。

例如，将如图 2.2.3（a）所示的线段 AB 等分为 4 部分。

命令: _divide

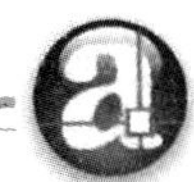

选择要定数等分的对象:　　　　　　　　（选择线段 AB）
输入线段数目或 [块(B)]: 4　　　　　　　（输入等分数，按回车键）
定数等分后的线段如图 2.2.3（b）所示。

（a）　　　　（b）

图 2.2.3　绘制定数等分点

（a）原始对象；（b）定数等分后的对象

2.2.4　绘制定距等分点

启动绘制定距等分点命令后，命令行提示如下：

命令: _measure
选择要定距等分的对象:　　　　　　　　（选择定距等分的对象）
指定线段长度或 [块(B)]:　　　　　　　（指定等分线段的长度或选择插入块命令选项）

如果选择“块（B）”选项，则表示在测量点处插入指定的块。

例如，将如图 2.2.4（a）所示的线段 AB 定距等分，等分线段的长度为线段 DE 的长度，并将已经定义为块的同心圆 C 插入到等分点处，块的名称为 A。

命令: _measure　　　　　　　　　　　（执行绘制定距等分点命令）
选择要定距等分的对象:　　　　　　　　（选择定距等分的对象）
指定线段长度或 [块(B)]: B　　　　　　（输入“B”选择“块（B）”命令选项）
输入要插入的块名: A　　　　　　　　　（输入要插入的块的名称）
是否对齐块和对象？[是(Y)/否(N)] <Y>:　（直接按回车键选择对齐对象）
指定线段长度:　　　　　　　　　　　　（捕捉端点 D）
指定第二点:　　　　　　　　　　　　　（捕捉端点 E）

定距等分后的线段如图 2.2.4（b）所示。

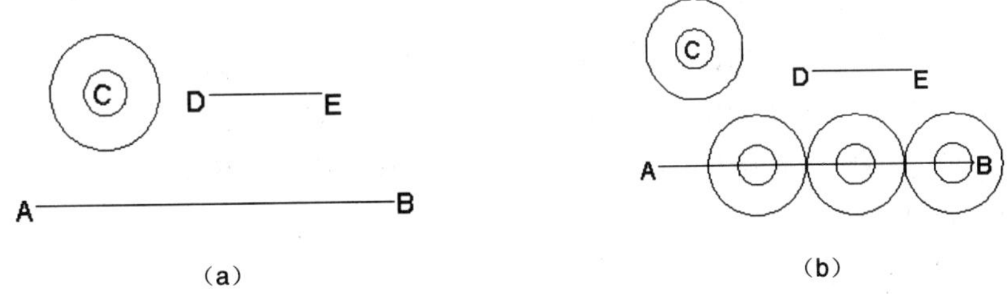

（a）　　　　（b）

图 2.2.4　绘制定距等分点

（a）原始对象；（b）定距等分后的对象

2.3　线的绘制

在 AutoCAD 2008 中线的绘制包括很多种，比如直线、射线、构造线、多段线、多线、样条曲线、修订云线等，根据每种线的特性不同，它们都有不同的用途。

2.3.1 绘制直线

直线在图形的绘制中是最常见的基本二维图形对象之一，常用于表示一些简单的图形对象以及图形对象的轮廓线等。启动绘制直线命令的方法有以下 3 种：

（1）单击“绘图”工具栏中的“直线”按钮。

（2）选择 绘图(D) → 直线(L) 命令。

（3）在命令行中输入命令 line。

执行该命令后，命令行提示如下：

命令: _line　　（执行绘制直线命令）
指定第一点:　　（指定直线的起点）
指定下一点或 [放弃(U)]:　　（指定直线的端点）
指定下一点或 [放弃(U)]:　　（指定直线的下一个端点）
指定下一点或 [闭合(C)/放弃(U)]:
（指定直线的下一个端点或选择其他命令选项，按回车键结束命令）

如果选择“闭合(C)”命令选项，系统会将直线的最后一个端点与直线的第一个端点用直线进行连接。当然，只有绘制两条线段后才会显示此命令选项；如果选择“放弃(U)”命令选项，将会放弃最近的上一次操作。

例如，用直线命令绘制如图 2.3.1 所示的图形。

执行绘制直线命令后，命令行提示如下：

命令: _line　　（执行绘制直线命令）
指定第一点:　　（在绘图窗口中任意指定一点 A）
指定下一点或 [放弃(U)]: @30,0　　（输入 B 点坐标）
指定下一点或 [放弃(U)]: @20<60　　（输入 C 点坐标）
指定下一点或 [闭合(C)/放弃(U)]: @20,0　　（输入 D 点坐标）
指定下一点或 [闭合(C)/放弃(U)]: @20<-60　　（输入 E 点坐标）
指定下一点或 [闭合(C)/放弃(U)]: @30,0　　（输入 F 点坐标）
指定下一点或 [闭合(C)/放弃(U)]: @0,30　　（输入 G 点坐标）
指定下一点或 [闭合(C)/放弃(U)]: @-100,0　　（输入 H 点坐标）
指定下一点或 [闭合(C)/放弃(U)]: c　　（闭合绘制的图形）

绘制的图形如图 2.3.1 所示。

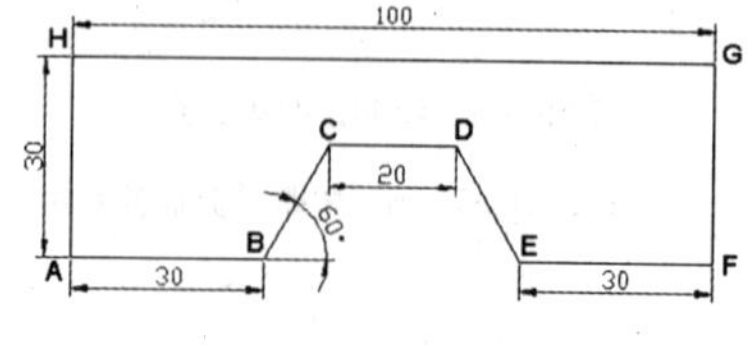

图 2.3.1　用直线绘制图形

2.3.2 绘制射线

射线是三维空间中起始于指定点并且无限延伸的直线，可用做创建其他对象的参照。射线不会改

变图形的总面积，因此，射线标注对缩放或视点没有影响，并被显示图形范围的命令所忽略。和其他对象一样，射线也可以移动、旋转和复制。在打印之前，可能需要在可以冻结或关闭的构造线图层上创建射线。启动绘制射线命令的方法有以下 3 种：

（1）单击“绘图”工具栏中的“射线”按钮。

（2）选择 绘图(D) → 射线(R) 命令。

（3）在命令行中输入命令 ray。

执行绘制射线命令后，命令行提示如下：

命令: _ray　　（执行绘制射线命令）

指定起点:　　（指定射线的起点）

指定通过点:　　（指定射线通过的点）

指定通过点:　　（按回车键结束命令）

绘制射线效果如图 2.3.2 所示。

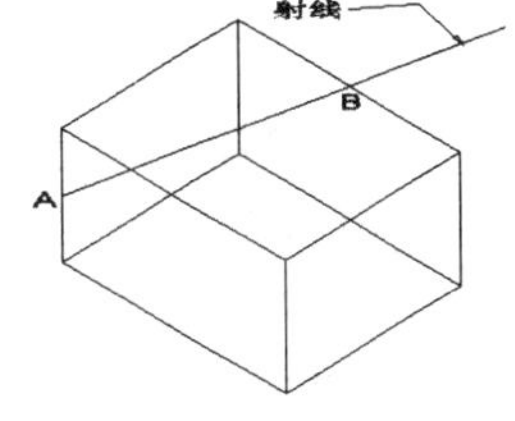

图 2.3.2　绘制射线

2.3.3　绘制构造线

构造线与射线一样是无限延伸的直线，但构造线是向两边无限延伸的直线。构造线可以放置在三维空间的任何地方，可以使用多种方法指定它的方向。绘制构造线时，第一个点（根）是构造线的中点，即通过捕捉对象“中点”得到的点。启动绘制构造线命令的方法有以下 3 种：

（1）单击“绘图”工具栏中的“构造线”按钮。

（2）选择 绘图(D) → 构造线(T) 命令。

（3）在命令行中输入命令 xline。

执行绘制构造线命令后，命令行提示如下：

命令: _xline　　（执行绘制构造线命令）

指定点或 [水平(H)/垂直(V)/角度(A)/二等分(B)/偏移(O)]:

（指定构造线的起点或选择其他命令选项）

指定通过点:　　（指定构造线通过的点）

指定通过点:　　（按回车键结束命令）

其中各命令选项功能介绍如下：

（1）水平(H)：创建一条通过选定点的水平参照线。

（2）垂直(V)：创建一条通过选定点的垂直参照线。

（3）角度(A)：以指定的角度创建一条参照线。

（4）二等分(B)：创建一条参照线，它经过选定的角顶点，并且将选定的两条线之间的夹角平分。

（5）偏移(O)：创建平行于另一个对象的参照线。

绘制的构造线如图 2.3.3 所示，使射线 OA，OB 和 OC 分别位于不同的方向上。

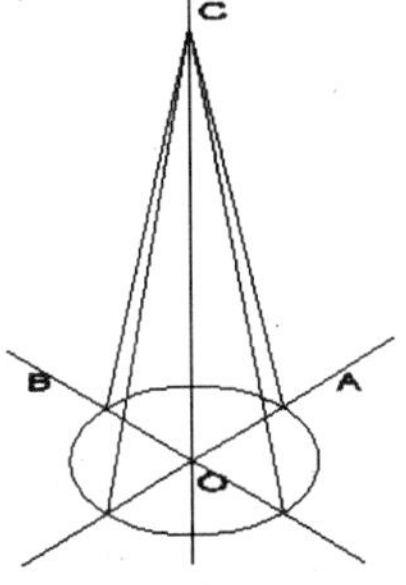

图 2.3.3　绘制构造线

2.3.4　绘制多线

绘制多线即创建多条平行线。多线常用于表示建筑图形中的墙体。启动绘制多线命令的方法有以下两种：

（1）选择 绘图(D) → 多线(M) 命令。

（2）在命令行中输入命令 mline。

执行绘制多线命令后，命令行提示如下：

命令: _mline （执行绘制多线命令）

当前设置: 对正=上，比例=20.00，样式= STANDARD （系统提示）

指定起点或 [对正(J)/比例(S)/样式(ST)]: （指定多线的起点，或选择其他命令选项）

指定下一点: （指定多线的下一点）

指定下一点或 [放弃(U)]: （按回车键结束命令）

其命令选项的功能介绍如下：

（1）对正(J)：确定如何在指定的点之间绘制多线。选择此命令选项后，命令行提示如下：

输入对正类型 [上(T)/无(Z)/下(B)] <上>:

其中"上(T)"表示在光标下方绘制多线，因此在指定点处将会出现具有最大正偏移值的直线；"无(Z)"表示将光标作为原点绘制多线；"下(B)"表示在光标上方绘制多线，如图 2.3.4 所示。

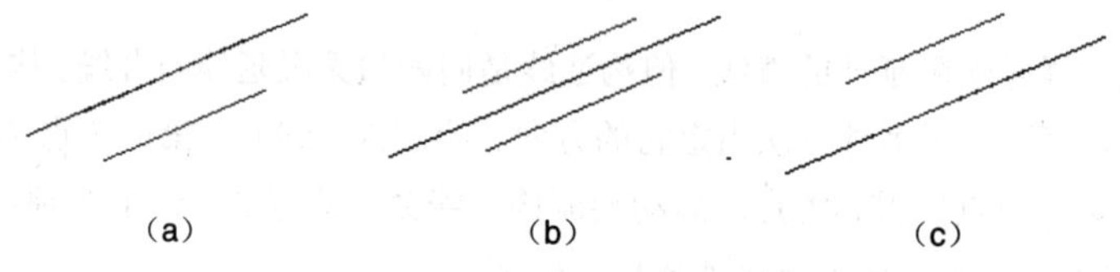

图 2.3.4 绘制多线

（a）对正类型：上；（b）对正类型：无；（c）对正类型：下

（2）比例(S)：控制多线的全局宽度。该比例不影响线型比例。选择此命令选项后，命令行提示如下：

输入多线比例 <20.00>:

这个比例是基于在多线样式定义中建立的宽度。当比例因子为样式定义比例因子的两倍时绘制多线，其宽度是样式定义的宽度的两倍；负比例因子将翻转偏移线的次序；当从左至右绘制多线时，偏移最小的多线绘制在顶部。负比例因子的绝对值也会影响比例。比例因子为 0 将使多线变为单一的直线，如图 2.3.5 所示。

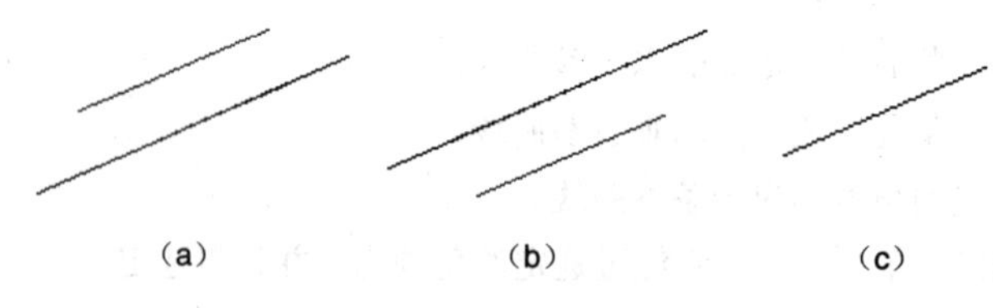

图 2.3.5 绘制多线

（a）多线比例为 20；（b）多线比例为-20；（c）多线比例为 0

（3）样式(ST)：指定多线的样式。在命令行中输入命令"mlstyle"，将弹出 多线样式 对话框，如图 2.3.6 所示，在该对话框中可创建新的多线样式或修改已经创建的多线样式。

例如，沿着如图 2.3.7 所示图形中的直线，用多线命令绘制如图 2.3.8 所示图形。具体操作如下：

命令: _mline （执行绘制多线命令）

当前设置: 对正=上，比例= 20.00，样式 = STANDARD （系统提示）

指定起点或 [对正(J)/比例(S)/样式(ST)]:　j　　　　（选择“对正”命令选项）

输入对正类型 [上(T)/无(Z)/下(B)] <上>:　z　　　　（选择对正类型为“无”）

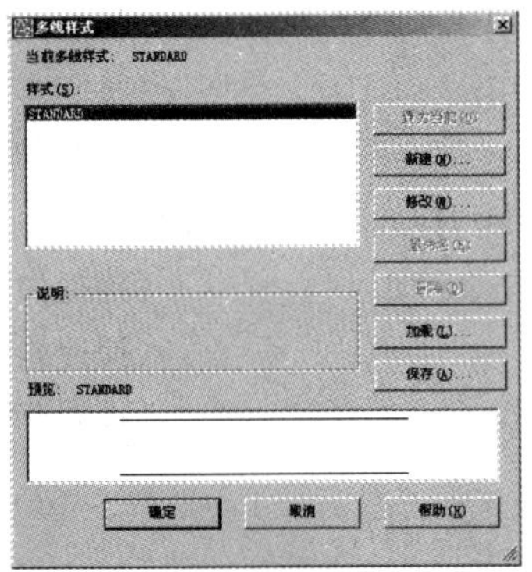

图 2.3.6　“多线样式”对话框

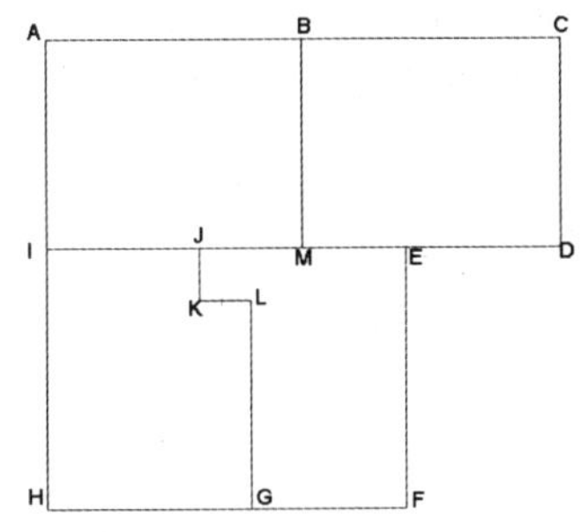

图 2.3.7　框架图形

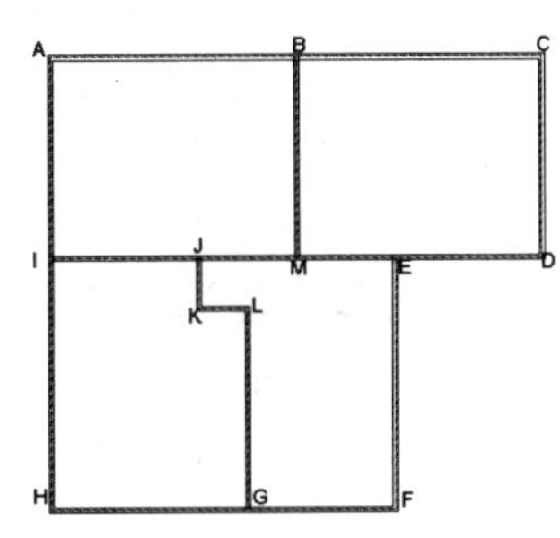

图 2.3.8　利用多线命令绘制的图形

当前设置: 对正=无，比例=20.00，样式=STANDARD　　　　（系统提示）

指定起点或 [对正(J)/比例(S)/样式(ST)]:　s　　　　（选择“比例”命令选项）

输入多线比例 <20.00>:　　　　（直接按回车键默认多线比例为 20）

当前设置: 对正=无，比例=20.00，样式=STANDARD　　　　（系统提示）

指定起点或 [对正(J)/比例(S)/样式(ST)]:　　　　（捕捉如图 2.3.7 所示图形中的 A 点）

指定下一点:　　　　（捕捉如图 2.3.7 所示图形中的 C 点）

指定下一点或 [放弃(U)]:　　　　（捕捉如图 2.3.7 所示图形中的 D 点）

指定下一点或 [闭合(C)/放弃(U)]:　　　　（捕捉如图 2.3.7 所示图形中的 E 点）

指定下一点或 [闭合(C)/放弃(U)]:　　　　（捕捉如图 2.3.7 所示图形中的 F 点）

指定下一点或 [闭合(C)/放弃(U)]:　　　　（捕捉如图 2.3.7 所示图形中的 H 点）

指定下一点或 [闭合(C)/放弃(U)]:　c　　　　（闭合绘制的多线）

命令: MLINE　　　　（按回车键继续执行绘制多线命令）

当前设置: 对正=无，比例=20.00，样式=STANDARD　　　　（系统提示）

指定起点或 [对正(J)/比例(S)/样式(ST)]:　　　　（捕捉如图 2.3.7 所示图形中的 I 点）

指定下一点:　　　　（捕捉如图 2.3.7 所示图形中的 E 点）

指定下一点或[放弃(U)]:　　　　（按回车键结束命令）

命令: MLINE　　　　（按回车键继续执行绘制多线命令）

当前设置: 对正=无，比例=20.00，样式=STANDARD　　　　（系统提示）

指定起点或 [对正(J)/比例(S)/样式(ST)]:　　　　（捕捉如图 2.3.7 所示图形中的 J 点）

指定下一点: （捕捉如图 2.3.7 所示图形中的 K 点）
指定下一点或 [放弃(U)]: （捕捉如图 2.3.7 所示图形中的 L 点）
指定下一点或 [闭合(C)/放弃(U)]: （捕捉如图 2.3.7 所示图形中的 G 点）
指定下一点或 [闭合(C)/放弃(U)]: （按回车键结束命令）
命令: MLINE （按回车键继续执行绘制多线命令）
当前设置: 对正=无，比例=20.00，样式=STANDARD （系统提示）
指定起点或 [对正(J)/比例(S)/样式(ST)]: （捕捉如图 2.3.7 所示图形中的 B 点）
指定下一点: （捕捉如图 2.3.7 所示图形中的 M 点）
指定下一点或 [放弃(U)]: （按回车键结束命令）

2.3.5 绘制多段线

在 AutoCAD 中，多段线是由直线和圆弧连接而成的一个实体。组成多段线的直线和圆弧可以是任意多个，但无论组成多段线的直线和圆弧有多少个，这条多段线始终被视为一个实体对象进行编辑。启动绘制多段线命令的方法有以下 3 种：

（1）单击“绘图”工具栏中的“多段线”按钮。
（2）选择 绘图(D) → 多段线(P) 命令。
（3）在命令行中输入命令 pline。

执行绘制多段线命令后，命令行提示如下：

命令: _pline （执行绘制多段线命令）
指定起点: （指定多段线的起点）
当前线宽为 0.0000 （系统提示）
指定下一个点或 [圆弧(A)/半宽(H)/长度(L)/放弃(U)/宽度(W)]:
（指定多段线的下一个端点或选择其他命令选项）
指定下一点或[圆弧(A)/闭合(C)/半宽(H)/长度(L)/放弃(U)/宽度(W)]: （按回车键结束命令）

其中各命令选项功能介绍如下：

（1）圆弧(A)：将弧线段添加到多段线中。选择此命令选项，命令行提示如下：

指定圆弧的端点或[角度(A)/圆心(CE)/闭合(CL)/方向(D)/半宽(H)/直线(L)/半径(R)/第二个点(S)/放弃(U)/宽度(W)]:

其中各命令选项功能介绍如下：

圆弧的端点：绘制弧线段。弧线段从多段线上一段的最后一点开始并与多段线相切。

角度(A)：指定弧线段从起点开始的包含角。输入正数将按逆时针方向创建弧线段，输入负数将按顺时针方向创建弧线段，如图 2.3.9 所示。

圆心(CE)：指定弧线段的圆心。

闭合(CL)：用弧线段将多段线闭合。

方向(D)：指定弧线段的起始方向。

半宽(H)：指定多段线线段的中心到其一边的宽度，如图 2.3.10 所示。

直线(L)：退出“圆弧”选项并返回 PLINE 命令的初始提示。

半径(R)：指定弧线段的半径。

第二个点(S)：指定三点圆弧的第二点和端点。

放弃(U)：删除最近一次添加到多段线上的弧线段。

宽度(W)：指定下一弧线段的宽度，如图 2.3.11 所示。

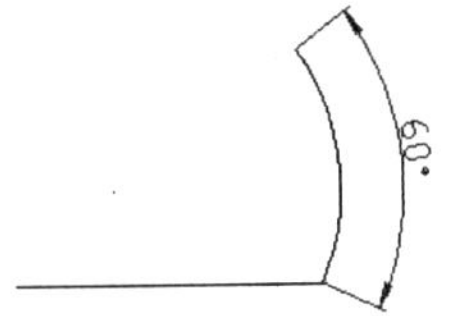

图 2.3.9 绘制指定角度的圆弧

图 2.3.10 绘制半宽圆弧段

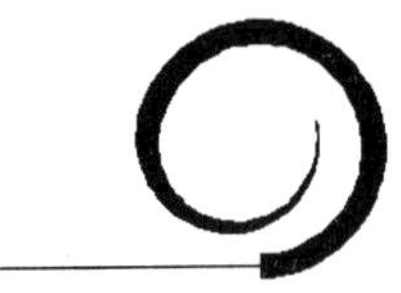

图 2.3.11 绘制带有宽度的圆弧段

（2）闭合(C)：绘制一条直线段（从当前位置到多段线起点）以闭合多段线。

（3）半宽(H)：指定具有宽度的多段线的线段中心到其一边的宽度。

（4）长度(L)：在与前一线段相同的角度方向上绘制指定长度的直线段。如果前一线段是圆弧，程序将绘制与该弧线段相切的新直线段。

（5）放弃(U)：删除最近一次添加到多段线上的直线段。

（6）宽度(W)：指定下一条直线段的宽度。起点宽度将成为默认的端点宽度。端点宽度在再次修改宽度之前将作为所有后续线段的统一宽度。宽线线段的起点和端点位于宽线的中心。

例如，用多段线绘制如图 2.3.12 所示的图形。打开正交功能，具体操作如下：

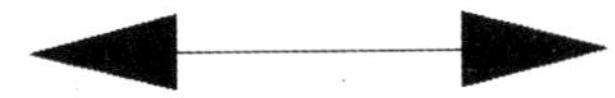

图 2.3.12 利用多段线绘制双向箭头

命令: _pline （执行绘制多段线命令）

指定起点: （指定多段线的起点）

当前线宽为 0.0000 （系统提示）

指定下一个点或 [圆弧(A)/半宽(H)/长度(L)/放弃(U)/宽度(W)]: w （选择“宽度”命令选项）

指定起点宽度<0.0000>: （按回车键默认起点宽度为 0）

指定端点宽度 <0.0000>: 5 （指定端点宽度为 5）

指定下一个点或 [圆弧(A)/半宽(H)/长度(L)/放弃(U)/宽度(W)]: 10（鼠标右移，指定多段线的端点）

指定下一点或 [圆弧(A)/闭合(C)/半宽(H)/长度(L)/放弃(U)/宽度(W)]: w（选择“宽度”命令选项）

指定起点宽度 <5.0000>: 0 （指定起点宽度为 0）

指定端点宽度 <0.0000>: （按回车键默认端点宽度也为 0）

指定下一点或 [圆弧(A)/闭合(C)/半宽(H)/长度(L)/放弃(U)/宽度(W)]: 20

（鼠标右移，指定多段线的下一个端点）

指定下一点或 [圆弧(A)/闭合(C)/半宽(H)/长度(L)/放弃(U)/宽度(W)]: w（选择“宽度”命令选项）

指定起点宽度 <0.0000>: 5 （指定起点宽度为 5）

指定端点宽度 <5.0000>: 0 （指定端点宽度为 0）

指定下一点或 [圆弧(A)/闭合(C)/半宽(H)/长度(L)/放弃(U)/宽度(W)]: 10

（鼠标右移，指定多段线的下一个端点）

指定下一点或 [圆弧(A)/闭合(C)/半宽(H)/长度(L)/放弃(U)/宽度(W)]: （按回车键结束命令）

绘制的图形如图 2.3.12 所示。

2.3.6 绘制样条曲线

样条曲线是经过一系列指定点的光滑曲线。比如平面图形中的断面处就是用样条曲线表示的。启动样条曲线命令的方法有以下 3 种：

（1）单击“绘图”工具栏中的“样条曲线”按钮。

（2）选择 绘图(D) → 样条曲线(S) 命令。

（3）在命令行中输入命令 spline。

执行绘制样条曲线命令后，命令行提示如下：

命令: _spline （执行绘制样条曲线命令）
指定第一个点或 [对象(O)]: （指定样条曲线的第一个点）
指定下一点: （指定样条曲线的下一点）
指定下一点或 [闭合(C)/拟合公差(F)] <起点切向>: （指定样条曲线的下一点）
指定下一点或 [闭合(C)/拟合公差(F)] <起点切向>: （按回车键结束指定下一点）
指定起点切向: （拖动鼠标指定起点切向）
指定端点切向: （拖动鼠标指定端点切向）

其中各命令选项功能介绍如下：

（1）对象：将二维或三维的二次或三次样条拟合多段线转换成等价的样条曲线并删除多段线。

（2）闭合(C)：将最后一点定义为与第一点一致并使它在连接处相切，这样可以闭合样条曲线。

（3）拟合公差(F)：修改拟合当前样条曲线的公差。

例如，用样条曲线绘制如图 2.3.13 所示图形中的断面。具体操作如下：

命令: _spline （执行绘制样条曲线命令）
指定第一个点或 [对象(O)]: （捕捉如图 2.3.13 所示图形中的 A 点）
指定下一点: （指定如图 2.3.13 所示图形中的 B 点）
指定下一点或 [闭合(C)/拟合公差(F)] <起点切向>: （指定如图 2.3.13 所示图形中的 C 点）
指定下一点或 [闭合(C)/拟合公差(F)] <起点切向>: （指定如图 2.3.13 所示图形中的 D 点）
指定下一点或 [闭合(C)/拟合公差(F)] <起点切向>: （按回车键结束指定下一点）
指定起点切向: （直接按回车键默认起点切向方向）
指定端点切向: （直接按回车键默认端点切向方向）

绘制的图形如图 2.3.13 所示。

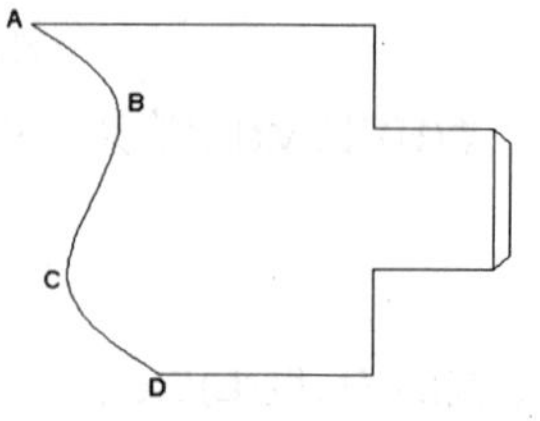

图 2.3.13 绘制样条曲线

2.3.7 绘制修订云线

修订云线是由连续圆弧组成的多段线，用于在检查阶段提醒用户注意图形的某个部分。启动绘制

修订云线的命令方法有以下 3 种：

（1）单击“绘图”工具栏中的“修订云线”按钮。

（2）选择 绘图(D) → 修订云线(U) 命令。

（3）在命令行中输入命令 revcloud。

执行此命令后，命令行提示如下：

命令: _revcloud　　　　　　　　　　　　　（执行绘制修订云线命令）
最小弧长: 15　　最大弧长: 15　　样式: 普通　　（系统提示）
指定起点或 [弧长(A)/对象(O)/样式(S)] <对象>:（指定修订云线的起点或选择其他命令选项）
沿云线路径引导十字光标...　　　　　　　　（拖动鼠标绘制修订云线）
修订云线完成　　　　　　　　　　　　　　（系统提示）

其中各命令选项功能介绍如下：

1）弧长(A)：指定云线中弧线的长度。选择此命令选项后，命令行提示如下：

指定最小弧长 <0.5000>:　　　　（指定最小弧长的值）
指定最大弧长 <0.5000>:　　　　（指定最大弧长的值）
沿云线路径引导十字光标...　　　　（系统提示）
修订云线完成　　　　　　　　　　（系统提示）

2）对象(O)：指定要转换为云线的对象。选择此命令选项后，命令行提示如下：

选择对象:　　　　　　（选择要转换为修订云线的闭合对象）
反转方向 [是(Y)/否(N)]:　（输入 Y 以反转修订云线中的弧线方向，或按回车键保留弧线的原样）
修订云线完成　　　　（系统提示）

3）样式(S)：指定修订云线的样式。选择此命令选项后，命令行提示如下：

选择圆弧样式 [普通(N)/手绘(C)] <默认/上一个>:
　　　　　　（选择修订云线的样式）

当拖动鼠标绘制修订云线时，一旦形成闭合区域，绘制修订云线命令即结束，如图 2.3.14 所示。

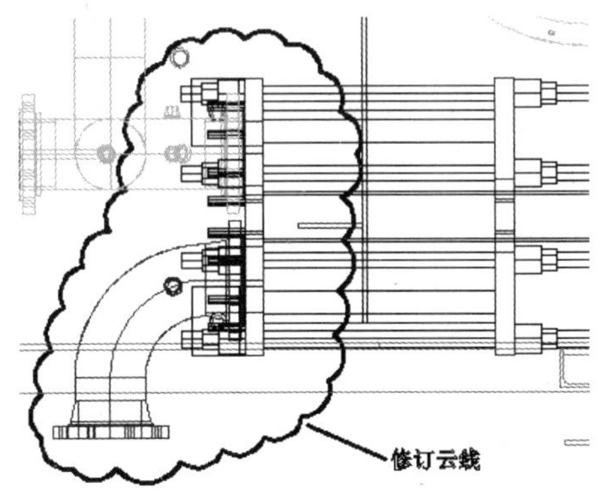

图 2.3.14　绘制修订云线

2.4　矩形和正多边形的绘制

矩形和正多边形都是绘图中使用最频繁的基本图形，尤其是在工程制图中用得更多。本节将介绍矩形和正多边形的绘制方法。

2.4.1　绘制矩形

在 AutoCAD 2008 中执行绘制矩形命令的方法有以下几种：

（1）单击“绘图”工具栏中的“矩形”按钮。

（2）选择 绘图(D) → 矩形(G) 命令。

（3）在命令行中输入命令 rectang。

执行绘制矩形命令后，命令行提示如下：

命令: _rectang　　（执行绘制矩形命令）

指定第一个角点或 [倒角(C)/标高(E)/圆角(F)/厚度(T)/宽度(W)]:　　（指定矩形的第一个角点）

指定另一个角点或 [面积(A)/尺寸(D)/旋转(R)]:　　（指定矩形的另一个角点）

其中各命令选项功能介绍如下：

（1）倒角(C)：设置矩形的倒角距离。选择此命令选项后，命令行提示如下：

指定矩形的第一个倒角距离 <0.0000>:　　（指定距离或按回车键）

指定矩形的第二个倒角距离 <0.0000>:　　（指定距离或按回车键）

绘制的倒角矩形如图 2.4.1 所示。

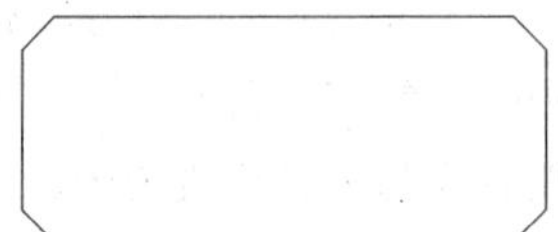

图 2.4.1　绘制倒角矩形

设置矩形的倒角距离后，系统将保留当前设置的倒角距离，直到用户再次改变此值。当倒角距离大于矩形的边长时，绘制的矩形将不进行倒角。

（2）标高(E)：指定矩形的标高。标高是指当前图形相对于另一个平面的高度。选择此命令选项，命令行提示如下：

指定矩形的标高 <0.0000>:　　（指定矩形的标高值或按回车键）

由于标高表现方式的特殊性，所以标高只有在三维空间中才能观察到，如图 2.4.2 所示。

（3）圆角(F)：指定矩形的圆角半径。选择此命令选项后，命令行提示如下：

指定矩形的圆角半径 <0.0000>:　　（指定矩形的圆角半径值或按回车键）

绘制的圆角矩形如图 2.4.3 所示。

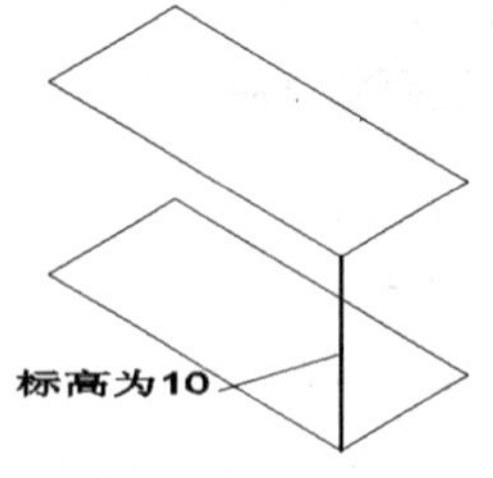

图 2.4.2　绘制标高为 10 的矩形

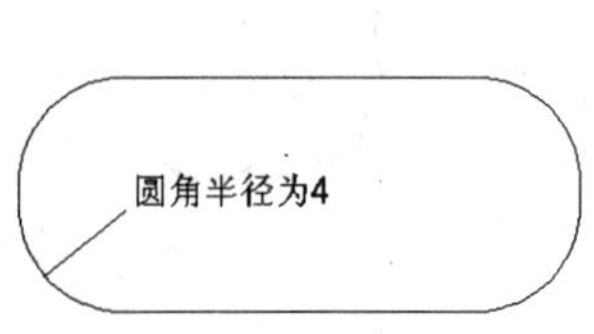

图 2.4.3　绘制圆角半径为 4 的矩形

设置矩形的圆角半径后，系统将保留当前设置的圆角半径值，直到用户再次改变设置。如果设置的圆

（4）厚度(T)：指定矩形的厚度。选择此命令选项后，命令行提示如下：

指定矩形的厚度 <0.0000>:　　　　　　　　　　（指定矩形的厚度值或按回车键）

如果输入的厚度值为正数，则矩形将沿着 Z 轴正方向增长；如果输入的厚度值为负值，则矩形将沿着 Z 轴负方向增长。矩形的厚度只有在三维空间才能显示，如图 2.4.4 所示。

（5）宽度(W)：为绘制的矩形指定多段线的宽度。选择此命令选项后，命令行提示如下：

指定矩形的线宽 <0.0000>:　　　　　　　　　　（指定矩形的线宽或按回车键）

绘制的具有宽度的矩形如图 2.4.5 所示。

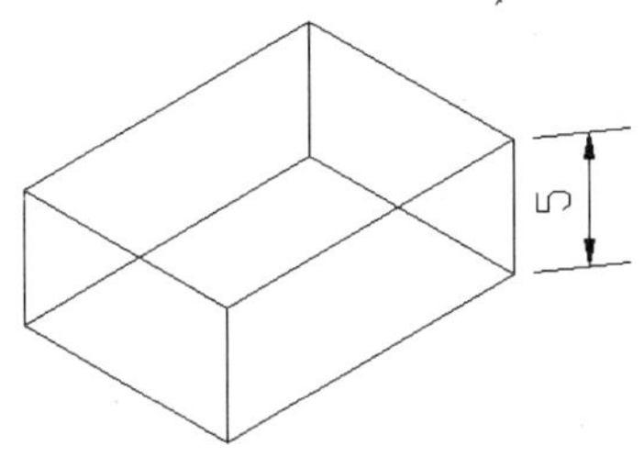

图 2.4.4　绘制具有厚度的矩形

图 2.4.5　绘制具有宽度的矩形

设置矩形的宽度后，系统将保留当前设置的多段线的宽度，直到用户再次改变宽度。

（6）面积(A)：使用面积与长度或宽度创建矩形。选择此命令选项后，命令行提示如下：

输入以当前单位计算的矩形面积<100.0000>:　　　　（输入矩形的面积或按回车键）

计算矩形标注时依据 [长度(L)/宽度(W)] <长度>: L　（选择计算矩形面积的依据或按回车键）

输入矩形长度 <10.0000>:　　　　　　　　　　（输入矩形的长度）

如果“倒角”或“圆角”选项被激活，则区域将包括倒角或圆角在矩形角点上产生的效果。

（7）尺寸(D)：使用长和宽创建矩形。选择此命令选项后，命令行提示如下：

指定矩形的长度 <10.0000>:　　　　　　　　　　（指定矩形的长度或按回车键）

指定矩形的宽度 <10.0000>:　　　　　　　　　　（指定矩形的宽度或按回车键）

指定另一个角点或[面积(A)/尺寸(D)/旋转(R)]:

（拖动鼠标确定矩形另一个角点的位置，并在合适的位置单击鼠标左键）

（8）旋转(R)：按指定的旋转角度创建矩形。选择此命令选项后，命令行提示如下：

指定旋转角度或 [拾取点(P)] <0>:　　　　（指定矩形的旋转角度或选择拾取点命令选项）

指定另一个角点或 [面积(A)/尺寸(D)/旋转(R)]:

（拖动鼠标确定矩形另一个角点的位置，并在合适的位置单击鼠标左键）

如果选择“拾取点”命令选项，则通过指定两个点来确定矩形的旋转角度。

2.4.2　绘制正多边形

在 AutoCAD 2008 中执行绘制正多边形命令的方法有以下几种：

（1）单击“绘图”工具栏中的“正多边形”按钮。

（2）选择 绘图(D) → 正多边形(Y) 命令。

（3）在命令行中输入命令 polygon。

执行此命令后，命令行提示如下：

命令: polygon　　　　　　　　　　（执行绘制正多边形命令）

输入边的数目 <4>:　　　　　　　　　　（输入正多边形的边数或按回车键）

指定正多边形的中心点或 [边(E)]: （指定正多边形的中心点或选择其他命令选项）

输入选项 [内接于圆(I)/外切于圆(C)] <I>: I （选择绘制正多边形的方式）

指定圆的半径: （输入圆的半径）

其中各命令选项功能介绍如下：

（1）边(E)：通过指定第一条边的端点来定义正多边形。选择此命令选项后，命令行提示如下：

指定边的第一个端点: （指定正多边形边的第一个端点）

指定边的第二个端点: （指定正多边形边的第二个端点）

指定正多边形边的端点时，可以通过在绘图窗口中单击鼠标指定该点，也可以在命令行中输入端点的坐标指定该点，如图 2.4.6 所示。

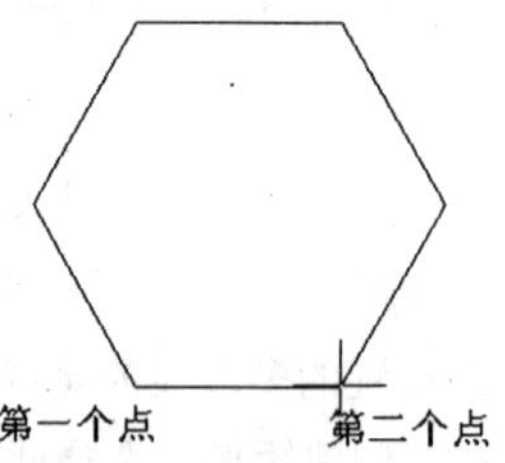

图 2.4.6 通过指定边绘制正多边形

（2）内接于圆(I)：指定外接圆的半径，正多边形的所有顶点都在此圆周上。选择此命令选项后，命令行提示如下：

指定圆的半径: （指定圆的半径）

如果通过拖动鼠标指定圆的半径，此时还可以调整正多边形的旋转角度，如图 2.4.7 所示。

（3）外切于圆(C)：指定从正多边形中心点到各边中点的距离。选择此命令选项后，命令行提示如下：

指定圆的半径: （指定圆的半径）

此方法绘制的正多边形如图 2.4.8 所示。

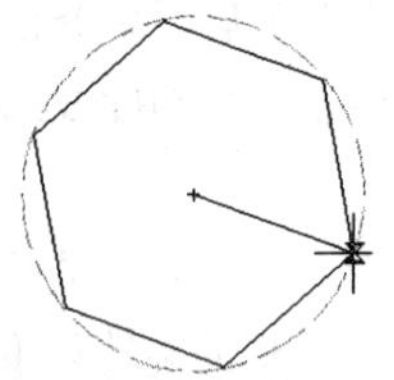

图 2.4.7 内接圆法绘制正多边形

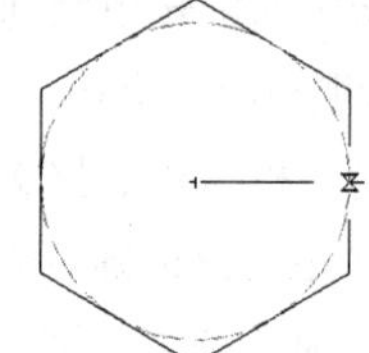

图 2.4.8 外切圆法绘制正多边形

2.5 圆、圆弧和椭圆的绘制

圆、圆弧和椭圆也是绘图中经常会用到的基本图形。本节将介绍这些图形的绘制方法。

2.5.1 绘制圆

圆在绘图中应用非常广泛，例如平面图中各种圆柱体的底面、圆形机件的剖面、孔等，圆是工程

绘图中一种常用的基本实体。执行绘制圆命令的方法有以下几种：

（1）单击“绘图”工具栏中的“圆”按钮。

（2）选择 绘图(D) → 圆(C) 命令的子命令，如图 2.5.1 所示。

（3）在命令行中输入命令 circle。

AutoCAD 2008 中提供了 6 种绘制圆的方法，分别介绍如下：

1. 圆心、半径法绘制圆

圆心、半径法绘制圆需要具备两个必要条件：圆心和半径。用此方法绘制圆，命令行提示如下：

命令: _circle 指定圆的圆心或 [三点(3P)/两点(2P)/相切、相切、半径(T)]:　　（指定圆的圆心）

指定圆的半径或 [直径(D)] <2.5870>:　　（指定圆的半径）

绘制的圆如图 2.5.2 所示。

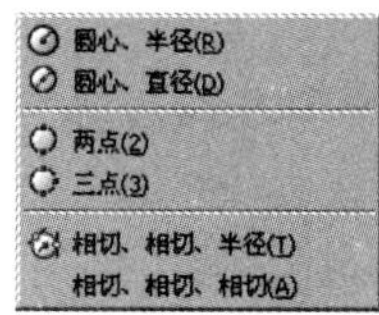

图 2.5.1　“圆”子命令

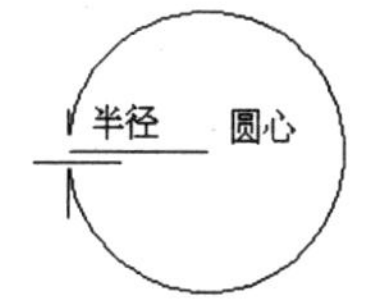

图 2.5.2　“圆心、半径”法绘制圆

2. 圆心、直径法绘制圆

圆心、直径法绘制圆需要具备两个必要条件：圆心和直径。用此方法绘制圆，命令行提示如下：

命令: _circle 指定圆的圆心或 [三点(3P)/两点(2P)/相切、相切、半径(T)]:　　（指定圆的圆心）

指定圆的半径或 [直径(D)] <4.5329>: _d 指定圆的直径 <9.0658>:　　（指定圆的直径）

绘制的圆如图 2.5.3 所示。

3. 两点法绘制圆

两点法绘制圆是指通过指定圆直径的两个端点来确定圆的位置和大小。用此方法绘制圆，命令行提示如下：

命令: _circle 指定圆的圆心或 [三点(3P)/两点(2P)/相切、相切、半径(T)]: _2p（系统提示）

指定圆直径的第一个端点:　　（指定圆直径的第一个端点）

指定圆直径的第二个端点:　　（指定圆直径的第二个端点）

绘制的圆如图 2.5.4 所示。

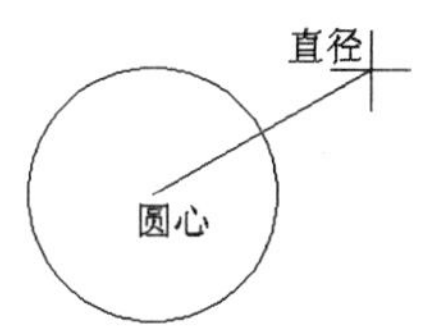

图 2.5.3　“圆心、直径”法绘制圆

图 2.5.4　“两点”法绘制圆

4. 三点法绘制圆

三点法绘制圆是指通过确定圆周上的三个点来确定圆的位置和大小。用此方法绘制圆，命令行提示如下：

命令: _circle 指定圆的圆心或 [三点(3P)/两点(2P)/相切、相切、半径(T)]: _3p（系统提示）

指定圆上的第一个点:　　（指定圆上的第一个点）

指定圆上的第二个点:　　　　　　　　　　　(指定圆上的第二个点)

指定圆上的第三个点:　　　　　　　　　　　(指定圆上的第三个点)

绘制的圆如图 2.5.5 所示。

5. 相切、相切、半径法绘制圆

相切、相切、半径法绘制圆是指通过指定圆的两个切点和圆的半径来确定圆的位置和大小。用这种方法绘制圆，命令行提示如下：

命令: _circle 指定圆的圆心或 [三点(3P)/两点(2P)/相切、相切、半径(T)]: _ttr　(系统提示)

指定对象与圆的第一个切点:　　　　　　　　(指定第一个切点)

指定对象与圆的第二个切点:　　　　　　　　(指定第二个切点)

指定圆的半径 <8.0000>: 5　　　　　　　　　(指定圆的半径)

绘制的圆如图 2.5.6 所示。

图 2.5.5　“三点”法绘制圆

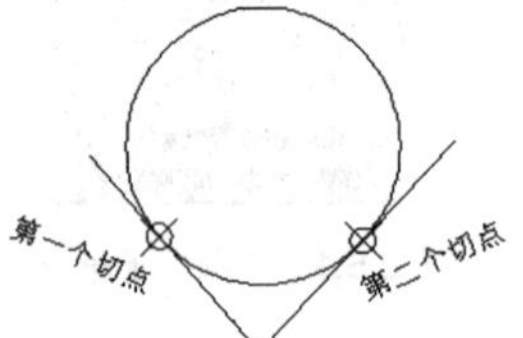

图 2.5.6　“相切、相切、半径”法绘制圆

6. 相切、相切、相切法绘制圆

相切、相切、相切法绘制圆是指通过指定圆上的三个切点来确定圆的位置和大小。用此方法绘制圆，命令行提示如下：

命令: _circle 指定圆的圆心或 [三点(3P)/两点(2P)/相切、相切、半径(T)]: _3p　(系统提示)

指定圆上的第一个点: _tan 到　　　　　　　(指定圆上的第一个切点)

指定圆上的第二个点: _tan 到　　　　　　　(指定圆上的第二个切点)

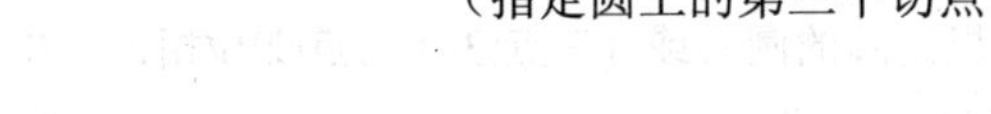

指定圆上的第三个点: _tan 到　　　　　　　(指定圆上的第三个切点)

绘制的圆如图 2.5.7 所示。

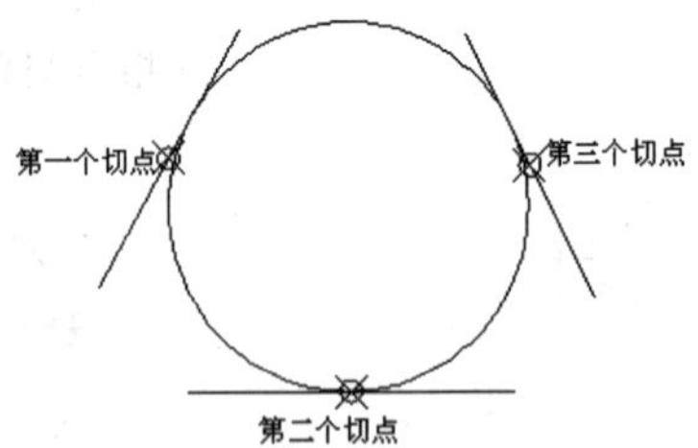

图 2.5.7　“相切、相切、相切”法绘制圆

2.5.2　绘制圆弧

圆弧是绘图过程中一个重要的实体。执行绘制圆弧命令的方法有以下几种：

(1) 单击“绘图”工具栏中的“圆弧”按钮。

(2) 选择 绘图(D) → 圆弧(A) 命令的子命令，如图 2.5.8 所示。

（3）在命令行中输入命令 Arc。

绘制圆弧的方法有很多种，这里将其分为 5 种，分别介绍如下。

1．三点法绘制圆弧

三点法绘制圆弧是指通过指定圆弧上的三个点来确定圆弧的位置和大小。选择 绘图(D) → 圆弧(A) → 三点(P) 命令，命令行提示如下：

命令: _arc 指定圆弧的起点或 [圆心(C)]:　（指定圆弧上的第一个点）

指定圆弧的第二个点或 [圆心(C)/端点(E)]:　（指定圆弧上的第二个点）

指定圆弧的端点:　（指定圆弧上的第三个点）

绘制的圆弧如图 2.5.9 所示。

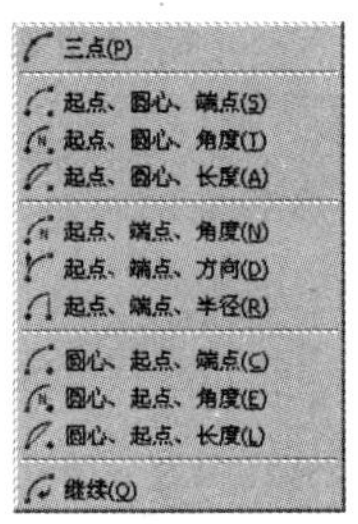

图 2.5.8　“圆弧”子命令菜单

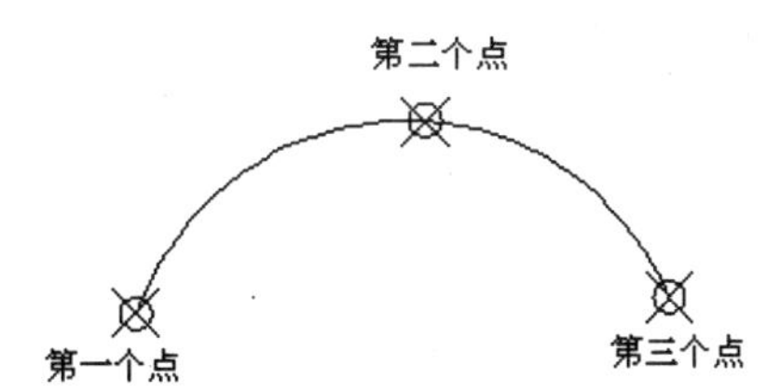

图 2.5.9　“三点”法绘制圆弧

2．起点、圆心、端点/角度/长度法绘制圆弧

（1）起点、圆心、端点（S）。此方法通过指定圆弧的起点、圆心和端点来确定圆弧的位置和大小。选择 绘图(D) → 圆弧(A) → 起点、圆心、端点(S) 命令，命令行提示如下：

命令: _arc 指定圆弧的起点或 [圆心(C)]:　（指定圆弧的起点）

指定圆弧的第二个点或 [圆心(C)/端点(E)]: _c 指定圆弧的圆心:　（指定圆弧的圆心）

指定圆弧的端点或 [角度(A)/弦长(L)]:　（指定圆弧的端点）

绘制的圆弧如图 2.5.10 所示。

（2）起点、圆心、角度（T）。此方法通过确定圆弧的起点、圆心和角度来确定圆弧的位置和大小。选择 绘图(D) → 圆弧(A) → 起点、圆心、角度(T) 命令，命令行提示如下：

命令: _arc 指定圆弧的起点或 [圆心(C)]:　（指定圆弧的起点）

指定圆弧的第二个点或 [圆心(C)/端点(E)]: _c 指定圆弧的圆心:　（指定圆弧的圆心）

指定圆弧的端点或 [角度(A)/弦长(L)]: _a 指定包含角:　（指定圆弧包含的角度）

绘制的圆弧如图 2.5.11 所示。

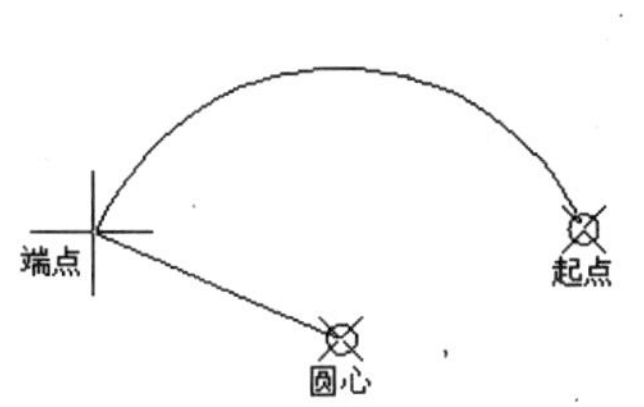

图 2.5.10　“起点、圆心、端点”法绘制圆弧

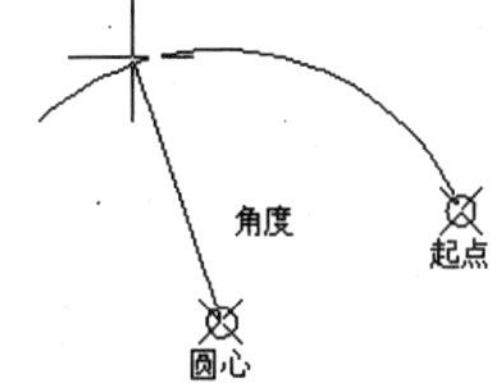

图 2.5.11　“起点、圆心、角度”法绘制圆弧

（3）起点、圆心、长度（A）。此方法通过确定圆弧的起点、圆心和弧长来确定圆弧的位置和大小。选择 绘图(D) → 圆弧(A) → 起点、圆心、长度(A) 命令，命令行提示如下：

命令: _arc 指定圆弧的起点或 [圆心(C)]:　（指定圆弧的起点）

指定圆弧的第二个点或 [圆心(C)/端点(E)]: _c 指定圆弧的圆心: （指定圆弧的圆心）
指定圆弧的端点或 [角度(A)/弦长(L)]: _l 指定弦长: （指定圆弧的弦长）
绘制的圆弧如图 2.5.12 所示。

3．起点、端点、角度/方向/半径法绘制圆弧

（1）起点、端点、角度（N）。此方法通过指定圆弧的起点、端点和角度来确定圆弧的位置和大小。选择 绘图(D) → 圆弧(A) → 起点、端点、角度(N) 命令，命令行提示如下：

命令: _arc 指定圆弧的起点或 [圆心(C)]: （指定圆弧的起点）
指定圆弧的第二个点或 [圆心(C)/端点(E)]: _e （系统提示）
指定圆弧的端点: （指定圆弧的端点）
指定圆弧的圆心或 [角度(A)/方向(D)/半径(R)]: _a 指定包含角: （指定圆弧包含的角度）
绘制的圆弧如图 2.5.13 所示。

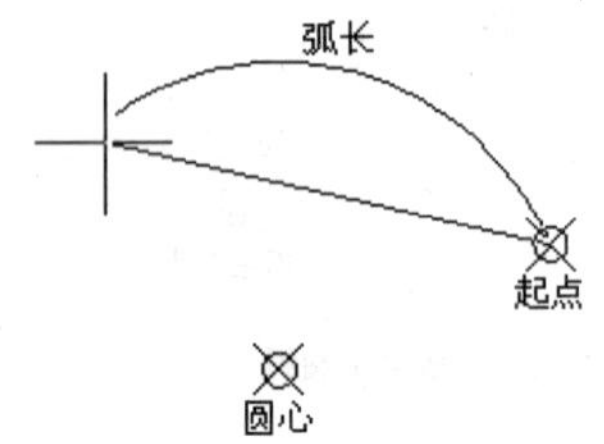

图 2.5.12 “起点、圆心、长度”法绘制圆弧

图 2.5.13 “起点、端点、角度”法绘制圆弧

（2）起点、端点、方向（D）。此方法通过指定圆弧的起点、端点和方向来确定圆弧的位置和大小。选择 绘图(D) → 圆弧(A) → 起点、端点、方向(D) 命令，命令行提示如下：

命令: _arc 指定圆弧的起点或 [圆心(C)]: （指定圆弧的起点）
指定圆弧的第二个点或 [圆心(C)/端点(E)]: _e （系统提示）
指定圆弧的端点: （指定圆弧的端点）
指定圆弧的圆心或 [角度(A)/方向(D)/半径(R)]: _d 指定圆弧的起点切向:
（拖动鼠标指定圆弧的方向）
绘制的圆弧如图 2.5.14 所示。

（3）起点、端点、半径（R）。此方法通过指定圆弧的起点、端点和半径来确定圆弧的位置和大小。选择 绘图(D) → 圆弧(A) → 起点、端点、半径(R) 命令，命令行提示如下：

命令: _arc 指定圆弧的起点或 [圆心(C)]: （指定圆弧的起点）
指定圆弧的第二个点或 [圆心(C)/端点(E)]: _e （系统提示）
指定圆弧的端点: （指定圆弧的端点）
指定圆弧的圆心或 [角度(A)/方向(D)/半径(R)]: _r 指定圆弧的半径: （指定圆弧的半径）
绘制的圆弧如图 2.5.15 所示。

4．圆心、起点、端点/角度/长度法绘制圆弧

（1）圆心、起点、端点（C）。此方法通过指定圆弧的圆心、起点和端点来确定圆弧的位置和大小。选择 绘图(D) → 圆弧(A) → 圆心、起点、端点(C) 命令，命令行提示如下：

命令: _arc 指定圆弧的起点或 [圆心(C)]: _c 指定圆弧的圆心: （指定圆弧的圆心）
指定圆弧的起点: （指定圆弧的起点）

指定圆弧的端点或 [角度(A)/弦长(L)]:　　　　　　　　　　　　（指定圆弧的端点）

绘制的圆弧如图 2.5.16 所示。

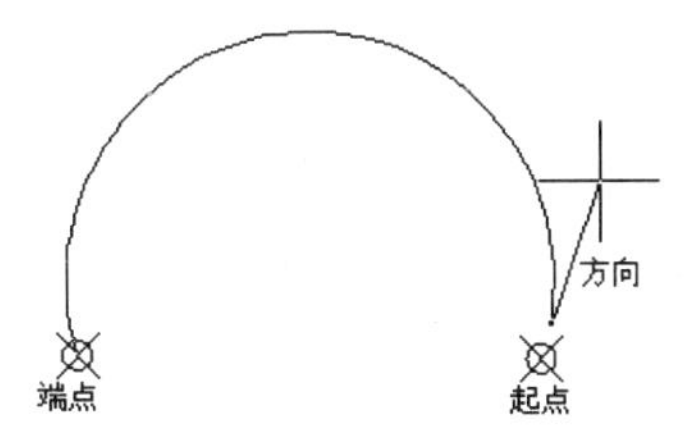

图 2.5.14　“起点、端点、方向”法绘制圆弧

图 2.5.15　“起点、端点、半径”法绘制圆弧

（2）圆心、起点、角度（E）。此方法通过指定圆弧的圆心、起点和角度来确定圆弧的位置和大小。选择 绘图(D) → 圆弧(A) → 圆心、起点、角度(E) 命令，命令行提示如下：

命令: _arc 指定圆弧的起点或 [圆心(C)]: _c 指定圆弧的圆心:　　　（指定圆弧的圆心）

指定圆弧的起点:　　　　　　　　　　　　　　　　　　　　　（指定圆弧的起点）

指定圆弧的端点或 [角度(A)/弦长(L)]: _a 指定包含角:　　　　　（指定圆弧包含的角度）

绘制的圆弧如图 2.5.17 所示。

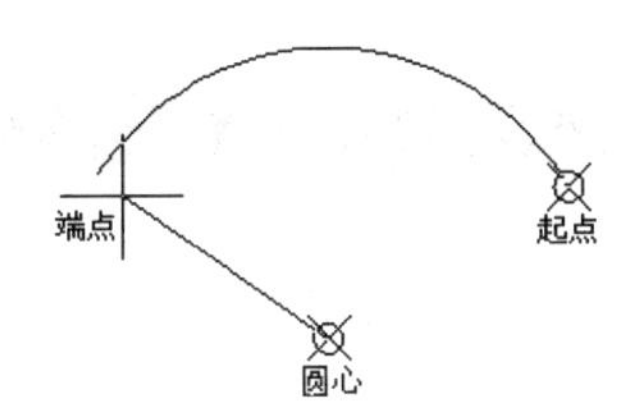

图 2.5.16　“圆心、起点、端点”法绘制圆弧

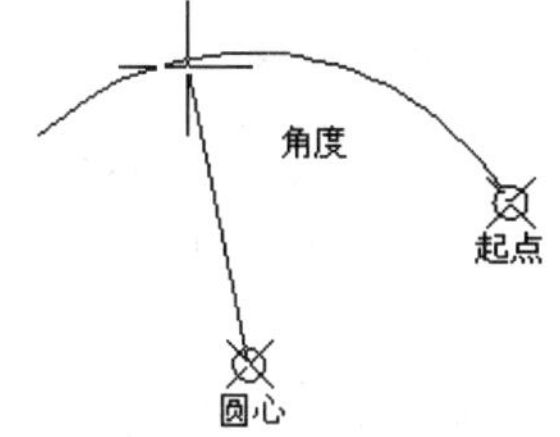

图 2.5.17　“圆心、起点、角度”法绘制圆弧

（3）圆心、起点、长度（L）。此方法通过指定圆弧的圆心、起点和弦长来确定圆弧的位置和大小。选择 绘图(D) → 圆弧(A) → 圆心、起点、长度(L) 命令，命令行提示如下：

命令: _arc 指定圆弧的起点或 [圆心(C)]: _c 指定圆弧的圆心:　　　（指定圆弧的圆心）

指定圆弧的起点:　　　　　　　　　　　　　　　　　　　　　（指定圆弧的起点）

指定圆弧的端点或 [角度(A)/弦长(L)]: _l 指定弦长:　　　　　　（指定圆弧的弦长）

绘制的圆弧如图 2.5.18 所示。

5. 继续（O）法绘制圆弧

此命令用于衔接上一步操作，不能单独使用。

选择 绘图(D) → 圆弧(A) → 继续(O) 命令，命令行提示如下：

命令: _arc 指定圆弧的起点或 [圆心(C)]:　　　　　　　　　　（指定圆弧的起点）

指定圆弧的端点:　　　　　　　　　　　　　　　　　　　　　（指定圆弧的端点）

绘制的圆弧如图 2.5.19 所示。

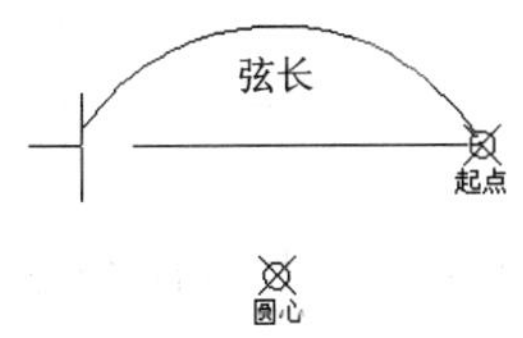

图 2.5.18　“圆心、起点、长度”法绘制圆弧

图 2.5.19　“继续”法绘制圆弧

2.5.3 绘制椭圆

椭圆是绘图中的另一个重要的实体。决定椭圆形状的因素有 3 个，分别是中心点、长轴和短轴。执行绘制椭圆命令的方法有以下 3 种：

（1）单击“绘图”工具栏中的“椭圆”按钮。

（2）选择 绘图(D) → 椭圆(E) 命令中的子命令，如图 2.5.20 所示。

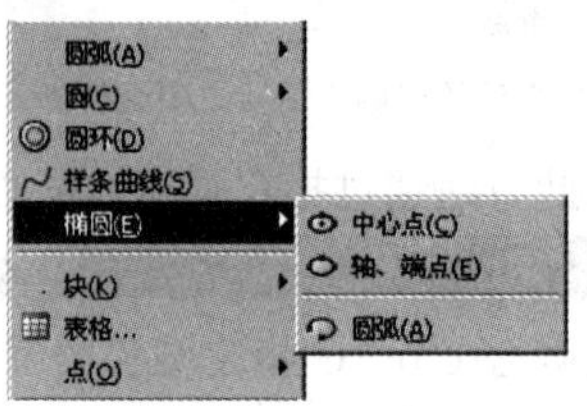

图 2.5.20 “椭圆”子命令

（3）在命令行中输入命令 ellipse 或 el。

在 AutoCAD 2008 中，椭圆的绘制方法有两种，分别为中心点法和轴、端点法，以下分别介绍。

1. 中心点法绘制椭圆

中心点法绘制椭圆命令的启动方式为：选择 绘图(D) → 椭圆(E) → 中心点(C) 命令。执行该命令后，命令行提示如下：

命令: _ellipse （执行绘制椭圆命令）

指定椭圆的轴端点或 [圆弧(A)/中心点(C)]: _c （系统提示）

指定椭圆的中心点: （指定椭圆的中心点）

指定轴的端点: （指定椭圆一条轴的端点）

指定另一条半轴长度或 [旋转(R)]: （指定另一条半轴的长度）

使用此方法绘制的椭圆如图 2.5.21 所示。

如果选择“旋转（R）”命令选项绘制椭圆，则绘制的椭圆是由一个经过椭圆长轴两个端点的圆，绕这个长轴旋转后得到的投影，即所要绘制的椭圆。选择此命令选项后，命令行提示如下：

指定绕长轴旋转的角度: （输入旋转的角度）

输入角度后，按回车键，椭圆的形状就确定了。

2. 轴、端点法绘制椭圆

轴、端点法绘制椭圆命令的启动方式为：选择 绘图(D) → 椭圆(E) → 轴、端点(E) 命令。执行该命令后，命令行提示如下：

命令: _ellipse （执行绘制椭圆命令）

指定椭圆的轴端点或 [圆弧(A)/中心点(C)]: （指定椭圆轴的一个端点）

指定轴的另一个端点: （指定椭圆轴的另一个端点）

指定另一条半轴长度或 [旋转(R)]: （指定椭圆另一条半轴的长度）

使用此方法绘制的椭圆如图 2.5.22 所示。

轴、端点法是系统默认的绘制椭圆的方法。单击“绘图”工具栏中的“椭圆”按钮，可以直接启动这种绘制椭圆的方法。

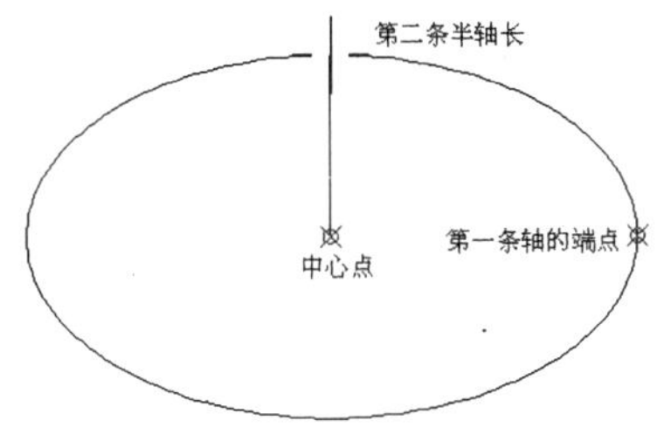

图 2.5.21　“中心点”法绘制椭圆

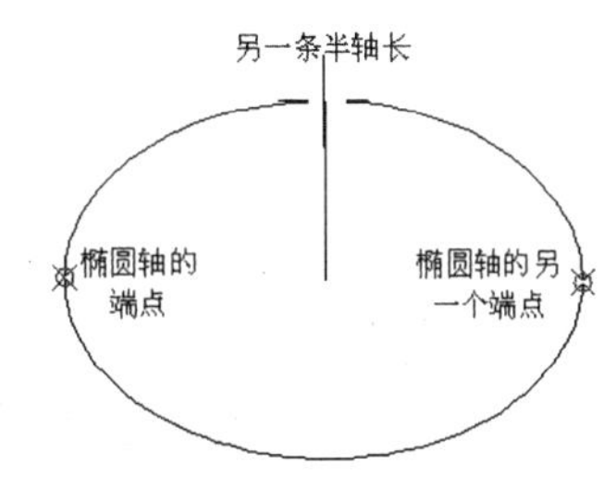

图 2.5.22　“轴、端点”法绘制椭圆

2.5.4　绘制椭圆弧

在 AutoCAD 2008 中，绘制椭圆弧的方法与绘制椭圆的方法类似。用户先用绘制椭圆的方法绘制一个椭圆，然后在命令行的提示下确定椭圆弧的起点和终点即可。执行绘制椭圆弧命令的方法有以下两种：

（1）单击“绘图”工具栏中的“椭圆弧”按钮。

（2）选择 绘图(D) → 椭圆(E) → 圆弧(A) 命令。

执行此命令后，命令行提示如下：

命令: _ellipse　　（执行绘制椭圆弧命令）
指定椭圆的轴端点或 [圆弧(A)/中心点(C)]: _a　　（系统提示）
指定椭圆弧的轴端点或 [中心点(C)]:　　（指定椭圆弧的轴端点）
指定轴的另一个端点:　　（指定椭圆弧的另一个轴端点）
指定另一条半轴长度或 [旋转(R)]:　　（指定另一条半轴长度）
指定起始角度或 [参数(P)]:　　（指定椭圆弧的起始角度）
指定终止角度或 [参数(P)/包含角度(I)]:　　（指定椭圆弧的终止角度）

部分命令选项的功能介绍如下：

（1）参数(P)：此选项是 AutoCAD 绘制椭圆弧的另一种模式。选择此项后，命令行提示如下：

指定起始参数或[角度(A)]:　　（指定起始参数）
指定终止参数或[角度(A)/包含角度(I)]:　　（指定终止参数）

使用“起始参数”选项可以从“角度”模式切换到“参数”模式。

（2）包含角度(I)：定义从起始角度开始的包含角度。选择此项后，命令行提示如下：

指定弧的包含角度<180>:　　（输入椭圆弧包含的角度值）

绘制的椭圆弧如图 2.5.23 所示。

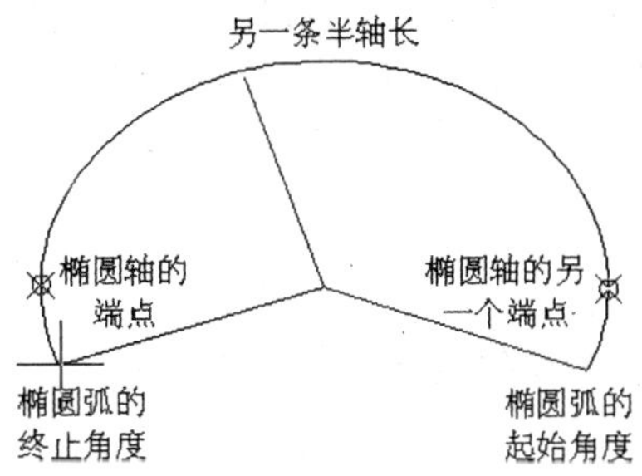

图 2.5.23　绘制椭圆弧

2.6 圆环的绘制

圆环可以认为是具有填充效果的环或实体填充的圆，即带有宽度的闭合多段线。执行绘制圆环命令的方式有以下两种：

（1）选择 绘图(D) → 圆环(D) 命令。

（2）在命令行中输入命令 donut。

执行该命令后，命令行提示如下：

命令: _donut　　　　（执行绘制圆环命令）
指定圆环的内径 <0.5000>:　　　　（指定圆环的内径）
指定圆环的外径 <1.0000>:　　　　（指定圆环的外径）
指定圆环的中心点或 <退出>:　　　　（指定圆环的中心点）
指定圆环的中心点或 <退出>:　　　　（按回车键结束命令）

绘制的圆环如图 2.6.1 所示。

如果圆环的内径为 0，则绘制出的圆环是实心圆，如图 2.6.2 所示。

在 AutoCAD 2008 中，用 fill 命令来控制圆环是否填充。执行 fill 命令后，命令行提示如下：

命令: fill　　　　（执行 fill 命令）
输入模式 [开(ON)/关(OFF)] <关>:　　　　（选择填充模式）

如果选择“开”命令选项，则表示填充；如果选择“关”命令选项，则表示不填充。

如图 2.6.3 所示的图形是未填充的圆环。

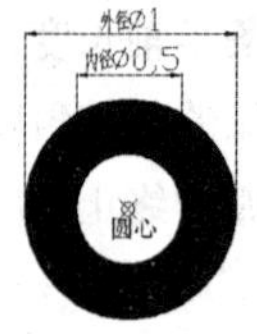

图 2.6.1　绘制圆环

图 2.6.2　绘制实心圆环

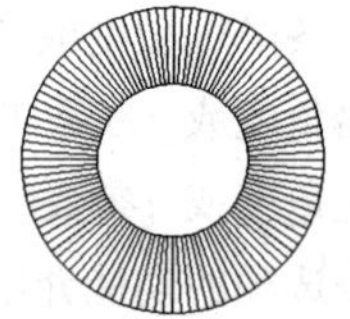
图 2.6.3　绘制未填充圆环

2.7 徒手画线

虽然 AutoCAD 为用户提供了丰富的基本二维图形，但当用户需要绘制一些无规则的图形时，这些基本图形仍然不能完全满足用户的需求，所以，AutoCAD 2008 为用户提供了徒手画线命令（sketch）来弥补这些不足。徒手绘制对于创建不规则边界或使用数字化仪追踪非常有用。

用 sketch 命令绘制的图形是一些线段的组合，这些线段的长度通过记录增量来控制。在命令行中输入命令 sketch，按回车键后，命令行提示如下：

命令: sketch
记录增量 <0.7528>:　　　　（指定增量的长度）
徒手画. 画笔(P)/退出(X)/结束(Q)/记录(R)/删除(E)/连接(C)　　　　（指定画线的起点）
<笔 落>　　　　（拖动鼠标绘制图形）
<笔 提>　　　　（按回车键结束命令）
已记录 2 条直线　　　　（系统提示）

其中各命令选项功能介绍如下：

（1）画笔(P)：提笔和落笔。在用定点设备选取菜单项前必须提笔。

（2）退出(X)：记录及报告临时徒手画线段数并结束命令。

（3）结束(Q)：放弃从开始调用 SKETCH 命令或上一次使用“记录”选项时所有临时的徒手画线段，并结束命令。

（4）记录(R)：永久记录临时线段且不改变画笔的位置。

（5）删除(E)：删除临时线段的所有部分，如果画笔已落下则提起画笔。

（6）连接(C)：落笔，继续从上次所画的线段的端点或上次删除的线段的端点开始画线。

如图 2.7.1 所示为用徒手画线绘制的图形。

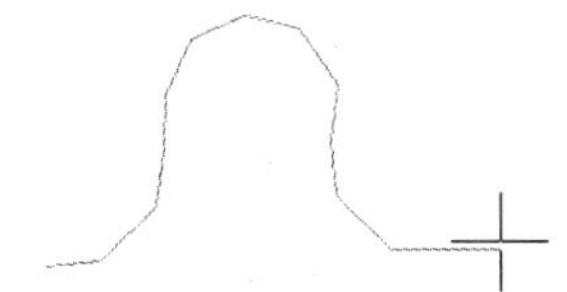

图 2.7.1　利用徒手画线命令绘制的图形

2.8　典型实例——书柜立面图

利用前面介绍的基本绘图和编辑命令绘制如图 2.8.1 所示的书柜立面图。

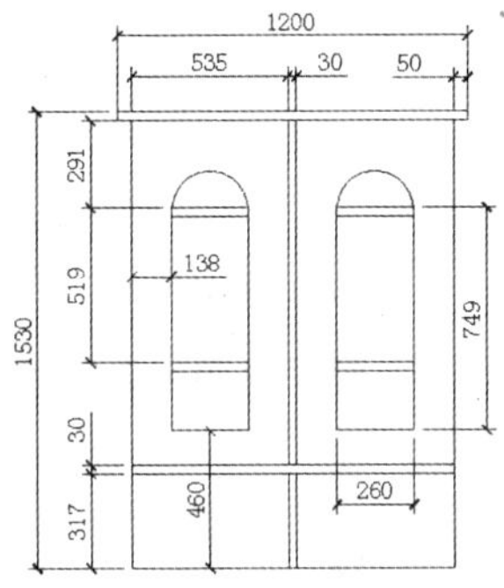

图 2.8.1　书柜立面图

创作步骤

（1）利用矩形命令，绘制一个长为 1 100，宽为 1 500 的矩形，如图 2.8.2 所示。

（2）重复矩形命令，绘制两个矩形，第一个矩形的长为 1 200，宽为 30；第二个矩形的长为 260，宽为 749，如图 2.8.3 所示。

图 2.8.2　绘制矩形

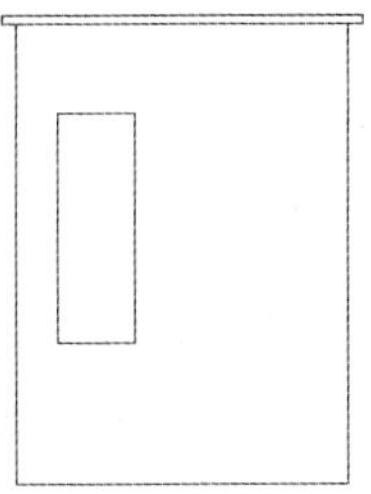

图 2.8.3　绘制矩形

（3）利用圆弧命令绘制一段圆弧，如图 2.8.4 所示。

（4）利用直线命令，绘制一条水平线，长为 1 100，如图 2.8.5 所示。

（5）利用复制命令将上步绘制的直线进行复制操作，如图 2.8.6 所示。

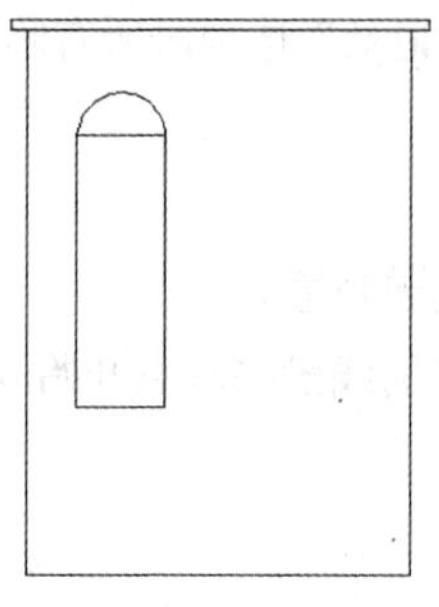

图 2.8.4　绘制圆弧

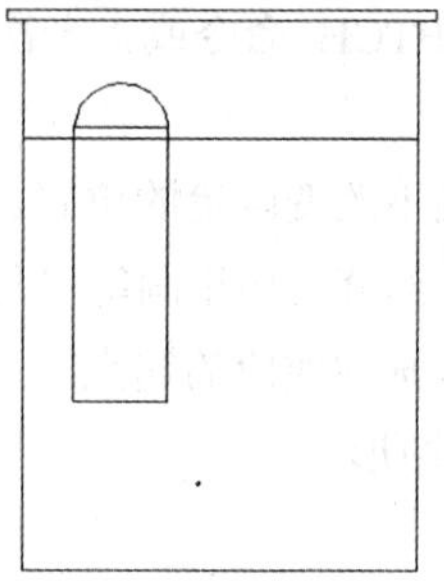

图 2.8.5　绘制直线

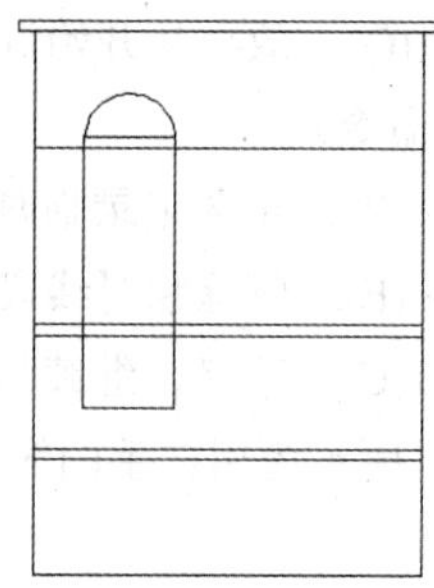

图 2.8.6　复制直线

（6）重复直线命令，绘制一条垂直直线，长为 1 500，如图 2.8.7 所示。

（7）利用偏移命令，将上步绘制的直线向右偏移，偏移距离为 30，如图 2.8.8 所示。

（8）利用镜像命令，将步骤（2）绘制的第二个矩形和步骤（3）绘制的圆弧进行镜像复制，如图 2.8.9 所示。

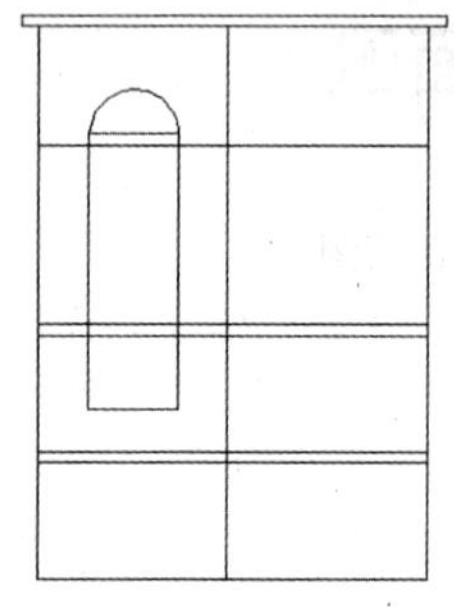

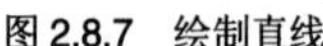

图 2.8.7　绘制直线

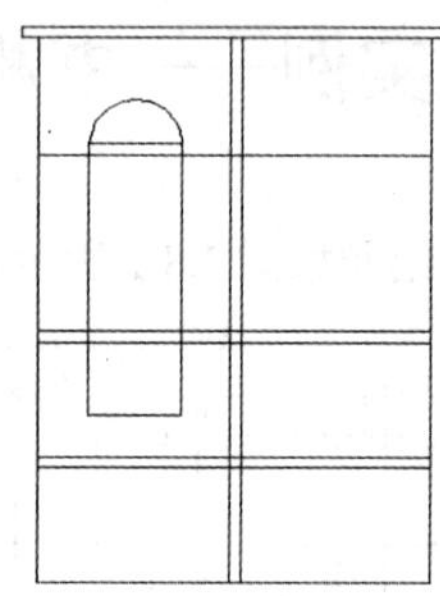

图 2.8.8　偏移直线

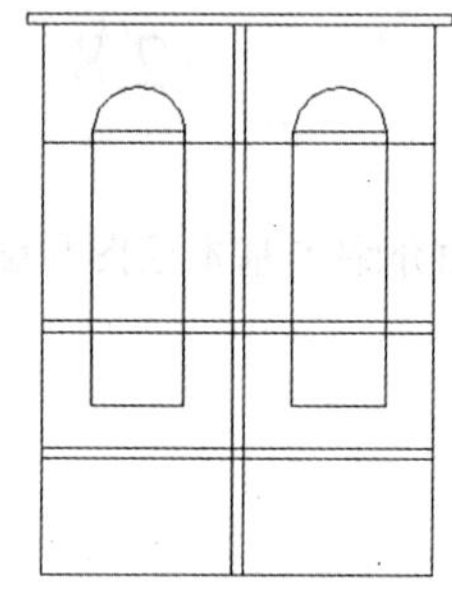

图 2.8.9　镜像图形

（9）利用修剪命令，修剪绘制的图形，然后对图形进行尺寸标注，效果如图 2.8.1 所示。

小　结

本章主要介绍了基本二维图形的绘制方法，包括绘制点、线、矩形和正多边形、圆和圆弧、椭圆和椭圆弧、多线、多段线、样条曲线和修订云线等。通过本章的学习，读者应该熟练掌握基本二维图形的绘制方法。

过关练习二

一、填空题

1．点的绘制方法有 4 种，分别为__________、__________、__________和__________。

2．__________线和__________线常用做创建其他对象的参照。

3．AutoCAD 2008 中提供了__________种绘制圆的方法，试举出两种：__________和__________。

二、选择题

1. 以下按钮中（　）是绘制多段线按钮。

   A.　　　　　　　　B.

   C.　　　　　　　　D.

2. 以下命令中（ ）是绘制圆命令。

   A. circle　　　　　　B. polygon

   C. ellipse　　　　　　D. pline

3. 在 AutoCAD 2008 中，可以使用矩形命令绘制（　）。

   A. 圆角矩形　　　　　B. 倒角矩形

   C. 有厚度的矩形　　　D. 以上答案全部正确

三、上机操作题

利用矩形、偏移、阵列和修剪等命令绘制如题图 2.1 所示的机械平面图。

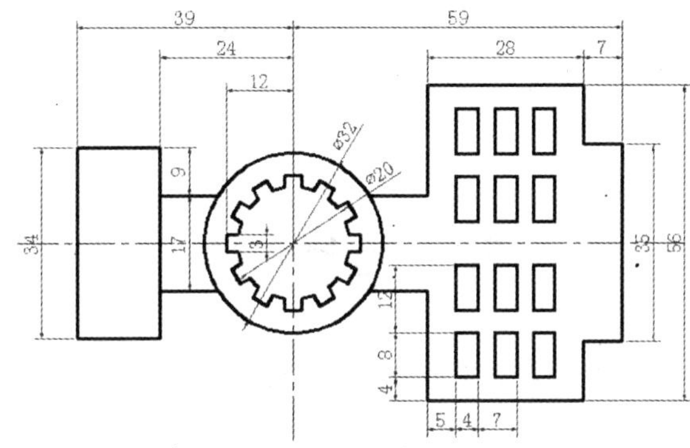

题图 2.1

第 3 章　基本二维图形的编辑

基本二维图形对象的数量毕竟是有限的，单纯依靠这些对象不能完全表现所有的二维平面图形，但是，利用 AutoCAD 提供的编辑工具对绘制的基本二维图形进行编辑后，就可以创建出各种复杂的二维图形。

本章重点

（1）选择对象。
（2）删除、移动、旋转和对齐对象。
（3）复制、阵列、偏移和镜像对象。
（4）修改对象的形状和大小。
（5）倒角、圆角和打断。
（6）使用夹点编辑对象。
（7）编辑对象特性。

3.1　选择对象

在 AutoCAD 中，选择对象的方法有很多种，可以根据不同的需要使用不同的方法来选择对象，被选中的对象会以虚线亮显，从而构成选择集。

3.1.1　设置对象的选择模式

用户可以通过选择 工具(T) → 选项(N)... 命令，在弹出的 选项 对话框中打开 选择 选项卡，在该选项卡中设置选择的模式，如图 3.1.1 所示。

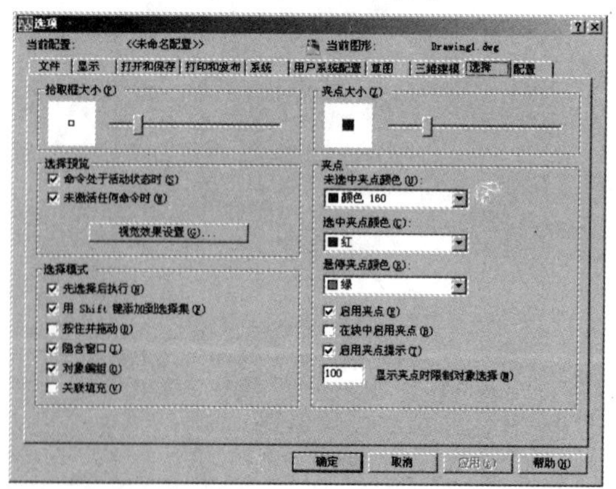

图 3.1.1　“选择”选项卡

3.1.2　选择对象的方法

在 AutoCAD 2008 中，选择对象的方法有很多种，用户可以通过鼠标点取的方法逐个选择对象，或用矩形窗口和交叉窗口选择多个对象，也可以选择图形中的所有对象。

在编辑对象时，如果命令行提示“选择对象”，此时输入“？”按回车键，命令行提示如下：

需要点或窗口(W)/上一个(L)/窗交(C)/框(BOX)/全部(ALL)/栏选(F)/圈围(WP)/圈交(CP)/编组(G)/添加(A)/删除(R)/多个(M)/前一个(P)/放弃(U)/自动(AU)/单个(SI) 选择对象:

其中各命令选项的功能介绍如下：

（1）窗口(W)：选择矩形框中的所有对象。拖动鼠标从左到右指定角点创建窗口选择，如图 3.1.2 所示，拖动鼠标从右到左指定角点则创建窗交选择。

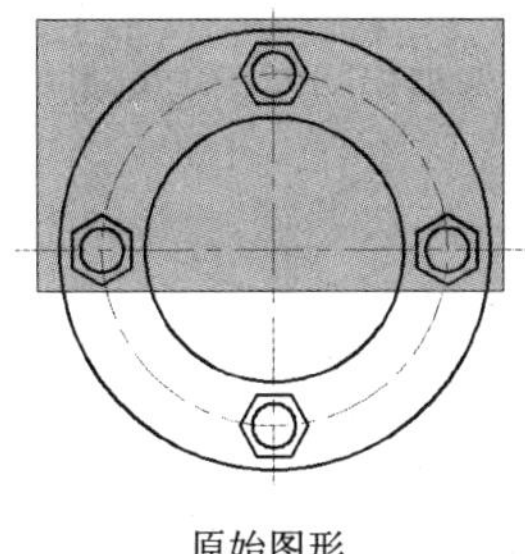

原始图形

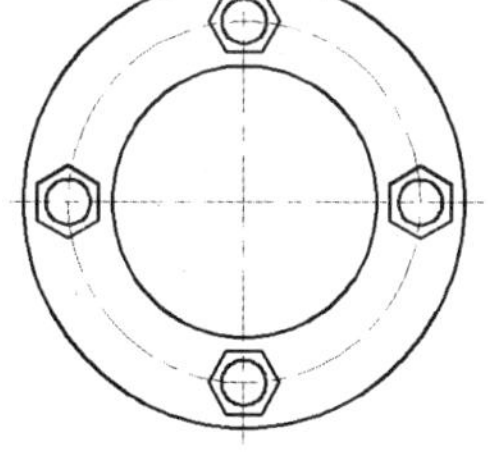

效果图

图 3.1.2　“窗口”选择对象

（2）上一个(L)：选择最近一次创建的可见对象。

（3）窗交(C)：选择区域框内部或与之相交的所有对象。窗交显示的方框为虚线或高亮度方框，这与窗口选择框不同。拖动鼠标从左到右指定角点创建窗交选择，如图 3.1.3 所示。拖动鼠标从右到左指定角点则创建窗口选择。

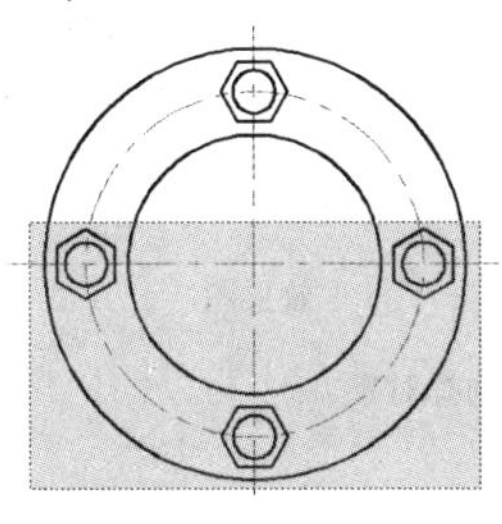

原始图形

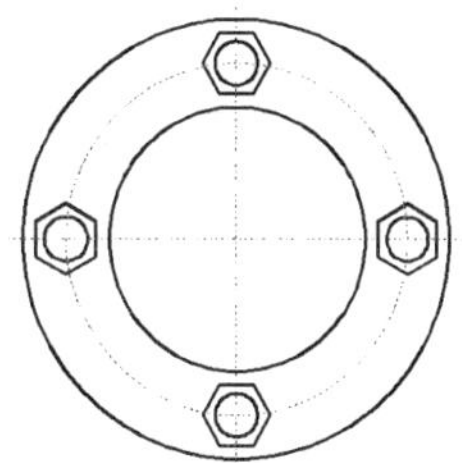

效果图

图 3.1.3　“窗交”选择对象

（4）框(BOX)：选择矩形框内部或与之相交的所有对象。如果矩形的点是从右至左指定的，框选与窗交等价。否则，框选与窗口选择效果相同。

（5）全部(ALL)：选择解冻的图层上的所有对象。

（6）栏选(F)：选择与选择栏相交的所有对象。栏选方法与圈交方法相似，只是栏选不闭合，并且栏选线可以相交，如图 3.1.4 所示。

（7）圈围(WP)：选择多边形中的所有对象。该多边形可以为任意形状，但不能与自身相交或相切，且该多边形在任何时候都是闭合的，如图 3.1.5 所示。

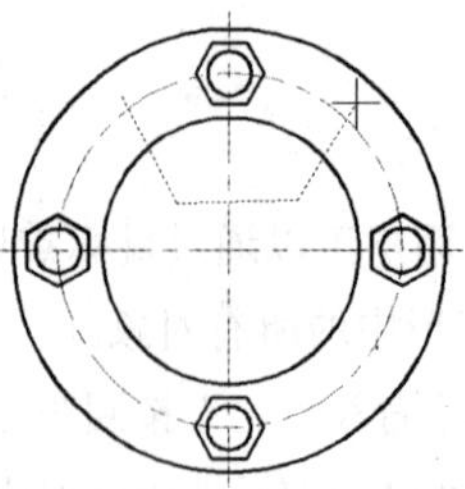
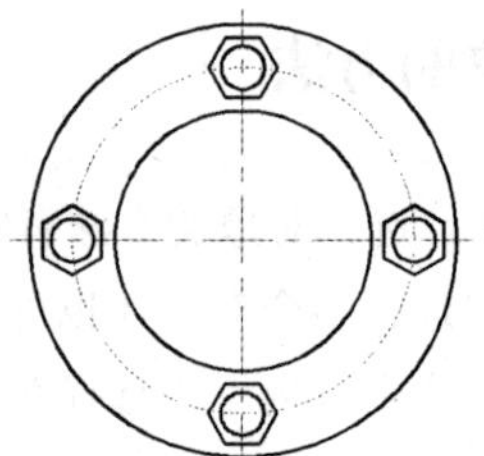

原始图形　　　　效果图

图 3.1.4 “栏选”选择对象

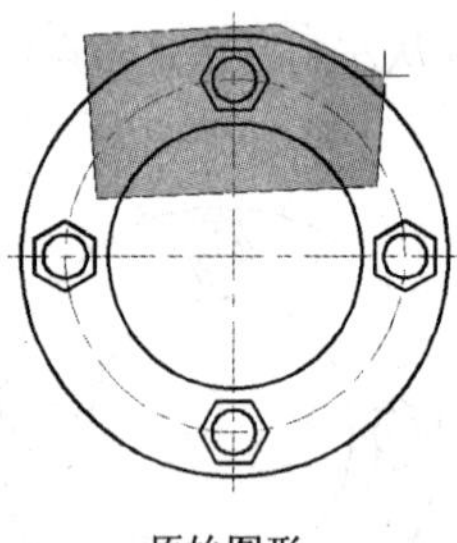
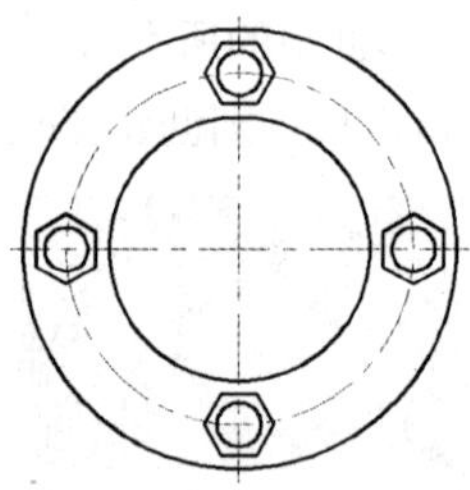

原始图形　　　　效果图

图 3.1.5 “圈围”选择对象

（8）圈交(CP)：选择多边形（通过在待选对象周围指定点来定义）内部或与之相交的所有对象。该多边形可以为任意形状，但不能与自身相交或相切，且该多边形在任何时候都是闭合的，如图 3.1.6 所示。

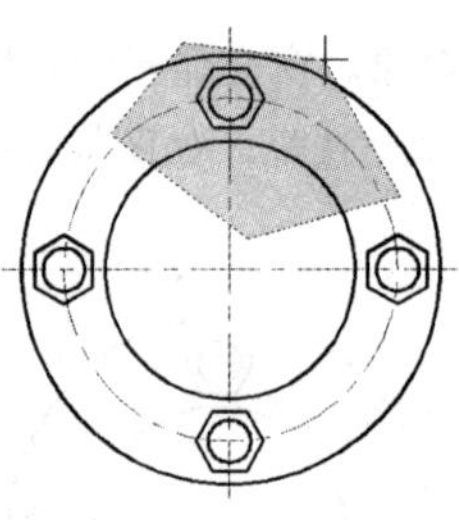
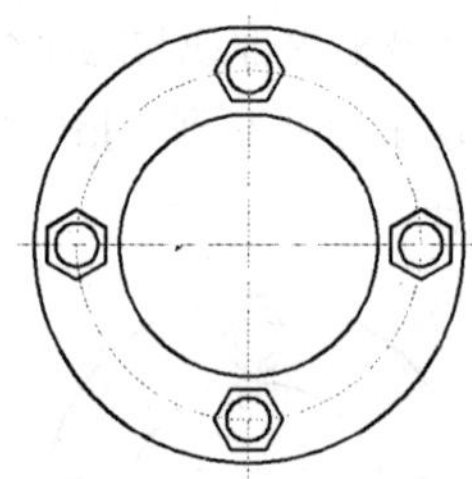

原始图形　　　　效果图

图 3.1.6 “圈交”选择对象

（9）编组(G)：选择指定组中的全部对象。

（10）添加(A)：切换到“添加”模式，可以使用任何对象选择方法将选定对象添加到选择集。“自动”和“添加”为默认模式。

（11）删除(R)：切换到“删除”模式，可以使用任何对象选择方法从当前选择集中删除对象。“删除”模式的替换模式是在选择单个对象时按住“Shift”键，或者使用“自动”选项。

（12）多个(M)：指定多次选择而不高亮显示对象，从而加快对复杂对象的选择过程。如果两次指定相交对象的交点，“多个”也将选中这两个相交对象。

（13）前一个(P)：选择最近创建的选择集。

（14）放弃(U)：放弃选择最近添加到选择集中的对象。

（15）自动(AU)：切换到“自动”模式，指向一个对象即可选择该对象。指向对象内部或外部的空白区，将形成框选方法定义的选择框的第一个角点。

（16）单个(SI)：切换到“单个”模式，选择指定的第一个或第一组对象而不继续提示进一步选择对象。

3.1.3　快速选择

在 AutoCAD 2008 中，可以通过快速选择来选择多个具有相同属性的对象来构建选择集。执行快速选择命令的方法有以下 4 种：

（1）选择 工具(T) → 快速选择(K)... 命令。

（2）在命令行中输入命令 qselect。

（3）在绘图窗口中单击鼠标右键，在弹出的快捷菜单中选择 快速选择(Q)... 命令。

（4）选择 工具(T) → 特性(P) CTRL+1 命令，在打开的 特性 面板中单击“快速选择”按钮。

执行该命令后，弹出 快速选择 对话框，如图 3.1.7 所示。在该对话框中设置选择条件后即可快速创建选择集。

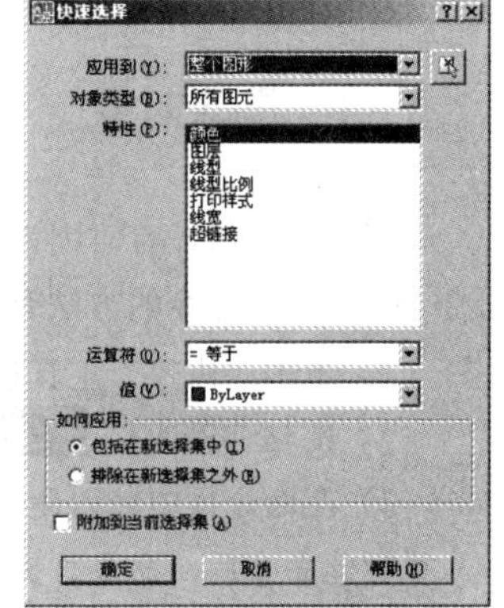

图 3.1.7　“快速选择”对话框

该对话框中各选项的含义如下：

（1）应用到(Y): 下拉列表框：单击该下拉列表框右边的下三角按钮，可在弹出的下拉列表中选择过滤条件应用的范围。

（2）对象类型(B): 下拉列表框：单击该下拉列表框右边的下三角按钮，在弹出的下拉列表中选择包含在过滤条件中的对象类型。

（3）特性(P): 列表：在该列表中选择对象的特性，指定过滤器的对象特性。

（4）运算符(O): 下拉列表框：单击该下拉列表框右边的下三角按钮，在弹出的下拉列表中选择控制过滤的范围，包括“等于”、“不等于”、“大于”、“小于”和“*通配符匹配”5 个选项。

（5）值(V): 下拉列表框：单击该下拉列表框右边的下三角按钮，在弹出的下拉列表中选择指定过滤器的特性值。

（6）如何应用: 选项组：指定将符合给定过滤条件的对象包括在新选择集之内还是排除在新选择集之外。选中 包括在新选择集中(I) 单选按钮，将创建其中只包含符合过滤条件的对象的新选择集；选中 排除在新选择集之外(E) 单选按钮，将创建其中只包含不符合过滤条件的对象的新选择集。

（7）附加到当前选择集(A) 复选框：选中此复选框，将快速选择命令创建的选择集附加到当前选择集。

例如，可以用快速选择法选择如图 3.1.8 所示图形中的所有粗线图层上的圆，具体操作如下：

（1）选择 工具(T) → 快速选择(K)... 命令，弹出 快速选择 对话框。

（2）在该对话框中的 应用到(Y): 下拉列表框中选择“整个图形”选项，在 对象类型(B): 下拉列表框中选择“圆”选项。

（3）在 特性(P): 列表框中选择“图层”选项，在 运算符(O): 下拉列表框中选择“=”选项，在 值(V): 下拉列表框中选择“0”选项。

（4）在 如何应用: 选项组中选中 包括在新选择集中(I) 单选按钮，最后单击 确定 按钮即可选中所有需要的圆，效果如图 3.1.8 所示。

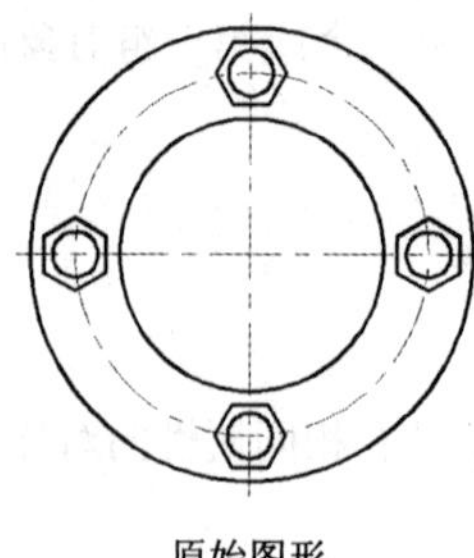
原始图形

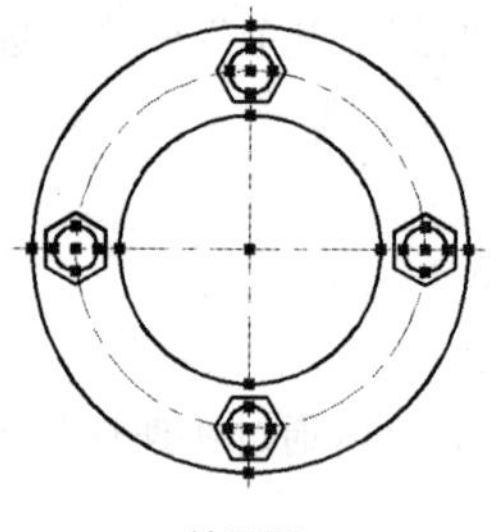
效果图

图 3.1.8　快速选择对象

3.2　删除、移动、旋转和对齐对象

在 AutoCAD 2008 中，可以使用“修改”工具栏中的工具对图形对象进行删除、移动、旋转和对齐操作，本节将详细介绍这几种编辑命令的使用方法。

3.2.1　删除对象

在绘制图形时，有时因为误操作需要将已经绘制的图形删除，此时可以使用 AutoCAD 中的删除命令。执行删除命令的方法有以下 3 种：

（1）单击“修改”工具栏中的“删除”按钮。

（2）选择 修改(M) → 删除(E) 命令。

（3）在命令行中输入命令 erase。

执行此命令后，命令行提示如下：

命令: _erase

选择对象:（选择要删除的对象）

选择对象:（按回车键结束命令）

另外，选中要删除的图形对象后，按“Delete”键也可以删除对象。

3.2.2　移动对象

在 AutoCAD 2008 中，使用移动命令可以将选中的对象移动到指定的位置，而不改变对象的形状和大小。执行移动命令的方法有以下 3 种：

（1）单击“修改”工具栏中的“移动”按钮。

（2）选择 修改(M) → 移动(V) 命令。

（3）在命令行中输入命令 move。

执行移动命令后，命令行提示如下：

命令: _move（执行移动命令）

选择对象:（选择要移动的对象）

选择对象:（按回车键结束对象选择）

指定基点或 [位移(D)] <位移>:（指定移动对象的基点）

指定第二个点或 <使用第一个点作为位移>:（指定移动对象的目标点）

例如，用移动命令移动如图 3.2.1 左图所示的圆，效果如图 3.2.1 右图所示，具体操作如下：

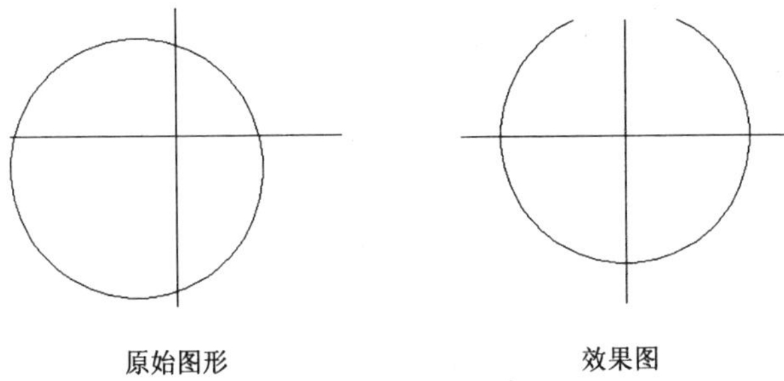

图 3.2.1　移动图形

命令: _move

选择对象:（选中如图 3.2.1 所示图形中的圆）

选择对象:（按回车键结束对象选择）

指定基点或 [位移(D)] <位移>:（捕捉如图圆的圆心）

指定第二个点或 <使用第一个点作为位移>:（捕捉如图直线的交点）

3.2.3　旋转对象

在 AutoCAD 2008 中，使用旋转命令可以将选中的图形对象绕基点旋转指定的角度。执行旋转命令的方法有以下 3 种：

（1）单击“修改”工具栏中的“旋转”按钮。

（2）选择修改(M)→旋转(R)命令。

（3）在命令行中输入命令 rotate。

执行旋转命令后，命令行提示如下：

命令: _rotate

UCS 当前的正角方向:　ANGDIR=逆时针　ANGBASE=0（系统提示）

选择对象:（选择要旋转的对象）

选择对象:（按回车键结束对象选择）

指定基点:（捕捉对象的旋转基点）

指定旋转角度，或 [复制(C)/参照(R)] <0>:（指定旋转角度）

其中各命令选项的功能介绍如下：

（1）复制(C)：选择此命令选项，在旋转对象的同时以原对象为样本复制对象。

（2）参照(R)：选择此命令选项，在图形中指定参照角度，以新角度旋转对象，命令行提示如下：

指定旋转角度，或 [复制(C)/参照(R)] <30>:　r（选择“参照”命令选项）

指定参照角 <30>:（指定参照角的第一点）

指定第二点:（指定参照角的第二点）

指定新角度或 [点(P)] <60>:（拖动鼠标指定新角度）

例如，用旋转命令旋转如图 3.2.2 左图所示的图形，旋转后的效果如图 3.2.2 右图所示，具体操作如下：

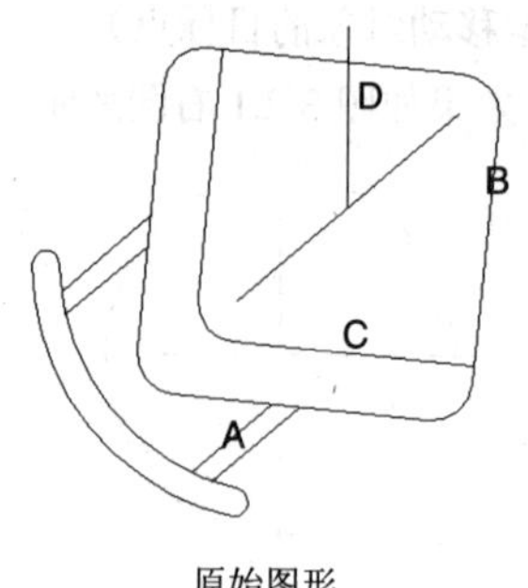

原始图形

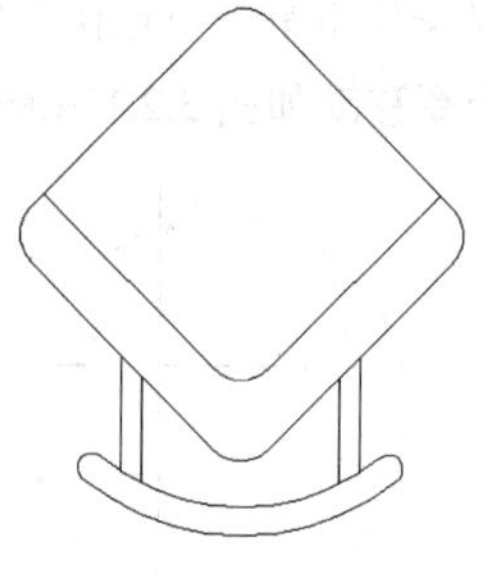
效果图

图 3.2.2　旋转对象

单击“直线”工具栏中的“直线”按钮，用直线连接如图 3.2.2 左图所示图形中圆弧的圆心 A 点和 B 点，然后再以绘制直线的中点为起点，绘制一条垂直的直线，如图 3.2.2 左图所示。

单击“修改”工具栏中的“旋转”按钮，执行旋转命令，命令行提示如下：

命令: _rotate

UCS 当前的正角方向:　ANGDIR=逆时针　ANGBASE=0（系统提示）

选择对象:（指定捕捉窗口的第一个角点）

指定对角点: 找到 17 个（用捕捉窗口框选择如图 3.2.2 左图所示的图形）

选择对象:（按回车键结束对象选择）

指定基点:（捕捉直线 AB 的中点 C）

指定旋转角度，或 [复制(C)/参照(R)] <0>:R（选择“参照”命令选项）

指定参照角 <128>:（捕捉 C 点）

指定第二点:（捕捉 B 点）

指定新角度或 [点(P)] <0>:（捕捉 D 点）

3.2.4　对齐对象

在 AutoCAD 2008 中，使用对齐命令可以使选中的二维对象或三维对象与其他对象对齐。选择 修改(M) → 三维操作(3) → 对齐(L) 命令即可执行对齐命令。

在对齐对象时，可以使用一对、两对或三对对齐点（源点和目标点）来对齐选中的对象，使用对齐点的个数不同，操作的过程也不相同。

如果使用一对对齐点，命令行提示如下：

命令: _align

选择对象:（选择要对齐的对象）

选择对象:（按回车键结束对象选择）

指定第一个源点:（指定第一个源点）

指定第一个目标点:（指定第一个目标点）

指定第二个源点:（按回车键结束命令）

如图 3.2.3 所示为使用一对对齐点对齐对象的效果。

如果使用两对对齐点，命令行提示如下：

命令: _align

选择对象:（选择要对齐的对象）

选择对象:（按回车键结束对象选择）

指定第一个源点:（指定第一个源点）

指定第一个目标点:（指定第一个目标点）

指定第二个源点:（指定第二个源点）

指定第二个目标点:（指定第二个目标点）

指定第三个源点或 <继续>:（按回车键）

是否基于对齐点缩放对象？[是(Y)/否(N)] <否>:（选择是否缩放对象）

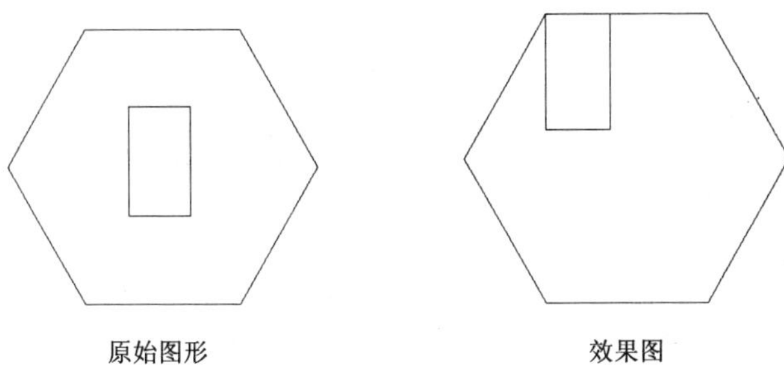

图 3.2.3　使用一对对齐点对齐对象

如果不使用缩放，则对齐后的效果与使用一对对齐点的效果相同。如图 3.2.4 所示为使用两对对齐点对齐对象的效果。

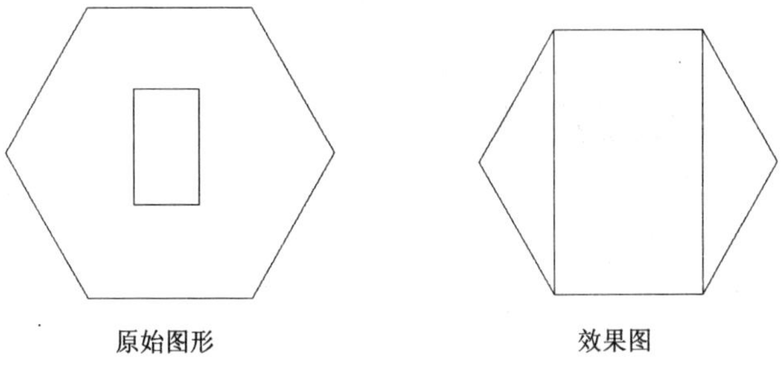

图 3.2.4　使用两对对齐点对齐对象

如果使用三对对齐点，命令行提示如下：

命令: _align

选择对象:（选择要对齐的对象）

选择对象:（按回车键结束对象选择）

指定第一个源点:（指定第一个源点）

指定第一个目标点:（指定第一个目标点）

指定第二个源点:（指定第二个源点）

指定第二个目标点:（指定第二个目标点）

指定第三个源点或 <继续>:（指定第三个源点）

指定第三个目标点或 [退出(X)] <X>:（指定第三个目标点）

如图 3.2.5 所示为使用三对对齐点对齐对象的效果。

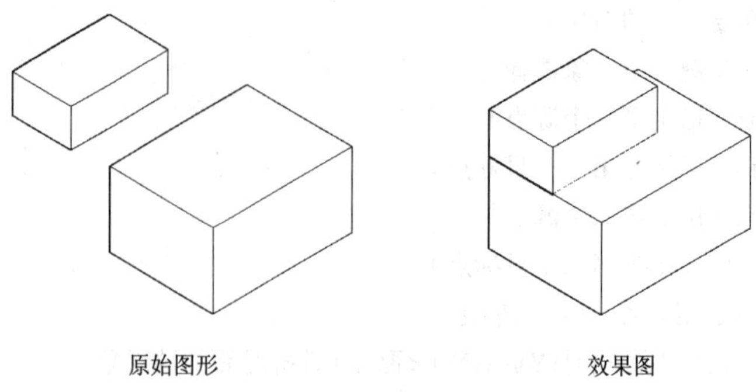

图 3.2.5　使用三对对齐点对齐对象

3.3　复制、阵列、偏移和镜像对象

在 AutouCAD 2008 中，可以使用“修改”工具栏中的工具对图形对象进行复制、阵列、偏移和镜像操作，从而创建与原对象相同或相似的图形，本节将详细介绍这些工具的使用方法。

3.3.1　复制对象

在 AutoCAD 2008 中，使用复制命令可以创建与原对象相同的图形对象。执行复制命令的方法有以下 3 种：

（1）单击“修改”工具栏中的“复制”按钮。

（2）选择修改(M)→复制(Y)命令。

（3）在命令行中输入命令 copy。

执行以上命令后，命令行提示如下：

命令: _copy

选择对象:（选择要复制的对象）

选择对象:（按回车键结束对象选择）

指定基点或 [位移(D)] <位移>:（指定复制对象的基点）

指定第二个点或 <使用第一个点作为位移>:（指定复制对象的目标点）

指定第二个点或[退出(E)/放弃(U)]<退出>:（按回车键结束命令）

使用复制命令复制对象时，还可以根据需要将新创建的对象放置到指定的位置。

3.3.2　阵列对象

在 AutoCAD 2008 中，使用阵列命令可以按矩形或环形的方式创建多个与原对象相同的图形对象。执行阵列命令的方法有以下 3 种：

（1）单击“修改”工具栏中的“阵列”按钮。

（2）选择修改(M)→阵列(A)...命令。

（3）在命令行中输入命令 array 或 ar。

执行阵列命令后，弹出阵列对话框，如图 3.3.1 所示。

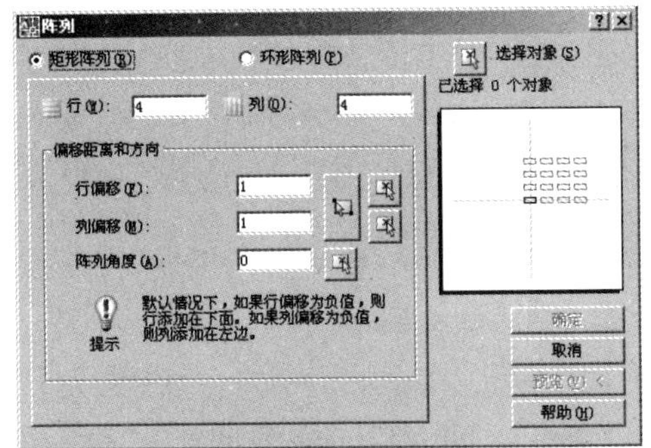

图 3.3.1　“阵列”对话框

阵列的方式有两种，矩形阵列和环形阵列，选中阵列对话框中的矩形阵列(R)单选按钮则执行矩形阵列，选中该对话框中的环形阵列(P)单选按钮则执行环形阵列。

1．矩形阵列

矩形阵列是以矩阵的方式创建与原对象相同的图形对象，在阵列的同时还可以调整新对象之间的距离和旋转角度。选中阵列对话框中的矩形阵列(R)单选按钮时的对话框如图 3.3.1 所示。该对话框中各选项功能介绍如下：

（1）行(W):文本框：指定阵列的行数。

（2）列(O):文本框：指定阵列的列数。

（3）偏移距离和方向选项组：指定偏移的距离和方向。该选项组中各项功能如下：

1）行偏移(F):文本框：指定行间距。向上添加行，需指定正值；向下添加行，需指定负值。

2）列偏移(M):文本框：指定列间距。要向右边添加列，需指定值为正；要向左边添加列，需指定值为负。

3）阵列角度(A):文本框：指定旋转角度。此角度通常为 0，因此行和列与当前 UCS 的 X 和 Y 坐标轴正交。

4）“拾取两个偏移”按钮：单击此按钮，拾取两个偏移按钮。临时关闭“阵列”对话框，切换到绘图窗口，在图形中指定两个角点确定的矩形框，确定行与列的距离和方向。

5）“拾取行偏移”按钮：单击此按钮，拾取行偏移。临时关闭“阵列”对话框，切换到绘图窗口，AutoCAD 提示用户指定两个点，并使用这两个点之间的距离和方向来指定“行偏移”中的值。

6）“拾取列偏移”按钮：单击此按钮，拾取列偏移。临时关闭“阵列”对话框，切换到绘图窗口，AutoCAD 提示用户指定两个点，并使用这两个点之间的距离和方向来指定“列偏移”中的值。

7）“拾取阵列的角度”按钮：单击此按钮，拾取阵列的角度。临时关闭“阵列”对话框，切换到绘图窗口，这样可以输入值或使用定点设备指定两个点，从而指定旋转角度。

8）“选择对象”按钮：单击此按钮，指定用于构造阵列的对象。可以在“阵列”对话框显示之前或之后选择对象。

9）预览(V) <按钮：单击此按钮，显示当前设置下的预览图形。临时关闭“阵列”对话框切换到绘图窗口，显示当前阵列复制的图形效果。

例如，用矩形阵列命令阵列如图 3.3.2 左图所示的圆，效果如图 3.3.2 右图所示，具体操作如下：

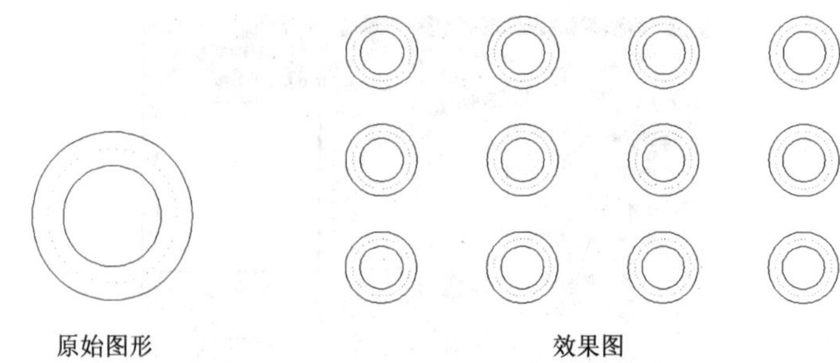

图 3.3.2　矩形阵列图形

（1）单击“修改”工具栏中的“阵列”按钮，在弹出的阵列对话框中选中 矩形阵列(R) 单选按钮。

（2）在该对话框中的 行偏移(F): 文本框中输入行偏移的距离为 150，在该对话框中的 列偏移(M): 文本框中输入列偏移的距离为 200。

（3）单击阵列对话框中的“选择对象”按钮，系统切换到绘图窗口，选择如图 3.3.2 左图所示图形，按回车键返回到阵列对话框，如图 3.3.3 所示。

（4）单击阵列对话框中的 预览(V) < 按钮，弹出阵列提示框，如图 3.3.4 所示，同时在绘图窗口中显示阵列后的效果。

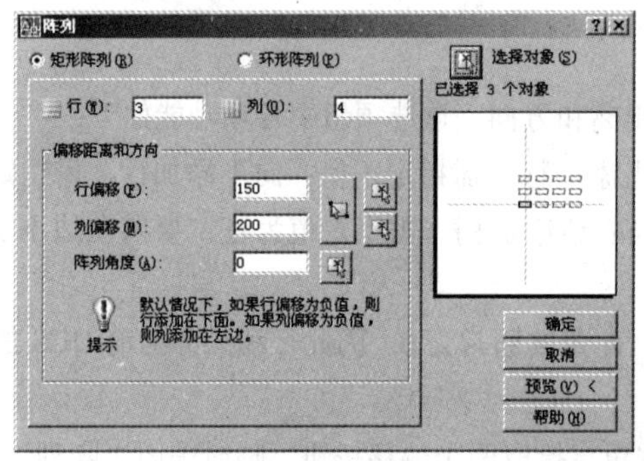

图 3.3.3　“阵列”对话框

图 3.3.4　“阵列”提示框

（5）如果对阵列后的效果满意，则单击 接受 按钮结束阵列操作；如果对阵列后的效果不满意，则单击 修改 按钮返回到阵列对话框，重新设置阵列参数。

2．环形阵列

环形阵列是指以指定的一点为中心点，环绕该点创建多个与原对象相同的图形。执行环形阵列时，用户还可以指定环形阵列的数目以及是否旋转创建的对象。在阵列对话框中选中 环形阵列(P) 单选按钮，则执行环形阵列命令，如图 3.3.5 所示。

该对话框中各选项功能介绍如下：

（1）中心点: 文本框：该文本框用于指定环形阵列的中心点。输入 X 和 Y 坐标值，或单击此文本框右边的“拾取中心点”按钮，在绘图窗口中指定中心点。

（2）方法和值选项组：用于设置环形阵列的排列方式。该选项组中各选项功能如下：

1）方法(M): 下拉列表框：设置定位对象所用的方法。单击下拉列表框右边的按钮，在弹出的下拉列表中选择定位对象的方法。

2）项目总数(I): 文本框：设置在阵列结果中显示的对象数目，默认值为 4。

3）填充角度(F):文本框：通过定义阵列中第一个和最后一个元素的基点之间的包含角度来设置阵列大小，正值指逆时针旋转，负值指顺时针旋转。默认值为 360，值不允许为 0。

4）项目间角度(B):文本框：设置阵列对象的基点和阵列中心之间的包含角。输入的值必须为正值，默认值为 90。

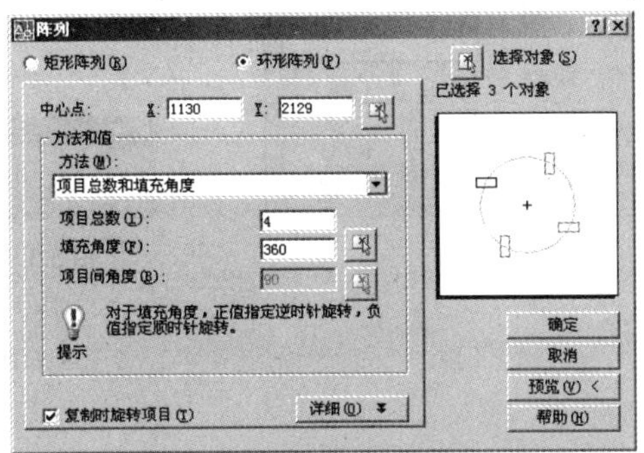

图 3.3.5　“环形阵列”选项设置

（3）复制时旋转项目(T)复选框：设置阵列时是否旋转对象。选中此复选框，阵列时每个对象都朝向中心点；若不选中此复选框，则阵列时每个对象都保持原方向。

（4）详细(O)按钮：单击此按钮，打开或关闭“阵列”对话框中附加选项的显示，其中的附加选项为设置对象基点的默认值。

例如，用环形阵列阵列如图 3.3.6 左图所示的圆，阵列后的效果如图 3.3.6 右图所示，具体操作如下：

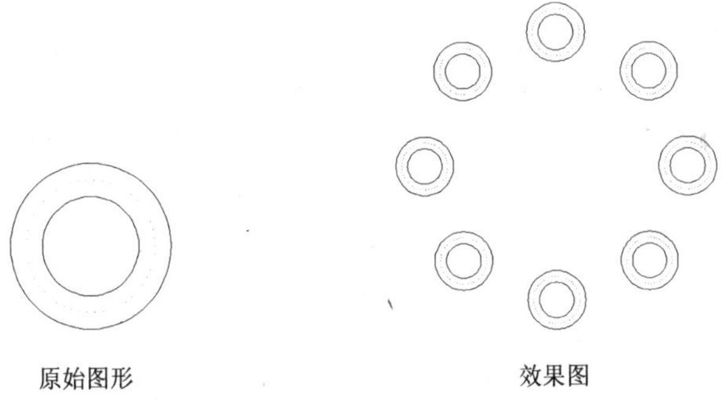

图 3.3.6　环形阵列

（1）单击“修改”工具栏中的“阵列”按钮，在弹出的阵列对话框中选中环形阵列(P)单选按钮。

（2）单击阵列对话框中的“拾取中心点”按钮，系统切换到绘图窗口，捕捉如图 3.3.6 左图所示圆的圆心，系统自动返回到阵列对话框，然后再次单击该对话框中的“选择对象”按钮，系统切换到绘图窗口，选择如图 3.3.6 左图所示的圆，按回车键返回到阵列对话框。

（3）在阵列对话框中的项目总数(I):文本框中输入环形阵列的个数，同时选中该对话框下边的复制时旋转项目(T)复选框，如图 3.3.7 所示。

（4）其他参数设置如图 3.3.7 所示。单击该对话框中的预览(V) <按钮，弹出阵列提示框，如图 3.3.8 所示，同时在绘图窗口中显示阵列后的效果。

（5）如果对阵列后的效果满意，则单击接受按钮结束阵列操作；如果对阵列后的效果不满意，则单击修改按钮返回到阵列对话框，重新设置阵列参数。

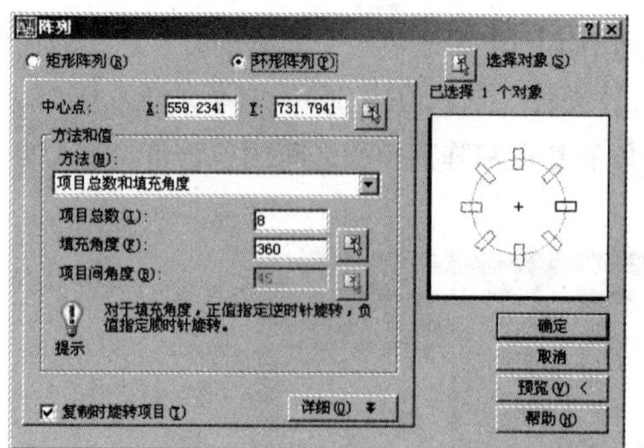

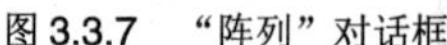
图 3.3.7 “阵列”对话框

图 3.3.8 “阵列”提示框

3.3.3 偏移对象

在 AutoCAD 2008 中，使用偏移命令可以创建平行线或等距离分布的图形。执行偏移命令的方法有以下 3 种：

（1）单击“修改”工具栏中的“偏移”按钮。

（2）选择 修改(M) → 偏移(S) 命令。

（3）在命令行中输入命令 offset。

执行偏移命令后，命令行提示如下：

命令: _offset

当前设置: 删除源=否 图层=源 OFFSETGAPTYPE=0（系统提示）

指定偏移距离或[通过(T)/删除(E)/图层(L)]<通过>:（指定偏移距离）

选择要偏移的对象，或 [退出(E)/放弃(U)] <退出>:（选择要偏移的对象）

指定要偏移的那一侧上的点，或 [退出(E)/多个(M)/放弃(U)] <退出>:（指定偏移的方向）

选择要偏移的对象，或 [退出(E)/放弃(U)] <退出>:（按回车键结束命令）

其中部分命令选项功能介绍如下：

（1）通过(T)：选择此命令选项，将指定对象偏移通过的点。

（2）删除(E)：选择此命令选项，偏移后将删除源对象。

（3）图层(L)：选择此命令选项，确定将偏移对象创建在当前图层上还是源对象所在的图层上。

例如，绘制如图 3.3.9 左图所示图形，并用偏移命令创建如图 3.3.9 右图所示图形，具体操作如下：

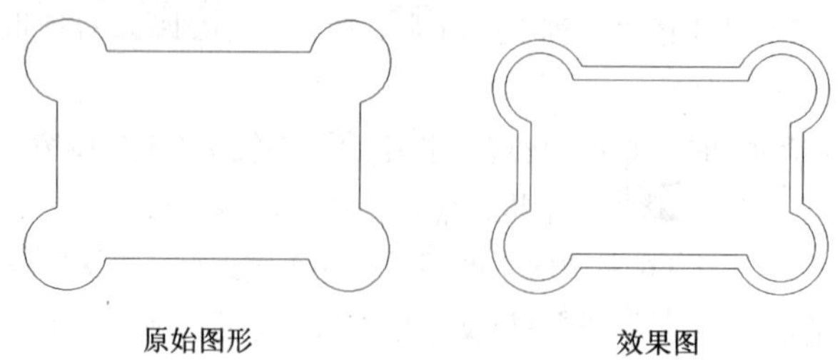

图 3.3.9 偏移对象

单击“绘图”工具栏中的“多段线”按钮，在绘图窗口中绘制如图 3.3.9 左图所示图形。然后单击“修改”工具栏中的“偏移”按钮，命令行提示如下：

命令: _offset（执行偏移命令）

当前设置: 删除源=否　图层=源　OFFSETGAPTYPE=0（系统提示）

指定偏移距离或 [通过(T)/删除(E)/图层(L)] <通过>:2（输入偏移距离）

选择要偏移的对象，或 [退出(E)/放弃(U)] <退出>:（选择如图 3.3.9 左边所示的图形）

指定要偏移的那一侧上的点，或 [退出(E)/多个(M)/放弃(U)] <退出>:（在该图形的外侧单击鼠标左键）

选择要偏移的对象，或 [退出(E)/放弃(U)] <退出>:（按回车键结束命令）

偏移后的效果如图 3.3.9 右图所示。

3.3.4　镜像对象

在 AutoCAD 2008 中，使用镜像命令可以将选中的对象以指定的直线为镜像线创建对称图形。执行镜像命令的方法有以下 3 种：

（1）单击“修改”工具栏中的“镜像”按钮。

（2）选择修改(M)→镜像(I)命令。

（3）在命令行中输入命令 mirror。

执行镜像命令后，命令行提示如下：

命令: _mirror

选择对象:（选择要镜像的对象）

选择对象:（继续选择对象或按回车键结束对象选择）

指定镜像线的第一点:（确定镜像线的第一点）

指定镜像线的第二点:（确定镜像线的另一点）

要删除源对象吗？[是(Y)/否(N)] <N>:（选择是否删除原有的图形）

其中各命令选项功能介绍如下：

（1）是(Y)：选择此命令选项，将删除源对象，只保留镜像后的图形。

（2）否(N)：选择此命令选项，将保留镜像前和镜像后的图形。

例如，用镜像命令创建如图 3.3.10 左图所示图形的对称图形，效果如图 3.3.10 右图所示，具体操作如下：

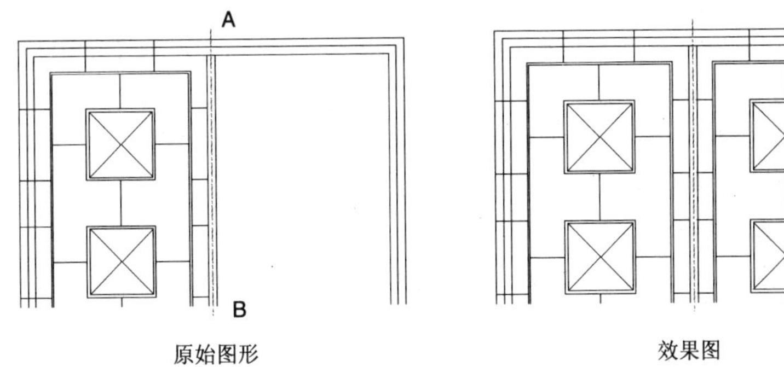

图 3.3.10　镜像对象

单击“修改”工具栏中的“镜像”按钮，命令行提示如下：

命令: _mirror

选择对象:（指定捕捉窗口的第一个角点）

指定对角点：找到 31 个（指定捕捉窗口的第二个角点，选中如图 3.3.10 左图所示图形中的矩形和直线）

选择对象：（按回车键结束对象选择）

指定镜像线的第一点：（捕捉如图 3.3.10 左图所示图形中的 A 点）

指定镜像线的第二点：（捕捉如图 3.3.10 左图所示图形中的 B 点）

要删除源对象吗？[是(Y)/否(N)] <N>：（直接按回车键选择保留源对象）

3.4 修改对象的形状和大小

在 AutoCAD 2008 中，可以使用“修改”工具栏中的工具对图形对象进行修剪、延伸、缩放、拉伸和拉长等操作，从而修改对象的形状和大小，本节将详细介绍这些工具的使用方法。

3.4.1 修剪对象

在 AutoCAD 2008 中，使用修剪命令可以对图形进行精确的修剪，可修剪的对象包括直线、多段线、矩形、圆、圆弧、椭圆、椭圆弧、构造线、样条曲线、块、图纸空间的布局视口等，甚至三维对象也可以进行修剪。

执行修剪命令的方法有以下 3 种：

（1）单击“修改”工具栏中的“修剪”按钮。

（2）选择 修改(M) → 修剪(T) 命令。

（3）在命令行中输入命令 trim。

执行修剪命令后，命令行提示如下：

命令: _trim

当前设置:投影=UCS，边=无（系统提示）

选择剪切边...（系统提示）

选择对象或 <全部选择>：（选择作为剪切边的对象）

选择对象：（按回车键结束对象选择）

选择要修剪的对象，或按住“Shift”键选择要延伸的对象，或[栏选(F)/窗交(C)/投影(P)/边(E)/删除(R)/放弃(U)]：（选择要修剪的对象）

选择要修剪的对象，或按住“Shift”键选择要延伸的对象，或[栏选(F)/窗交(C)/投影(P)/边(E)/删除(R)/放弃(U)]：（按回车键结束命令）

其中各命令选项的功能介绍如下：

（1）按住“Shift”键选择要延伸的对象：延伸选定对象而不是修剪它们。此选项提供了一种在修剪和延伸之间切换的简便方法。

（2）栏选(F)：选择与选择栏相交的所有对象。选择栏是一系列临时线段，它们是用两个或多个栏选点指定的，选择栏不构成闭合环。

（3）窗交(C)：选择由两点确定的矩形区域内部或与之相交的对象。

（4）投影(P)：指定修剪对象时使用的投影方法。

（5）边(E)：确定对象是在另一对象的延长边处进行修剪，还是仅在三维空间中与该对象相交的

对象处进行修剪。

（6）删除(R)：删除选定的对象。

（7）放弃(U)：撤销由修剪命令所做的最近一次修改。

例如，用修剪命令对如图 3.4.1 左图所示图形进行修剪，效果如图 3.4.1 右图所示，具体操作如下：

执行绘制圆命令，绘制如图 3.4.1 左图所示图形，然后单击“修改”工具栏中的“修剪”按钮，命令行提示如下：

命令: _trim

当前设置:投影=UCS，边=无（系统提示）

选择剪切边...（系统提示）

选择对象或 <全部选择>:（直接按回车键选择所有对象互为剪切边）

选择要修剪的对象，或按住“Shift”键选择要延伸的对象，或[栏选(F)/窗交(C)/投影(P)/边(E)/删除(R)/放弃(U)]:（选择如图 3.4.1 左图所示图形中的圆弧 AEB）

选择要修剪的对象，或按住“Shift”键选择要延伸的对象，或[栏选(F)/窗交(C)/投影(P)/边(E)/删除(R)/放弃(U)]:（选择如图 3.4.1 左图所示图形中的圆弧 BHC）

选择要修剪的对象，或按住“Shift”键选择要延伸的对象，或[栏选(F)/窗交(C)/投影(P)/边(E)/删除(R)/放弃(U)]:（选择如图 3.4.1 左图所示图形中的圆弧 CFD）

选择要修剪的对象，或按住“Shift”键选择要延伸的对象，或[栏选(F)/窗交(C)/投影(P)/边(E)/删除(R)/放弃(U)]:（选择如图 3.4.1 左图所示图形中的圆弧 DGA）

选择要修剪的对象，或按住“Shift”键选择要延伸的对象，或[栏选(F)/窗交(C)/投影(P)/边(E)/删除(R)/放弃(U)]:（按回车键结束命令）

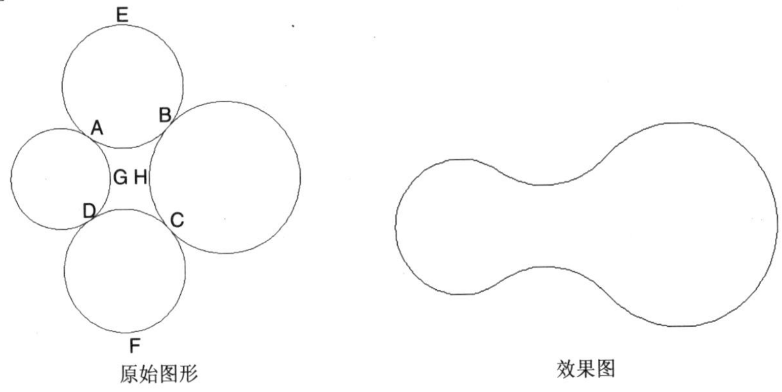

图 3.4.1　修剪对象

3.4.2　延伸对象

在 AutoCAD 2008 中，使用延伸命令可以将选定的对象延伸到指定的边界处。执行延伸命令的方法有以下 3 种：

（1）单击“修改”工具栏中的“延伸”按钮。

（2）选择 修改(M) → 延伸(D) 命令。

（3）在命令行中输入命令 extend。

执行延伸命令后，命令行提示如下：

命令: _extend

当前设置:投影=UCS，边=无（系统提示）

选择边界的边...（系统提示）

选择对象或 <全部选择>:（选择作为边界的边）

选择对象:（按回车键结束对象选择）

选择要延伸的对象，或按住“Shift”键选择要修剪的对象，或[栏选(F)/窗交(C)/投影(P)/边(E)/放弃(U)]:（选择要延伸的对象）

选择要延伸的对象，或按住“Shift”键选择要修剪的对象，或[栏选(F)/窗交(C)/投影(P)/边(E)/放弃(U)]:（按回车键结束命令）

其中各命令选项的功能介绍如下：

（1）按住“Shift”键选择要修剪的对象：修剪选定的对象，而不是将其延伸。这是在修剪和延伸之间切换的简便方法。

（2）栏选(F)：选择与选择栏相交的所有对象。选择栏是以两个或多个栏选点指定的一系列临时直线段。选择栏不能构成闭合的环。

（3）窗交(C)：选择由两点定义的矩形区域内部或与之相交的对象。

（4）投影(P)：指定延伸对象时使用的投影方法。

（5）边(E)：将对象延伸到另一个对象的隐含边，或仅延伸到三维空间中与其实际相交的对象。

（6）放弃(U)：放弃最近由延伸命令所做的修改。

例如，用延伸命令延伸如图 3.4.2 左图所示图形中的直线和圆弧，效果如图 3.4.2 右图所示，具体操作如下：

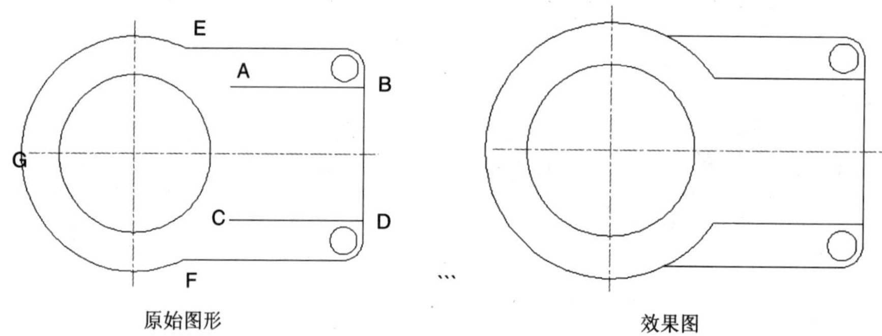

图 3.4.2　延伸对象

单击“修改”工具栏中的“延伸”按钮，命令行提示如下：

命令: _extend

当前设置:投影=UCS，边=无（系统提示）

选择边界的边...（系统提示）

选择对象或 <全部选择>:（直接按回车键选择所有对象互为延伸边界）

选择要延伸的对象，或按住“Shift”键选择要修剪的对象，或[栏选(F)/窗交(C)/投影(P)/边(E)/放弃(U)]:（选择如图 3.4.2 左图所示图形中直线 AB 的 A 端）

选择要延伸的对象，或按住“Shift”键选择要修剪的对象，或[栏选(F)/窗交(C)/投影(P)/边(E)/放弃(U)]:（选择如图 3.4.2 左图所示图形中直线 CD 的 C 端）

选择要延伸的对象，或按住“Shift”键选择要修剪的对象，或[栏选(F)/窗交(C)/投影(P)/边(E)/放弃(U)]:（选择如图 3.4.2 左图所示图形中圆弧 EGF 的 E 端）

选择要延伸的对象，或按住“Shift”键选择要修剪的对象，或[栏选(F)/窗交(C)/投影(P)/边(E)/放弃(U)]:（选择如图 3.4.2 左图所示图形中圆弧 EGF 的 F 端）

选择要延伸的对象，或按住“Shift”键选择要修剪的对象，或[栏选(F)/窗交(C)/投影(P)/边(E)/放弃(U)]:（按回车键结束命令）

3.4.3 缩放对象

在 AutoCAD 2008 中，使用缩放命令将对象按指定的比例因子相对于基点进行放大或缩小。执行缩放命令的方法有以下 3 种：

（1）单击“修改”工具栏上的“缩放”按钮。

（2）选择 修改(M) → 缩放(L) 命令。

（3）在命令行中输入命令 scale。

执行缩放命令后，命令行提示如下：

命令: _scale

选择对象:（选择要缩放的对象）

选择对象:（按回车键结束对象选择）

指定基点:（指定对象的基点）

指定比例因子或 [复制(C)/参照(R)] <1.0000>:（指定缩放的比例因子或选择其他命令选项）

其中各命令选项功能介绍如下：

（1）复制(C)：选择此命令选项，在缩放对象的同时创建对象的副本。

（2）参照(R)：选择此命令选项，以指定的参照对图形进行缩放。命令行提示如下：

指定比例因子或 [复制(C)/参照(R)] <1.5000>: r（选择“参照”命令选项）

指定参照长度 <20.0000>:（指定参照长度的起点）

指定第二点:（指定参照长度的终点）

指定新的长度或 [点(P)] <20.0000>:（指定新长度的终点）

例如，用缩放命令缩放如图 3.4.3 左图所示图形，效果如图 3.4.3 右图所示，具体操作如下：

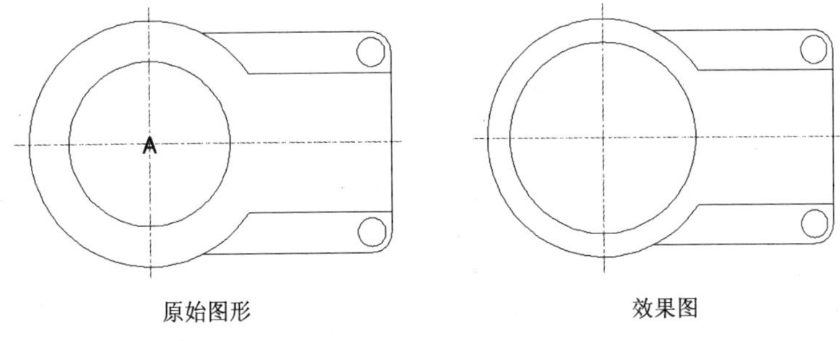

图 3.4.3 缩放对象

单击“修改”工具栏中的“缩放”按钮，命令行提示如下：

命令: _scale

选择对象: 找到 1 个（选择如图 3.4.3 左图所示的大圆）

选择对象:（按回车键结束对象选择）

指定基点:（捕捉如图 3.4.3 所示图形中的 A 点）

指定比例因子或 [复制(C)/参照(R)] <1.0000>: 1.2（输入比例因子 1.2，按回车键）

3.4.4　拉伸对象

在 AutoCAD 2008 中，使用拉伸命令可以通过移动对象的端点、顶点或控制点来改变对象的局部形状。执行拉伸命令的方法有以下 3 种：

（1）单击“修改”工具栏中的“拉伸”按钮。

（2）选择 修改(M) → 拉伸(H) 命令。

（3）在命令行中输入命令 stretch。

执行拉伸命令后，命令行提示如下：

命令: _stretch

以交叉窗口或交叉多边形选择要拉伸的对象...（系统提示）

选择对象:（选择要拉伸的对象）

选择对象:（按回车键结束对象选择）

指定基点或 [位移(D)] <位移>:（指定拉伸对象的基点）

指定第二个点或 <使用第一个点作为位移>:（指定位移点）

选择图形对象时，如果将图形对象全部选择，则 AutoCAD 执行拉伸命令；如果选择图形对象的一部分，则拉伸规则如下：

（1）直线：选择窗口内的端点进行拉伸，另一端点不动。

（2）多段线：选择窗口内的部分被拉伸，选择窗口外的部分保持不变。

（3）圆弧：选择窗口内的端点进行拉伸，另一端点不动，但与直线不同的是，圆弧在拉伸过程中弦高保持不变，改变的是圆弧的圆心位置、圆弧起始角和终止角的值。

（4）区域填充：选择窗口内的端点进行拉伸，选择窗口外的端点不动。

（5）其他对象：如果定义点位于选择窗口内，则进行拉伸；如果定义点位于窗口外，则不进行拉伸。

例如，用拉伸命令拉伸如图 3.4.4 左图所示图形的虚线框部分，效果如图 3.4.4 右图所示，具体操作如下：

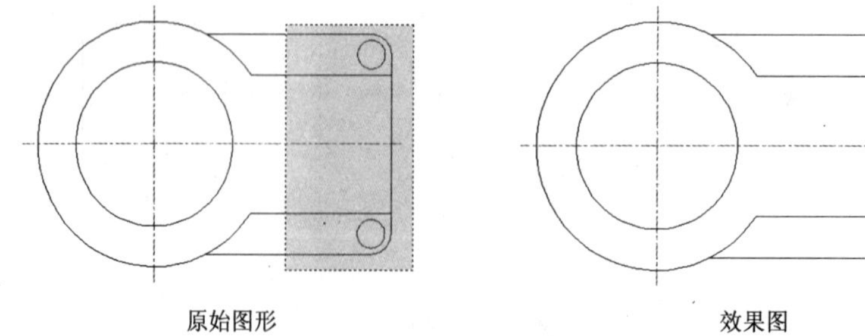

原始图形　　　　效果图

图 3.4.4　拉伸对象

命令: _stretch（执行拉伸命令）

以交叉窗口或交叉多边形选择要拉伸的对象...（系统提示）

选择对象：（指定交叉窗口的第一个角点）

指定对角点：找到 9 个（指定交叉窗口的第二个角点，选择如图 3.4.4 左图所示图形中虚线框内的对象）

选择对象：（按回车键结束对象选择）

指定基点或 [位移(D)] <位移>：（捕捉如图 3.4.4 左图所示图形中圆的圆心）

指定第二个点或 <使用第一个点作为位移>：（水平向右拖动鼠标，然后单击鼠标左键）

3.4.5　拉长对象

在 AutoCAD 2008 中，使用拉长命令修改线段或圆弧的长度。执行该命令的方法有以下两种：

（1）选择 修改(M) → 拉长(G) 命令。

（2）在命令行中输入命令 lengthen。

执行拉长命令后，命令行提示如下：

命令: _lengthen

选择对象或 [增量(DE)/百分数(P)/全部(T)/动态(DY)]：（选择对象）

当前长度: 10.0000（系统提示选中对象的长度属性）

选择对象或 [增量(DE)/百分数(P)/全部(T)/动态(DY)]：（选择一个命令选项）

输入长度增量或 [角度(A)] <10.0000>：（指定改变量）

选择要修改的对象或 [放弃(U)]：（选择要修改的对象）

选择要修改的对象或 [放弃(U)]：（按回车键结束命令）

其中各命令选项功能介绍如下：

（1）增量(DE)：选择此命令选项，用户给定一个长度或角度增量值，值为正则增加，值为负则缩短。对象总是从距离选择点最近的端点开始增加或缩短增量值。

（2）百分数(P)：选择此命令选项，用户给定一个百分数，AutoCAD 以对象的总长度或总角度乘以这个百分数得到的值来改变对象的长度或角度。

（3）全部(T)：选择此命令选项，用户给定一个长度或角度，AutoCAD 以当前值改变对象的长度或角度。此时长度值的取值范围是正整数，角度值的取值范围大于 0° 而小于 360°。

（4）动态(DY)：选择此命令选项，这种方法不用给定具体的值，只需要拖动鼠标就可以改变对象的长度或角度。

例如，用拉长命令拉长如图 3.4.5 左图所示图形中的直线和圆，效果如图 3.4.5 右图所示，具体操作如下：

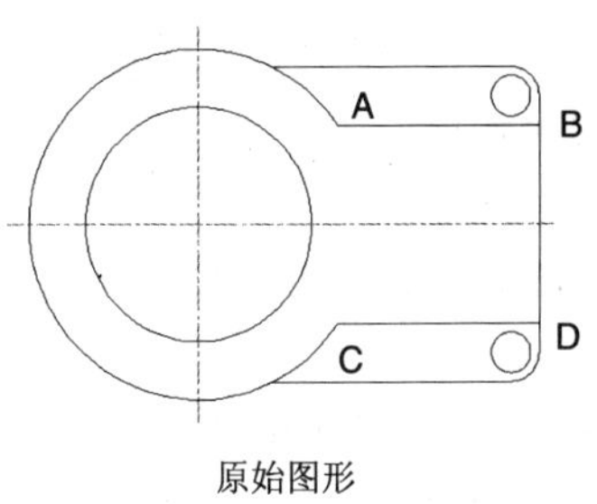

原始图形

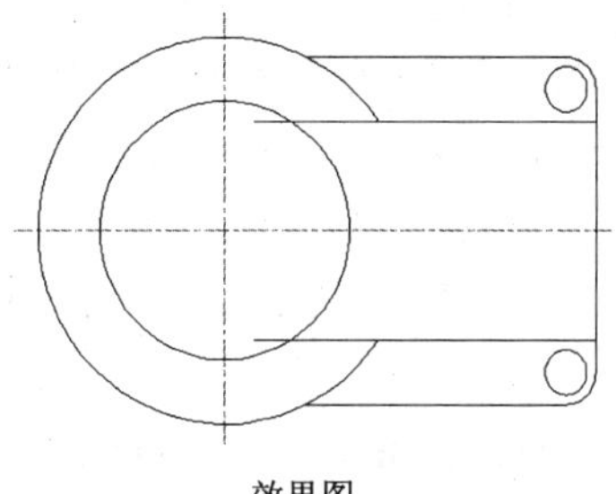

效果图

图 3.4.5　拉长对象

选择 修改(M) → 拉长(G) 命令，命令行提示如下：

命令: _lengthen

选择对象或 [增量(DE)/百分数(P)/全部(T)/动态(DY)]: de（选择“增量”命令选项）

输入长度增量或 [角度(A)] <10.0000>: 40（输入增量的长度）

选择要修改的对象或 [放弃(U)]:（选择如图 3.4.5 左边所示图形中直线 AB 的 A 端）

选择要修改的对象或 [放弃(U)]:（选择如图 3.4.5 左边所示图形中直线 CD 的 C 端）

选择要修改的对象或 [放弃(U)]:（按回车键结束命令）

拉长后的效果如图 3.4.5 右图所示。

3.5 倒角、圆角和打断

在 AutoCAD 2008 中，可以使用“修改”工具栏中的工具对图形对象进行倒角、圆角、打断、合并和分解操作，本节将详细介绍这些工具的使用方法。

3.5.1 倒角对象

在 AutoCAD 2008 中，使用倒角命令可以将对象中尖锐的角用一个倾斜的面来代替。执行倒角命令的方法有以下 3 种：

（1）单击“修改”工具栏中的“倒角”按钮。

（2）选择 修改(M) → 倒角(C) 命令。

（3）在命令行中输入命令 chamfer。

执行倒角命令后，命令行提示如下：

命令: _chamfer

(“修剪”模式) 当前倒角距离 1 = 0.0000，距离 2 = 0.0000（系统提示）

选择第一条直线或 [放弃(U)/多段线(P)/距离(D)/角度(A)/修剪(T)/方式(E)/多个(M)]:（选择需要倒角对象的第一条边）

选择第二条直线，或按住“Shift”键选择要应用角点的直线:（选择需要倒角对象的第二条边）

选择第二条直线，或按住“Shift”键选择要应用角点的直线:（选择第二个倒角边）

其中各命令选项的功能介绍如下：

（1）放弃(U)：选择此命令选项，恢复在命令中执行的上一步操作。

（2）多段线(P)：选择此命令选项，对整个二维多段线倒角。

（3）距离(D)：选择此命令选项，设置倒角到选定边端点的距离，命令行提示如下：

指定第一个倒角距离 <0.0000>:（输入第一个倒角的距离）

指定第二个倒角距离 <3.0000>:（输入第二个倒角的距离）

（4）角度(A)：选择此命令选项，用第一条线的倒角距离和第二条线的角度设置倒角，命令行提示如下：

指定第一条直线的倒角长度 <0.0000>:（输入第一条直线的倒角长度）

指定第一条直线的倒角角度 <0>:（输入第一条直线的倒角角度）

（5）修剪(T)：选择此命令选项，控制倒角是否将选定的边修剪到倒角直线的端点。如图 3.3.1

所示为“修剪”模式下和“不修剪”模式下的倒角效果。

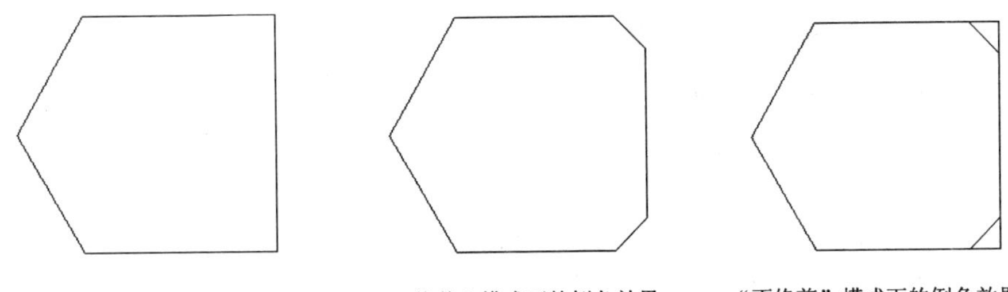

图 3.5.1　“修剪”与“不修剪”模式下的倒角效果

（6）方式(E)：选择此命令选项，控制使用两个距离还是一个距离一个角度来创建倒角。

（7）多个(M)：选择此命令选项，为多组对象的边倒角。

例如，用倒角命令对如图 3.5.2 左图所示图形进行倒角，倒角距离分别为 10 和 15，效果如图 3.5.2 右图所示，具体操作如下：

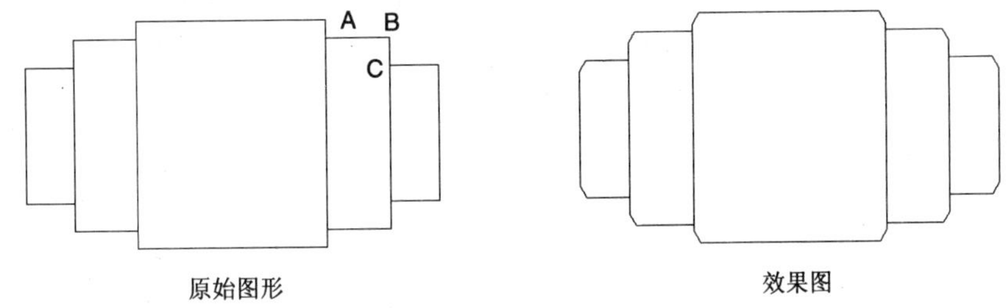

图 3.5.2　倒角对象

单击“修改”工具栏中的“倒角”按钮，命令行提示如下：

命令: _chamfer

(“修剪”模式) 当前倒角距离 1 = 10.0000，距离 2 = 10.0000（系统提示）

选择第一条直线或 [放弃(U)/多段线(P)/距离(D)/角度(A)/修剪(T)/方式(E)/多个(M)]: d（选择“距离”命令选项）

指定第一个倒角距离 <10.0000>: 3（输入第一个倒角距离）

指定第二个倒角距离 <3.0000>: 5（输入第二个倒角距离）

选择第一条直线或 [放弃(U)/多段线(P)/距离(D)/角度(A)/修剪(T)/方式(E)/多个(M)]: m（选择“多个”命令选项）

选择第一条直线或 [放弃(U)/多段线(P)/距离(D)/角度(A)/修剪(T)/方式(E)/多个(M)]:（捕捉如图 3.5.2 左图所示图形中直线 AB 的 B 端）

选择第二条直线，或按住“Shift”键选择要应用角点的直线:（捕捉如图 3.5.2 左图所示图形中直线 BC 的 B 端）

选择第一条直线或 [放弃(U)/多段线(P)/距离(D)/角度(A)/修剪(T)/方式(E)/多个(M)]:（依次捕捉其他尖角的两个边，最后按回车键结束命令）

3.5.2　圆角对象

在 AutoCAD 2008 中，使用圆角命令可以将图形中尖锐的角用光滑的弧来替代。执行圆角命令的方法有以下 3 种：

（1）单击“修改”工具栏中的“圆角”按钮。

（2）选择 修改(M) → 圆角(F) 命令。

（3）在命令行中输入命令 fillet。

执行圆角命令后，命令行提示如下：

命令: _fillet

当前设置: 模式 = 修剪，半径 = 2.0000（系统提示）

选择第一个对象或 [放弃(U)/多段线(P)/半径(R)/修剪(T)/多个(M)]:（选择圆角对象的第一条边）

选择第二个对象，或按住“Shift”键选择要应用角点的对象:（选择圆角对象的第二条边）

其中各命令选项功能介绍如下：

（1）放弃(U)：选择此命令选项，恢复在命令中执行的上一个操作。

（2）多段线(P)：选择此命令选项，在二维多段线中两条线段相交的每个顶点处插入圆角弧。

（3）半径(R)：选择此命令选项，定义圆角弧的半径。

（4）修剪(T)：选择此命令选项，控制圆角是否将选定的边修剪到圆角弧的端点。

（5）多个(M)：选择此命令选项，给多个对象一起圆角。

例如，用圆角命令对如图 3.5.3 左图所示图形进行圆角操作，圆角半径为 10，效果如图 3.5.3 右图所示，具体操作如下：

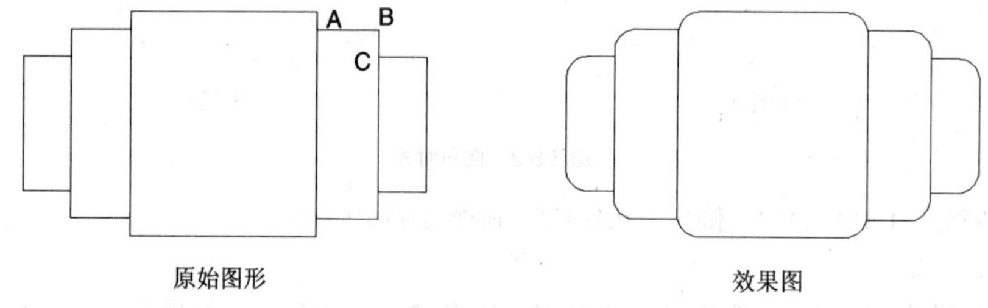

图 3.5.3 圆角对象

单击“修改”工具栏中的“圆角”按钮，命令行提示如下：

命令: _fillet

当前设置: 模式 = 修剪，半径 = 0.0000（系统提示）

选择第一个对象或 [放弃(U)/多段线(P)/半径(R)/修剪(T)/多个(M)]: r（选择“半径”命令选项）

指定圆角半径 <0.0000>: 10（输入圆角半径）

选择第一个对象或 [放弃(U)/多段线(P)/半径(R)/修剪(T)/多个(M)]: m（选择“多个”命令选项）

选择第一个对象或 [放弃(U)/多段线(P)/半径(R)/修剪(T)/多个(M)]:（选择如图 3.5.3 左图所示图形中直线 AB 的 B 端）

选择第二个对象，或按住“Shift”键选择要应用角点的对象:（选择如图 3.5.3 左图所示图形中直线 BC 的 B 端）

选择第一个对象或 [放弃(U)/多段线(P)/半径(R)/修剪(T)/多个(M)]:（依次捕捉其他尖角的两条边，最后按回车键结束命令）

用圆角命令对圆弧和直线进行圆角，根据选择点的不同会出现不同的效果，如图 3.5.4 所示。同样，用圆角命令对圆进行圆角，根据选择点的不同，同样也有多种不同的效果，如图 3.5.5 所示。

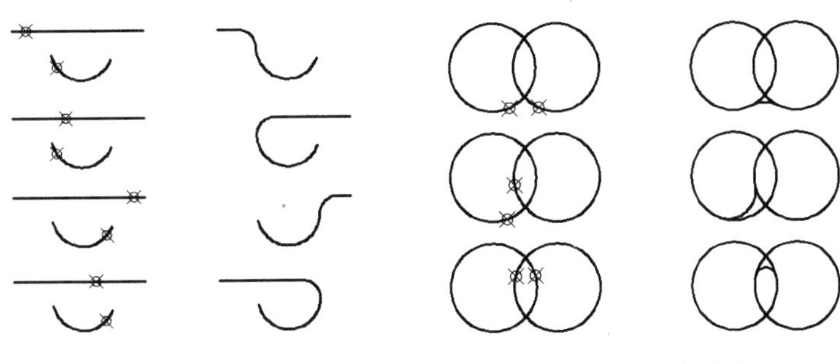

图 3.5.4　对圆弧和直线倒圆角　　　　图 3.5.5　对圆倒圆角

3.5.3　打断对象

在 AutoCAD 2008 中，使用打断命令可以将一个完整的对象部分删除或将其分解成两部分。执行打断命令的方法有以下 3 种：

（1）单击“修改”工具栏中的“打断”按钮。

（2）选择 修改(M) → 打断(K) 命令。

（3）在命令行中输入命令 break。

执行打断命令后，命令行提示如下：

命令: _break

选择对象:（选择要打断的对象）

指定第二个打断点 或 [第一点(F)]:（指定第二个打断点）

如果选择“第一点”命令选项，命令行提示如下：

指定第二个打断点 或 [第一点(F)]: f（选择“第一点”命令选项）

指定第一个打断点:（重新指定第一个打断点）

指定第二个打断点:（指定第二个打断点）

确定两个断点后，即可删除这两个断点之间的部分，如果断点不在对象上，则选择对象上与该点最接近的点作为断点。

例如，用打断命令将如图 3.5.6 左图所示的图形打断成两部分，效果如图 3.5.6 右图所示，具体操作如下：

单击“修改”工具栏中的“打断”按钮，命令行提示如下：

命令: _break

选择对象:（选择如图 3.5.6 左图所示图形）

指定第二个打断点 或 [第一点(F)]: f（选择“第一点”命令选项）

指定第一个打断点:（捕捉如图 3.5.6 左图所示图形中的节点 A）

指定第二个打断点:（捕捉如图 3.5.6 左图所示图形中的节点 B）

命令: _break（继续执行打断命令）

选择对象:（选择如图 3.5.6 左图所示图形）

指定第二个打断点 或 [第一点(F)]: f（选择“第一点”命令选项）

指定第一个打断点:（捕捉如图 3.5.6 左图所示图形中的节点 C）

指定第二个打断点:（捕捉如图 3.5.6 左图所示图形中的节点 D）

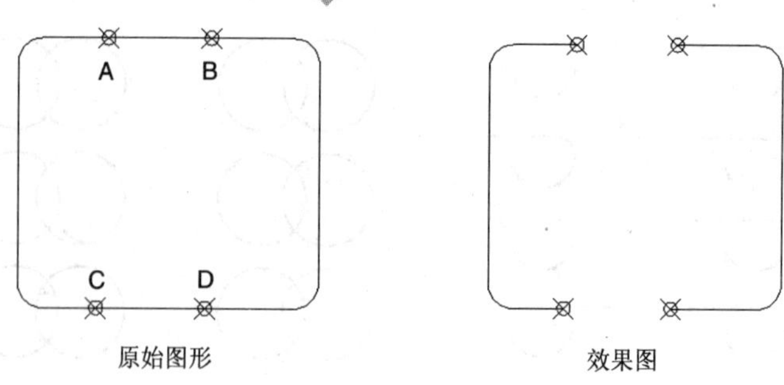

图 3.5.6　打断对象

3.5.4　打断于点

在 AutoCAD 2008 中，使用打断于点命令可以将对象在一点处断开。该命令由打断命令衍生而来，单击“修改”工具栏中的“打断于点”按钮即可执行。执行该命令时，需要选择被打断的对象，然后指定打断点即可。

3.5.5　合并对象

在 AutoCAD 2008 中，使用合并命令可以将某一连续图形上的两个部分连接成一个对象，或将某段圆弧闭合为整圆。执行合并命令的方法有以下 3 种：

（1）单击“修改”工具栏中的“合并”按钮。

（2）选择 修改(M) → 合并(J) 命令。

（3）在命令行中输入命令 join。

执行打断命令后，命令行提示如下：

命令: _ join

选择源对象:（选择要合并的对象）

根据用户选择对象的不同，命令行提示也有所不同，如果用于选择的对象为线性对象，则命令行提示如下：

选择要合并到源的直线:（选择线性对象）

如果用户选择的对象为弧，则命令行提示如下：

选择圆弧，以合并到源或进行 [闭合(L)]:

例如，用合并命令连接如图 3.5.7 左图所示图形中的两段圆弧，效果如图 3.5.7 右图所示，具体操作如下：

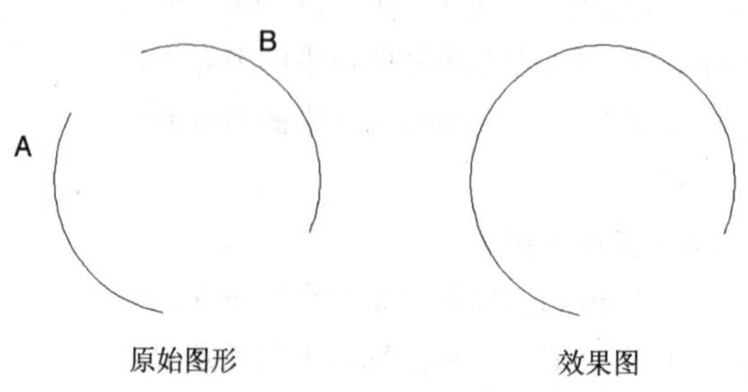

图 3.5.7　合并图形

单击“修改”工具栏中的“合并”按钮，命令行提示如下：

命令: _join

选择源对象:（选择如图 3.5.7 左图所示图形中的圆弧 A）

选择圆弧，以合并到源或进行 [闭合(L)]:（选择如图 3.5.7 左图所示图形中的圆弧 B）

选择要合并到源的圆弧:　找到 1 个（按回车键结束命令）

已将 1 个圆弧合并到源（系统提示）

3.5.6　分解对象

在 AutoCAD 2008 中，使用分解命令可以将多个对象组合而成的对象分解成单个对象，例如可以将矩形分解成直线、将块分解成多个组成块的单个图形。执行分解命令的方法有以下 3 种：

（1）单击“修改”工具栏中的“分解”按钮。

（2）选择 修改(M) → 分解(X) 命令。

（3）在命令行中输入命令 explode。

执行分解命令后，选择要分解的对象，然后按回车键即可对其进行分解。例如，分解如图 3.5.8 左图所示的图形，效果如图 3.5.8 右图所示。

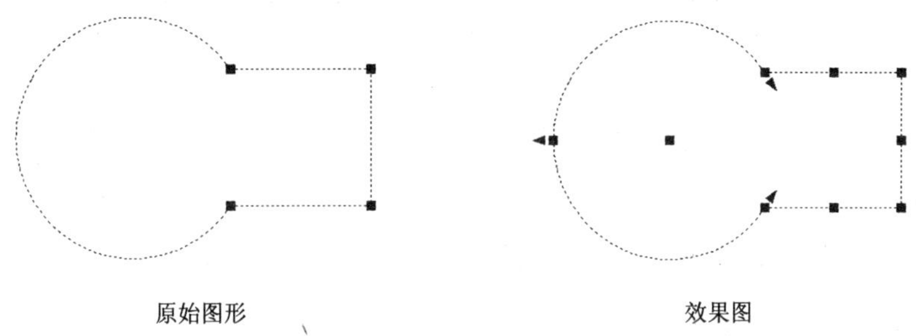

图 3.5.8　分解对象

3.6　使用夹点编辑对象

当选中图形对象时，在对象上会显示出若干个小方框形状的控制点，这些控制点就是夹点。不同对象上的夹点数和夹点显示的位置有所不同，如图 3.6.1 所示。当夹点被选中时，用户可以利用夹点对图形对象进行移动、拉伸、旋转、复制、比例缩放以及镜像等操作。

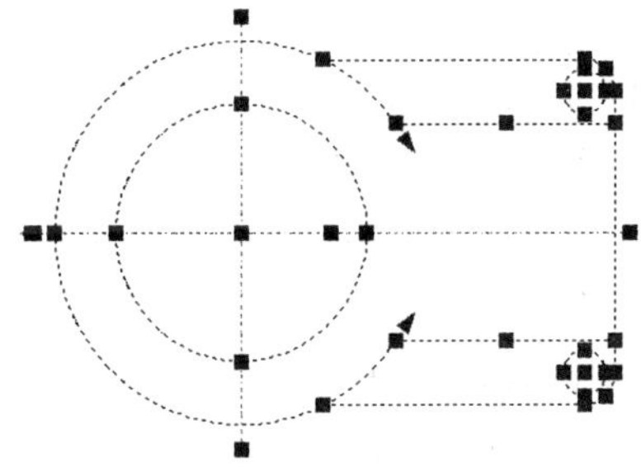

图 3.6.1　显示对象上的夹点

3.6.1 控制夹点显示

默认情况下，夹点的显示始终是打开的，用户可以通过选择 工具(T) → 选项(N)... 命令，在弹出的 选项 对话框中打开 选择 选项卡，在该选项卡中可以设置夹点的颜色、显示和大小。

当夹点显示打开时，选择不同的对象，对象上显示的夹点数量和位置都不一样，AutoCAD 中常见对象的夹点特征如表 3.1 所示。

表 3.1 AutoCAD 中图形对象的夹点特征

对象类型	夹点特征
直线	两个端点和中点
多段线	直线段的两端点、圆弧段的中点和两端点
构造线	控制点以及线上的邻近两点
射线	起点以及射线上的一个点
多线	控制线上的两个端点
圆弧	两个端点和中点
圆	4 个象限点和圆心
椭圆	4 个顶点和中心点
椭圆弧	端点、中点和中心点
区域填充	各个顶点
文字	插入点和第二个对齐点（如果有）
段落文字	各顶点
属性	插入点
形	插入点
三维网格	网格上的各个顶点
三维面	周边顶点
线型标注、对齐标注	尺寸线和尺寸界线的端点、尺寸文字的中心点
角度标注	尺寸线端点和指定尺寸标注弧的端点，尺寸文字的中心点
半径标注、直径标注	半径或直径标注的端点，尺寸文字的中心点
坐标标注	被标注点，用户指定的引出线端点和尺寸文字的中心点

3.6.2 使用夹点编辑对象

在 AutoCAD 中，根据对象被选中的情况，夹点的状态可以分为热态、冷态和温态 3 种。选中对象后，对象上的夹点便显示出来，此时的夹点处于温态，温态下的夹点不能进行夹点编辑操作；选中一个温态夹点，夹点的颜色由蓝色变成红色，此时的夹点处于热态，热态下的夹点可以进行各种夹点编辑操作；所谓冷态夹点是指没有在当前选择集中的对象上的夹点。

1. 拉伸

当夹点处于热态时，用户就可以首先对图形进行拉伸操作，此时命令行提示如下：

** 拉伸 **

指定拉伸点或 [基点(B)/复制(C)/放弃(U)/退出(X)]:

指定夹点到新位置或直接输入新坐标即可拉伸对象。但对于某些图形对象上的夹点，如文字、直线中点、圆心等进行夹点拉伸操作，不能拉伸该对象，而是移动该对象。

夹点处于热态时，命令行提示中有 5 个命令选项。其功能分别为：

（1）指定拉伸点：选择该选项，确定夹点被拉伸的新位置。

（2）基点(B)：选择该选项，指定新夹点为当前编辑夹点。

（3）复制(C)：选择该选项，可以在拉伸夹点的同时进行多次复制。如果该夹点不能被拉伸，则

该选项功能为复制对象。

（4）放弃(U)：选择该选项，将取消最近一次操作。

（5）退出(X)：选择该选项，将退出当前操作。

2. 移动

此模式用于将图形对象从当前位置移动到新位置，而图形对象的大小与方向均不改变。夹点处于热态时，选择该模式，命令行提示如下：

** 移动 **

指定移动点或 [基点(B)/复制(C)/放弃(U)/退出(X)]:

指定夹点到新位置或直接输入新的坐标值即可移动对象，其他命令选项的功能与在“拉伸”模式下相同。

3. 旋转

此模式用于以当前夹点为中心旋转图形对象。夹点处于热态时，选择该模式，命令行提示如下：

** 旋转 **

指定旋转角度或 [基点(B)/复制(C)/放弃(U)/参照(R)/退出(X)]:

直接拖动鼠标或输入旋转角度值，或指定参照对象，按回车键后，系统将以当前夹点为中心点旋转被选择的对象，其他命令选项的功能与在“拉伸”模式下相同。

4. 比例缩放

此模式用于以当前夹点为基点按指定比例缩放被选中的对象。夹点处于热态时，选择该模式，命令行提示如下：

** 比例缩放 **

指定比例因子或 [基点(B)/复制(C)/放弃(U)/参照(R)/退出(X)]:

拖动鼠标确定图形缩放比例或直接输入比例因子，或指定参照，系统将以当前夹点为基点缩放被选中的对象。其他命令选项的功能与在“拉伸”模式下相同。

5. 镜像

此模式用于以当前夹点为镜像线的第一点，镜像被选中的对象。夹点处于热态时，选择该模式，命令行提示如下：

** 镜像 **

指定第二点或 [基点(B)/复制(C)/放弃(U)/退出(X)]:

拖动鼠标确定镜像线的第二点，或直接输入镜像线第二点的坐标，即可确定镜像线，系统就会以此镜像线镜像被选中的对象，但并不保留原图形。如果要保留原图形对象，就必须选择“复制（C）”命令选项。

例如，使用夹点编辑功能绘制如图 3.6.2 所示图形，具体操作如下：

（1）单击“绘图”工具栏中的“正多边形”按钮，在绘图窗口中绘制一个正三角形，该三角形外接圆的半径为 80，效果如图 3.6.3 所示。

（2）单击“修改”工具栏中的“分解”按钮，对绘制的正三角形进行分解。然后单击“绘图”工具栏中的“直线”按钮，用直线连接三角形的顶点和对边中点，效果如图 3.6.4 所示。

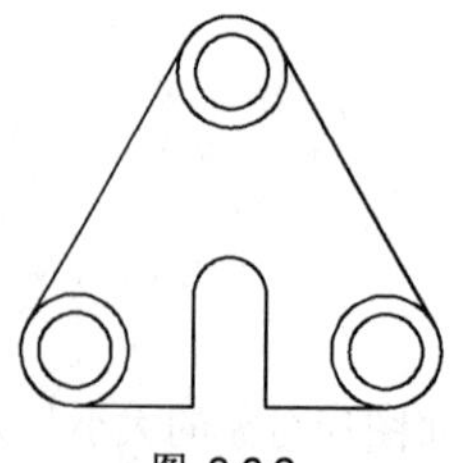
图 3.6.2

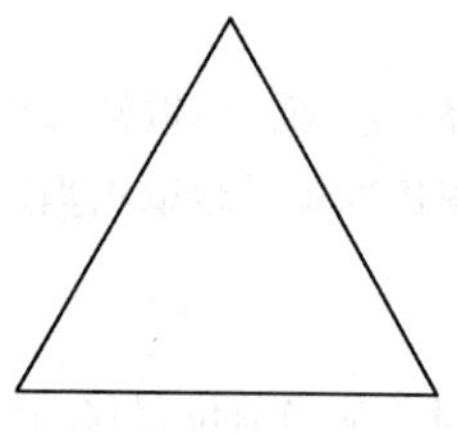
图 3.6.3

（3）打开正交功能，选中绘制的直线，并激活该直线中点处的夹点，命令行提示如下：

命令:

** 拉伸 **

指定拉伸点或 [基点(B)/复制(C)/放弃(U)/退出(X)]:（按回车键切换夹点编辑方式为“移动”）

** 移动 **

指定移动点或 [基点(B)/复制(C)/放弃(U)/退出(X)]: c（选择“复制”命令选项）

** 移动 (多重) **

指定移动点或 [基点(B)/复制(C)/放弃(U)/退出(X)]: 10（鼠标左移，输入移动距离后按回车键）

** 移动 (多重) **

指定移动点或 [基点(B)/复制(C)/放弃(U)/退出(X)]: 10（鼠标右移，输入移动距离后按回车键）

** 移动 (多重) **

指定移动点或 [基点(B)/复制(C)/放弃(U)/退出(X)]:（按回车键结束命令）

选中三角形底边直线，并激活该直线中点处的夹点，命令行提示如下：

命令:

** 拉伸 **

指定拉伸点或 [基点(B)/复制(C)/放弃(U)/退出(X)]:（按回车键切换夹点编辑方式为“移动”）

** 移动 **

指定移动点或 [基点(B)/复制(C)/放弃(U)/退出(X)]: c（选择“复制”命令选项）

** 移动 (多重) **

指定移动点或 [基点(B)/复制(C)/放弃(U)/退出(X)]: 30（鼠标上移，输入移动距离后按回车键）

** 移动 (多重) **

指定移动点或 [基点(B)/复制(C)/放弃(U)/退出(X)]: 10（按回车键结束命令）

夹点编辑后的效果如图 3.6.5 所示。

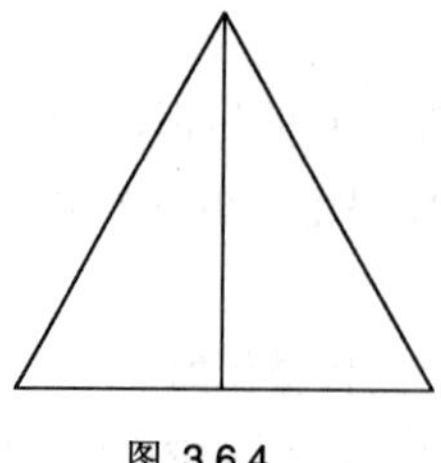
图 3.6.4

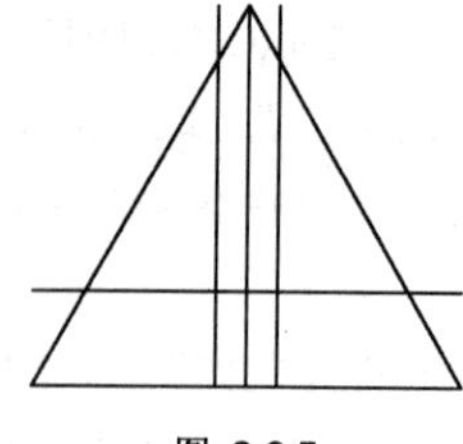
图 3.6.5

（4）单击“修改”工具栏中的“圆角”按钮，设置圆角半径为 15，对三角形的三个顶点进行圆角操作，效果如图 3.6.6 所示。

（5）单击“绘图”工具栏中的“圆”按钮，捕捉如图 3.6.6 所示图形中的圆心 A，分别绘制半径为 15 和 10 的两个同心圆，效果如图 3.6.7 所示。

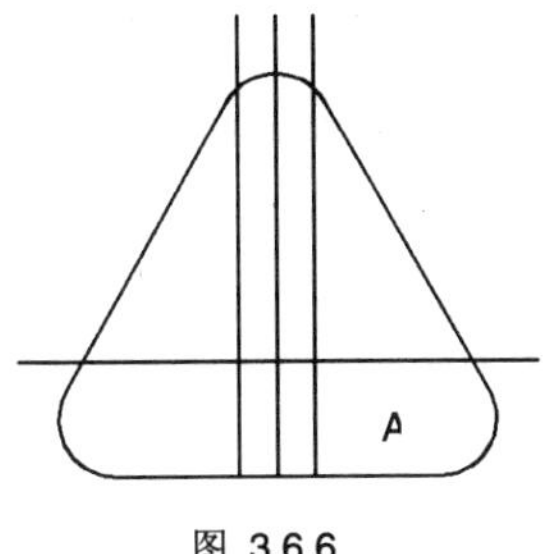

图 3.6.6

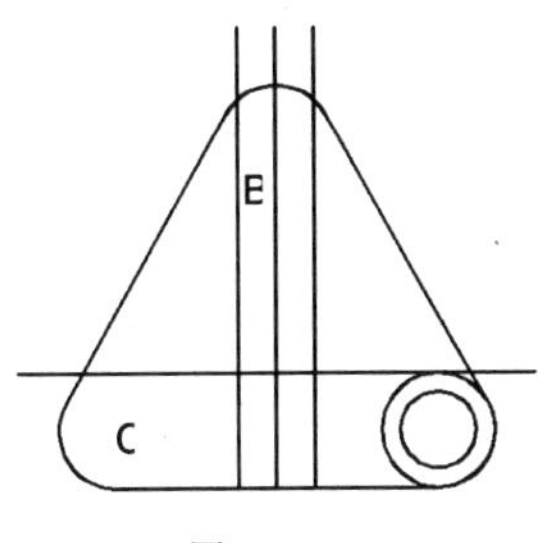

图 3.6.7

（6）选中绘制的同心圆，并激活同心圆的圆心，命令行提示如下：

命令:

** 拉伸 **

指定拉伸点或 [基点(B)/复制(C)/放弃(U)/退出(X)]:（按回车键切换夹点编辑方式为“移动”）

** 移动 **

指定移动点或 [基点(B)/复制(C)/放弃(U)/退出(X)]: c（选择“复制”命令选项）

** 移动 (多重) **

指定移动点或 [基点(B)/复制(C)/放弃(U)/退出(X)]:（捕捉如图 3.6.7 所示图形中的圆心 B）

** 移动 (多重) **

指定移动点或 [基点(B)/复制(C)/放弃(U)/退出(X)]:（捕捉如图 3.6.7 所示图形中的圆心 C）

** 移动 (多重) **

指定移动点或 [基点(B)/复制(C)/放弃(U)/退出(X)]:（按回车键结束命令）

夹点编辑后的效果如图 3.6.8 所示。

（7）继续用夹点编辑方式移动并复制一个半径为 10 的圆到如图 3.6.8 所示图形中的 D 点。

（8）单击“修改”工具栏中的“修剪”按钮，对如图 3.6.9 所示图形进行修剪，最终效果如图 3.6.2 所示。

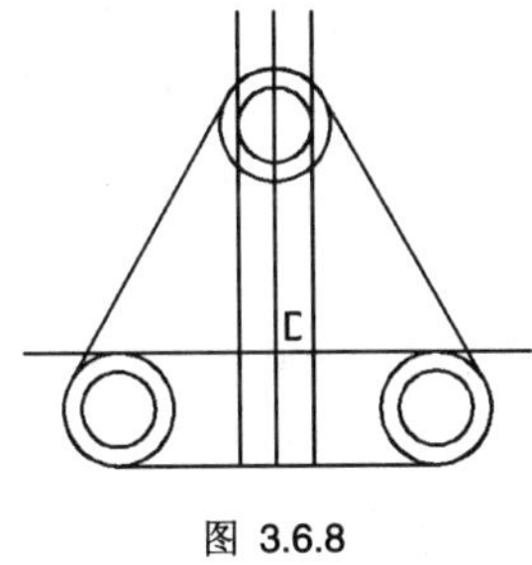

图 3.6.8

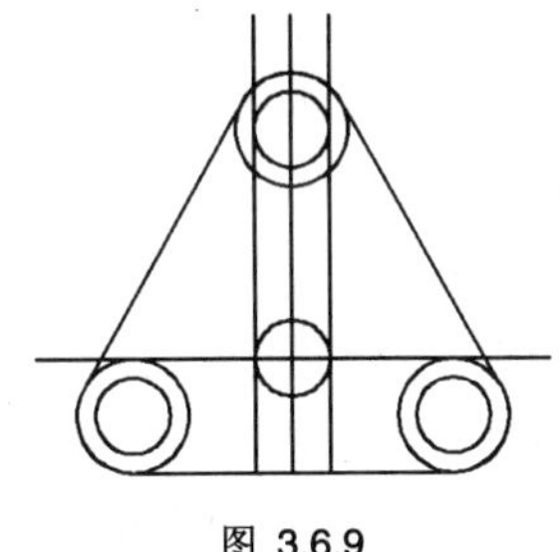

图 3.6.9

3.7　编辑对象特性

对象特性包含一般特性和几何特性，一般特性是指对象的颜色、线型、图层和线宽等，几何特性是指对象的尺寸和位置等，这些特性都可以在“特性”选项板中进行设置。

3.7.1　“特性”选项板

在 AutoCAD 2008 中，打开“特性”选项板的方法有以下 3 种：

（1）单击“标准”工具栏中的“对象特性”按钮。

（2）选择 工具(T) → 选项板 → 特性(P) CTRL+1 命令。

（3）在命令行中输入命令 properties。

执行该命令后，弹出 特性 选项板，如图 3.7.1 所示，默认情况下，该选项板处于浮动状态，用鼠标拖动该选项板的标题栏，可以将其移动到绘图窗口中的任何位置，在该选项板的标题栏上单击鼠标右键，在弹出的快捷菜单中可以设置该选项板的状态，如图 3.7.2 所示。

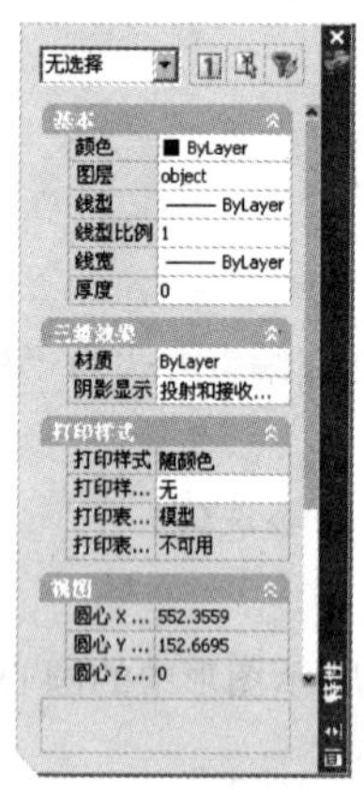

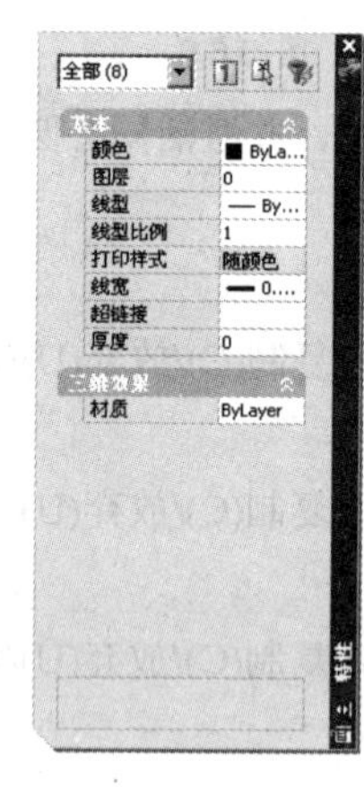

显示当前图层特性　　显示单个对象特性　　显示多个对象的特性

图 3.7.1　“特性”选项板

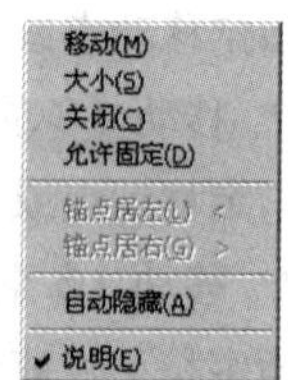

图 3.7.2　右键快捷菜单

3.7.2　“特性”选项板的功能

特性 选项板用于显示当前图层或当前选中对象的特性。根据用户选择对象的不同，该选项板中的选项也会不同。用户可以利用该选项板对选中的对象的属性进行编辑。各选项功能介绍如下：

（1）“对象类型”下拉列表框：显示选定对象的类型。如果没有选中对象，则显示“无选择”；如果选中单个对象，则显示对象的类型；如果选中多个对象，则显示“全部（N）”，N 代表对象的个数，此时单击该下拉列表框右边的下三角按钮，在弹出的下拉列表框中会对选中的多个对象进行分类，并显示每类对象的个数。

（2）“切换 pickadd 系统变量的值”按钮：系统变量 pickadd 用于控制每个选定的对象是添加到当前选择集中还是替换当前选择集。当 pickadd 值为 1 时，该按钮显示为，此时每个选定的对象将添加到当前选择集中；当 pickadd 值为 0 时，该按钮显示为，此时每个选定的对象将替换当前选择集。

（3）“选择对象”按钮：单击此按钮，可以使用任意选择方法选择所需对象。

（4）“快速选择”按钮：单击此按钮，弹出 快速选择 对话框，利用快速选择法选择对象。

（5）基本 选项组：该选项组用于设置图层、布局或对象的基本特性，包括颜色、图层、线型比例、线宽、厚度和打印样式等。

（6）三维效果 选项组：该选项组用于设置图层、布局或对象的三维效果，其中包括材质和阴影显示效果。

（7）打印样式 选项组：该选项组用于设置图层或布局的打印样式，其中包括打印样式的颜色设置、打印样式表的类型设置、打印附着到模型或布局空间，以及打印表的类型是否可用。

（8）视图选项组：该选项组用于显示图层或布局中圆心的坐标以及当前视口的高度与宽度。

（9）几何图形选项组：该选项组用于设置选中对象的几何特性，即各对象上关键点坐标以及对象的长度、角度、面积等特性。

3.7.3　特性匹配

在 AutoCAD 2008 中，使用特性匹配命令可以将一个对象或某些对象的所有特性都复制到其他一个或多个对象上，这些特性包括颜色、图层、线型、线宽、线型比例、厚度和打印样式，以及尺寸标注和文本标注的格式、阴影图案等。执行特性匹配命令的方法有以下 3 种：

（1）单击“标准”工具栏中的“特性匹配”按钮。

（2）选择 修改(M) → 特性匹配(M) 命令。

（3）在命令行中输入命令 matchprop。

执行该命令后，命令行提示如下：

命令: '_matchprop

选择源对象:（选择具有需要属性的源对象）

当前活动设置：颜色 图层 线型 线型比例 线宽 厚度 打印样式 标注 文字 填充图案 多段线 视口 表格材质 阴影显示（系统提示）

选择目标对象或 [设置(S)]:（选择匹配到的对象）

选择目标对象或 [设置(S)]:（按回车键结束命令）

如果选择“设置”命令选项，则弹出特性设置对话框，如图 3.7.3 所示。该对话框中有两个选项组，分别为“基本特性”和“特殊特性”。在“基本特性”选项组中，用户可以设置匹配的颜色、图层、线型、线型比例、线宽、厚度和打印样式等特性。在“特殊特性”选项组中，用户可以设置匹配标注、文字、填充图案、多段线、视口、表、材质和阴影显示等特性。

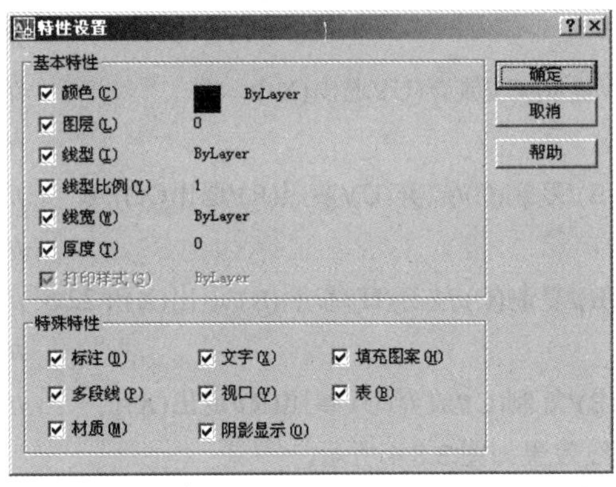

图 3.7.3　“特性设置”对话框

3.8　典型实例——绘制罩壳

本节主要介绍 AutoCAD 2008 中各种编辑工具的使用方法，使用这些编辑命令绘制罩壳，效果如图 3.8.1 所示。

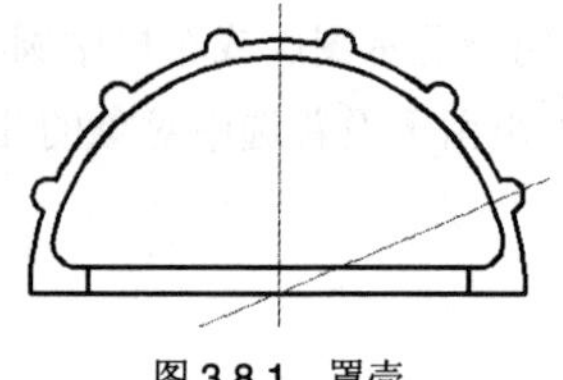

图 3.8.1　罩壳

创作步骤

（1）单击“标准”工具栏中的“图层特性管理器”按钮，在弹出的图层特性管理器对话框中新建“辅助线”层和“轮廓线”层，参数设置如图 3.8.2 所示。

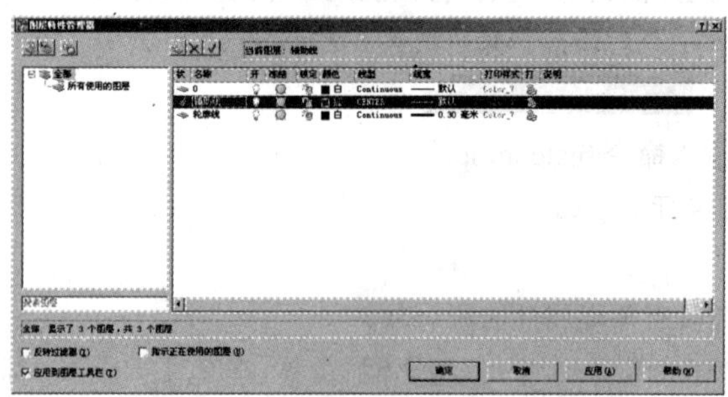

图 3.8.2　“图层特性管理器”对话框

（2）设置“辅助线”层为当前图层，单击“绘图”工具栏中的“直线”按钮，在绘图窗口中绘制两条相互垂直的直线，效果如图 3.8.3 所示。

（3）选中绘制的水平辅助线，单击并激活直线中点处的夹点，命令行提示如下：

命令:

** 拉伸 **　　//系统提示

指定拉伸点或 [基点(B)/复制(C)/放弃(U)/退出(X)]:　　//按回车键切换夹点编辑模式

** 移动 **　　//系统提示

指定移动点或 [基点(B)/复制(C)/放弃(U)/退出(X)]:　　//按回车键切换夹点编辑模式

** 旋转 **　　//系统提示

指定旋转角度或 [基点(B)/复制(C)/放弃(U)/参照(R)/退出(X)]: c　　//选择“复制”命令选项

** 旋转 (多重) **　　//系统提示

指定旋转角度或 [基点(B)/复制(C)/放弃(U)/参照(R)/退出(X)]: 22.5　//输入旋转角度

** 旋转 (多重) **　　//系统提示

指定旋转角度或 [基点(B)/复制(C)/放弃(U)/参照(R)/退出(X)]:　　//按回车键结束命令

利用夹点编辑后的辅助线效果如图 3.8.4 所示。

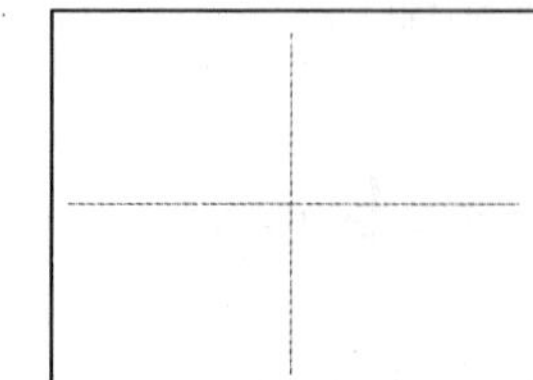

图 3.8.3　绘制辅助线

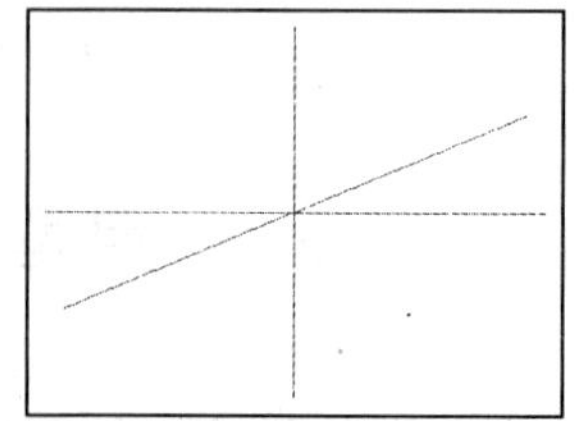

图 3.8.4　夹点编辑效果

（4）设置“轮廓线”层为当前图层，单击“绘图”工具栏中的“圆”按钮，以辅助线的交点

为圆心，绘制半径为 28 和 30 的两个圆，效果如图 3.8.5 所示。

（5）单击“修改”工具栏中的“偏移”按钮，设置偏移距离为 3，将水平直线向上进行偏移，再次执行偏移命令，设置偏移距离为 23，将垂直的辅助线分别向左和向右进行偏移，偏移后的效果如图 3.8.6 所示。

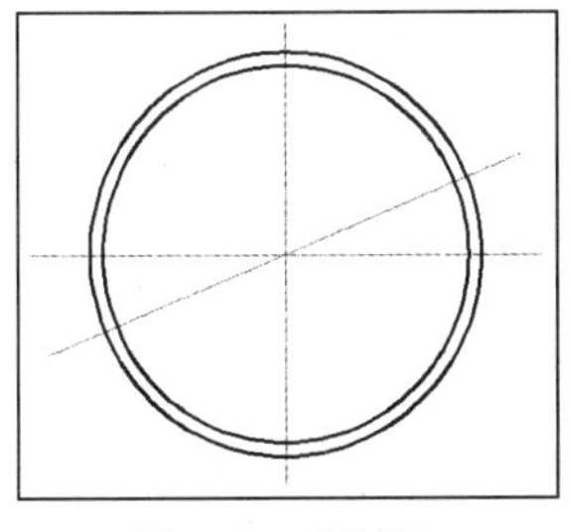

图 3.8.5 绘制圆

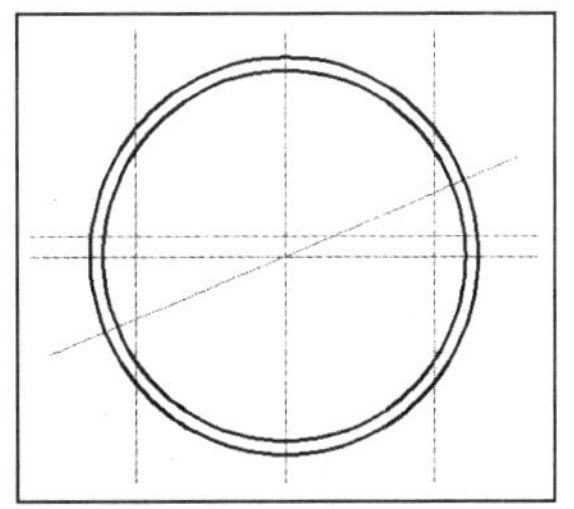

图 3.8.6 偏移直线

（6）选中偏移后的直线，单击“标准”工具栏中的“对象特性”按钮，打开 特性 选项板，在该选项板中的 基本 选项组中设置对象的图层为“轮廓线”层，如图 3.8.7 所示，修改图形对象特性后的效果如图 3.8.8 所示。

图 3.8.7 “特性”选项板

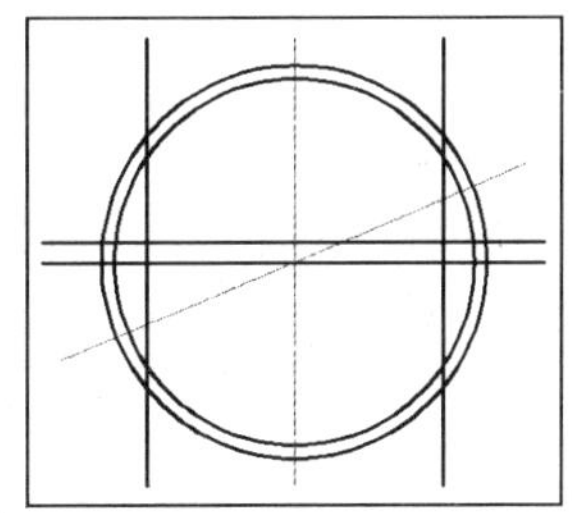

图 3.8.8 编辑对象特性

（7）单击“修改”工具栏中的“修剪”按钮，对如图 3.8.8 所示图形进行修剪操作，效果如图 3.8.9 所示。

（8）单击“修改”工具栏中的“圆角”按钮，对如图 3.8.9 所示图形进行圆角操作，效果如图 3.8.10 所示。

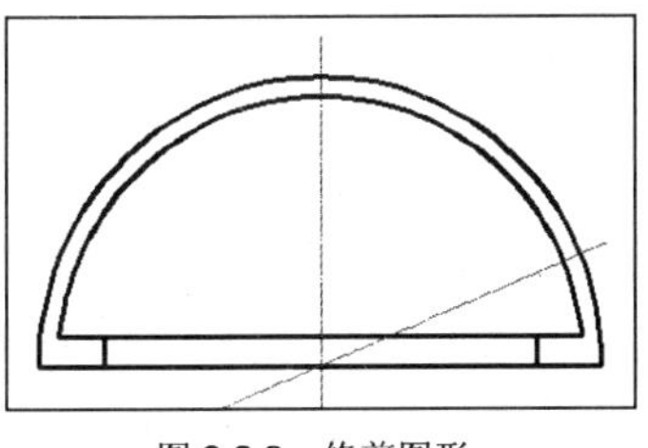

图 3.8.9 修剪图形

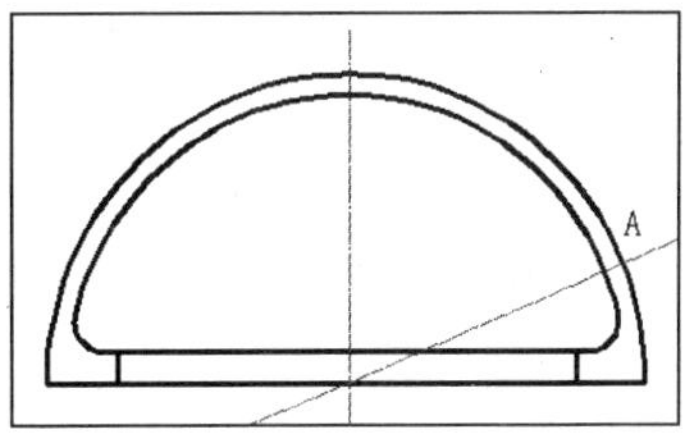

图 3.8.10 圆角操作

（9）执行绘制圆命令，以如图 3.8.10 所示图形中的交点 A 为圆心，绘制一个半径为 2 的圆，效果如图 3.8.11 所示。

（10）执行修剪命令，对如图 3.8.11 所示图形进行修剪，效果如图 3.8.12 所示。

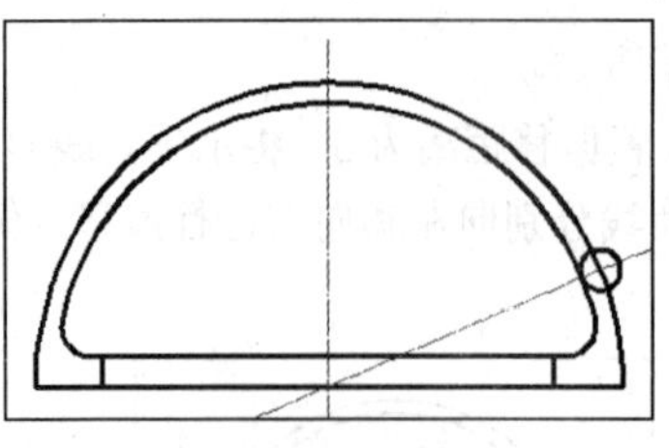

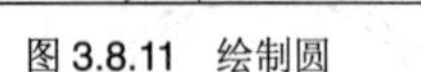

图 3.8.11 绘制圆

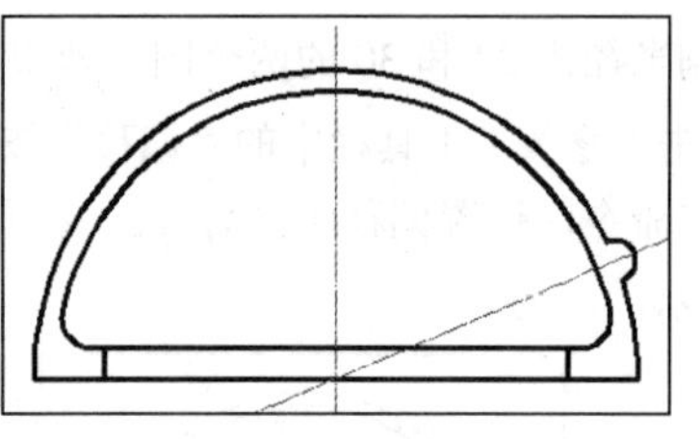

图 3.8.12 修剪图形

（11）单击“修改”工具栏中的“阵列”按钮，在弹出的阵列对话框中选中环形阵列(P)单选按钮，设置环形阵列的中心点为辅助线的交点，阵列的数目为 6，阵列的角度为 135°，选中该对话框中的复制时旋转项目(T)复选框，如图 3.8.13 所示。

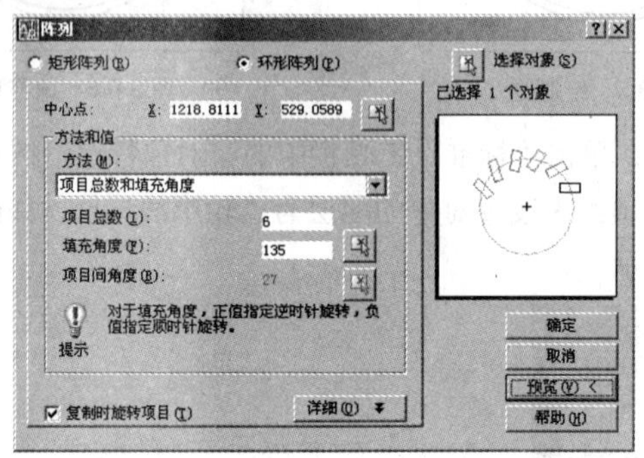

图 3.8.13 设置环形阵列参数

（12）单击阵列对话框中的“选择对象”按钮，系统切换到绘图窗口，选中步骤（10）修剪的圆，按回车键返回到阵列对话框，单击确定按钮进行环形阵列，效果如图 3.8.14 所示。

（13）执行修剪命令，对如图 3.8.14 所示图形进行修剪，最终效果如图 3.8.1 所示。

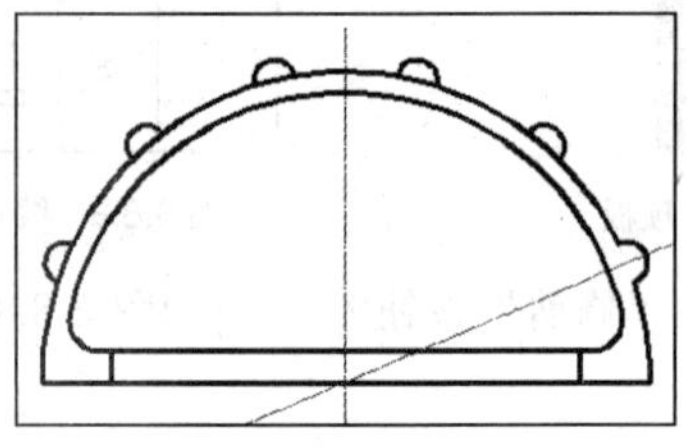

图 3.8.14 环形阵列效果

小 结

本章主要介绍了 AutoCAD 中常用编辑工具的使用方法，通过对基本二维图形的编辑，可以创建出各种复杂的二维图形。通过本章的学习，读者应该熟练掌握 AutoCAD 中基本二维图形的编辑方法。

过关练习三

一、填空题

1. 在 AutoCAD 2008 中，修改对象的方法有很多种，例如________、缩放、________、________、

_________、_________等。

2. 在 AutoCAD 2008 中，使用夹点编辑可以对图形进行_________、_________、_________和_________等操作。

二、选择题

1. 在 AutoCAD 2008 中，使用（　）命令可以按矩形或环形的方式创建多个与原对象相同的图形对象。

A. 偏移　　B. 镜像

C. 阵列　　D. 复制

2. 在 AutoCAD 2008 中，使用（　）命令可以将某一连续图形上的两个部分连接成一个对象，或将某段圆弧闭合为整圆。

A. 倒角　　B. 打断

C. 移动　　D. 合并

三、上机操作题

使用各种绘图与编辑命令绘制如题图 3.1 和题图 3.2 所示的图形。

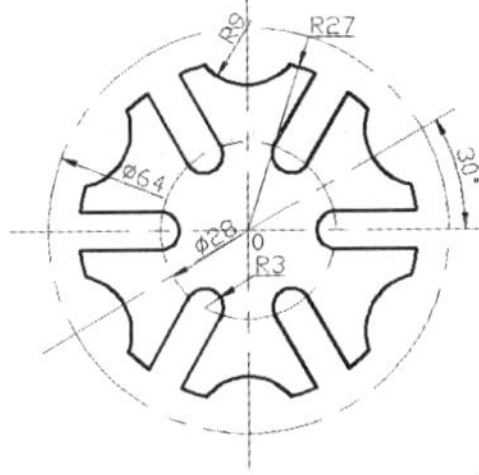

题图 3.1

题图 3.2

第 4 章　线型、颜色及图层设置

图层是大多数图形图像处理软件的基本组成元素。在 AutoCAD 2008 中，增强的图层管理功能可以帮助用户有效地管理大量图层。在图层中设置线型及颜色，可以更直观地将对象相互区分开来，使图形易于查看。

本章重点

（1）线型设置。

（2）颜色设置。

（3）图层设置。

（4）CAD 标准。

4.1　线型设置

在复杂的图形中，为了区别不同的对象，用户往往会采用多种线型来表示不同的图形。线型的设置包括线型、线型比例和线宽。

4.1.1　设置线型

用户可以在“线型管理器”对话框中设置线型。选择 格式(O) → 线型(N)... 命令，或在命令行中输入命令 Linetype，将会弹出 线型管理器 对话框，如图 4.1.1 所示。

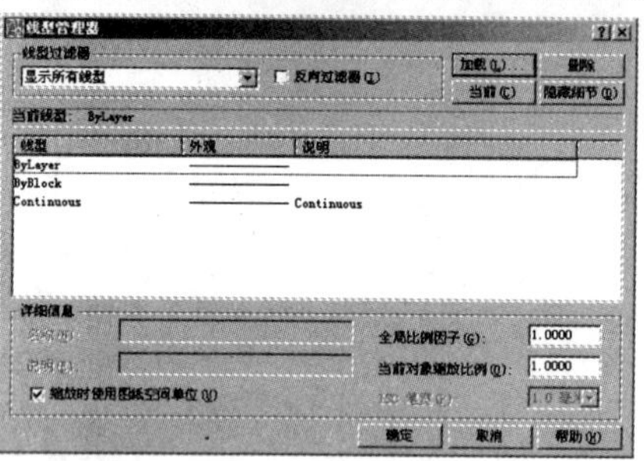

图 4.1.1　“线型管理器”对话框

该对话框中各选项功能介绍如下：

（1）线型过滤器下拉列表框：指定线型过滤的条件。该下拉列表中有 3 个选项可供选择：显示所有线型、显示全部已使用线型和显示全部依赖外部参照线型。

（2）☑ 反向过滤器(I)：选中此复选框，即可根据与选定的过滤条件相反的条件显示线型，符合反向过滤条件的线型显示在线型列表中。

（3）加载(L)... 按钮：单击此按钮，弹出 加载或重载线型 对话框，如图 4.1.2 所示，可以从中将选定的线型加载到图形中，并将它们添加到线型列表中。

（4）删除按钮：删除线型列表中的线型。在线型列表中选定要删除的线型，单击删除按钮，即可删除所选线型。

（5）当前(C)按钮：单击此按钮，即可将线型列表中选定的线型设置为当前线型。

（6）隐藏细节(D)按钮：控制是否显示线型管理器对话框中的详细信息部分。单击此按钮，显示详细信息，再次单击此按钮，隐藏详细信息。在详细信息栏中可以设置选定线型的名称、说明、全局比例因子、当前对象缩放比例等，如图 4.1.3 所示。

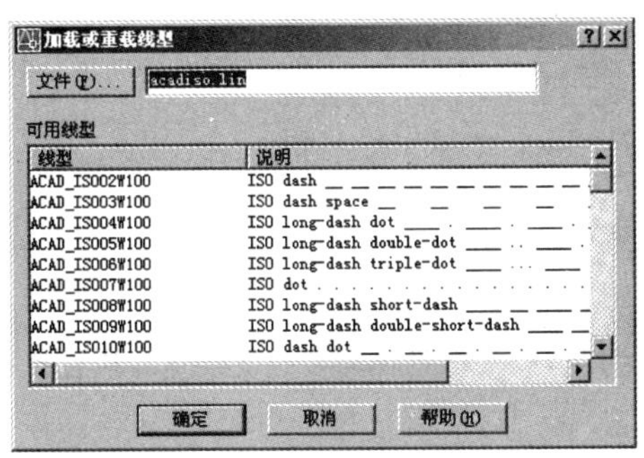

图 4.1.2　“加载或重载线型”对话框

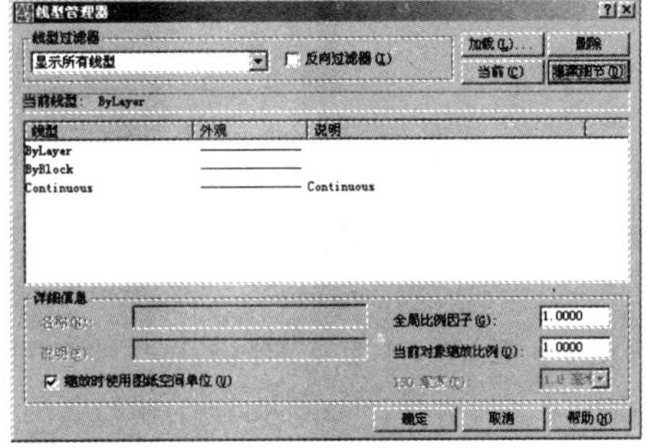

图 4.1.3　“线型管理器”对话框

（7）线型列表：在“线型过滤器”中，根据指定的选项显示已加载的线型。

每加载一种线型就会在线型列表中显示该线型的名称、外观以及说明等信息。

4.1.2　设置线型比例

用户可以在线型管理器对话框中的详细信息选项组中设置线型比例。该选项组中各选项功能介绍如下：

（1）名称(N)：文本框：显示选定线型的名称，可根据需要进行修改。

（2）说明(E)：文本框：显示对选定线型的描述，可根据需要进行修改。

（3）☑ 缩放时使用图纸空间单位(U)：选中此复选框，即可按相同的比例在图纸空间和模型空间中缩放线型。当使用多个视口时，该选项很有用。

（4）全局比例因子(G)：文本框：显示用于所有线型的全局缩放比例因子。

只有当加载了 ISO 线型后，名称(N)：与说明(E)：选项才有效。

（5）当前对象缩放比例(O)：文本框：设置新建对象的线型比例。最终的缩放比例是全局缩放比例因子与该对象缩放比例因子的乘积。

（6）ISO 笔宽(P)：下拉列表框：将线型比例设置为标准 ISO 值列表中的一个。该项只有在某个 ISO 线型被设置为当前线型时才被激活。

在绘图过程中，用户有时绘制的是点划线或中心线，但显示的却为实线，此时只要改变当前线宽比例就可以看到真正的点划线或中心线了。

以上的设置针对的是总体比例因子，在绘图中若要为某个单独实体设置线型比例，可以选取该单独实体，单击鼠标右键，弹出如图 4.1.4 所示的快捷菜单，从该快捷菜单中选择快速选择(Q)...命令，弹出快速选择对话框，如图 4.1.5 所示。在应用到(Y)：下拉列表框中选择“当前选择”选项，或单击“选择对象”按钮，即可在绘图窗口中选择对象，然后在特性(P)：列表框中选择“线型比例”选项并输入新值到值(V)：文本框中即可。

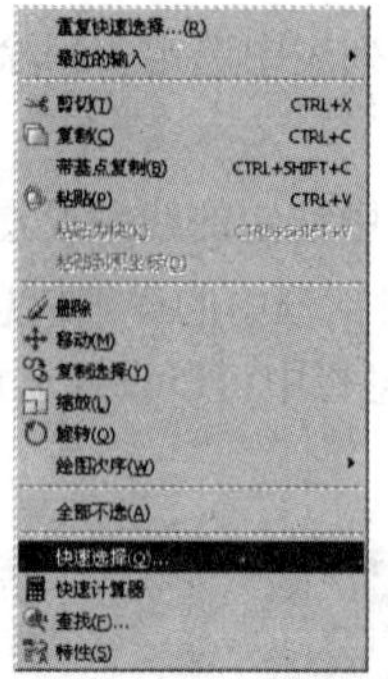
图 4.1.4　右键快捷菜单

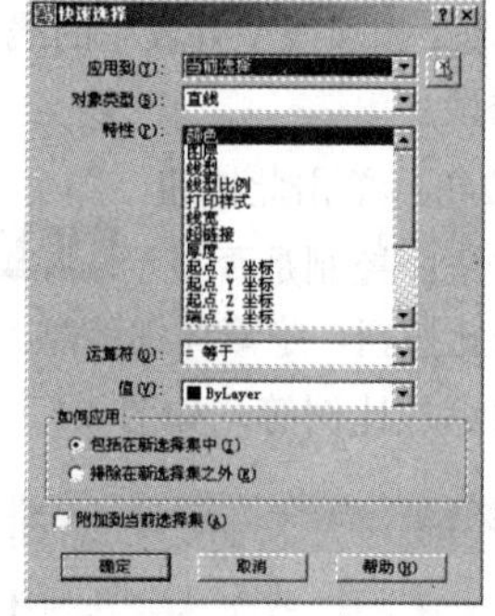
图 4.1.5　“快速选择”对话框

4.1.3　设置线宽

AutoCAD 2008 中默认的线条宽度为 0.00 mm，用户可以根据具体需要改变线宽。执行设置线宽命令有以下 3 种方法：

（1）选择 格式(O) → 线型(N)... 命令。

（2）在状态栏的 线宽 按钮上单击鼠标右键，在弹出的快捷菜单中选择 设置(S)... 命令。

（3）在命令行中输入命令 Lineweight（或 lw，lweight）。

执行任何一种操作后，都可弹出 线宽设置 对话框，如图 4.1.6 所示。

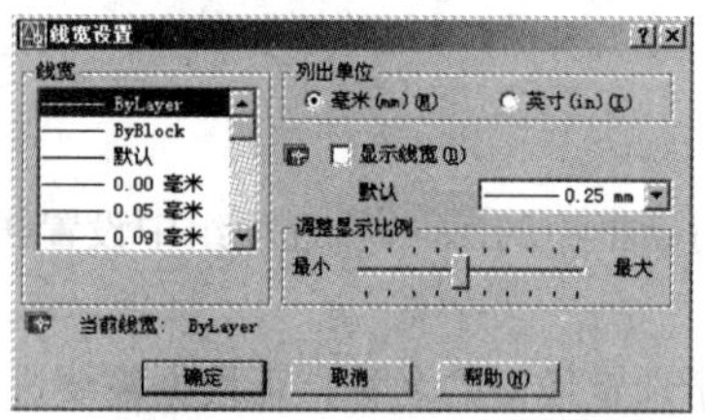
图 4.1.6　“线宽设置”对话框

该对话框中各选项功能介绍如下：

（1） 线宽 列表框：显示可用线宽值。

（2） 当前线宽: 提示栏：显示当前线宽的名称。

（3） 列出单位 选项组：指定线宽是以毫米显示还是以英寸显示。

（4） ☑ 显示线宽(D) 复选框：控制线宽是否在当前图形中显示。如果选择此选项，线宽将在模型空间和图纸空间中显示。

（5） 调整显示比例 选项组：控制“模型”选项卡中线宽的显示比例。

4.2　颜色设置

AutoCAD 2008 提供了 255 种颜色以供用户在绘图中使用，其中包括 9 种标准颜色和 6 种灰度颜色。

用户可以通过以下两种方法打开 选择颜色 对话框：

（1）选择 格式(O) → 颜色(C)... 命令，弹出 选择颜色 对话框，如图 4.2.1 所示。

（2）在命令行中输入命令 color 或 ddcolor。

选择颜色对话框中有 3 个选项卡，分别为“索引颜色”、“真彩色”和“配色系统”，用户可以根据绘图需要使用不同的配色方式。

1. “索引颜色”选项卡

该选项卡如图 4.2.2 所示，在其中可以将 AutoCAD 颜色索引为新对象指定颜色。“颜色索引”调色板显示颜色 10 到 249，如果将光标悬停在某种颜色上，该颜色的编号及其红、绿、蓝值将显示在调色板下面。单击一种颜色，或在“颜色”文本框中输入该颜色的编号或名称即可选中该颜色。选定颜色后，用户还可以指定该颜色随层或随块：所谓随层是指所绘实体的颜色总是与所在图层的颜色一致；所谓随块是指块成员的颜色随着块的插入而变成与插入时当前层的颜色相一致。

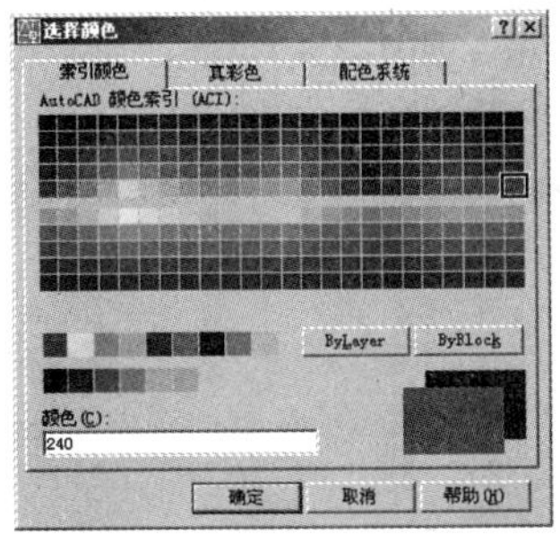

图 4.2.1　“选择颜色”对话框

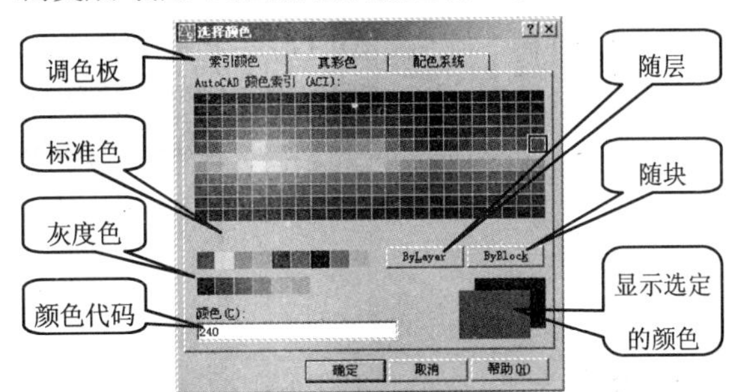

图 4.2.2　“索引颜色”选项卡

2. “真彩色”选项卡

“真彩色”有两种颜色模式：HSL 颜色模式和 RGB 颜色模式，如图 4.2.3 所示。在 HSL 颜色模式下，用户可以通过调节颜色的色调、饱和度和亮度属性指定一个很大的颜色范围；在 RGB 颜色模式下，颜色可以分解成红、绿和蓝 3 个分量。为每个分量指定的值分别表示红、绿和蓝颜色分量的强度。这些值的组合可以创建很大的颜色范围。

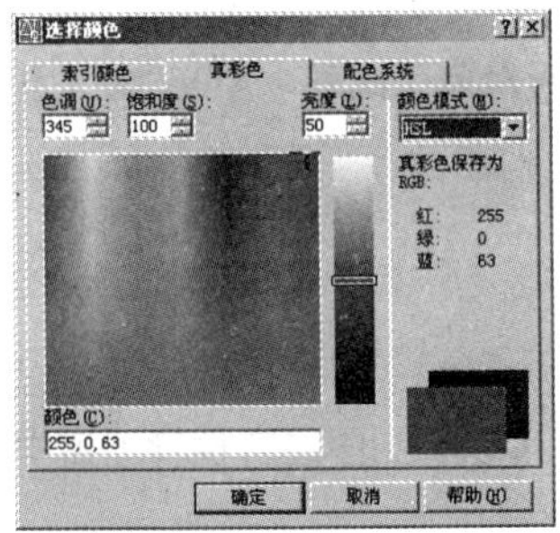

图 4.2.3　“真彩色”选项卡

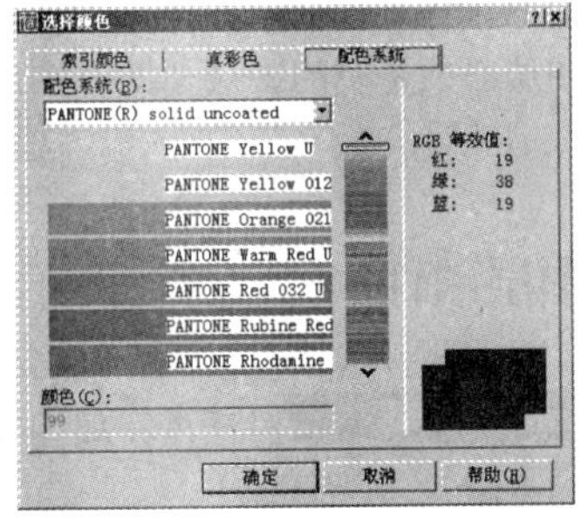

图 4.2.4　“配色系统”选项卡

3. “配色系统”选项卡

该选项卡如图 4.2.4 所示，选择一种配色方案，它将显示选定配色系统的名称，选定需要的颜色后单击**确定**按钮即可。

4.3　图层设置

图层可以看做透明的纸，每张都绘制了不同的对象，将这些纸重叠在一起，就构成了一幅复杂的图形。图层的管理很方便，当用户修改图形时，只须单独修改相应图层而不会影响到其他部分，这样可以有效地提高绘图速度。

4.3.1 创建和删除图层

AutoCAD 2008 为用户提供了图层特性管理器工具，专门用于建立和管理图层。打开“图层特性管理器”对话框的方法有以下 3 种：

（1）单击“图层”工具栏上的“图层特性管理器”按钮。

（2）选择 格式(O) → 图层(L)... 命令。

（3）在命令行中输入命令 Layer。

通过以上任何一种方式都可以打开 图层特性管理器 对话框，如图 4.3.1 所示。

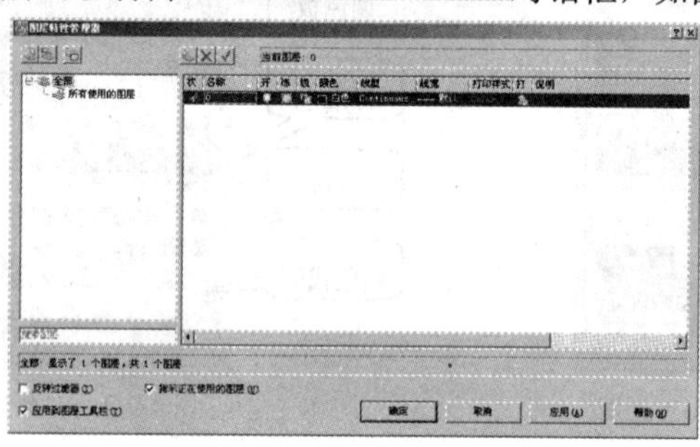

图 4.3.1 “图层特性管理器”对话框

单击“新建图层”按钮，图层列表框中就会出现一个名称为“图层 1”的新图层，用户可以对该名称进行修改。继续单击“新建图层”按钮，图层列表框中会依次出现名称为“图层 2”、“图层 3”的图层。

选择要删除的图层，单击“删除图层”按钮，该图层的状态图标就会变成，单击 应用(A) 或 确定 按钮，被选中的图层就被删除掉了。

被删除的图层必须是空的图层，即该图层上没有图形对象。此外，AutoCAD 系统默认图层 0 不能删除。

4.3.2 图层属性

打开 图层特性管理器 对话框，如图 4.3.2 所示，可以看到图层特性管理器中有两个窗格，分别为树状图和列表图。

（1）树状图：显示图形中图层和过滤器的层次结构列表。顶层节点全部显示了图形中的所有图层。过滤器按字母顺序显示，“所有使用的图层”过滤器是只读过滤器。在树状图区单击鼠标右键，弹出快捷菜单，如图 4.3.3 所示。其命令分别介绍如下：

1） 可见性 ：更改选定过滤器中所有图层的可见性状态。其中包括以下几项：

开 ：使用 HIDE 命令时，将显示、打印和重生成图层中的对象，并隐藏其他对象。

关 ：使用 HIDE 命令时，不显示和打印图层中的对象，但隐藏其他对象。打开图层时，不会重生成图形。

解冻 ：使用 HIDE 命令时，将显示和打印图层中的对象，并隐藏其他对象。

冻结 ：使用 HIDE 命令时，不显示和打印图层中的对象，但隐藏其他对象。解冻图层时，将重生成图形。

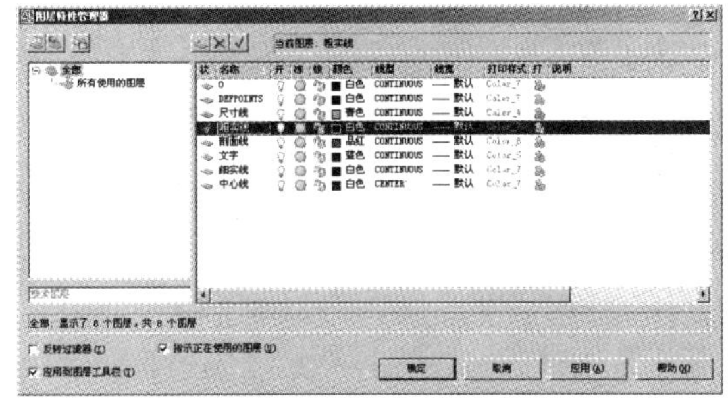

图 4.3.2　“图层特性管理器”对话框

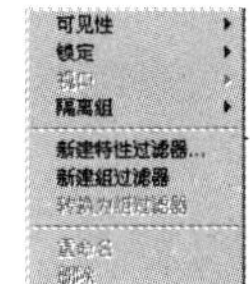

图 4.3.3　右键快捷菜单

2）锁定：控制是否可以修改选定过滤器中图层上的对象。

锁定：不能修改图层上的任何对象。使用该命令仍然可以将对象捕捉应用于锁定图层上的对象，并且可以执行其他操作而不会修改这些对象。

解锁：可以修改图层上的对象。

3）视口：在当前布局视口中，控制选定图层过滤器中图层的“视口冻结”设置。此选项不适用于模型空间视口。

冻结：设置过滤器中图层的“当前视口冻结”。在当前视口中，使用 HIDE 命令时，不显示和打印图层中的对象，但隐藏其他对象。解冻图层时，将重生成图形。

解锁：清除过滤器中图层的“当前视口冻结”。在当前视口中，使用 HIDE 命令时，将显示和打印图层中的对象，并隐藏其他对象。此选项不能解冻图形中设置为“关”或“冻结”的图层。

4）隔离组：关闭所有不在选定过滤器中的图层。可见的图层是选定过滤器中的图层。

所有视口：在布局的所有视口中，为所有不在选定过滤器中的图层设置“当前视口冻结”。在模型空间中，关闭所有不在选定过滤器中的图层。

仅活动视口：在当前布局视口中，为所有不在选定过滤器中的图层设置“当前视口冻结”。在模型空间中，关闭所有不在选定过滤器中的图层。

5）新建特性过滤器...：单击树状图上的“新特性过滤器”按钮，弹出如图 4.3.4 所示的图层过滤器特性对话框。从中可以基于图层的名称或设置（例如，开/关、颜色或线型）来创建一个新的图层过滤器。此过滤器定义条件有 4 个：图层名称中包含“图”字、处于打开状态、处于冻结状态以及颜色为红色，满足其中任何条件即符合“特性过滤器 1”的条件。

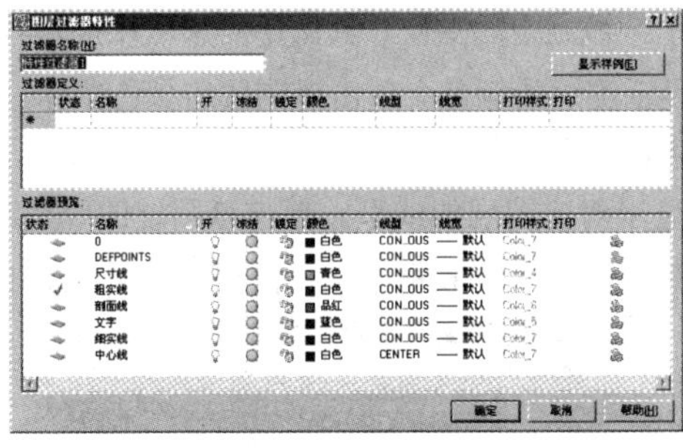

图 4.3.4　“图层过滤器特性”对话框

6）新建组过滤器：单击树状图上的“新组过滤器”按钮，创建一个名为“组过滤器 1”的新图层组过滤器，如图 4.3.5 所示，并将其添加到树状图中，输入新的名称。在树状图中选择“全部”过滤器或任何其他图层过滤器，以在列表图中显示图层，然后从该列表中将图层拖到树状图的新图层组过滤器中。

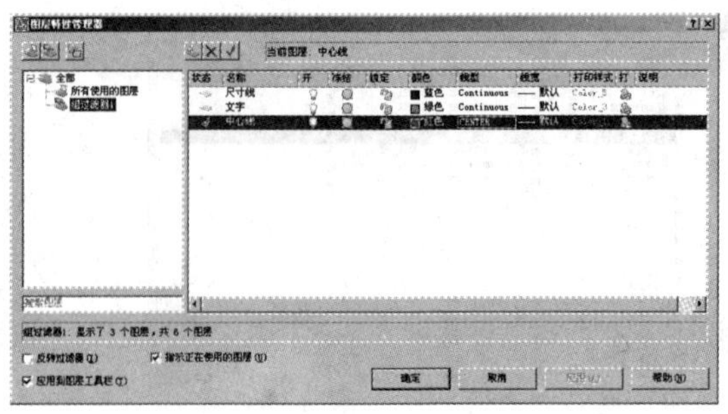

图 4.3.5 新建“组过滤器 1”

用户可以按住“Ctrl”键选择多个不连续的图层名，或按住“Shift”键并依次选择第一个和最后一个图层名，以选中其间所有连续的图层。

7）**转换为组过滤器**：将选定图层特性过滤器转换为图层组过滤器。更改图层组过滤器中的图层特性不会影响该过滤器。

8）**重命名**：重命名选定过滤器，输入新的名称。

9）**删除**：删除选定的图层过滤器，但无法删除“全部”过滤器、“所有使用的图层”过滤器或“外部参照”过滤器。该选项用来删除图层过滤器，而不是过滤器中的图层。

（2）列表图：显示图层和图层过滤器及其特性和说明。如果在树状图中选定了某一个图层过滤器，则列表图仅显示该图层过滤器中的图层。在列表图中包含有多种属性，分别介绍如下：

1）**状态**：显示图层的类型，其中图标表示使用图层，图标表示空图层，图标✓表示当前图层。

2）**名称**：显示图层或过滤器的名称，用户可以自定义。

3）**开**：该列显示图层的开启与关闭。小灯泡亮表示该图层打开，小灯泡不亮表示该图层关闭。关闭的图层其图形对象不能被显示或打印，但可以重生成。

4）**冻结**：显示图标的图层表示该图层没有被冻结；显示图标的图层表示该图层被冻结。被冻结的图层上的图形对象不能被显示、打印或重生成。在绘图过程中，如果图形对象非常复杂，可以将长期不需要显示的图层冻结，以便提高对象选择的性能，减少图形的重生成时间。

当前图层不能被冻结，被冻结的图层也不能转换成当前图层。

5）**锁定**：显示图标的图层表示该图层处于锁定状态；显示图标的图层表示该图层处于非锁定状态。该列的作用在于：被锁定的图层，其图形对象可以被查看，但不能被编辑或选择。

6）**颜色**：该列用于显示图层的颜色。单击该图层的颜色图标，弹出**选择颜色**对话框，用户可以在该对话框中进行颜色的搭配选择。

7）**线型**：该列用于显示对应图层的线型。单击该图层的线型名称，弹出如图 4.3.6 所示的**选择线型**对话框，在**已加载的线型**列表框中选择需要的线型，单击**确定**按钮。

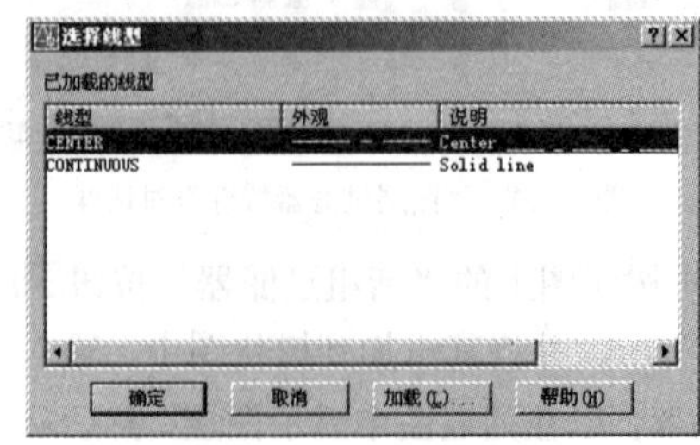

图 4.3.6 “选择线型”对话框

如果 已加载的线型 列表框中没有当前图层需要的线型，可单击 加载(L)... 按钮，弹出 加载或重载线型 对话框，如图 4.3.7 所示，在 可用线型 列表框中选择需要的线型。

如果 可用线型 列表框中也没有需要的线型，用户可以单击 文件(F)... 按钮，在弹出的 选择线型文件 对话框中加载需要的线型，如图 4.3.8 所示。

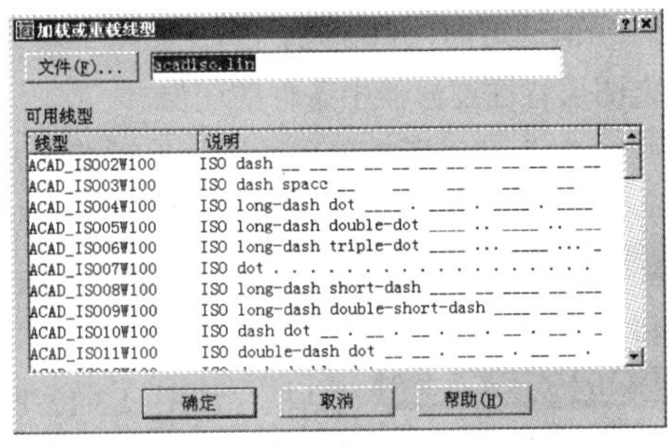

图 4.3.7　“加载或重载线型”对话框

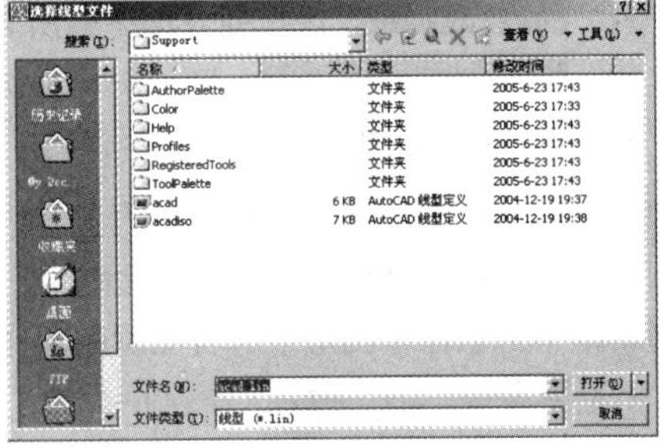

图 4.3.8　“选择线型文件”对话框

8）线宽：该列用于显示线型宽度。选择“线宽”列，弹出 线宽 对话框，如图 4.3.9 所示。该对话框中的 线宽: 列表框共列出了 25 种线宽供用户选择，选择合适的线宽后，单击 确定 按钮即可。

9）打印样式：修改与选定图层相关联的打印样式。

如果正在使用与颜色相关的打印样式，则不能修改与图层关联的打印样式。

10）打印：控制选定图层是否可打印。即使关闭了图层的打印，该图层上的对象仍会显示出来。无论如何设置“打印”参数，都不会打印处于关闭或冻结状态的图层。

11）说明：图层或图层过滤器的说明。

在列表图中单击鼠标右键，弹出的快捷菜单如图 4.3.10 所示。其各项主要功能如下：

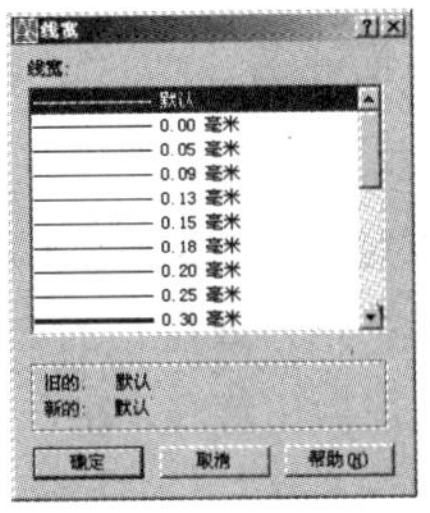

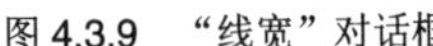

图 4.3.9　“线宽”对话框

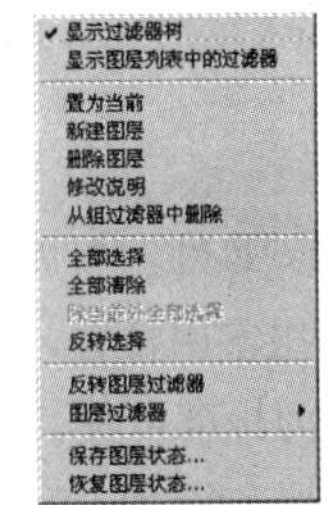

图 4.3.10　“列表图”快捷菜单

（1）显示过滤器树：显示树状图，清除此命令选项可以隐藏树状图。

（2）显示图层列表中的过滤器：在列表图的顶部显示过滤器，过滤器将按字母顺序列出，清除复选标记后仅在列表图中显示图层。

（3）置为当前：将选定图层设置为当前图层。

（4）新建图层：创建新图层。对于列表中显示名为“图层 1”的图层，可以直接编辑此图层名。新图层将继承图层列表中当前选定图层的特性（颜色、开/关状态等）。

（5）删除图层：从图形文件定义中删除选定的图层，且只能删除未参照的图层。参照图层包括图层 0 及 DEFPOINTS 包含对象（包括块定义中的对象）的图层、当前图层和依赖外部参照的图层。

如果处理的是共享工程中的图形或基于一系列图层标准的图形，删除图层时要特别小心。

（6）修改说明：为所选图层或过滤器添加说明或修改说明中的文字。过滤器的说明将添加到该过滤器及其中的所有图层中。

（7）从组过滤器中删除：将选定图层从树状图中的选定组图层过滤器中删除。

（8）全部选择：选择显示在列表图中的所有项目。

（9）全部清除：删除列表图中的所有选定项目，最后一个选定的图层或过滤器除外。

（10）除当前外全部选择：选择列表图中显示的所有项目，当前图层除外。

（11）反转选择：选择列表图中的所有项目，当前选定的项目除外。

（12）反转图层过滤器：显示所有不满足选定图层特性过滤器中条件的图层。

（13）图层过滤器：显示图层过滤器（包括“全部”和“所有使用的图层”过滤器）列表。单击一个过滤器，可将其应用到列表图。

（14）保存图层状态...：选择此命令，弹出要保存的新图层状态对话框，如图 4.3.11 所示。在该对话框中可以保存图形中所有图层的图层状态和图层特性设置。

（15）恢复图层状态...：选择此命令，弹出图层状态管理器对话框，如图 4.3.12 所示。在该对话框中可以选择一个命名图层状态来恢复图形中所有图层的设置，但仅恢复保存该命名图层状态时选定的那些图层状态和特性设置。

图 4.3.11　“要保存的新图层状态”对话框

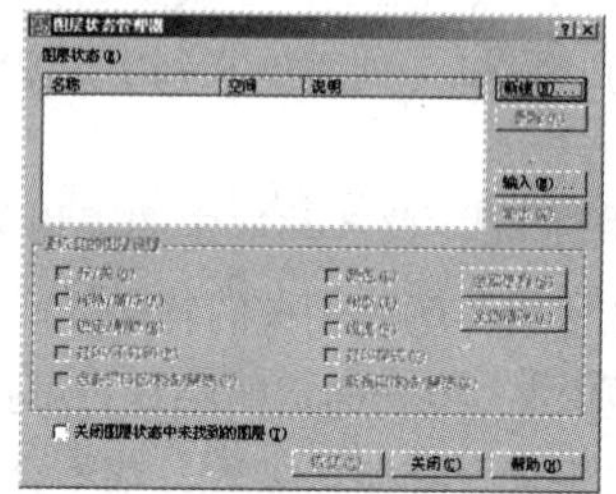

图 4.3.12　“图层状态管理器”对话框

4.4　CAD 标准

为了维护图形文件的一致性，可以创建标准文件以定义常用属性。CAD 标准为命名对象（例如图层和文字样式）定义一组常用特性。为了增强一致性，用户或用户的 CAD 管理员可以创建、应用和核查图形中的标准。因为标准可使其他用户容易对图形做出解释，在合作环境下，许多人都致力于创建一个图形，所以标准特别有用。

在 AutoCAD 2008 中创建 CAD 标准文件的步骤如下：

（1）创建一个新的图形文件。

（2）根据用户的实际需要，设置该图形文件的绘图环境，包括绘图区域、绘图单位、线型、线宽、图层、文字样式、标注样式等。

（3）选择 文件(F) → 另存为(A)... CTRL+SHIFT+S 命令，弹出图形另存为对话框。在该对话框中的 文件名(N): 文本框中设置文件为 Standard，然后单击 文件类型(T): 下拉列表框右边的三角按钮，在弹出的下拉列表中选择 AutoCAD 图形标准 (*.dws) 选项，设置完成后单击 保存(S) 按钮，完成标准文件的创建。

4.4.1　配置标准

配置标准是将当前图形与标准文件关联，并列出用于检查标准的插入模块。执行该命令的方法有

以下 3 种：

（1）单击“CAD 标准”工具栏中的“配置”按钮。

（2）选择 工具(T) → CAD 标准(S) → 配置(C)... 命令。

（3）在命令行中输入命令 standards。

执行该命令后，弹出 配置标准 对话框，如图 4.4.1 所示。该对话框中各选项卡功能介绍如下：

1．“标准”选项卡

该选项卡如图 4.4.1 所示，其中各选项功能介绍如下：

（1）与当前图形关联的标准文件(F): 列表：列出与当前图形相关联的所有标准（DWS）文件。如果此列表中的多个标准之间发生冲突（例如，如果两个标准指定了名称相同但特性不同的图层），则该列表中首先显示的标准文件优先。

（2）“添加标准文件”按钮：单击该按钮，使标准（DWS）文件与当前图形相关联。

（3）“删除标准文件”按钮：单击该按钮，从列表中删除某个标准文件（删除某个标准文件并不是实际删除它，而只是断开它与当前图形的关联性）。

（4）“上移”按钮：单击该按钮，将列表中的某个标准文件上移一个位置。

（5）“下移”按钮：单击该按钮，将列表中的某个标准文件下移一个位置。

2．“插入模块”选项卡

该选项卡如图 4.4.2 所示，其中各选项功能介绍如下：

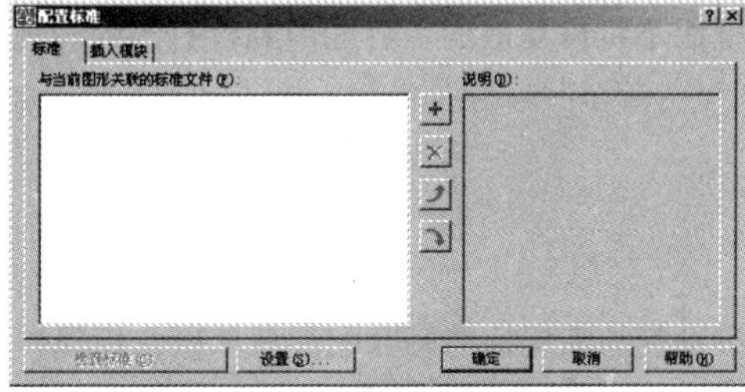

图 4.4.1　“配置标准”对话框

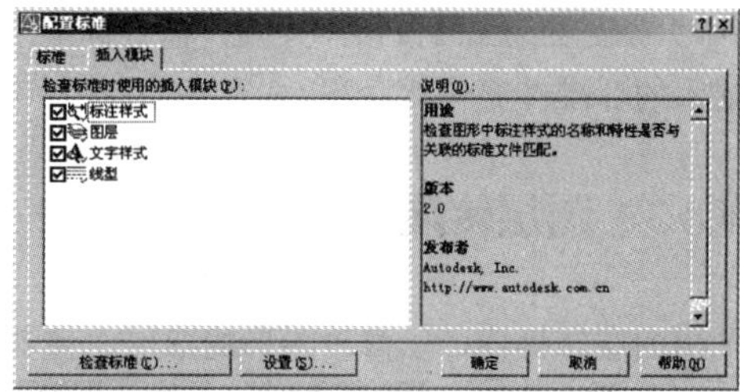

图 4.4.2　“插入模块”选项卡

（1）检查标准时使用的插入模块(P): 列表：列出当前系统中的标准插入模块。通过从此列表中选择插入模块，可以指定核查图形时使用哪个插入模块。

（2）说明(D): 列表框：提供列表中当前选定的标准插入模块的概要信息。

4.4.2　检查标准

检查标准是指根据指定的标准文件对当前图形的绘图设置进行检查，并显示检查结果。用户可以根据检查的结果利用标准文件的设置来替换当前图形文件中不符合标准的设置。选择 工具(T) → CAD 标准(S) → 检查(K)... 命令，弹出 检查标准 对话框，如图 4.4.3 所示。

单击“CAD 标准”工具栏中的“检查”按钮，或在命令行中输入命令 checkstandards 也可以执行检查命令。

该对话框中各选项功能介绍如下：

（1）问题(P): 提示栏：提供关于当前图形中非标准对象的说明。

（2）替换为(R): 列表：列出当前标准冲突的可能替换选项。如果存在推荐修复方案，其前面则带有一个复选标记；如果推荐的修复方案不可用，则“替换为”列表中没有亮显项目。

（3）预览修改(V): 提示栏：如果应用了“替换为”列表中当前选定的修复选项，则表示将被修改的非标准对象的特性。

（4）将此问题标记为忽略(I) 复选框：选中该复选框，将当前问题标记为忽略。如果在“CAD 标准设置”对话框中关闭了“显示忽略的问题”选项，下一次检查该图形时将不显示已标记为忽略的问题。

（5）下一个(N) 按钮：前进到当前图形中的下一个非标准对象而不应用修复。

（6）设置(S)... 按钮：单击此按钮，弹出 CAD 标准设置 对话框，如图 4.4.4 所示，从中可以为 检查标准 对话框和 配置标准 对话框指定其他设置。

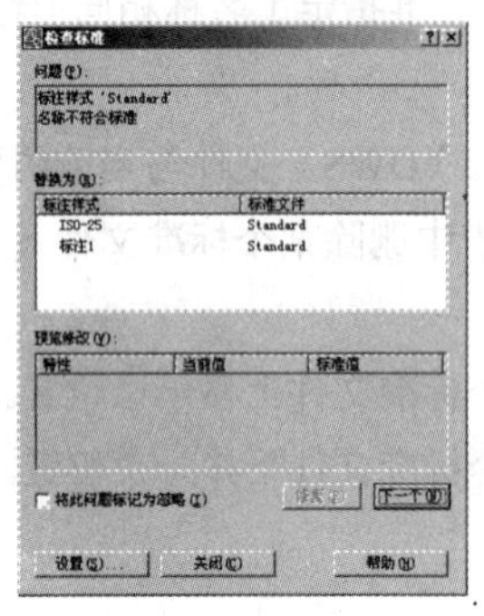

图 4.4.3 “检查标准”对话框

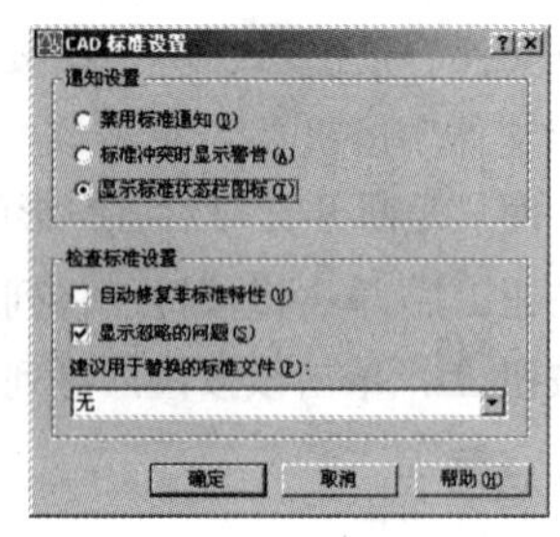

图 4.4.4 “CAD 标准设置”对话框

（7）关闭(C) 按钮：关闭“检查标准”对话框而不将修复后的内容应用到检查出的问题中，当前显示的标准冲突仍然存在。

4.4.3 图层转换器

使用图层转换器可以修改图形的图层，使其与用户设置的图层标准相匹配。具体操作步骤如下：

（1）选择 工具(T) → CAD 标准(S) → 图层转换器(L)... 命令，弹出 图层转换器 对话框，如图 4.4.5 所示。

（2）单击该对话框中的 加载(L)... 按钮，从其他图形中加载图层。

（3）单击 新建(N)... 按钮，弹出 新图层 对话框，如图 4.4.6 所示。在该对话框中设置新图层的名称和属性，然后单击 确定 按钮完成新图层的创建。

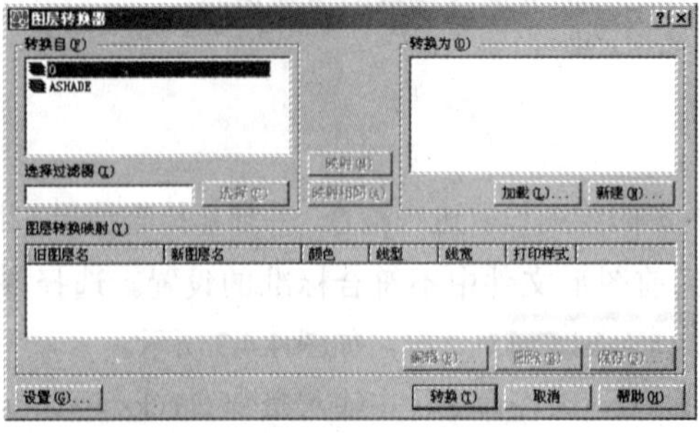

图 4.4.5 “图层转换器”对话框

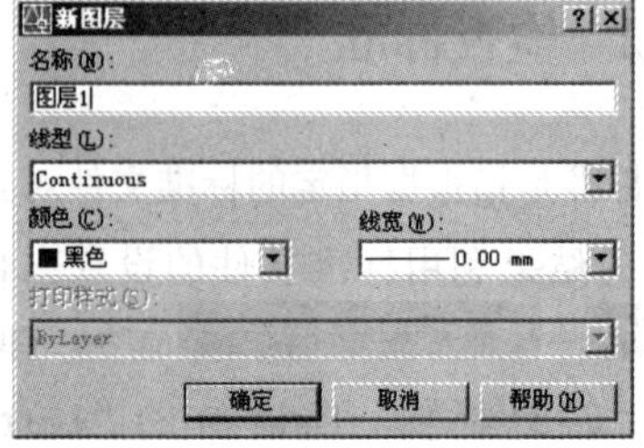

图 4.4.6 “新图层”对话框

（4）选中 转换为(O) 列表中的图层，单击 映射(M) 按钮，然后在 图层转换映射(Y) 列表框中选中该图层，单击 编辑(E)... 按钮，在弹出的 编辑图层 对话框中对图层的线型、颜色以及线宽进行修改，设置完成后单击 确定 按钮。

（5）单击 设置(G)... 按钮，弹出 设置 对话框，如图 4.4.7 所示，用户可以自定义图层转换的步骤。

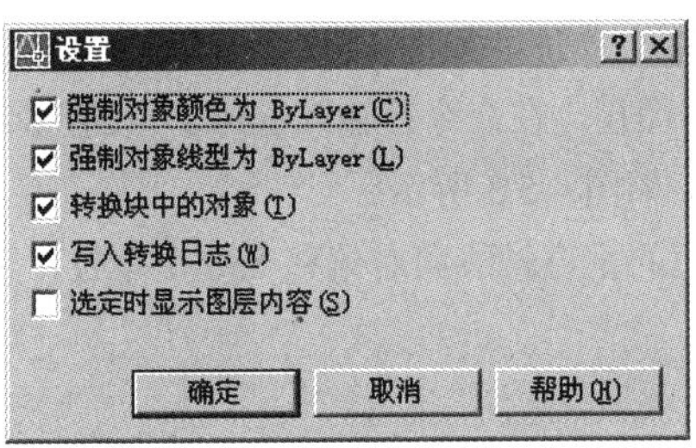

图 4.4.7　“设置”对话框

该对话框中各选项功能介绍如下：

1）☑强制对象颜色为 ByLayer (C) 复选框：指定每一个已转换对象是否采用指定给其图层的颜色。如果选择该选项，每个对象将呈现各自图层的颜色；如果不选择该选项，每个对象将保持其初始颜色。

2）☑强制对象线型为 ByLayer (L) 复选框：指定每一个已转换对象是否采用指定给其图层的线型。如果选择该选项，每个对象将呈现各自图层的线型；如果不选择该选项，每个对象将保持其初始线型。

3）☑转换块中的对象 (T) 复选框：指定是否转换块中嵌套的对象。如果选择该选项，块中嵌套的对象将转换；如果不选择该选项，块中嵌套的对象将不转换。

4）☑写入转换日志 (W) 复选框：指定是否创建详细说明转换结果的日志文件。如果选择该选项，将在与转换图形相同的文件夹中创建日志文件，该日志文件与已转换的图形的名称相同，文件扩展名为.log；如果不选择该选项，将不创建日志文件。

5）☑选定时显示图层内容 (S) 复选框：指定将在绘图区域中显示的图层。如果选择此选项，仅在绘图区域中显示在“图层转换器”对话框中选择的图层；如果不选择此选项，将显示图形中的所有图层。

4.5　典型实例——厨房平面图

利用图层命令绘制厨房平面图，具体操作步骤如下：

（1）选择 格式(O) → 图层(L)... 命令，弹出 图层特性管理器 对话框，在该对话框中单击“新建图层”按钮，新建 7 个图层，名称分别为“墙体”、“轴线”、“门窗”、“标注”、“文字”、“厨具”和“填充”，颜色分别为“蓝色”、“红”、“洋红”、“84”、“37”、“140”和“8”，其余设置如图 4.5.1 所示。

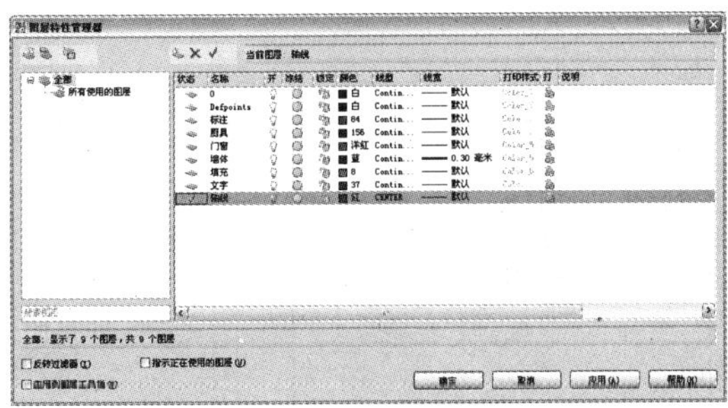

图 4.5.1　“图层特性管理器”对话框

（2）单击“直线”按钮或者在命令行输入 line，以原点为起点，绘制两条互相垂直的轴线，长为 3 400，宽为 3 700，然后单击“偏移”按钮或者在命令行输入 offset，将水平轴线向上偏移 3 700 个单位，垂直轴线向右偏移 3 400 个单位，如图 4.5.2 所示。

（3）设置“墙体”层为当前图层，在命令行输入 mline，设置多线的比例为“240”，对正方式为“无”，利用多线命令绘制墙体，如图 4.5.3 所示。

（4）利用偏移命令，将左边的垂直轴线向右偏移 850 个单位，下边的水平轴线向上偏移 850 个单位，如图 4.5.4 所示。

图 4.5.2　绘制轴线

图 4.5.3　绘制墙线

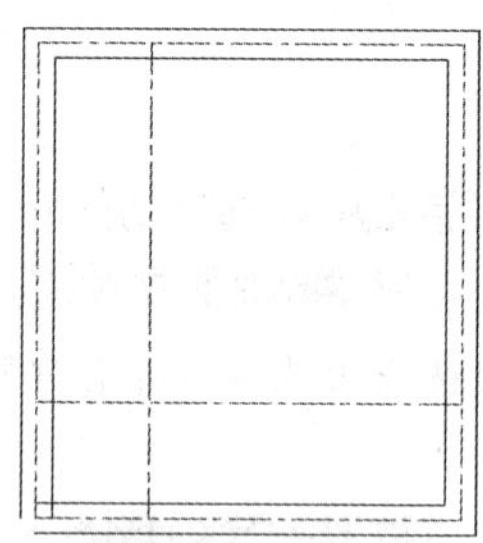
图 4.5.4　偏移轴线

（5）设置“轴线”层为当前图层，利用直线命令绘制一条轴线，如图 4.5.5 所示。

（6）单击“分解”按钮或者在命令行输入 explode，对绘制的墙线进行分解处理。然后利用偏移命令将如图 4.5.6 所示的轴线偏移，偏移距离为 600，如图 4.5.7 所示。

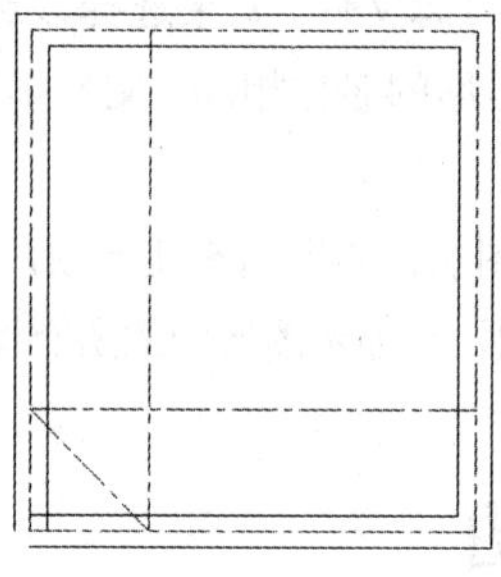
图 4.5.5　绘制轴线

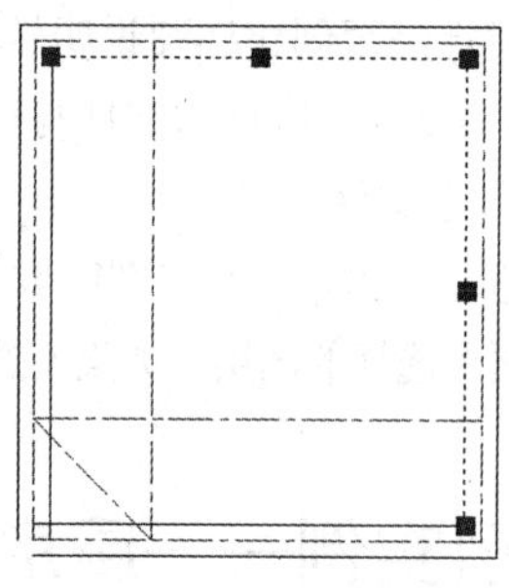
图 4.5.6　选择线段

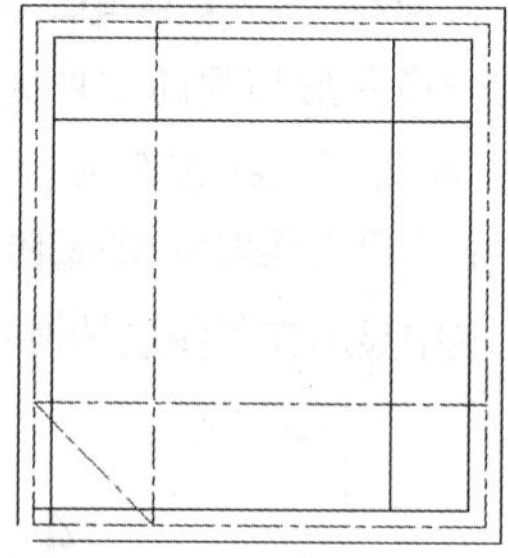
图 4.5.7　偏移线段

（7）单击“修剪”按钮或者在命令行输入 trim，修剪偏移后的直线，效果如图 4.5.8 所示。

（8）设置“墙体”为当前图层，使用多线命令绘制厨房玻璃隔墙线段，设置多线比例为 120，效果如图 4.5.9 所示。

（9）利用分解命令分解上步绘制的多线。然后利用直线命令捕捉倾斜的墙线的中心，绘制一条直线，如图 4.5.10 所示。

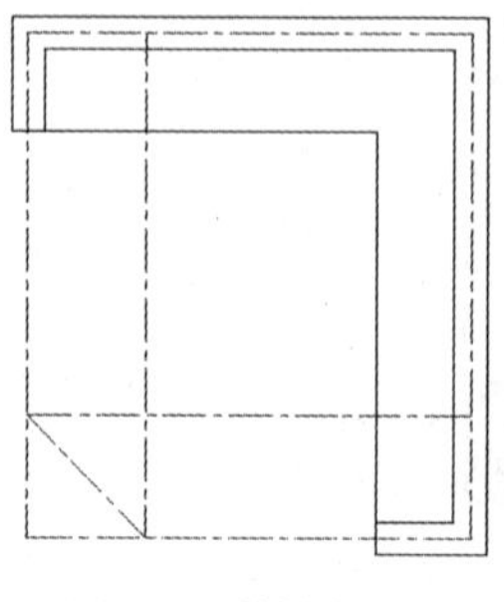
图 4.5.8　修剪直线

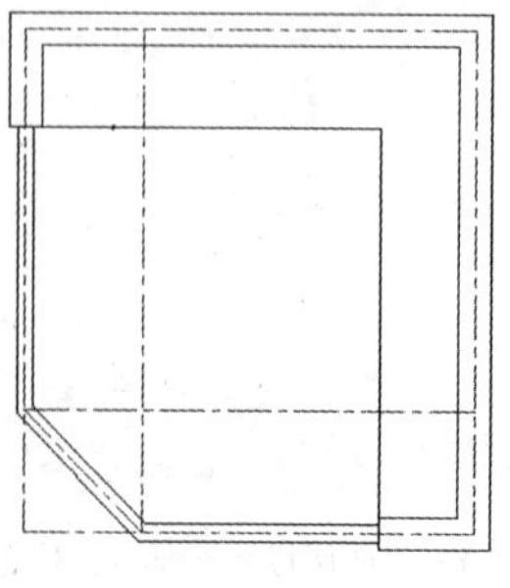
图 4.5.9　绘制玻璃隔墙

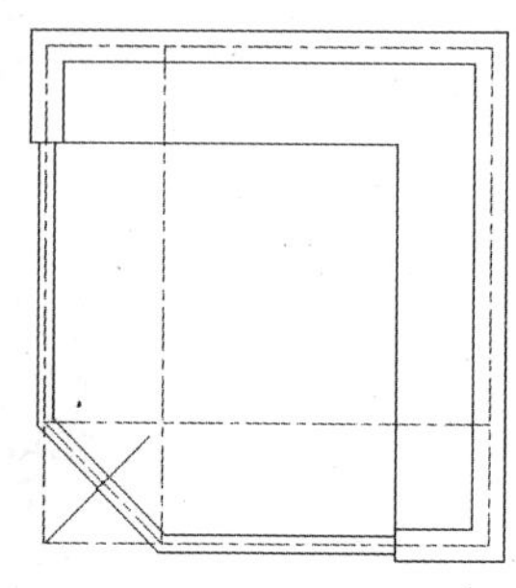
图 4.5.10　绘制直线

（10）重复偏移命令，将上步绘制的倾斜直线分别向上向下偏移，偏移距离为 500，如图 4.5.11 所示。

（11）利用修剪命令修剪偏移后的直线，然后隐藏“轴线”层，如图 4.5.12 所示。

（12）设置“门窗”层为当前图层，单击“矩形”按钮或者在命令行输入 rectang，在门洞处绘制一个长为 500，宽为 40 的矩形框，如图 4.5.13 所示。

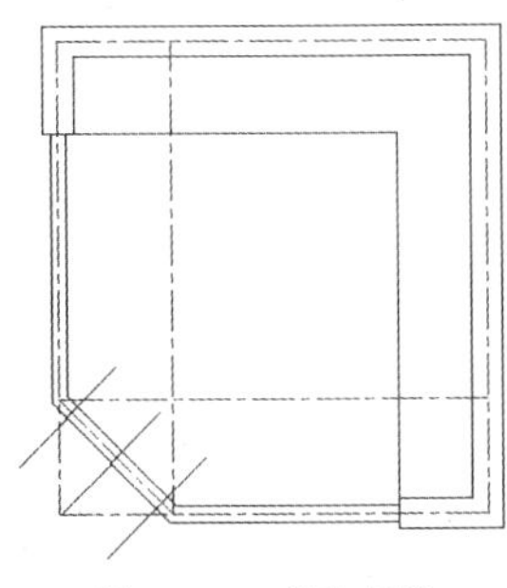

图 4.5.11　偏移直线

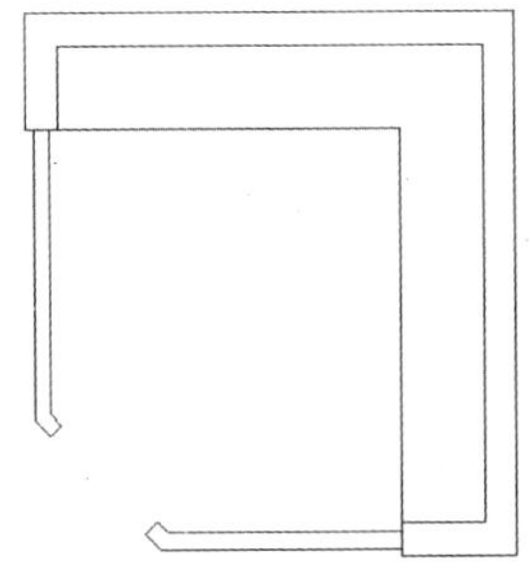

图 4.5.12　隐藏“轴线”层

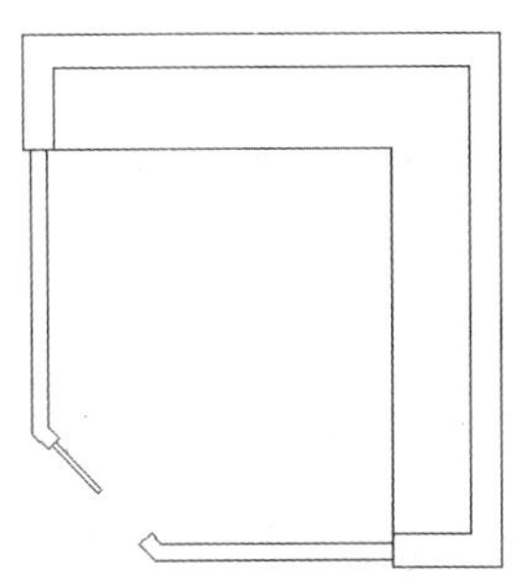

图 4.5.13　绘制矩形框

（13）单击“镜像”按钮或者在命令行输入 mirror，对上步绘制的矩形框进行镜像复制，效果如图 4.5.14 所示。

（14）单击“移动”按钮或者在命令行输入 move，将镜像后的矩形框移动到如图 4.5.15 所示的位置。

（15）利用直线命令绘制如图 4.5.16 所示的线段。

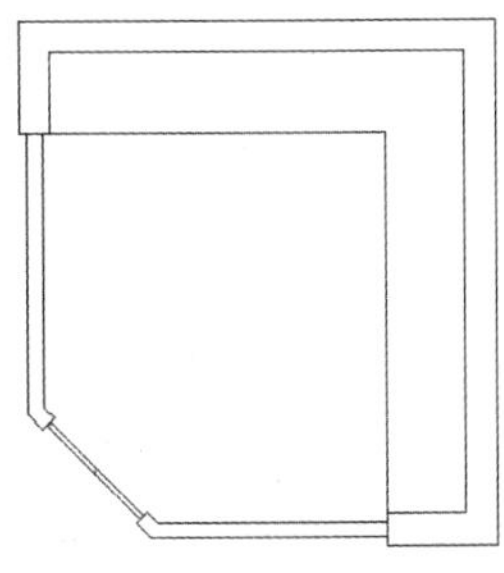

图 4.5.14　镜像复制矩形框

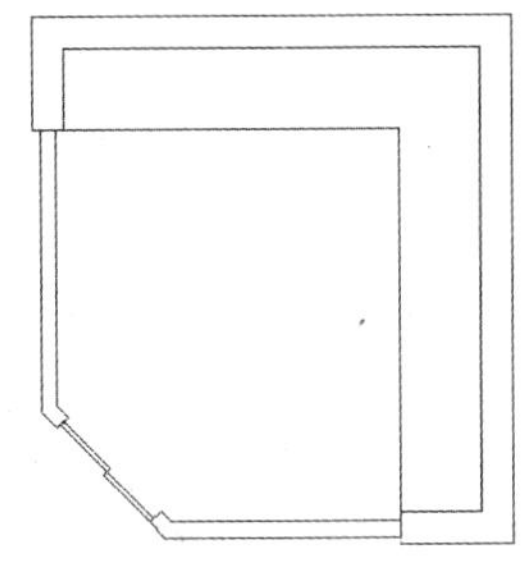

图 4.5.15　移动矩形框

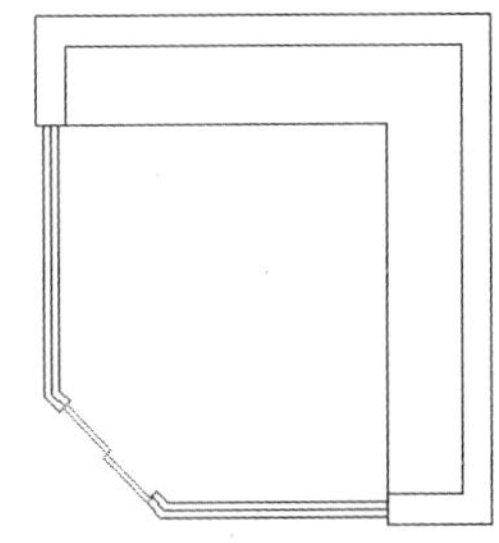

图 4.5.16　绘制直线

（16）重复偏移命令，将右边的内墙线向左侧偏移，偏移距离分别为 1 000 和 2 400，如图 4.5.17 所示。

（17）利用修剪命令绘制窗洞，如图 4.5.18 所示。

（18）重复直线和偏移命令绘制窗，其中偏移距离为 80，如图 4.5.19 所示。

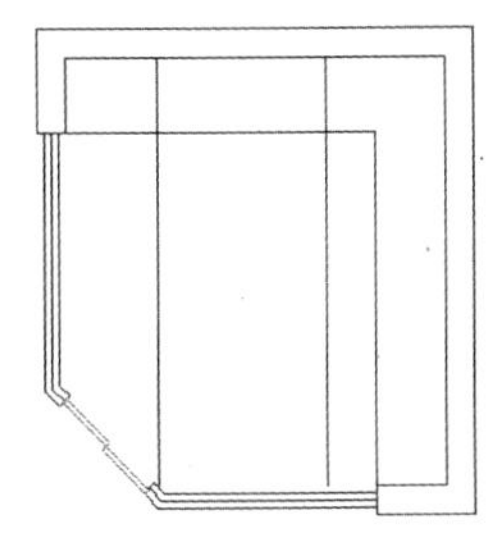

图 4.5.17　偏移墙线

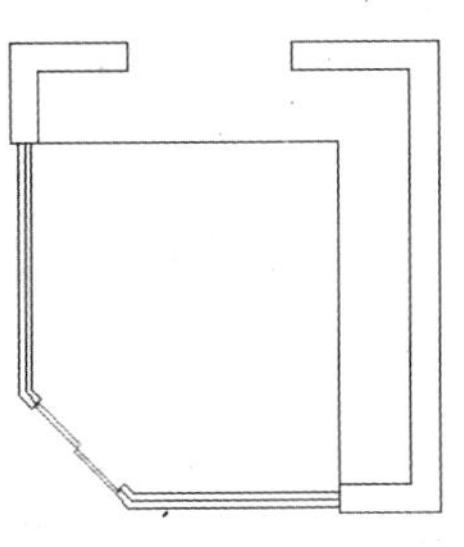

图 4.5.18　绘制窗洞

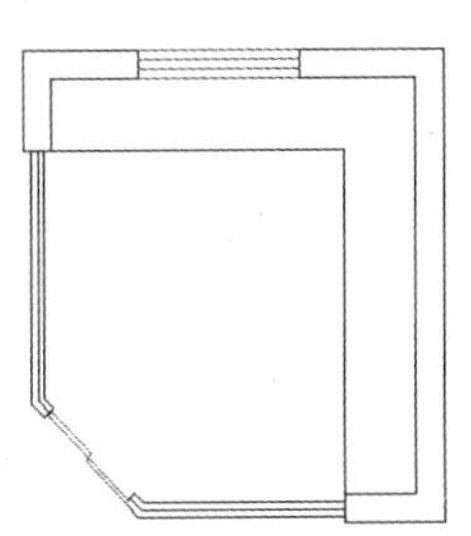

图 4.5.19　绘制窗

（19）再次利用偏移命令将左边的内墙线向右偏移，偏移距离为 400 和 1 100，如图 4.5.20 所示。

（20）利用修剪命令，修剪出烟道的大小和冰箱的位置。然后使用直线绘制烟道内的线条，表示里面是空心的，如图 4.5.21 所示。

（21）设置“厨具”层为当前图层，打开“练习文件夹”中的“模块.dwg”文件，选择需要的模块，将其插入到如图 4.5.22 所示的位置。

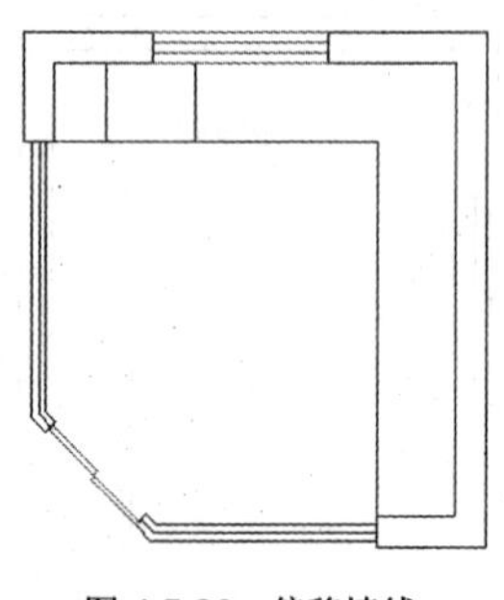

图 4.5.20　偏移墙线

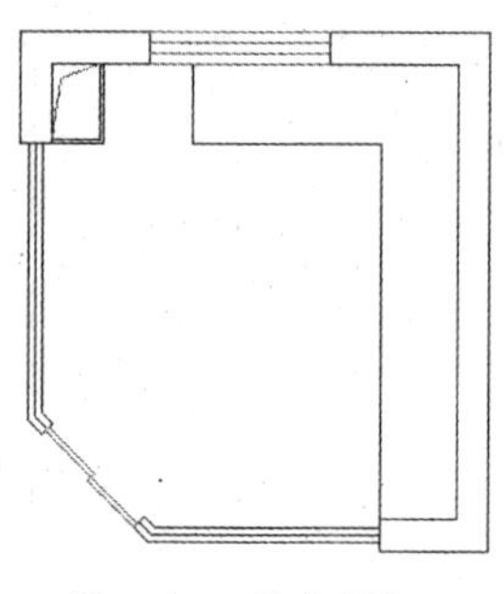

图 4.5.21　修剪直线

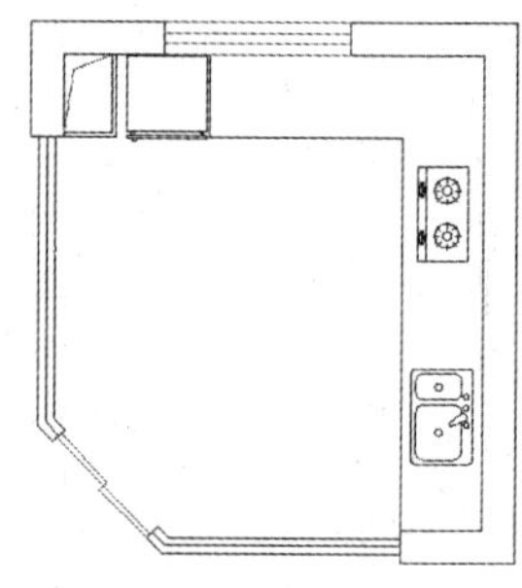

图 4.5.22　插入图块

（22）显示“轴线”层。设置“标注”层为当前图层，利用线性标注对图形进行尺寸标注，如图 4.5.23 所示。

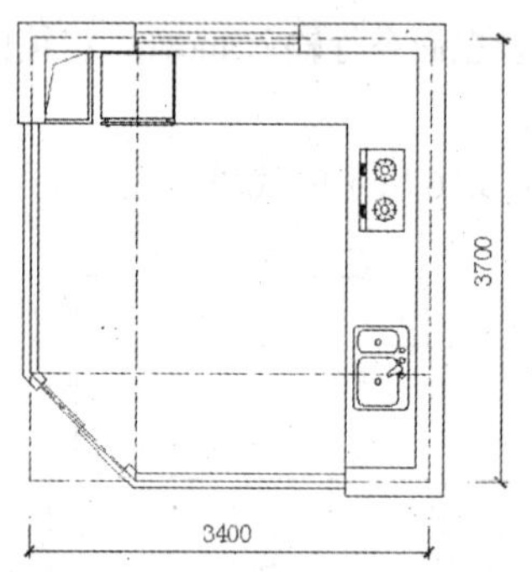

图 4.5.23　标注尺寸

（23）隐藏“轴线”层。设置“填充”层为当前图层，选择 绘图(D) → 图案填充(H)... 命令，系统弹出 图案填充和渐变色 对话框，设置对话框中的参数如图 4.5.24 所示。设置完毕后，填充效果如图 4.5.25 所示。

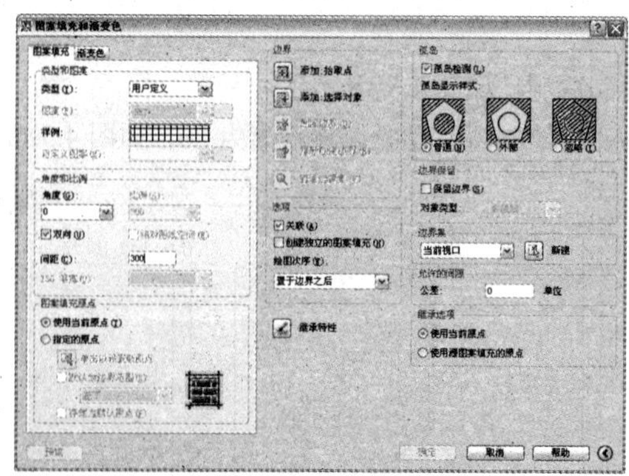

图 4.5.24　“图案填充和渐变色”对话框

（24）设置“文字”层为当前图层，利用单行文字命令对图形进行标题说明，如图 4.5.26 所示。

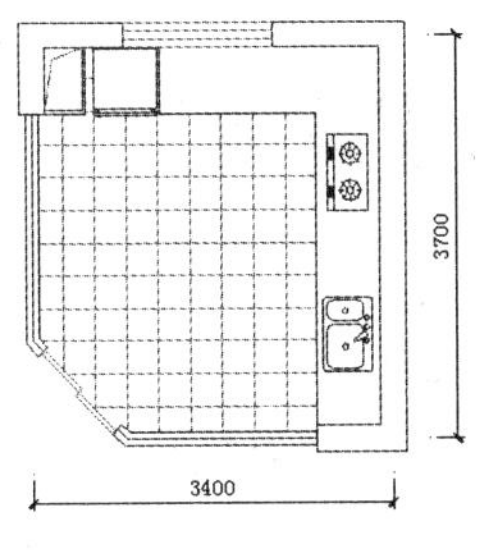

图 4.5.25　填充效果

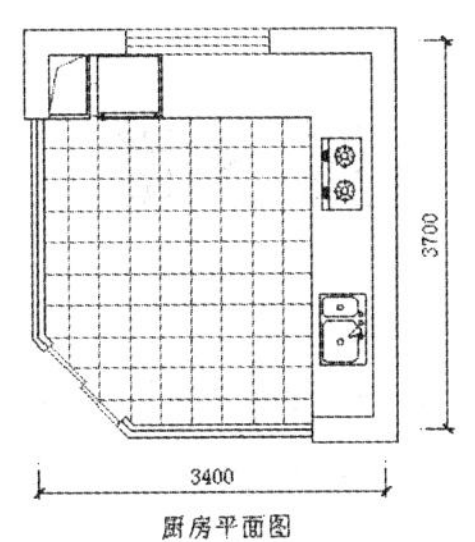

图 4.5.26　文字标注

小　结

本章主要讲述线型设置、颜色设置、图层设置以及 CAD 标准方面的内容。随着图形中对象数量的增加，这些工具的优越性也会得到充分的体现。

过关练习四

一、填空题

1. AutoCAD 2008 为用户提供了 255 种颜色可供用户在绘图中使用，其中包括 9 种________和 6 种________。

2. 用户可以在________中创建和删除图层。

3. 配置标准是将________与________关联并列出用于检查标准的插入模块。

二、选择题

1.“线型管理器”对话框中的“线型过滤器”不能用于过滤的条件是（ ）。

A. 显示所有线型　　B. 显示全部已使用线型

C. 显示所有未使用的线型　　D. 显示全部依赖外部参照线型

2. CAD 标准不包括以下（ ）项内容。

A. 配置　　B. 检查

C. 图层转换　　D. 移植

三、上机操作题

1. 使用图层命令绘制如题图 4.1 所示的弹簧平面图。

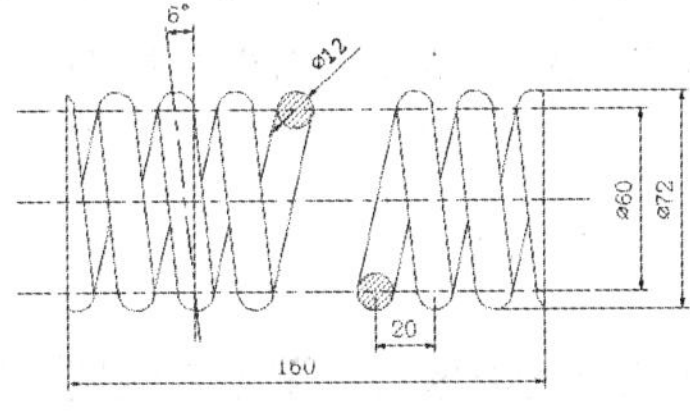

题图 4.1

第 5 章　面域与图案填充

面域是没有厚度的闭合区域，它不仅包括边界属性，还包括边界内部面的属性，如面积、质心、惯性距等，通过创建面域，可以创建具有某些特性的平面对象。图案填充是指使用指定线条或图案来填充闭合的区域，从而使该区域具有特殊的意义，如机械图中的剖视图，建筑图中的地板、断层等。本章主要介绍面域和图案填充的创建方法。

本章重点

（1）创建面域。

（2）面域的运算。

（3）图案填充。

5.1　创建面域

在 AutoCAD 2008 中，用户可以将封闭的平面二维图形转换成面域对象，也可以用边界定义面域，本节将详细介绍这两种创建面域的方法。

5.1.1　由二维图形创建面域

用于创建面域的二维图形必须是封闭的对象，这些对象可以是圆、椭圆、封闭的二维多段线或封闭的样条曲线等。用此方法创建面域对象，执行命令的方法有以下 3 种：

（1）单击“绘图”工具栏中的“面域”按钮。

（2）选择 绘图(D) → 面域(N) 命令。

（3）在命令行中输入命令 region。

执行该命令后，命令行提示如下：

命令: _ region

选择对象:（选择封闭的二维对象）

选择对象:（按回车键结束对象选择）

已提取 1 个环。（系统提示）

已创建 1 个面域。（系统提示）

将封闭的二维平面图形创建成面域对象后，用户并不能直观地看到图形有什么变化，但可以在“对象特性管理器”选项板中看到面域对象已经具有了二维图形所不具有的一些特性。

5.1.2　用边界定义面域

用边界定义面域是指利用图形中已有的对象边界来创建面域。执行此命令的方法有以下两种：

（1）选择 绘图(D) → 边界(B)... 命令。

（2）在命令行中输入命令 boundary。

执行该命令后，弹出边界创建对话框，如图 5.1.1 所示，在该对话框中的对象类型(T)下拉列表中选择面域选项，然后单击该对话框左上角的“拾取点”按钮，系统切换到绘图窗口，在封闭区域的内部指定一点，按回车键后封闭的区域即可被创建成面域。

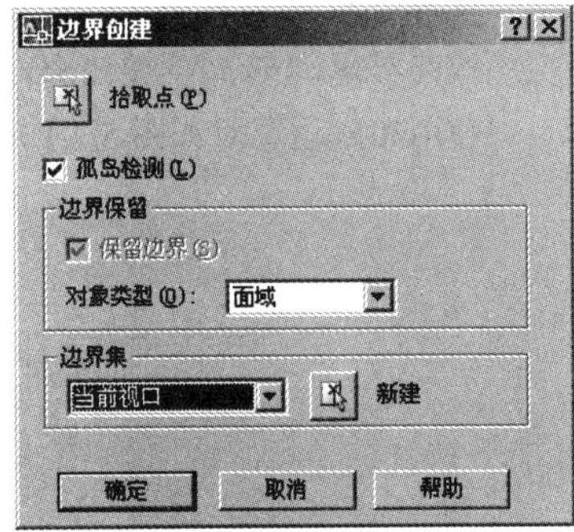

图 5.1.1　“边界创建”对话框

例如：用边界定义面域的方法对如图 5.1.2 所示的图形进行操作，创建如图 5.1.3 所示的面域图形，具体操作方法如下：

（1）选择绘图(D) → 边界(B)... 命令，执行创建面域命令。

（2）在弹出的边界创建对话框中的对象类型(T)下拉列表中选择面域选项。

（3）单击边界创建对话框左上角的“拾取点”按钮，系统切换到绘图窗口。

（4）在如图 5.1.2 所示图形的虚线区域内指定一点，按回车键结束命令。

（5）用鼠标选中创建的面域对象，将其移动到绘图窗口中的空白区域，效果如图 5.1.3 所示。

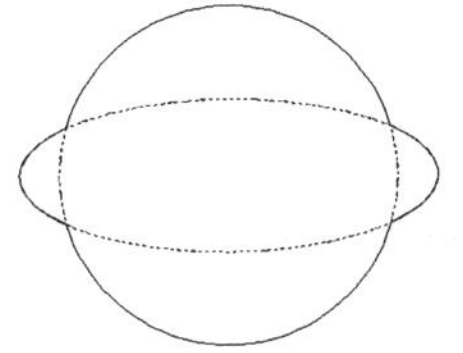

图 5.1.2　原始图形

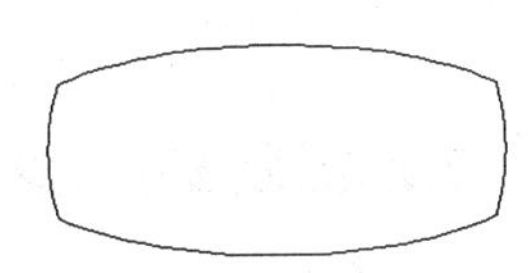

图 5.1.3　效果图

在 AutoCAD 2008 中创建面域对象时，还应注意以下 3 点：

（1）用户可以用复制、移动、阵列等编辑命令编辑面域图形。

（2）用边界法创建面域时，如果系统变量 delobj 的值为 1，则创建面域后系统会删除原始对象；如果 delobj 的值为 0，则创建面域后保留原始对象，系统默认 delobj 的值为 1。

（3）面域对象可以用分解命令转换成线、圆、弧等对象。

5.2　面域的运算

面域对象具有很多平面图形所没有的特性，如面积、质心、惯性距等，用户可以对这些特性进行编辑。在 AutoCAD 2008 中，使用布尔运算可以对面域图形进行并集、差集和交集运算，以下分别进行介绍。

5.2.1　并集

并集运算是将多个面域对象转换成一个面域对象。在 AutoCAD 2008 中，执行并集命令的方法有以下 3 种：

（1）单击“实体编辑”工具栏中的“并集”按钮。

（2）选择修改(M) → 实体编辑(N) → 并集(U) 命令。

（3）在命令行中输入命令 union。

执行并集命令后，命令行提示如下：

命令: _ union

选择对象:（选择需要进行并集运算的对象，至少两个）

选择对象:（按回车键结束命令）

使用布尔运算对如图 5.2.1 所示图形进行并集运算，效果如图 5.2.2 所示。

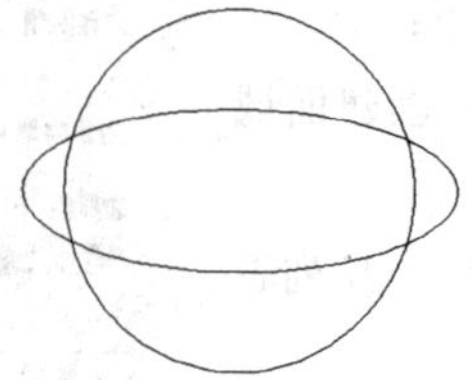

图 5.2.1　原始图形

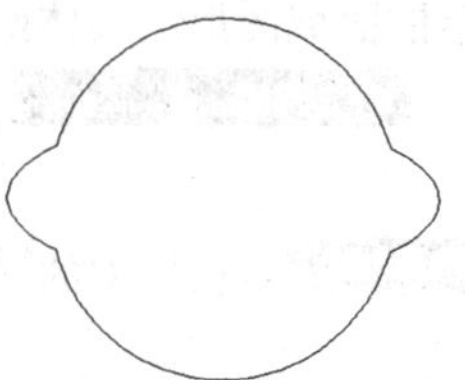

图 5.2.2　效果图

5.2.2　差集

差集运算是从一个或多个面域对象中减去另一个或多个面域对象，从而创建新的面域对象的运算。在 AutoCAD 2008 中，执行差集命令的方法有以下 3 种：

（1）单击“实体编辑”工具栏中的“差集”按钮。

（2）选择 修改(M) → 实体编辑(N) → 差集(S) 命令。

（3）在命令行中输入命令 subtract。

执行差集命令后，命令行提示如下：

命令: _ subtract

选择要从中减去的实体或面域...（系统提示）

选择对象:（选择要减去的对象）

选择对象:（按回车键结束对象选择）

选择要减去的实体或面域...（系统提示）

选择对象:（选择被减的对象）

选择对象:（按回车键结束对象选择，同时结束差集命令）

使用差集命令对如图 5.2.3 所示图形进行差集运算，效果如图 5.2.4 所示。

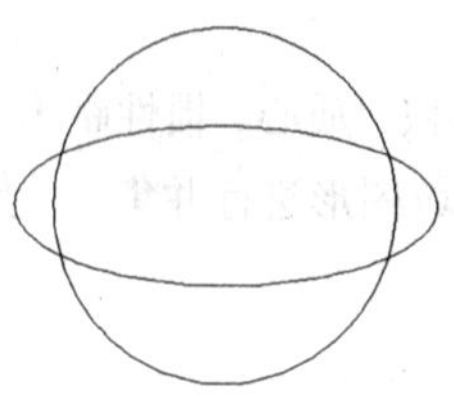

图 5.2.3　原始图形

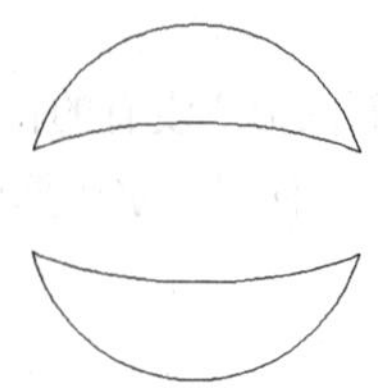

图 5.2.4　效果图

5.2.3　交集

交集运算是创建多个面域对象的重叠部分，并将不重叠部分删除，从而创建新的面域对象的运算。

在 AutoCAD 2008 中，执行交集运算命令的方法有以下 3 种：

（1）单击“实体编辑”工具栏中的“交集”按钮。

（2）选择 修改(M) → 实体编辑(N) → 交集(I) 命令。

（3）在命令行中输入命令 intersect。

执行交集运算命令后，命令行提示如下：

命令: _ intersect

选择对象:（选择要进行交集运算的面域对象）

选择对象:（按回车键结束交集运算命令）

使用交集命令对如图 5.2.5 所示图形进行交集运算，效果如图 5.2.6 所示。

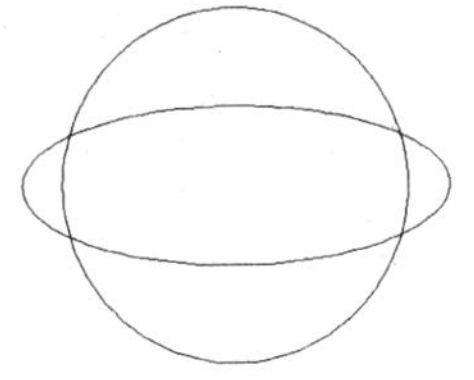

图 5.2.5　原始图形

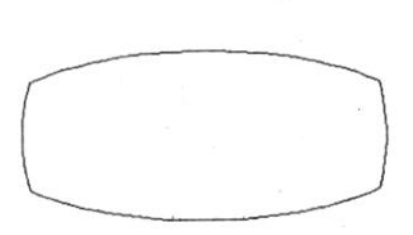

图 5.2.6　效果图

5.2.4　从面域中提取数据

面域对象不仅包含了图形的边界属性，而且还包含了边界内部面的属性。在 AutoCAD 2008 中，选择 工具(T) → 查询(Q) → 面域/质量特性(M) 命令可以查询面域对象所具有的属性。执行该命令后，命令行提示如下：

命令: _ massprop

选择对象:（选择面域对象）

选择对象:（按回车键结束命令）

执行此命令后，系统自动打开 AutoCAD 文本窗口，查询到的面域对象的所有特性信息都显示在该窗口中，如面积、周长、边界框、质心、惯性距、旋转半径等。如果用户需要保存这些信息，可以在命令行的提示下输入相应的命令选项进行保存。

5.3　图案填充

在利用 AutoCAD 绘图的过程中，经常需要对某一指定区域填充特定的图案，以表示该区域的特别含义，这一过程叫做图案填充。

5.3.1　创建图案填充

在 AutoCAD 2008 中，用户可以用指定的图案为某一封闭的区域创建图案填充，执行该命令的方法有以下 3 种：

（1）单击“绘图”工具栏中的“图案填充”按钮。

（2）选择 绘图(D) → 图案填充(H)... 命令。

（3）在命令行中输入命令 bhatch。

执行该命令后，弹出图案填充和渐变色对话框，如图 5.3.1 所示。该对话框中各选项功能详细介绍如下：

（1）类型和图案选项组：指定图案填充的类型和图案，该选项组中包含以下选项。

1）类型(Y):下拉列表框：该选项用于设置填充图案的类型。AutoCAD 提供了“预定义”、“用户定义”、“自定义”3 种类型供用户选择。

2）图案(P):下拉列表框：在该下拉列表中选择图案名称，或单击该下拉列表框右边的“预览”按钮...，在弹出的填充图案选项板对话框中选择其他图案类型进行设置，如图 5.3.2 所示。

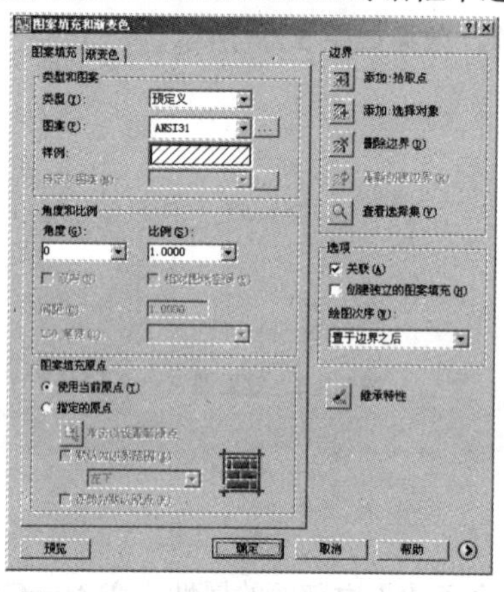

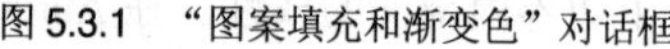
图 5.3.1 “图案填充和渐变色”对话框

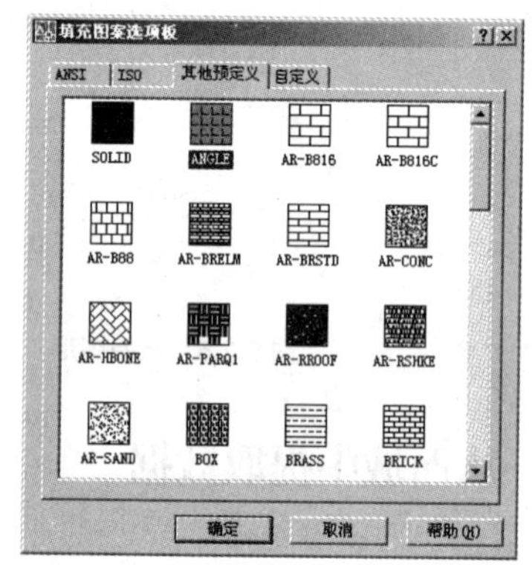

图 5.3.2 “填充图案选项板”对话框

3）样例:列表框：该列表框用于显示选定的图案。单击该列表框中的图案也可以弹出填充图案选项板对话框，并可以选择其他图案进行设置。

4）自定义图案(M):下拉列表框：该列表框用于将填充的图案设置为用户自定义的图案，用法与图案(P):下拉列表框相同。该选项只有在“自定义”类型下才可用。

（2）角度和比例选项组：指定选定填充图案的角度和比例。该选项组包含以下选项。

1）角度(G):下拉列表框：指定填充图案的角度（相对当前 UCS 坐标系的 X 轴设置角度）。

2）比例(S):下拉列表框：放大或缩小预定义或自定义图案。只有将类型(Y):设置为“预定义”或“自定义”时，此选项才可用。

3）☑ 双向(U)复选框：对于用户定义的图案，将绘制第二组直线，这些直线与原来的直线成 90° 角，从而构成交叉线。只有在“图案填充”选项卡上将类型(Y):设置为“用户定义”时此选项才可用。

4）☑ 相对图纸空间(E)复选框：相对于图纸空间缩放填充图案。使用此选项，可以很容易地以适合于布局的比例显示填充图案，该选项仅适用于布局。

5）间距(C):文本框：指定用户定义图案中的直线间距。只有将类型(Y):设置为“用户定义”时此选项才可用。

6）ISO 笔宽(O):下拉列表框：基于选定笔宽缩放 ISO 预定义图案。只有将类型(Y):设置为“预定义”选项，并将图案(P):设置为可用的 ISO 图案的一种时，此选项才可用。

（3）图案填充原点选项组：控制填充图案生成的起始位置。某些图案填充需要与图案填充边界上的一点对齐。默认情况下，所有图案填充原点都对应于当前的 UCS 原点，该选项组包含以下选项。

1）⊙ 使用当前原点(T)单选按钮：使用存储在 hporiginmode 系统变量中的设置。默认情况下，

原点设置为（0，0）。

2）指定的原点 单选按钮：指定新的图案填充原点。选中此单选按钮时以下选项才可用。

3）默认为边界范围(X) 复选框：基于图案填充的矩形范围计算出新原点，可以选择该范围的 4 个角点及其中心。

4）存储为默认原点(F) 复选框：将新图案填充原点的值存储在 hporigin 系统变量中。

单击图案填充和渐变色对话框右下角的按钮，弹出所有公共选项，如图 5.3.3 所示。

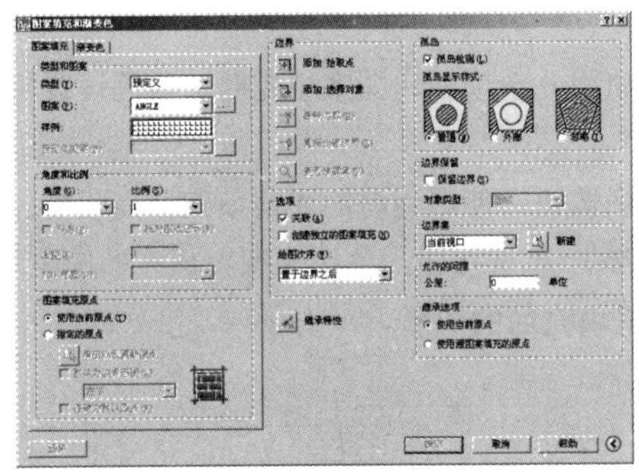

图 5.3.3　所有公共选项

（1）边界选项组：该选项组用于设置定义边界的方式。

1）"拾取点"按钮：根据围绕指定点构成封闭区域的现有对象确定边界。

2）"选择对象"按钮：根据构成封闭区域的选定对象确定边界。

3）"删除边界"按钮：从边界定义中删除以前添加的所有对象。

4）"重新创建边界"按钮：围绕选定的图案填充或填充对象创建多段线或面域，并使其与图案填充对象相关联。

5）"查看选择集"按钮：暂时关闭对话框，并使用当前的图案填充或填充设置显示当前定义的边界。如果未定义边界，则此选项不可用。

（2）选项选项组：控制几个常用的图案填充或填充选项，其中包括以下 3 项内容。

1）关联(A) 复选框：控制图案填充或填充的关联。关联的图案填充或渐变色填充在用户修改其边界时将会更新。

2）创建独立的图案填充(H) 复选框：控制当指定了几个独立的闭合边界时，是创建单个图案填充对象，还是创建多个图案填充对象。

3）绘图次序(W): 下拉列表框：为图案填充或渐变色填充指定绘图次序。图案填充可以放在所有其他对象之后、所有其他对象之前、图案填充边界之后或图案填充边界之前。

（3）"继承特性"按钮：使用选定图案填充对象的图案填充或渐变色填充特性，对指定的边界进行图案填充或渐变色填充。

（4）孤岛选项组：指定在最外层边界内填充对象的方法，该选项组中包括以下两项内容。

1）孤岛检测(L) 复选框：控制是否检测内部闭合边界（称为孤岛）。

2）孤岛显示样式：AutoCAD 提供了 3 种孤岛显示样式。分别介绍如下：

①普通(N)：从外部边界向内填充。如果遇到一个内部孤岛，它将停止进行图案填充或渐变色填充，直到遇到该孤岛内的另一个孤岛再继续进行填充。

②外部：从外部边界向内填充。如果遇到内部孤岛，它将停止进行图案填充或渐变色填充。此选项只对结构的最外层进行图案填充或渐变色填充，而结构内部保留空白。

③ ⊙ 忽略(I)：忽略所有内部的对象，填充图案时将填充这些对象。

（5）边界保留选项组：指定是否将边界保留为对象，并确定应用于这些对象的对象类型。选中☑ 保留边界(S)复选框，然后在对象类型:下拉列表中选择对象类型为“面域”或“多段线”。

（6）边界集选项组：定义从指定点定义边界时要分析的对象集。当使用“选择对象”定义边界时，选定的边界集无效。

（7）允许的间隙选项组：设置将对象用做图案填充边界时可以忽略的最大间隙。默认值为 0，此值指定对象必须为封闭区域。

（8）继承选项选项组：使用此选项创建图案填充时，这些设置将控制图案填充原点的位置。其中包括以下两个选项。

1）⊙ 使用当前原点单选按钮：使用当前的图案填充原点设置。

2）⊙ 使用源图案填充的原点单选按钮：使用源图案填充的图案填充原点。

图 5.3.4 所示的为创建图案填充后的图形。

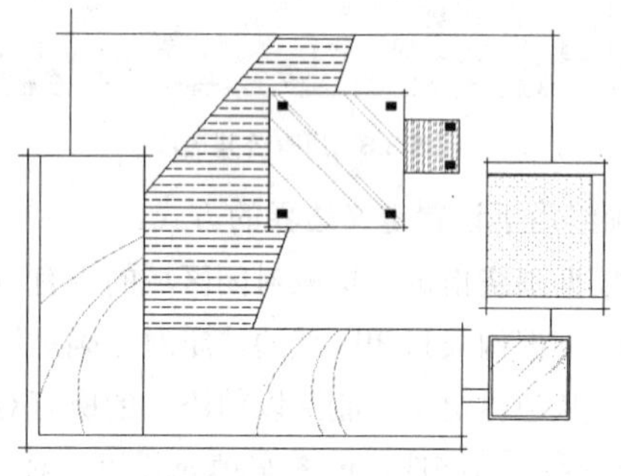

图 5.3.4　图案填充效果

5.3.2　创建渐变色填充

在 AutoCAD 2008 中，用户还可以创建单色或双色渐变色，对指定的闭合区域进行填充。执行渐变色填充命令的方法有以下 3 种：

（1）单击“绘图”工具栏中的“渐变色”按钮。

（2）选择绘图(D)→渐变色...命令。

（3）在命令行中输入命令 gradient。

执行该命令后，弹出图案填充和渐变色对话框，打开渐变色选项卡，如图 5.3.5 所示。

该选项卡中各选项功能介绍如下：

（1）颜色(C)选项组：定义要应用的渐变填充的外观。

1）⊙ 单色(O)单选按钮：指定使用从较深色调到较浅色调平滑过渡的单色填充。

2）⊙ 双色(T)单选按钮：指定在两种颜色之间平滑过渡的双色渐变填充。

（2）方向选项组：指定渐变色的角度及其是否对称。

1）☑ 居中(C)复选框：指定对称的渐变配置。如果没有选定此选项，渐变填充将朝左上方变化，创建光源在对象左边的图案。

2）角度(L):下拉列表框：指定渐变填充的角度。相对当前 UCS 指定角度，此选项与指定给图案填充的角度互不影响。

该选项卡中的公共选项和图案填充选项卡中的相同，这里就不再赘述。创建的渐变色填充效果如图 5.3.6 所示。

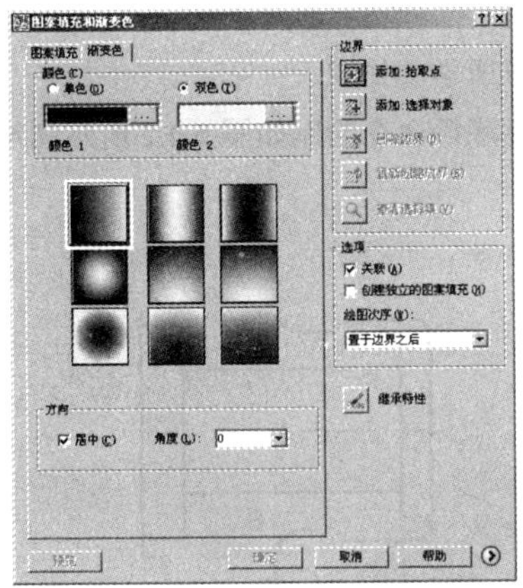

图 5.3.5　“渐变色”选项卡

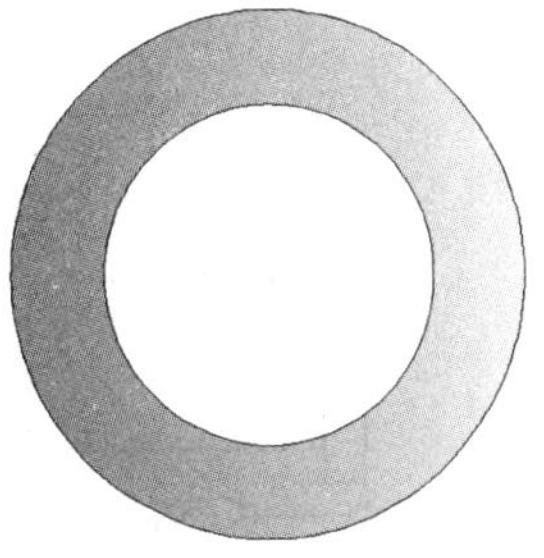

图 5.3.6　渐变色填充效果

5.3.3　编辑图案填充

对图形进行图案填充后，如果对填充的效果不满意，还可以根据需要对填充的图案进行编辑。执行编辑填充图案命令的方法有以下两种：

（1）选择修改(M)→对象(O)→图案填充(H)...命令。

（2）在命令行中输入命令 hatchedit。

执行此命令后，命令行提示如下：

命令: _ hatchedit

选择图案填充对象:（选择要编辑的填充图案）

选择填充图案后，弹出图案填充编辑对话框，如图 5.3.7 所示。该对话框中各选项功能与创建图案填充和渐变色填充时的图案填充和渐变色对话框相同，用户可以在其中修改填充图案、图案的旋转比例、旋转角度和关联性等，然后单击确定按钮即可。

5.3.4　控制图案填充的可见性

在 AutoCAD 2008 中，用户可以通过以下两种方法来控制填充图案的可见性。

（1）在命令行中输入命令 fill 后按回车键，命令行提示如下：

命令: fill

输入模式 [开(ON)/关(OFF)] <开>:

如果选择“开”命令选项，则填充图案可见；如果选择“关”命令选项，则填充图案不可见。设置图案填充模式后，选择视图(V)→重生成(G)命令显示效果。

（2）利用图层来控制填充图案的可见性，关闭填充图案所在的图层可以立刻使填充图案的不可见性生效。

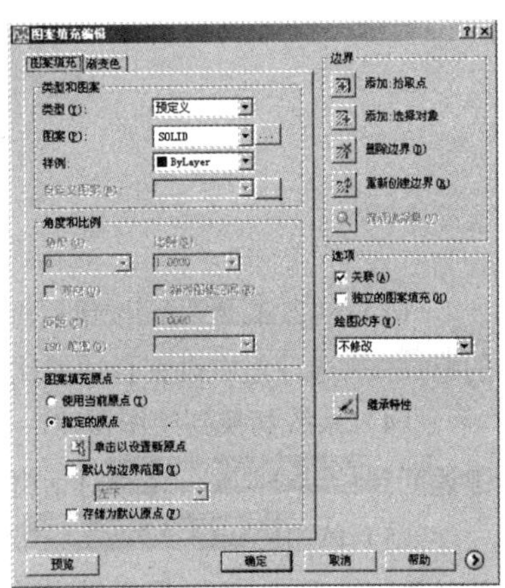

图 5.3.7　“图案填充编辑”对话框

5.4 典型实例——图案填充

下面创建如图 5.4.1 所示的图案填充，以巩固本章所学的知识。

（1）利用直线、多段线、圆弧、偏移、修剪、删除等命令绘制如图 5.4.2 所示图形。

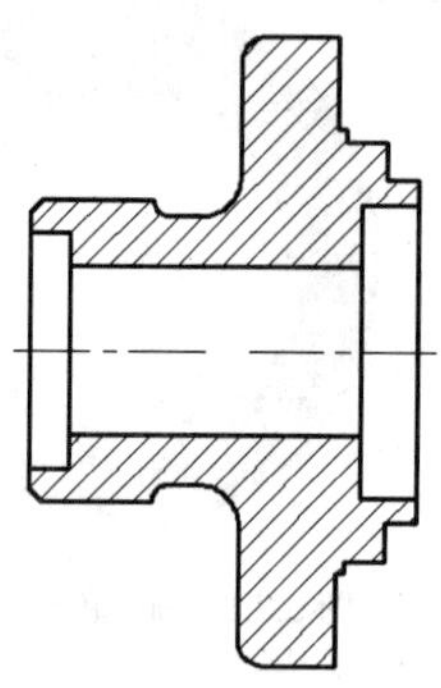

图 5.4.1 效果图

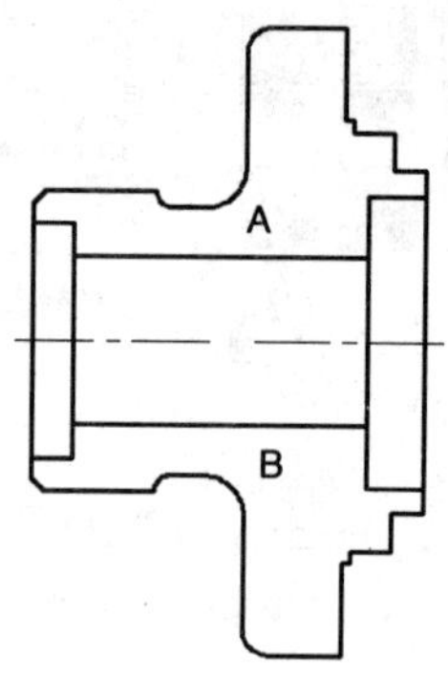

图 5.4.2 绘制图形

（2）单击“绘图”工具栏中的“图案填充”按钮，弹出图案填充和渐变色对话框，单击该对话框中类型和图案选项组中样例:选项后边的图案，在弹出的填充图案选项板对话框中选择如图 5.4.3 所示的图案。

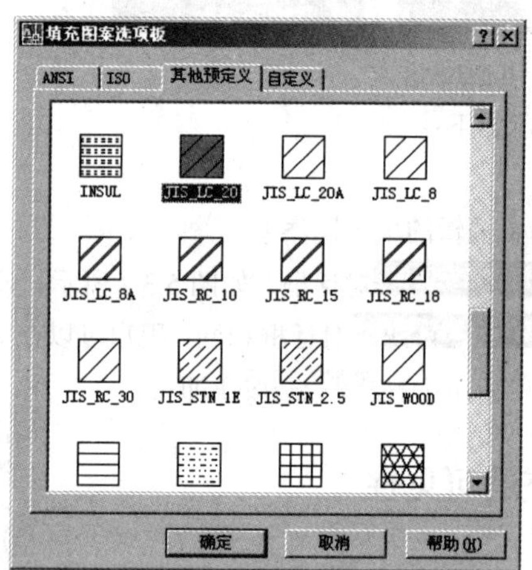

图 5.4.3 “填充图案选项板”对话框

（3）单击确定按钮后返回到图案填充和渐变色对话框，在该对话框中角度和比例选项组中的比例(S):选项组中设置合适的比例，然后单击该对话框右上角的“添加：拾取点”按钮。

（4）系统切换到绘图窗口，用鼠标在如图 5.4.2 所示的封闭区域 A 和封闭区域 B 单击，按回车键返回到图案填充和渐变色对话框。

（5）单击图案填充和渐变色对话框左下角的预览按钮，预览图案填充的效果，如果对填充的效果比较满意，则按回车键或单击鼠标右键结束命令，否则按“Esc”键返回到图案填充和渐变色对话框中重新进行设置。

（6）绘制的图形填充后的效果如图 5.4.1 所示。

小　结

在绘图过程中经常需要对一些区域进行填充，以便和其他的区域进行区分，如机械图中的剖面图需要填充剖切符号，以便区分实心、空心部分使用的不同材料，又如建筑图中的地砖图案、墙体等。AutoCAD 2008 为用户提供了一套完整的图案填充工具，能够满足用户的各种要求。

过关练习五

一、填空题

1．在 AutoCAD 2008 中，用户可以通过__________和__________两种方法来创建面域对象。

2．在 AutoCAD 2008 中，用户可以通过__________和__________两种方法来控制图案填充的可见性。

二、简答题

1．在 AutoCAD 2008 中如何创建面域图形，并从面域图形中提取数据？

2．在 AutoCAD 2008 中，如何使用渐变色填充？

三、上机操作题

1．绘制如题图 5.1 所示的图形，并对它进行填充。

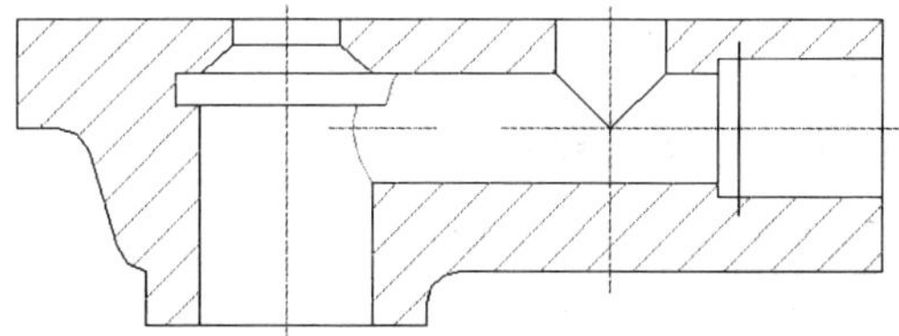

题图　5.1

2．绘制如题图 5.2 所示的小盖零件，并对它进行填充。

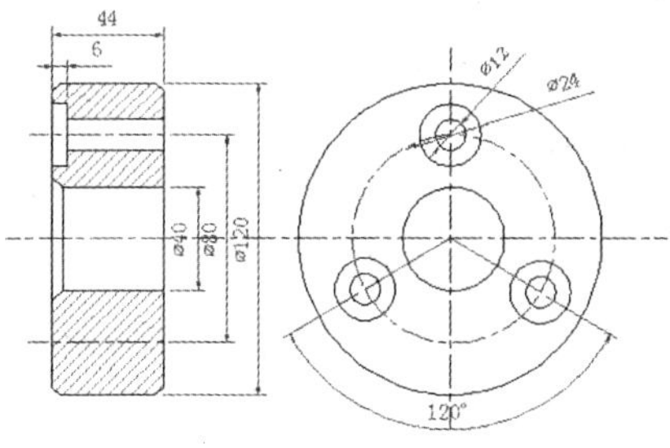

题图　5.2

第6章　文字标注与表格

文本标注是 AutoCAD 图形的重要组成部分，用于表达图形中的一些重要信息，它主要用于标题、标注图形、说明或进行注释等。

表格是 AutoCAD 的新增功能，在 AutoCAD 2008 中，用户可以用命令直接生成表格，而不会再像以前那样用直线和文字来创建表格，因此，可以大大提高工作效率。

本章重点

（1）创建文字样式。

（2）创建与编辑单行文字。

（3）创建与编辑多行文字。

（4）创建表格样式和表格。

6.1　创建文字样式

文字的样式直接控制着文字的字体、字符宽度、倾斜角度、高度等参数。在 AutoCAD 2008 中，系统默认的文字样式为“Standard”，用户还可以根据自己的需要，创建新的文字样式。执行创建文字样式命令的方法有以下 3 种：

（1）单击“样式”工具栏中的“文字样式”按钮。

（2）选择 格式(O) → 文字样式(S)... 命令。

（3）在命令行中输入命令 style。

执行此命令后，弹出 文字样式 对话框，如图 6.1.1 所示，用户可以在该对话框中创建和修改文字样式。

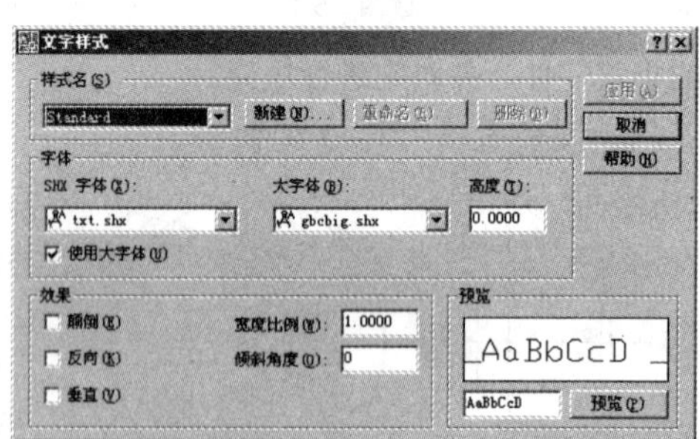

图 6.1.1　“文字样式”对话框

6.1.1　设置样式名

在 文字样式 对话框中的 样式名(S) 选项组中可以创建和修改文字样式的名称，该选项组中各选项功能介绍如下：

（1）“样式名”下拉列表：列出当前可以使用的文字样式。

（2）新建(N)...按钮：单击此按钮，弹出新建文字样式对话框，如图 6.1.2 所示。在该对话框中的样式名:文本框中输入新建文字样式的名称，然后单击确定按钮即可创建新的文字样式。

（3）重命名(R)...按钮：单击此按钮，弹出重命名文字样式对话框，如图 6.1.3 所示。在该对话框中的样式名:文本框中为文字样式重新设置名称后，单击确定按钮即可重新命名文字样式，但不能重命名系统默认的 Standard 样式名。

图 6.1.2　“新建文字样式”对话框

图 6.1.3　“重命名文字样式”对话框

（4）删除(D)按钮：单击此按钮可以删除“样式名”列表框中显示的当前文字样式，但不能删除系统默认的 Standard 样式。

6.1.2　设置字体

在文字样式对话框中的字体选项组中可以设置文字样式的字体和字高等属性。当选中该选项组中的☑ 使用大字体(U)复选框时，下拉列表显示为 SHX 字体(X):字体；当取消选中该复选框时，下拉列表显示为字体名(F):。在字体名(F):下拉列表中可以为创建的文字样式设置字体，在字体样式(Y):下拉列表中可以为创建的文字样式设置格式，如斜体、粗体和常规字体等；在高度(T):文本框中可以设置文字的高度。如果将文字的高度设置为 0，在标注文字时，命名行提示“指定高度:”，要求用户指定文字的高度。如果在高度(T):文本框中输入了文字的高度，AutoCAD 将按此高度标注文字，而不再提示指定高度。

6.1.3　设置文字效果

在文字样式对话框中的效果选项组中可以设置文字显示的效果，其中包括颠倒、反向、垂直、宽度比例和倾斜角度等选项，效果如图 6.1.4 所示。

文字效果	文字效果（颠倒）	文字效果（反向）	
正常状态下的文字	设置“颠倒”后的文字	设置“反向”后的文字	
文字效果	文字效果	文字效果	C A D
宽度比例为 0.5 的文字	倾斜角度为正的文字	倾斜角度为负的文字	设置“垂直”后的文字

图 6.1.4　文字效果图

效果选项组中各选项功能介绍如下：

（1）☑ 颠倒(E)复选框：设置文字的颠倒效果。

（2）☑ 反向(K)复选框：设置文字的反向效果。

（3）☑ 垂直(V)复选框：设置文字的垂直效果。

（4）宽度比例(W):文本框：设置文字的高度和宽度比例。当“宽度比例”值为 1 时，将按系统定义的高度比例书写文字；当“宽度比例”小于 1 时，字符会变窄；当“宽度比例”大于 1 时，字符则变宽。

（5）倾斜角度(O): 文本框：设置字体的倾斜角度。角度为 0 时不倾斜，角度为正值时向右倾斜，为负值时向左倾斜。

6.1.4 预览与应用文字效果

在文字样式对话框中的预览框中可以预览新建文字样式的显示效果。在预览框下边的文本框中输入要预览的字符，单击预览(P)按钮即可在预览框中预览字符在该文字样式下的显示效果。

在“样式名”下拉列表框中选择一种文字样式后，单击文字样式对话框中的应用(A)按钮即可应用文字样式，然后单击关闭(C)按钮关闭该对话框。

6.2 创建与编辑单行文字

单行文字适用于标注较短的信息，如工程制图中的材料说明、机械制图中的部件名称等。使用“文字”工具栏中的工具可以创建和编辑单行文字，如图 6.2.1 所示。

图 6.2.1 “文字”工具栏

6.2.1 创建单行文字

在 AutoCAD 2008 中，执行创建单行文字命令的方法有以下 3 种：

（1）单击“文字”工具栏中的“单行文字”按钮。

（2）选择绘图(D)→文字(X)→单行文字(S)命令。

（3）在命令行中输入命令 dtext 后按回车键。

执行该命令后，命令行提示如下：

命令: _dtext

当前文字样式: Standard 当前文字高度: 57.4547（系统提示）

指定文字的起点或[对正(J)/样式(S)]:（指定单行文字的起点）

指定高度 <57.4547>:（输入文字的高度）

指定文字的旋转角度 <0>:（输入文字的旋转角度）

输入文字:（输入文字）

输入文字:（按回车键结束命令）

其中各命令选项的功能介绍如下：

（1）对正(J)：选择该命令选项，设置单行文字的对齐方式，同时命令行提示如下：

输入选项[对齐(A)/调整(F)/中心(C)/中间(M)/右(R)/左上(TL)/中上(TC)/右上(TR)/左中(ML)/正中(MC)/右中(MR)/左下(BL)/中下(BC)/右下(BR)]:

其中各命令选项的功能介绍如下：

对齐：通过指定基线端点来指定文字的高度和方向。

调整：指定文字按照由两点定义的方向和一个高度值布满一个区域。只适用于水平方向的文字。

中心：从基线的水平中心对齐文字，此基线是由用户给出的点指定的。

中间：文字在基线的水平中点和指定高度的垂直中点上对齐。中间对齐的文字不保持在基线上。

右：在由用户给出的点指定的基线上右对正文字。

左上：在指定为文字顶点的点上左对正文字，只适用于水平方向的文字。

中上：以指定为文字顶点的点居中对正文字，只适用于水平方向的文字。

右上：以指定为文字顶点的点右对正文字，只适用于水平方向的文字。

左中：在指定为文字中间点的点上向左对正文字，只适用于水平方向的文字。

正中：在文字的中央水平和垂直居中对正文字，只适用于水平方向的文字。

右中：以指定为文字的中间点的点右对正文字，只适用于水平方向的文字。

左下：以指定为基线的点左对正文字，只适用于水平方向的文字。

中下：以指定为基线的点居中对正文字，只适用于水平方向的文字。

右下：以指定为基线的点右对正文字，只适用于水平方向的文字。

单行文字的对正方式如图 6.2.2 所示。

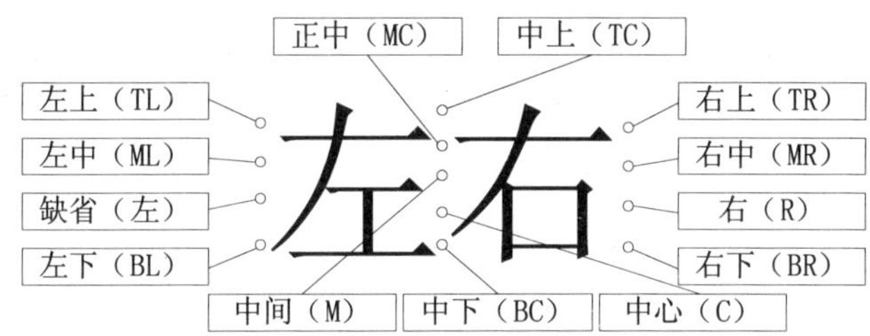

图 6.2.2　单行文字的对正方式

（2）样式(S)：选择该命令选项，设置当前文字使用的样式。

6.2.2　使用文字控制符

在实际绘制图形时，经常需要在图形中标注一些特殊的字符，如文字的上下画线、角度符号（°）、公差符号（±）、直径符号（ф）等，这些字符不能从键盘上直接输入，所以 AutoCAD 2008 采用控制符来输入这些字符。控制符由两个百分号（%%）和一个字母组成，如表 6.1 所示。

表 6.1　AutoCAD 控制符

符　号	功　能
%%O	打开或关闭文字上画线
%%U	打开或关闭文字下画线
%%D	标注度（°）符号
%%P	标注正负公差（±）符号
%%C	标注直径（ф）符号

其中，%%U 和%%O 用于控制打开和关闭文字的上画线和下画线，当第一次出现符号时即为打开，第二次出现符号时，即为关闭。

例如，创建如图 6.2.3 所示的文字效果，具体操作步骤如下：

（1）单击“文字”工具栏中的“单行文字”按钮A|，命令行提示如下：

命令: _dtext

当前文字样式：样式 1 当前文字高度：1.0000（系统提示）

指定文字的起点或 [对正(J)/样式(S)]:（在绘图窗口中任意指定一点）

指定高度 <1.0000>:（指定标注文字的高度）

指定文字的旋转角度 <0>:（直接按回车键默认文字的旋转角度为 0）

上画线和下画线

直径符号　∅=18

角度符号　30°

公差符号　±0.024

图 6.2.3 特殊字符的输入

（2）此时在绘图窗口中出现一个文本框，在该文本框中输入字符串“%%o 上画线%%o 和%%u 下画线%%u”，按回车键结束命令。

（3）再次执行创建单行文字命令，在文本框中输入字符串“直径符号%%C=18”，按回车键结束命令。

（4）再次执行创建单行文字命令，在文本框中输入字符串“角度符号 30 %%D”，按回车键结束命令。

（5）再次执行创建单行文字命令，在文本框中输入字符串“公差符号%% P0.024”，按回车键结束命令。

6.2.3 编辑单行文字

在 AutoCAD 2008 中，编辑单行文字主要是修改文字的内容。执行编辑单行文字命令的方法有以下 4 种：

（1）单击“文字”工具栏中的“编辑文字”按钮。

（2）选择 修改(M) → 对象(O) → 文字(T) → 编辑(E)... 命令。

（3）在命令行中输入命令 ddedit。

（4）双击需要编辑的文字对象。

执行该命令后，命令行提示如下：

命令: _ddedit

选择注释对象或 [放弃(U)]:（选择要编辑的文字对象）

选中后的文字如图 6.2.4 所示，直接输入新的文字内容，按回车键结束命令。

上画线和下画线

图 6.2.4 编辑单行文字

6.3 创建与编辑多行文字

“多行文字”又称为段落文字，是一种更易于管理的文字对象，可以由两行以上的文字组成，而

且各行文字都作为一个整体处理。在机械制图中，常使用多行文字创建较为复杂的文字说明，如技术要求、装配说明等。

6.3.1 创建多行文字

在 AutoCAD 2008 中，执行创建多行文字命令的方法有以下 3 种：

（1）单击“文字”工具栏中的“多行文字”按钮A。

（2）选择 绘图(D) → 文字(X) → 多行文字(M)... 命令。

（3）在命令行中输入命令 mtext 后按回车键。

执行该命令后，命令行提示如下：

命令: _mtext

当前文字样式: "样式 1" 当前文字高度:10（系统提示）

指定第一角点:（在绘图窗口中指定多行文本编辑窗口的第一个角点）

指定对角点或 [高度(H)/对正(J)/行距(L)/旋转(R)/样式(S)/宽度(W)]:（指定多行文本编辑窗口的第二个角点）

其中各命令选项功能介绍如下：

（1）高度(H)：选择该命令选项，指定用于多行文字字符的高度。

（2）对正(J)：选择该命令选项，根据文字边界确定新文字或选定文字的文字对齐和文字走向。

（3）行距(L)：选择该命令选项，指定多行文字对象的行距。行距是一行文字的底部（或基线）与下一行文字底部之间的垂直距离。

（4）旋转(R)：选择该命令选项，指定文字边界的旋转角度。

（5）样式(S)：选择该命令选项，指定用于多行文字的文字样式。

（6）宽度(W)：选择该命令选项，指定文字边界的宽度。

指定第二个角点后，在绘图窗口中弹出如图 6.3.1 所示的多行文本编辑器。

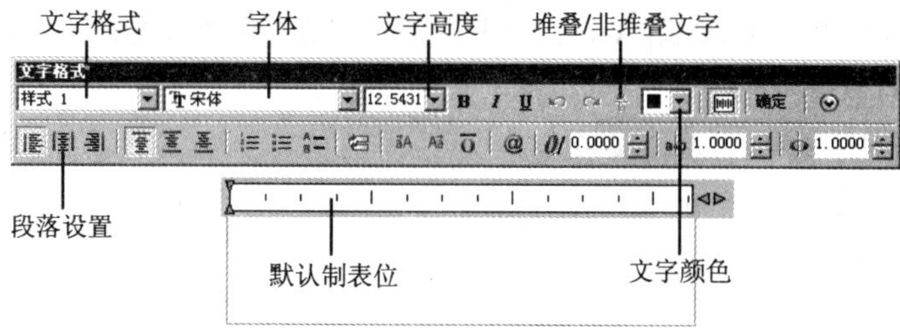

图 6.3.1 多行文本编辑器

文字格式编辑器用来控制多行文字的样式及文字的显示效果。其中各选项的功能介绍如下：

（1）“文字样式”下拉列表框：用于设置多行文字的文字样式。

（2）“字体”下拉列表框：用于设置多行文字的字体。

（3）“文字高度”下拉列表框：用于确定文字的字符高度，在下拉列表中选择文字高度或直接在文本框中输入文字高度。

（4）“堆叠/非堆叠文字”按钮：单击此按钮，创建堆叠文字。在 AutoCAD 2008 中，创建的堆叠文字有 3 种形式，第一种格式为“M^N”，效果如图 6.3.2（a）所示；第二种格式为“M/N”，效果如图 6.3.2（b）所示；第三种格式为“M#N”，效果如图 6.3.2（c）所示。

$$\begin{matrix}+0.02\\-0.02\end{matrix} \qquad \frac{3}{4} \qquad {}^{3}/_{4}$$

(a)　　(b)　　(c)

图 6.3.2　文字堆叠效果

（5）“文字颜色”下拉列表框：用来设置或改变文本的颜色。

如图 6.3.3 所示为创建的多行文字。

“多行文字”又称为段落文字，是一种更易于管理的文字对象，可以由两行以上的文字组成，而且各行文字都是作为一个整体处理。在机械制图中，常使用多行文字创建较为复杂的文字说明，如技术要求、装配说明等。

图 6.3.3　创建多行文字

6.3.2　编辑多行文字

在 AutoCAD 2008 中，执行编辑多行文字命令的方法有以下 4 种：

（1）单击“文字”工具栏中的“编辑文字”按钮。

（2）选择 修改(M) → 对象(O) → 文字(T) → 编辑(E)... 命令。

（3）在命令行中输入命令 ddedit。

（4）双击需要编辑的文字对象。

执行此命令后，弹出 文字格式 编辑器，用户可以在该编辑器中对多行文字的样式、字体、文字高度和颜色等属性进行编辑。

6.3.3　拼写检查

在 AutoCAD 2008 中，可以使用 AutoCAD 提供的拼写检查功能检查输入文字的正确性。执行拼写检查命令的方式有以下两种：

（1）选择 工具(T) → 拼写检查(E) 命令。

（2）在命令行中输入命令 spell。

执行该命令后，命令行提示如下：

命令: spell

选择对象:（选择要检查的文本对象）

如果选择的文本对象的拼写没有问题，将弹出如图 6.3.4 所示的提示框；如果选择的文本对象有拼写上的问题，将弹出如图 6.3.5 所示的 拼写检查 对话框，该对话框中各选项功能介绍如下：

1） 当前词典: 显示区：显示当前词典名，默认的词典是美国英语词典。

2） 当前词语 显示区：显示正在检查的词语。

3） 建议: 列表框：显示当前词典中建议的替换词列表。从该列表中选择替换词或在文本框中输入替换词。

4） 忽略(I) 按钮：单击该按钮，跳过当前词语。

5） 修改(C) 按钮：单击该按钮，用 建议: 列表框中的词语替换当前词语。

6）添加(A)按钮：单击该按钮，将当前词语添加到当前自定义词典中。

7）全部忽略(G)按钮：单击该按钮，跳过所有与当前词语相同的词语。

图 6.3.4　提示框

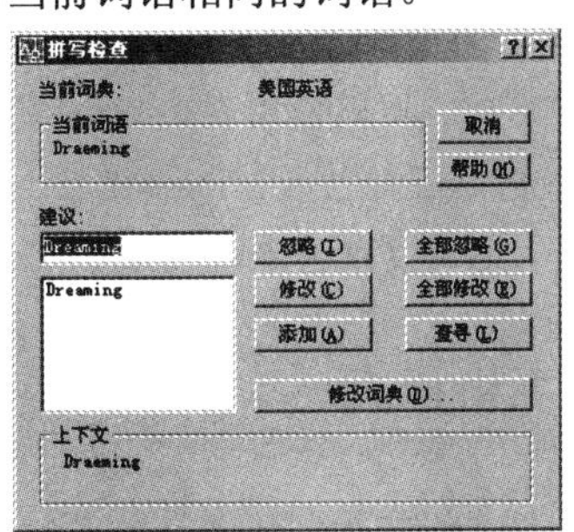

图 6.3.5　“拼写检查”对话框

8）全部修改(R)按钮：单击该按钮，替换在选定文字对象中所有与当前词语相同的词语。

9）查寻(L)按钮：单击该按钮，列出与在建议:列表中选定的词类似的词语。

10）修改词典(D)...按钮：单击该按钮，弹出修改词典对话框，如图 6.3.6 所示，在该对话框中可以修改拼写检查所使用的词典。

11）上下文显示区：显示在其中找到的当前词典的短语。

例如，检查如图 6.3.7 所示的拼写是否正确，如果不正确，请将其更正。具体操作步骤如下：

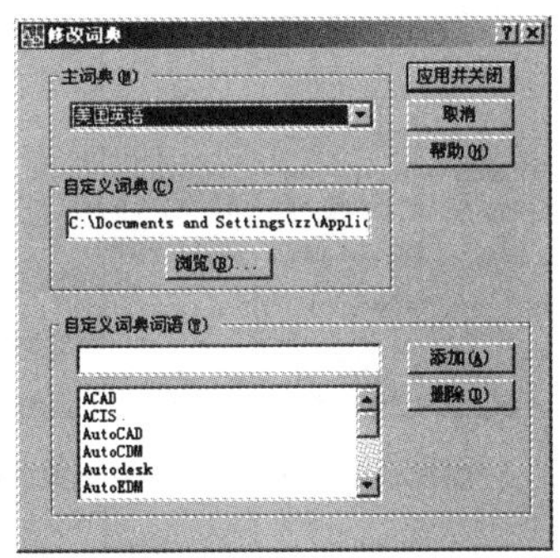

图 6.3.6　“修改词典”对话框

Draeming

图 6.3.7　拼写的单词

命令: spell

选择对象: 找到 1 个（选择如图 6.3.7 所示的拼写单词）

选择对象:（按回车键结束对象选择）

系统弹出如图 6.3.8 所示的拼写检查对话框，单击该对话框中的修改(C)按钮，系统自动修改拼写错误的文本对象，修改后的拼写如图 6.3.9 所示。

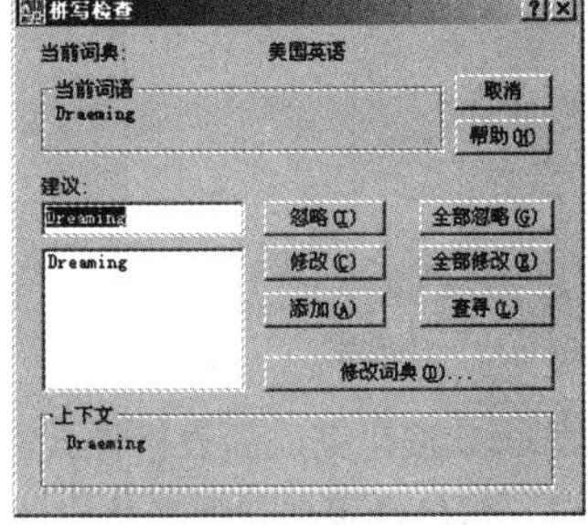

图 6.3.8　“拼写检查”对话框

Dreaming

图 6.3.9　修改后的单词

6.4 创建表格样式和表格

在 AutoCAD 2008 中，可以使用表格清晰地表达一些图形信息，如配料单、标题栏等。用户可以创建指定行和列的表格，还可以从 Microsoft Excel 中直接复制表格，并将其作为 AutoCAD 表格对象粘贴到图形中。此外，还可以输出来自 AutoCAD 的表格，以供 Microsoft Excel 或其他应用程序使用。

6.4.1 创建表格样式

在 AutoCAD 2008 中，执行创建表格样式命令的方法有以下 3 种：

（1）单击“样式”工具栏中的“表格样式”按钮。

（2）选择 格式(O) → 表格样式(B)... 命令。

（3）在命令行中输入命令 tablestyle。

执行该命令后，弹出 表格样式 对话框，如图 6.4.1 所示，单击该对话框中的 新建(N)... 按钮，弹出 创建新的表格样式 对话框，如图 6.4.2 所示。

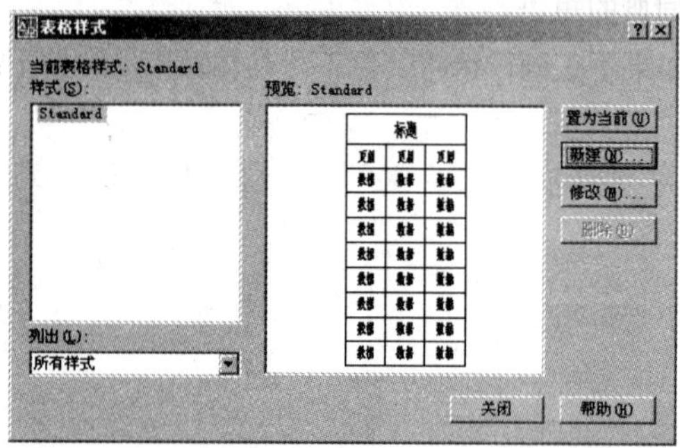

图 6.4.1 “表格样式”对话框

图 6.4.2 “创建新的表格样式”对话框

在 创建新的表格样式 对话框中的 新样式名(N): 文本框中输入新的表格样式名称，然后单击“基础样式”下拉列表框右边的按钮，在弹出的下拉列表中选择一种基础样式，然后单击 继续 按钮，弹出 新建表格样式: 副本 Standard 对话框，如图 6.4.3 所示。

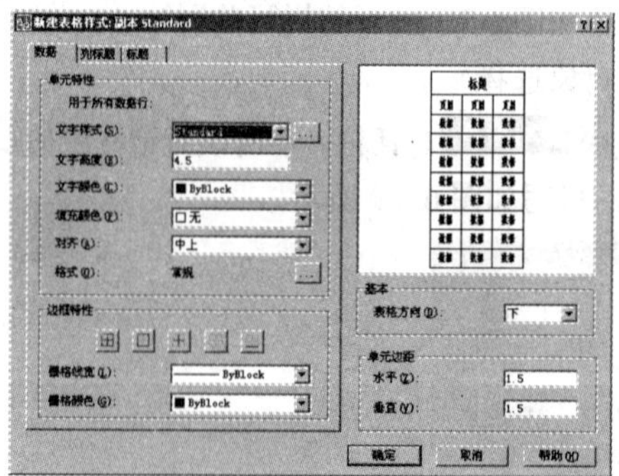

图 6.4.3 “新建表格样式：副本 Standard”对话框

用户可以在该对话框中设置表格的参数，最后单击 确定 按钮完成新表格样式的创建，同时返回到 表格样式 对话框，在该对话框中单击 置为当前(U) 按钮，即可设置新建的表格样式为当前样式。

在 表格样式 对话框中的“样式”列表框中选择需要修改的表格样式，单击 修改(M)... 按钮，弹

出 修改表格样式: 副本 Standard 对话框，如图 6.4.4 所示。该对话框与 新建表格样式: 副本 Standard 对话框的内容相同，修改表格参数后，单击 确定 按钮完成对表格样式的修改。

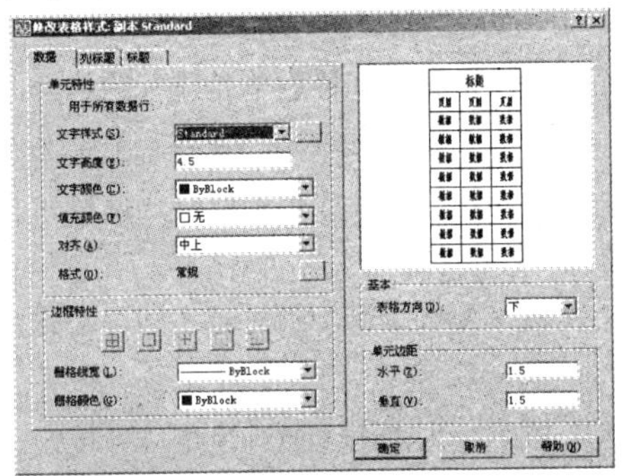

图 6.4.4　“修改表格样式：副本 Standard”对话框

6.4.2　设置表格样式参数

用户可以在创建表格样式时在 新建表格样式: 副本 Standard 对话框中设置表格样式的参数，也可以在修改表格样式时在 修改表格样式: 副本 Standard 对话框中设置表格样式参数，这两个对话框中的内容相同，都有 3 个选项卡：“数据”、“列标题”和“标题”，如图 6.4.3 和图 6.4.4 所示，其中每个选项卡上都设置有 单元特性 选项组和 边框特性 选项组，各选项组中又有多个选项。另外，在这两个对话框的右边还设置有 基本 选项组和 单元边距 选项组，用于设置表格的方向和单元格大小，以下分别进行介绍。

1. “单元特性”选项组

该选项组用于设置数据单元、列标题和表格标题的外观，具体取决于当前所用的选项卡：“数据”选项卡、“列标题”选项卡或“标题”选项卡。其中各选项的功能介绍如下：

（1）文字样式(S): 下拉列表：该下拉列表中列出图形中的所有文字样式。如果用户需要创建新的文字样式，可以单击该下拉列表右边的 ... 按钮，在弹出的 文字样式 对话框中创建新的文字样式。

（2）文字高度(E): 文本框：该文本框用于设置文字高度。

（3）文字颜色(C): 下拉列表：该下拉列表用于指定文字颜色，单击该下拉列表右边的 ▼ 按钮，在弹出的下拉列表中选择合适的颜色。

（4）填充颜色(F): 下拉列表：该下拉列表用于指定数据单元的背景色，系统默认值为“无”。单击该下拉列表右边的 ▼ 按钮，在弹出的下拉列表中可选择合适的颜色。

（5）对齐(A): 下拉列表：该下拉列表用于设置表格单元中文字的对正和对齐方式。单击该下拉列表右边的 ▼ 按钮，在弹出的下拉列表中选择合适的对齐方式。系统为用户提供了“中上”、“右上”、“左上”、“正中”、“右中”、“左下”和“中下”7 种对齐方式。

2. “边框特性”选项组

该选项组用于控制单元边界的外观。边框特性包括栅格线的线宽和颜色。其中各选项功能介绍如下：

（1）“所有边框”按钮 ⊞：将边界特性设置应用于所有数据单元、列标题单元或标题单元的所有边界，具体取决于当前活动的选项卡。

（2）“外边框”按钮 □：将边界特性设置应用于所有数据单元、列标题单元或标题单元的外部边界，具体取决于当前活动的选项卡。

（3）“内边框”按钮：将边界特性设置应用于所有数据单元或列标题单元的内部边界，具体取决于当前活动的选项卡，此选项不适用于标题单元。

（4）“无边框”按钮：隐藏数据单元、列标题单元或标题单元的边界，具体取决于当前活动的选项卡。

（5）“底部边框”按钮：将边界特性设置应用于所有数据单元、列标题单元或标题单元的底边界，具体取决于当前活动的选项卡。

（6）栅格线宽(L): 下拉列表：该下拉列表用于通过单击边界按钮，设置将要应用于指定边界的线宽。

（7）栅格颜色(G): 下拉列表：该下拉列表用于通过单击边界按钮，设置将要应用于指定边界的颜色。

3.“基本”选项组

该选项组用于设置表格的方向。单击该对话框中表格方向(D): 下拉列表右边的按钮，在弹出的下拉列表中选择“上”或“下”选项，如果选择“上”选项，则创建由下而上读取的表格，标题行和列标题行位于表格的底部；如果选择“下”选项，则创建由上而下读取的表格，标题行和列标题行位于表格的顶部。

4.“单元边距”选项组

该选项组用于控制单元边界和单元内容之间的间距，单元边距设置应用于表格中的所有单元。

（1）水平(Z): 文本框：该文本框用于设置单元格中的文字或块与左右单元边界之间的距离。

（2）垂直(V): 文本框：该文本框用于设置单元格中的文字或块与上下单元边界之间的距离。

6.4.3 创建表格

在 AutoCAD 2008 中，执行创建表格命令的方法有以下 3 种：

（1）单击“绘图”工具栏中的“表格”按钮。

（2）选择 绘图(D) → 表格... 命令。

（3）在命令行中输入命令 table。

执行该命令后，弹出插入表格对话框，如图 6.4.5 所示。

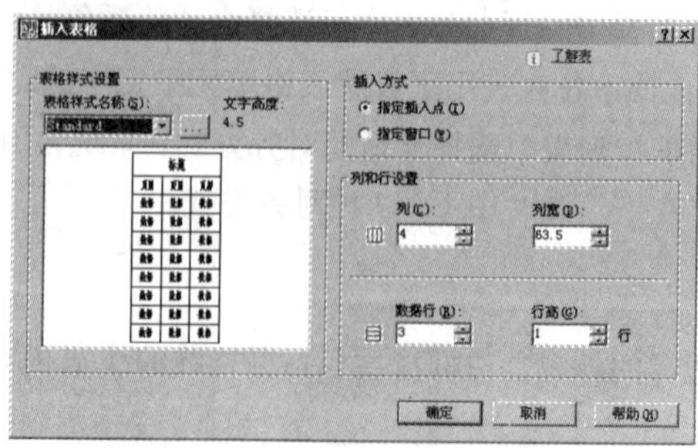

图 6.4.5 “插入表格”对话框

该对话框中各选项功能介绍如下：

（1）表格样式设置 选项组：该选项组用于设置表格的外观。其中包括以下两个选项：

1）表格样式名称(S): 下拉列表框：该下拉列表中包含了当前图形文件中的所有表格样式，用户可以单击该下拉列表框右边的▾按钮，在弹出的下拉列表中选择需要的表格样式。如果当前图形中没有用户需要的表格样式，还可以单击该下拉列表右边的…按钮，在弹出的表格样式对话框中创建新的表格样式，系统默认的表格样式为 Sandard。

2）文字高度: 显示框：显示当前表格样式下文字的高度。

（2）插入方式 选项组：该选项组用于指定表格的位置。其中包括以下两个选项：

1）⊙ 指定插入点(I) 单选按钮：选中此单选按钮，指定表格左上角的位置。

2）⊙ 指定窗口(W) 单选按钮：选中此单选按钮，指定表格的大小和位置。

（3）列和行设置 选项组：该选项组用于设置列和行的数目和大小。

1）列(C): 微调框：指定列的数值。

2）列宽(D): 微调框：指定列间距。

3）数据行(R): 微调框：指定行的数值。

4）行高(G): 微调框：指定行间距。

如图 6.4.6 所示为创建的表格。

三通管				比例	1:10	重量	Kg
				件数	2000	材料	HT200
姓名		日期		图号	金工工艺设计	JSZ018C	
班级		学号		××理工大学			
评分		日期					

图 6.4.6　创建的表格

6.4.4　编辑表格

在 AutoCAD 2008 中，可以使用表格的快捷菜单来编辑表格。当选中整个表格时，其快捷菜单如图 6.4.7 所示，当选中表格单元时，其快捷菜单如图 6.4.8 所示。

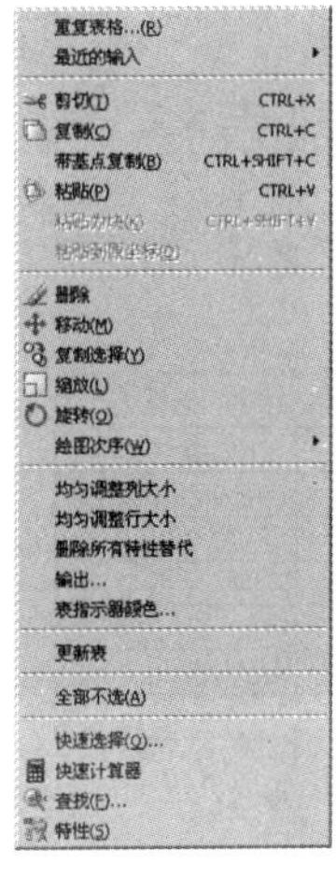

图 6.4.7　选中整个表格时的快捷菜单

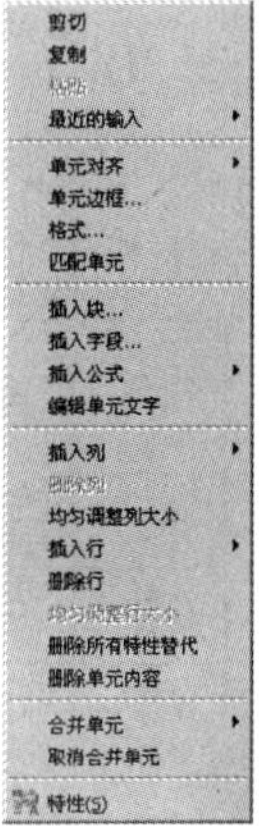

图 6.4.8　选中表格单元时的快捷菜单

1. 编辑表格

使用表格的快捷菜单可以对表格进行剪切、复制、对齐、插入块或公式、插入行或列、合并单元格等操作（必须同时选中两个以上单元格）。另外，当选中整个表格时，在表格上还会显示出很多夹点，如图 6.4.9 所示，用鼠标拖动这些夹点也可以对表格进行编辑。

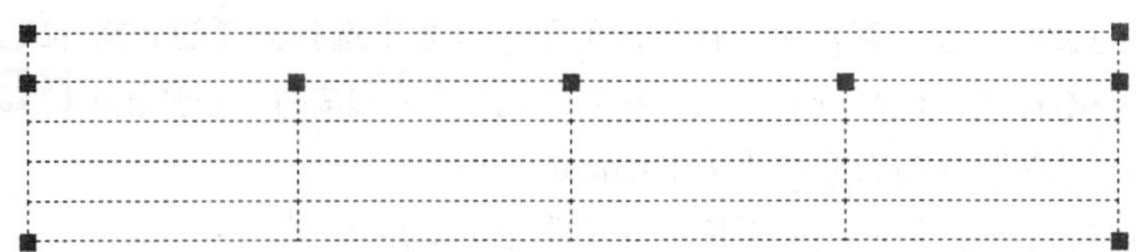

图 6.4.9　显示表格的夹点

2. 编辑表格单元

使用表格单元快捷菜单可以对表格的单元逐个进行编辑，其中主要选项的功能介绍如下：

（1）单元对齐命令：使用该命令可以选择表格单元的对齐方式，系统提供了“左上”、“中上”、“右上”、“左中”、“正中”、“右中”、“左下”、“中下”和“右下”9 种对齐方式。

（2）“单元边框”命令：选择该命令，弹出单元边框特性对话框，如图 6.4.10 所示，在该对话框中可以设置边框的线宽、颜色等特性。

（3）“匹配单元”命令：使用该命令可以用当前选中的表格单元格式匹配其他表格单元。

（4）“插入块”命令：执行该命令，弹出在表格单元中插入块对话框，如图 6.4.11 所示，使用该对话框可以在表格中插入指定的块，并设置块在表格单元中的对齐方式、比例和旋转角度等特性。

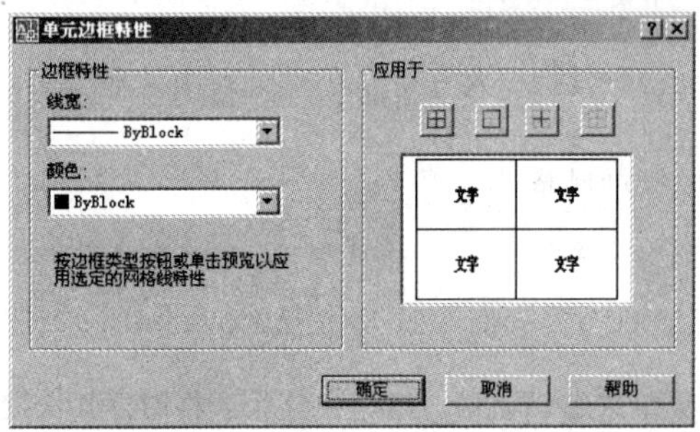

图 6.4.10　“单元边框特性”对话框

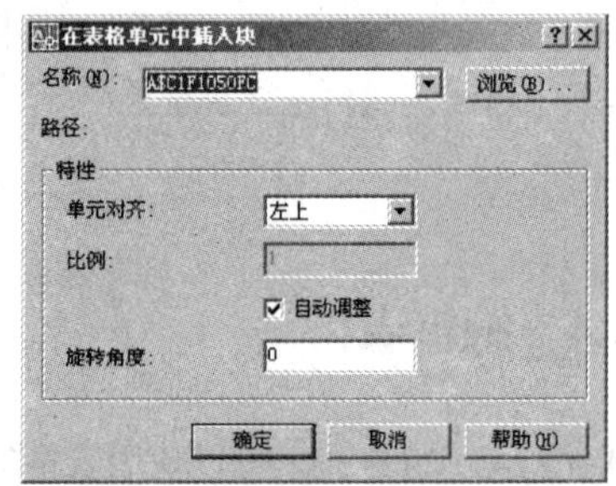

图 6.4.11　“在表格单元中插入块”对话框

6.5　典型实例——绘制表格

创建一个表格，并向表格中添加文字，效果如图 6.5.1 所示。

零件编号及其明细表					
序号	图号	名称	数量	材料	备注
1	6101	轴承	1		GB/T297-1994
2	6510	轴	1	45	
3	6240	箱体	1	HT150	
4	6305	垫片	1	毛毡	
5	6701	螺栓	1	Q235	GB/T5780-2000
6	6812	端盖	1	HT150	

图 6.5.1　效果图

创作步骤

（1）选择格式(O)→表格样式(B)...命令，在弹出的表格样式对话框中单击新建(N)...按钮，弹出创建新的表格样式对话框，如图 6.5.2 所示。

（2）单击该对话框中的继续按钮，弹出新建表格样式：副本 Standard对话框，在该对话框中

选择 数据 选项卡，单击该选项卡中 文字样式(S): 下拉列表后边的 ... 按钮，弹出 文字样式 对话框，如图 6.5.3 所示，在该对话框中新建名称为“样式 1”的文字样式，单击 应用(A) 按钮和 关闭(C) 按钮后返回到 新建表格样式: 副本 Standard 对话框。

图 6.5.2　“创建新的表格样式”对话框

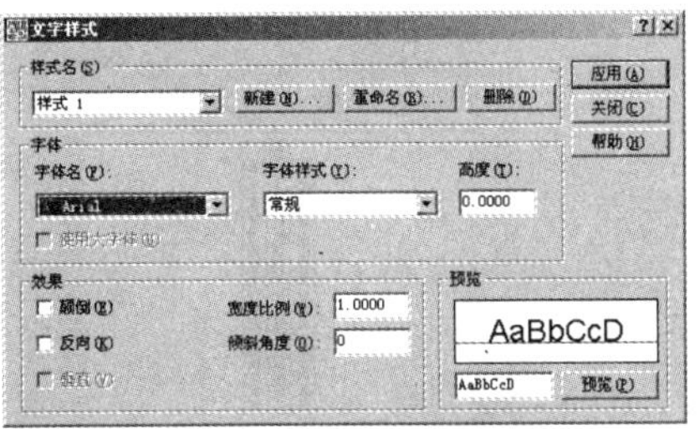

图 6.5.3　“文字样式”对话框

（3）在 新建表格样式: 副本 Standard 对话框中的 文字样式(S): 下拉列表中选择“样式 1”选项，其他参数设置如图 6.5.4 所示。

（4）在 新建表格样式: 副本 Standard 对话框中选择 列标题 选项卡，在“单元特性”选项组中取消选中 包含页眉行(I) 复选框，如图 6.5.5 所示。

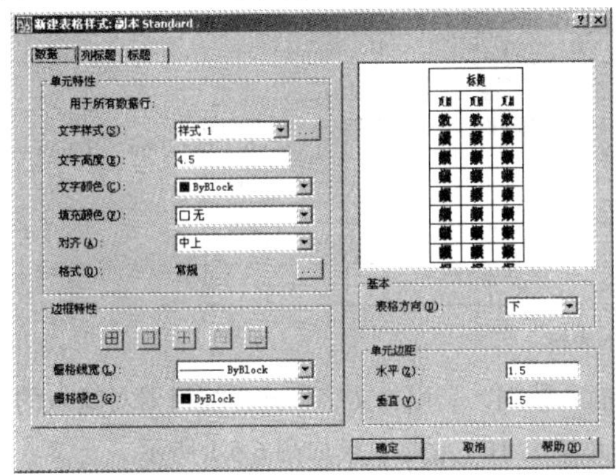

图 6.5.4　设置“数据”选项卡参数

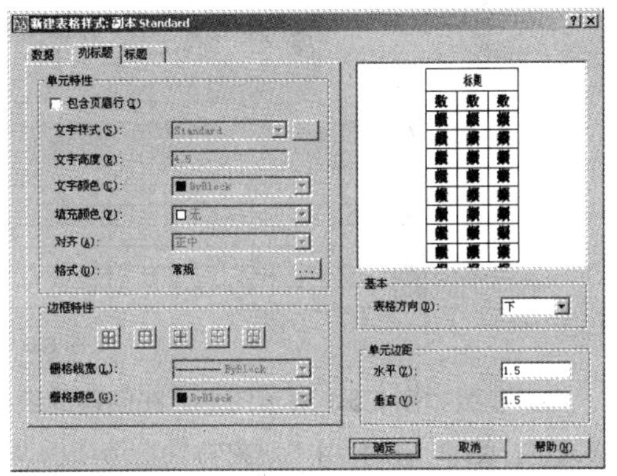

图 6.5.5　设置“列标题”选项卡参数

（5）在 新建表格样式: 副本 Standard 对话框中选择 标题 选项卡，设置该选项卡中的参数如图 6.5.6 所示。

（6）单击 确定 按钮后返回到 表格样式 对话框，在该对话框的表格样式列表中选中新建的表格样式“副本 Standard”，然后单击 置为当前(U) 按钮将其设置为当前表格样式，如图 6.5.7 所示。

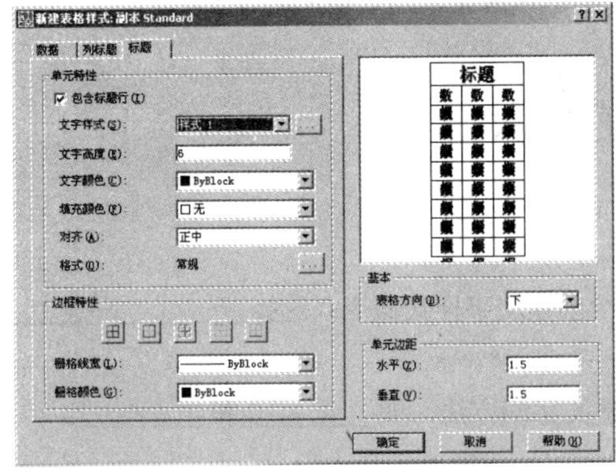

图 6.5.6　设置“标题”选项卡参数

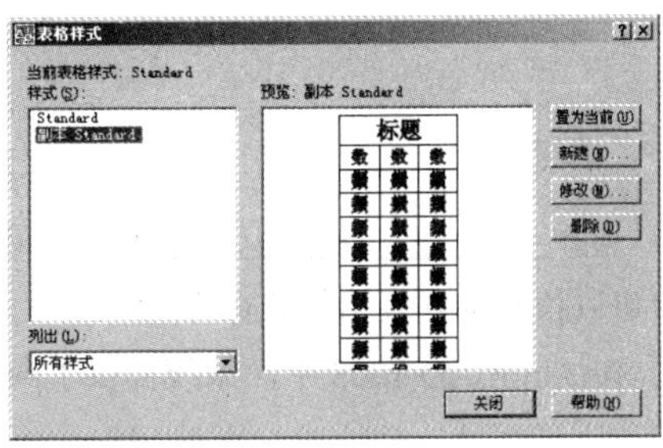

图 6.5.7　“表格样式”对话框

（7）单击“绘图”工具栏中的“表格”按钮，弹出“插入表格”对话框，在该对话框中设置插入表格参数，如图 6.5.8 所示。

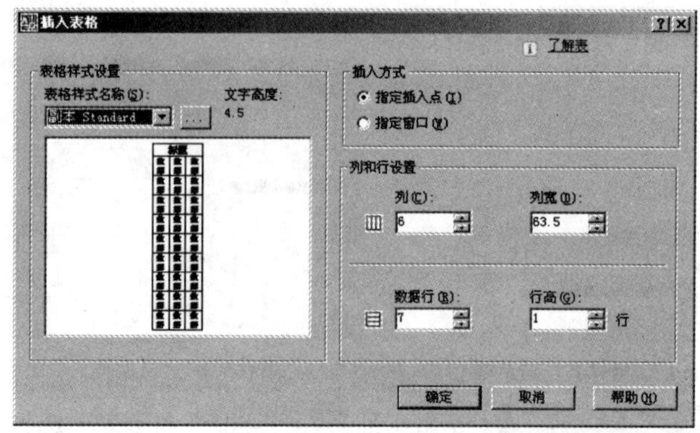

图 6.5.8 “插入表格”对话框

（8）单击“确定”按钮，在绘图窗口中指定一点插入创建的表格，同时，系统会弹出“文字格式”编辑器，如图 6.5.9 所示。

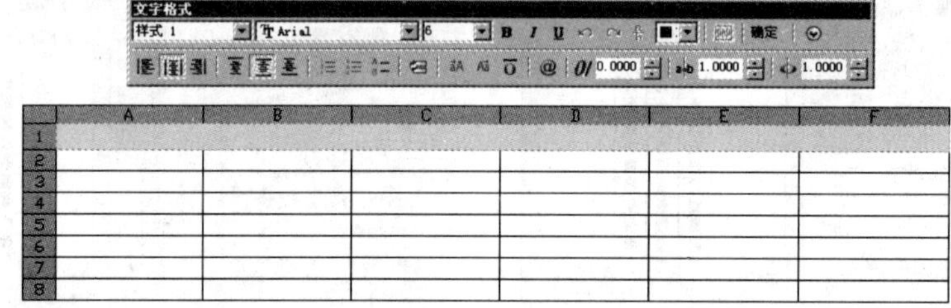

图 6.5.9 插入表格

（9）参照如图 6.5.1 所示图形，在创建的表格中输入数据，利用“文字格式”编辑器对输入的数据格式进行编辑，再利用“对象特性”选项板调整单元格大小，最终效果如图 6.5.1 所示。

小 结

本章主要介绍了创建文字标注和表格的方法，包括创建文字标注样式、标注文字、编辑文字、创建与编辑表格等，通过本章的学习，读者应该能够熟练掌握文字与表格的创建方法。

过关练习六

一、填空题

1．选择_________→_________命令，可以执行创建文字样式命令；选择_________→_________命令，可以执行创建表格样式命令。

2．在 AutoCAD 2008 中，系统提供了两种创建文字的方法，即_________和_________。

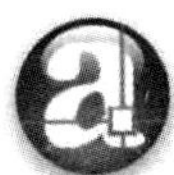

二、选择题

1．在 AutoCAD 2008 中，（　）控制符用于输入直径符号。

A．%%C　　B．%%D

C．%%P　　D．%%U

2．在 AutoCAD 2008 中创建文字样式时，可以为文字设置（　）效果。

A．颠倒　　B．垂直

C．反向　　D．倾斜

三、上机操作题

1．绘制如题图 6.1 所示的标题块。

总工程师			生水泵安装图	
项目负责人				
主任工程师				
审　核				
设计 制图				
年月日	比例		图号	

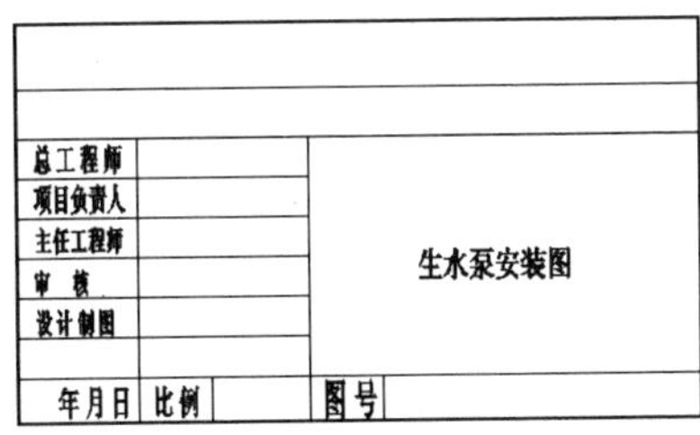

题图 6.1

2．创建如题图 6.2 所示的文字标注。

技术要求

1. 调质处理220～280HBS；

2. 30° 斜面和底座达到$^{H8}/_{H7}$；

3. 30° 斜面与锥孔公差为±0.02；

4. 底座全部倒角0.5×45° 。

题图 6.2

3．绘制如题图 6.3 所示的表格。

标记	处数	分区	更改文件号	签名	(年月日)				
设计	(签名)	(年月日)	标准化	设计	(年月日)	阶段标记	重量	比例	
审核									
工艺			批准			共　张	第　张		

题图 6.3

第 7 章　图形尺寸标注

尺寸标注反映了图形对象各个组成部分的大小及相对位置，是零件制造、建筑施工、零部件装配的重要依据。AutoCAD 2008 为用户提供了一整套完整的标注方法，可完全满足不同行业的所有标注要求。

对图形进行标注实际上是测量和添加注释的过程，精确地测量和准确地标注将直接影响到图纸的质量。本章着重介绍尺寸标注和编辑尺寸标注的方法，包括尺寸标注基础和创建标注样式等。

本章重点

（1）尺寸标注的规则与组成。

（2）尺寸标注样式。

（3）基本标注命令。

（4）编辑尺寸标注。

7.1　尺寸标注的规则与组成

尺寸标注对于表达图形信息有着非常重要的作用，因此，在对图形进行尺寸标注前，首先要了解尺寸标注的规则和组成。

7.1.1　尺寸标注的规则

在我国的工程制图国家标准中，对尺寸标注的规则做出了一些规定，要求尺寸标注必须遵守以下基本规则。

（1）物体的真实大小应以图形上标注的尺寸数值为依据，与图形的显示大小和绘图的精度无关。

（2）图形中的尺寸以毫米为单位时，不需要标注尺寸单位的代号或名称。如果采用其他单位，则必须注明尺寸单位的代号或名称，如度、厘米、英寸等。

（3）图形中所标注的尺寸为图形所表示的物体的最后完工尺寸，如果是中间过程的尺寸，则必须另加说明。

（4）物体的每一个尺寸，一般只标注一次，并应标注在最能清晰反映该结构的视图中。

7.1.2　尺寸标注的组成

一个完整的尺寸标注由尺寸线、尺寸界线、箭头和标注文字组成，如图 7.1.1 所示。

通常，AutoCAD 将构成一个尺寸的尺寸线、尺寸界线、箭头和标注文字以块的形式放在图形文件中，因此可以把一个尺寸看成一个对象。其中各部分含义介绍如下：

（1）尺寸线：表示尺寸标注的范围。通常使用箭头来指出尺寸线的起点和端点。

（2）尺寸界线：表示尺寸线的开始和结束位置，从标注物体的两个端点处引出两条线段表示尺

寸标注范围的界线。

（3）箭头：表示尺寸测量的开始和结束位置。

（4）标注文字：表示实际的测量值。该值可以是 AutoCAD 系统计算的值，也可以是用户指定的值，还可以取消标注文字。

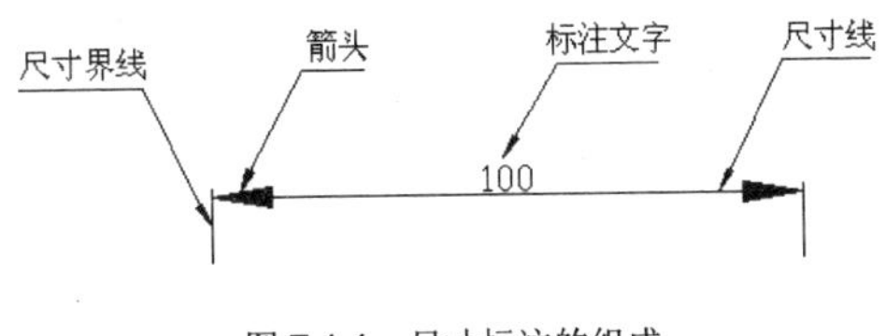

图 7.1.1　尺寸标注的组成

7.2　尺寸标注样式

在 AutoCAD 2008 中，尺寸标注的样式可以由用户自己定义，根据不同的需要，可以在一幅图形中创建多种尺寸标注样式。合理地设置标注样式，可以有效地提高绘图速度。

7.2.1　尺寸标注样式管理器

标注样式的创建和设置都是在“标注样式管理器”对话框中完成的。打开标注样式管理器对话框的方法有以下 3 种：

（1）单击“标注”工具栏中的“标注样式”按钮。

（2）选择格式(O)→标注样式(D)...命令。

（3）在命令行中输入命令 dimstyle。

执行此命令后，弹出标注样式管理器对话框，如图 7.2.1 所示。

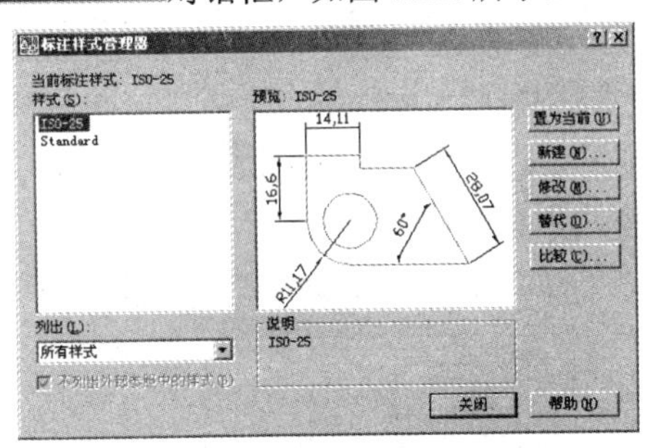

图 7.2.1　“标注样式管理器”对话框

该对话框中各选项功能介绍如下：

（1）样式(S)：列表框：在该列表框下边的列出(L)：下拉列表中选择所有样式或正在使用的样式选项，就会在该列表框中按要求列出当前图形中的样式名称。

（2）预览：ISO-25 区域：在样式(S)：列表框中选择一种标注样式，该预览区域中就会显示这种标注样式的模板。

（3）置为当前(U)按钮：单击此按钮，将选中的标注样式设置为当前样式。

（4）新建(N)...按钮：单击此按钮，弹出创建新标注样式对话框，如图 7.2.2 所示。在新样式名(N)：

文本框中输入样式名称，在 基础样式(S): 下拉列表中选择一种标注样式作为基础样式，在 用于(U): 下拉列表中选择创建的标注样式适用的范围，然后单击 继续 按钮，弹出 新建标注样式：副本 ISO-25 对话框，如图 7.2.3 所示，在该对话框中对新建的标注样式进行设置。

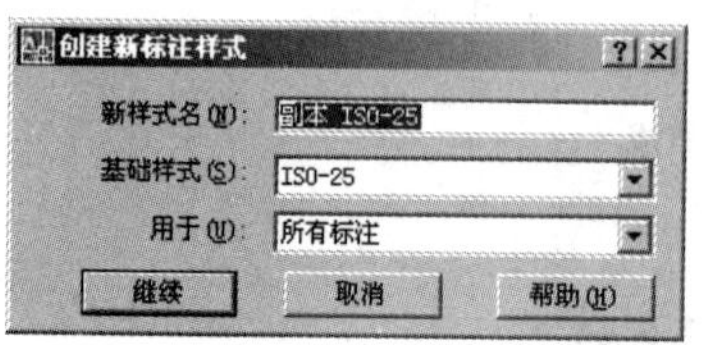

图 7.2.2 “创建新标注样式”对话框

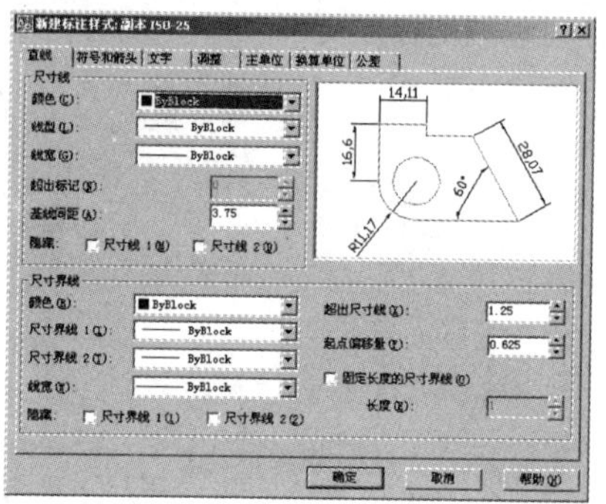

图 7.2.3 “新建标注样式：副本 ISO-25”对话框

（5）修改(M)... 按钮：在 样式(S): 列表框中选中一种标注样式后，单击此按钮，弹出 修改标注样式：ISO-25 对话框，如图 7.2.4 所示，在该对话框中对选中的标注样式进行修改。

（6）替代(O)... 按钮：单击此按钮，弹出 替代当前样式：ISO-25 对话框，如图 7.2.5 所示，用新设置的样式替代系统默认的标注样式 ISO-25。此功能只有在选中当前样式下才可用。

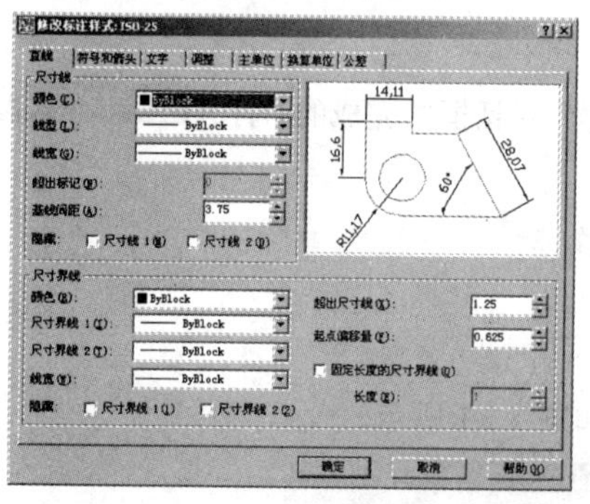

图 7.2.4 “修改标注样式：ISO-25”对话框

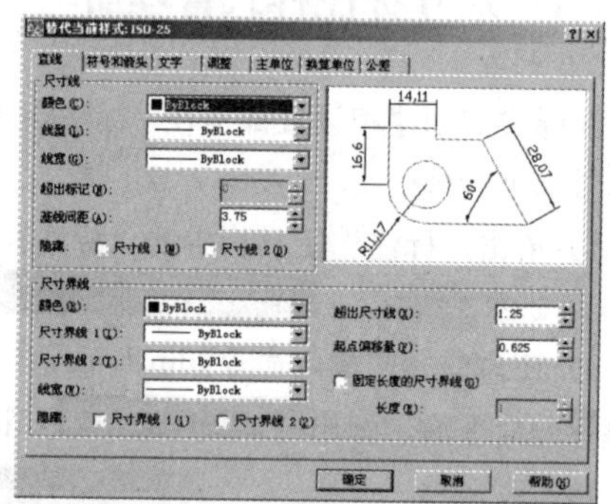

图 7.2.5 “替代当前样式：ISO-25”对话框

（7）比较(C)... 按钮：单击此按钮，弹出 比较标注样式 对话框，如图 7.2.6 所示，在该对话框中可以对两个标注样式进行比较，并列出它们的区别。

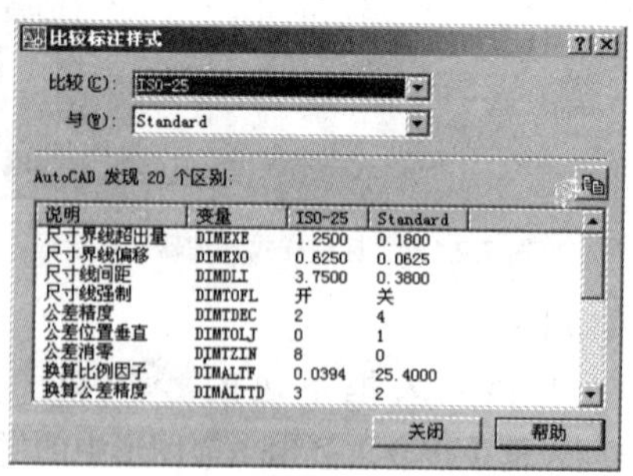

图 7.2.6 “比较标注样式”对话框

7.2.2 创建标注样式

在 AutoCAD 2008 中创建标注样式的基本操作步骤如下：

（1）选择 格式(O) → 标注样式(D)... 命令，打开 标注样式管理器 对话框。

（2）在该对话框中单击 新建(N)... 按钮，在弹出的 创建新标注样式 对话框中的 新样式名(N): 文本框中输入新建标注样式的名称。

（3）在 基础样式(S): 下拉列表中选择一种标注样式作为基础样式。

（4）单击 创建新标注样式 对话框中的 继续 按钮，弹出 新建标注样式: 副本 ISO-25 对话框，用户可以在该对话框中设置标注样式的直线、箭头和文字等属性。

（5）最后单击 确定 按钮完成新标注样式的创建。

7.2.3 设置标注样式

无论是新建标注样式还是修改标注样式，当需要对标注样式的参数进行设置时，都必须在 新建标注样式: 副本 ISO-25 对话框或 修改标注样式: ISO-25 对话框中进行，这两个对话框除了标题栏不一样外，其他选项功能都一样，都由 7 个选项卡组成，分别用于设置标注样式的参数，这些选项卡及其各选项功能介绍如下：

（1）直线 选项卡：该选项卡用于设置尺寸线、尺寸界线、箭头和圆心标记的格式和特性（见图 7.2.3）。

（2）符号和箭头 选项卡：该选项卡用于设置箭头、圆心标记、弧长符号和折弯半径标注的格式和位置，如图 7.2.7 所示。

（3）文字 选项卡：该选项卡用于设置标注文字的特性，如图 7.2.8 所示。

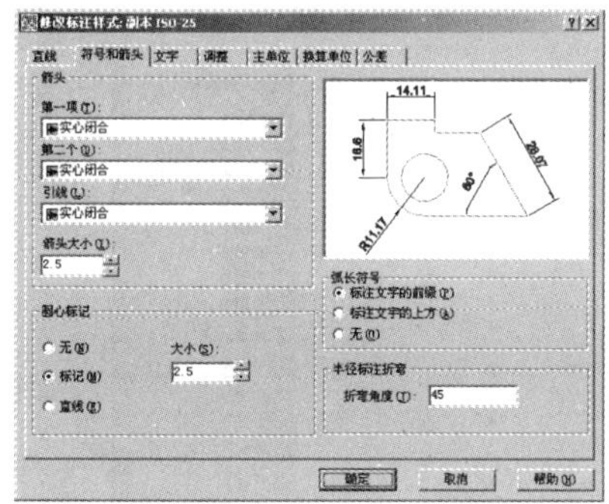

图 7.2.7 “符号和箭头”选项卡

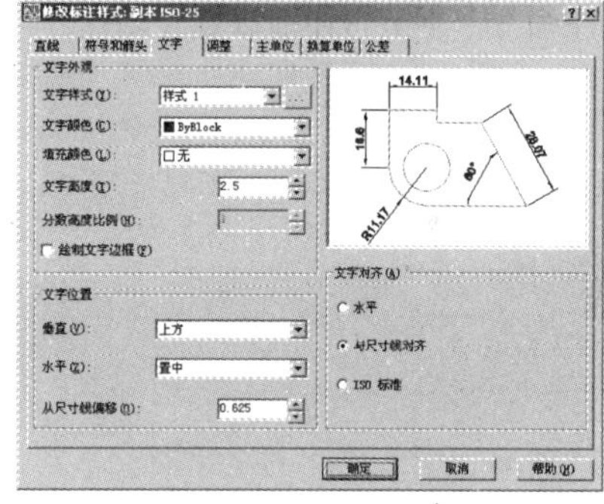

图 7.2.8 “文字”选项卡

（4）调整 选项卡：该选项卡用于设置尺寸线、箭头和文字的放置规则，如图 7.2.9 所示。

（5）主单位 选项卡：该选项卡用于设置标注的主单位特性，如图 7.2.10 所示。

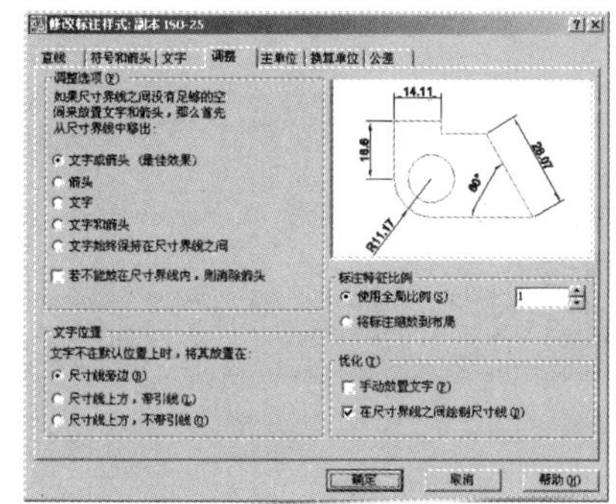

图 7.2.9 “调整”选项卡

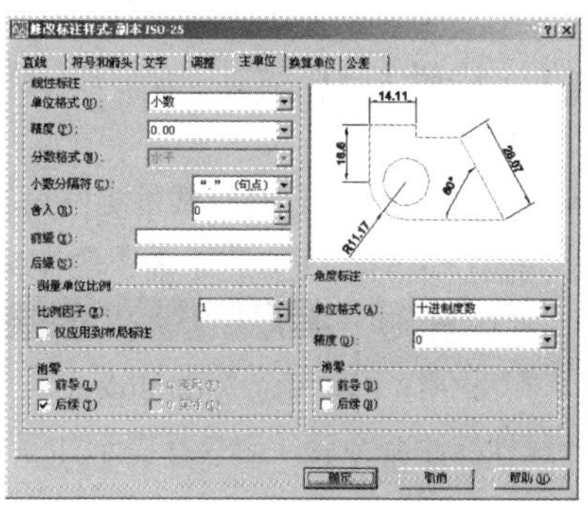

图 7.2.10 “主单位”选项卡

（6）换算单位选项卡：该选项卡用于设置辅助标注单位特性，如图 7.2.11 所示。选中☑显示换算单位(D)复选框，其他选项才可用。

（7）公差选项卡：该选项卡用于设置标注公差，如图 7.2.12 所示。

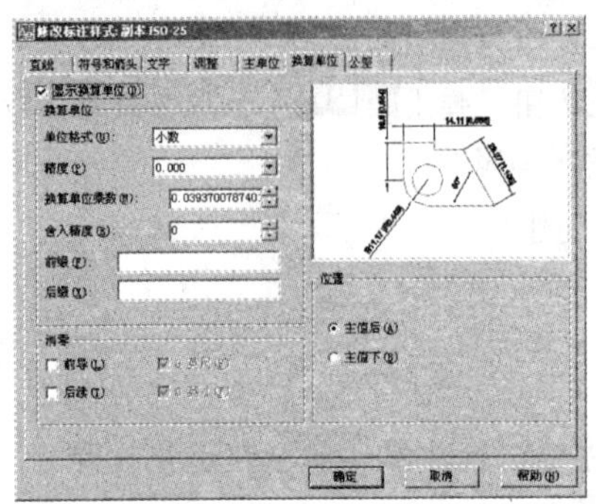

图 7.2.11　“换算单位”选项卡

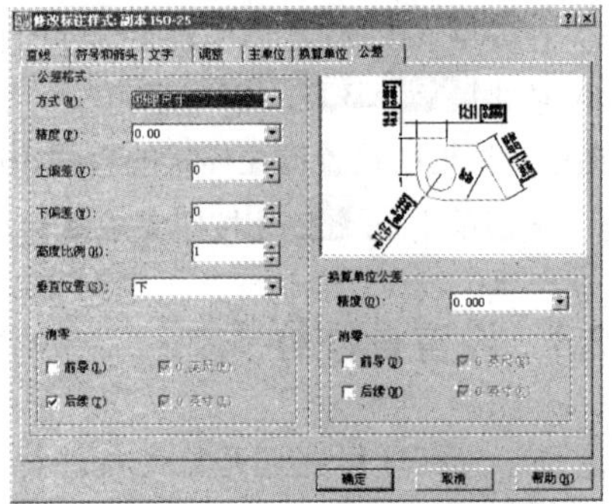

图 7.2.12　“公差”选项卡

7.3　基本标注命令

在 AutoCAD 2008 中，基本的尺寸标注有线性标注、对齐标注、弧长标注、坐标标注、半径标注、折弯标注、直径标注、角度标注、基线标注、连续标注、引线标注、公差标注、圆心标注和快速标注，通过单击“标注”工具栏（见图 7.3.1）中的相应按钮，或选择标注(N)子菜单（见图 7.3.2），即可执行尺寸标注命令，本节将详细进行介绍。

图 7.3.1　“标注”工具栏

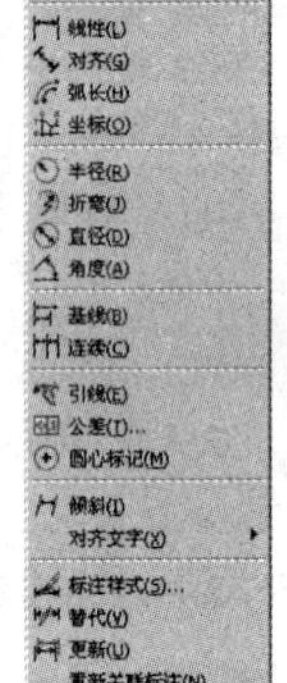

图 7.3.2　“标注”菜单

7.3.1　线性标注

在 AutoCAD 2008 中，执行线性标注命令的方法有以下 3 种：

（1）单击“标注”工具栏中的“线性标注”按钮。

（2）选择标注(N)→线性(L)命令。

（3）在命令行中输入命令 dimlinear。

执行线性标注命令后，命令行提示如下：

命令: _ dimlinear

指定第一条尺寸界线原点或 <选择对象>:（指定第一条尺寸界线的端点）

指定第二条尺寸界线原点:（指定第二条尺寸界线的端点）

指定尺寸线位置或[多行文字(M)/文字(T)/角度(A)/水平(H)/垂直(V)/旋转(R)]:（拖动鼠标指定尺寸线的位置）

标注文字 ＝14（系统提示测量数据）

其中各命令选项的功能介绍如下：

（1）指定尺寸线位置：拖动鼠标确定尺寸线位置即可。

（2）多行文字(M)：选择此命令选项将弹出文字格式编辑器，其中，尺寸测量的数据已经被固定，用户可以在数据的前面或后面输入文本。

（3）文字(T)：将以单行文字的形式输入标注文字。

（4）角度(A)：将设置标注文字的旋转角度。

（5）水平(H)：将设置标注文字的水平位置。

（6）垂直(V)：将设置标注文字的垂直位置。

（7）旋转(R)：将设置标注文字的旋转角度。

线性标注的效果如图 7.3.3 所示。

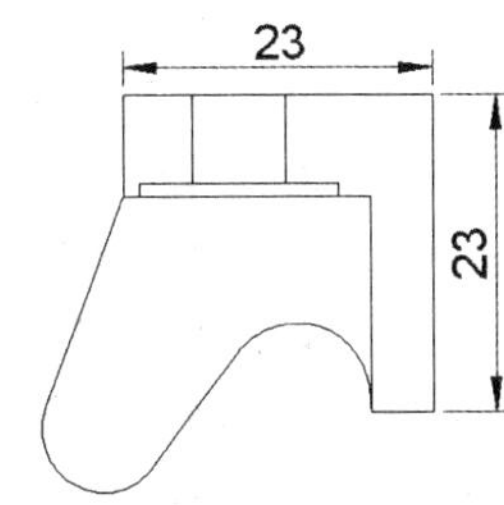

图 7.3.3　线性标注的效果

7.3.2　对齐标注

在 AutoCAD 2008 中，执行对齐标注命令的方法有以下 3 种：

（1）单击“标注”工具栏中的“对齐标注”按钮。

（2）选择标注(N)→对齐(G)命令。

（3）在命令行中输入命令 dimaligned。

执行对齐标注命令后，命令行提示如下：

命令: _ dimaligned

指定第一条尺寸界线原点或 <选择对象>（指定第一条尺寸界线原点）

指定第二条尺寸界线原点:（指定第二条尺寸界线原点）

指定尺寸线位置或[多行文字(M)/文字(T)/角度(A)]:（拖动鼠标确定尺寸线的位置）

标注文字 ＝16.09（系统显示测量数据）

其中各命令选项功能介绍如下：

（1）指定尺寸线位置：拖动鼠标确定尺寸线的位置。

（2）多行文字(M)：选择此命令选项将弹出文字格式编辑器，其中，尺寸测量的数据已经被固定，用户可以在数据的前面或后面输入文本。

（3）文字(T)：将以单行文字的形式输入标注文字。

（4）角度(A)：将设置标注文字的旋转角度。

对齐标注的效果如图 7.3.4 所示。

图 7.3.4　对齐标注的效果

7.3.3　弧长标注

在 AutoCAD 2008 中，执行弧长标注命令的方法有以下 3 种：

（1）单击“标注”工具栏中的“弧长标注”按钮。

（2）选择标注(N)→弧长(H)命令。

（3）在命令行中输入命令 dimarc。

执行弧长标注命令后，命令行提示如下：

命令: _ dimarc

选择弧线段或多段线弧线段:（选择要标注的弧线）

指定弧长标注位置或 [多行文字(M)/文字(T)/角度(A)/部分(P)/引线(L)]:（拖动鼠标指定尺寸线的位置）

标注文字 ＝24.78（系统显示测量数据）

其中各命令选项功能介绍如下：

（1）指定尺寸线位置：拖动鼠标确定尺寸线的位置。

（2）多行文字(M)：选择此命令选项将弹出文字格式编辑器，其中，尺寸测量的数据已经被固定，用户可以在数据的前面或后面输入文本。

（3）文字(T)：将以单行文字的形式输入标注文字。

（4）角度(A)：将设置标注文字的旋转角度。

（5）部分(P)：将缩短弧长标注的长度。

（6）引线(L)：将添加引线对象。仅当圆弧大于 90° 时才会显示此选项。

弧长标注的效果如图 7.3.5 所示。

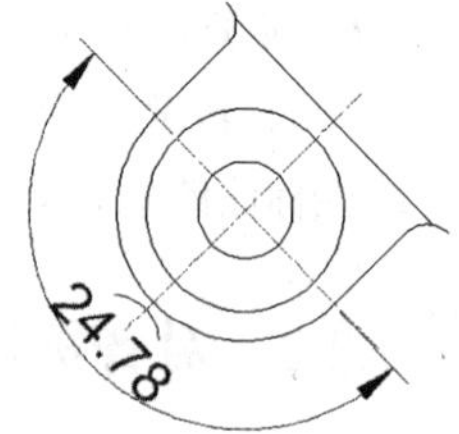

图 7.3.5 弧长标注的效果

7.3.4 坐标标注

在 AutoCAD 2008 中，执行坐标标注命令的方法有以下 3 种：

（1）单击“标注”工具栏中的“坐标标注”按钮。

（2）选择标注(N)→坐标(O)命令。

（3）在命令行中输入命令 dimordinate。

执行坐标标注命令后，命令行提示如下：

命令: _ dimordinate

指定点坐标:（捕捉要标注的点坐标）

指定引线端点或 [X 基准(X)/Y 基准(Y)/多行文字(M)/文字(T)/角度(A)]:（拖动鼠标指定尺寸线的位置）

标注文字 ＝566.51（系统显示测量数据）

其中各命令选项的功能介绍如下：

（1）指定引线端点：选择此选项，使用点坐标和引线端点的坐标差可确定它是 X 坐标标注还是 Y 坐标标注。如果 Y 坐标的坐标差较大，标注就测量 X 坐标，否则就测量 Y 坐标。

（2）X 基准(X)：选择此选项，测量 X 坐标并确定引线和标注文字的方向。

（3）Y 基准(Y)：选择此选项，测量 Y 坐标并确定引线和标注文字的方向。

（4）多行文字(M)：选择此选项，弹出文字格式编辑器，向其中输入要标注的文字后，再确定引线端点。

（5）文字(T)：选择此选项，在命令行中自定义标注文字。

（6）角度(A)：选择此选项，修改标注文字的角度。

坐标标注的效果如图 7.3.6 所示。

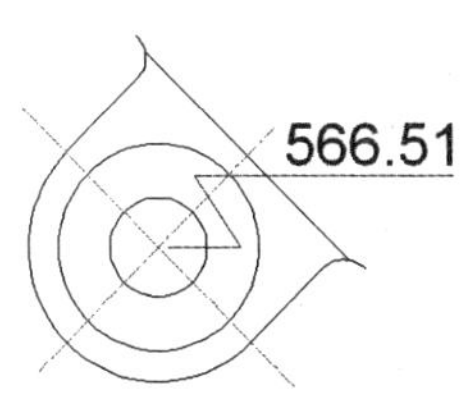

图 7.3.6　坐标标注的效果

7.3.5　半径标注

在 AutoCAD 2008 中，执行半径标注命令的方法有以下 3 种：

（1）单击“标注”工具栏中的“半径标注”按钮。

（2）选择 标注(N) → 半径(R) 命令。

（3）在命令行中输入命令 dimradius。

执行半径标注命令后，命令行提示如下：

命令: _ dimradius

选择圆弧或圆:（选择要测量的圆弧或圆）

标注文字 ＝2.92（系统显示测量数据）

指定尺寸线位置或 [多行文字(M)/文字(T)/角度(A)]:（拖动鼠标确定尺寸线位置）

半径标注的效果如图 7.3.7 所示。

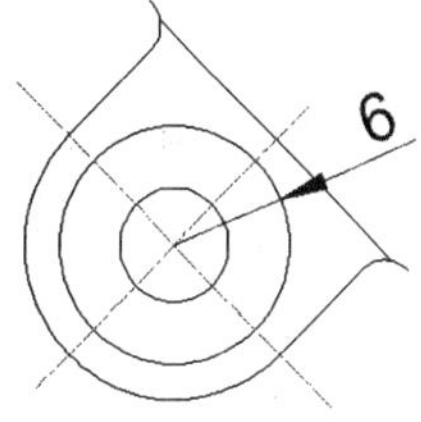

图 7.3.7　半径标注的效果

7.3.6　折弯标注

在 AutoCAD 2008 中，执行折弯标注命令的方法有以下 3 种：

（1）单击“标注”工具栏中的“折弯标注”按钮。

（2）选择 标注(N) → 折弯(J) 命令。

（3）在命令行中输入命令 dimjogged。

执行折弯标注命令后，命令行提示如下：

命令: _ dimjogged

选择圆弧或圆:（选择要测量的圆弧或圆）

指定中心位置替代:（指定一点作为标注的中心）

标注文字 ＝2.92（系统显示测量数据）

指定尺寸线位置或 [多行文字(M)/文字(T)/角度(A)]:（拖动鼠标指定尺寸线位置）

指定折弯位置:（指定折弯的位置）

折弯标注的效果如图 7.3.8 所示。

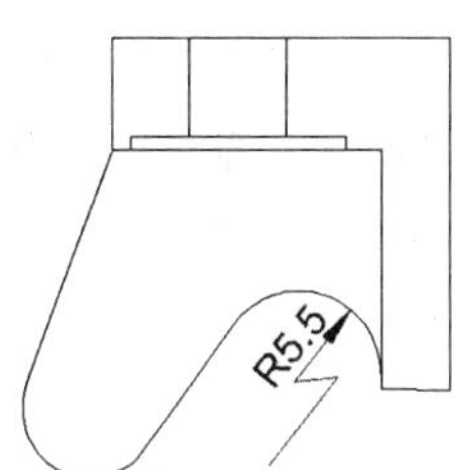

图 7.3.8　折弯标注的效果

7.3.7　直径标注

在 AutoCAD 2008 中，执行直径标注命令的方法有以下 3 种：

（1）单击“标注”工具栏中的“直径标注”按钮。

（2）选择 标注(N) → 直径(D) 命令。

（3）在命令行中输入命令 dimdiameter。

执行直径标注命令后，命令行提示如下：

命令:_ dimdiameter

选择圆弧或圆:（选择要测量的圆弧或圆）

标注文字=100（系统显示测量数据）

指定尺寸线位置或[多行文字(M)/文字(T)/角度(A)]:（拖动鼠标确定尺寸线位置）

直径标注的效果如图 7.3.9 所示。

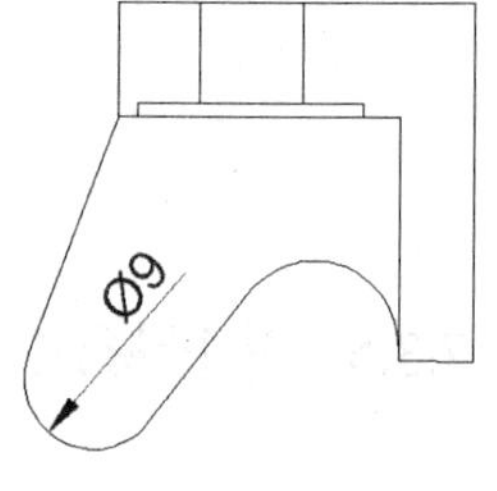

图 7.3.9　直径标注的效果

7.3.8　角度标注

在 AutoCAD 2008 中，执行角度标注命令的方法有以下 3 种：

（1）单击“标注”工具栏中的“角度标注”按钮。

（2）选择 标注(N) → 角度(A) 命令。

（3）在命令行中输入命令 dimangular。

执行角度标注命令后，命令行提示如下：

命令: _ dimangular

选择圆弧、圆、直线或 <指定顶点>:（选择要标注的对象）

选择的对象不同，命令行提示也不同。如果选择的对象为圆弧，则命令行提示如下：

指定标注弧线位置或 [多行文字(M)/文字(T)/角度(A)]:（选择圆弧）

标注文字 ＝180（系统显示测量数据）

如果选择的对象为圆，则命令行提示如下：

选择圆弧、圆、直线或 <指定顶点>:（选择圆）

指定角的第二个端点:（在该圆上指定另一个测量端点）

指定标注弧线位置或 [多行文字(M)/文字(T)/角度(A)]:（拖动鼠标确定尺寸线的位置）

标注文字 ＝172（系统显示测量数据）

如果选择的对象为直线，则命令行提示如下：

选择圆弧、圆、直线或 <指定顶点>:（选择角的一条边）

选择第二条直线:（选择角的另一条边）

指定标注弧线位置或 [多行文字(M)/文字(T)/角度(A)]:（拖动鼠标确定尺寸线的位置）

标注文字 ＝42（系统显示测量数据）

角度标注的效果如图 7.3.10 所示。

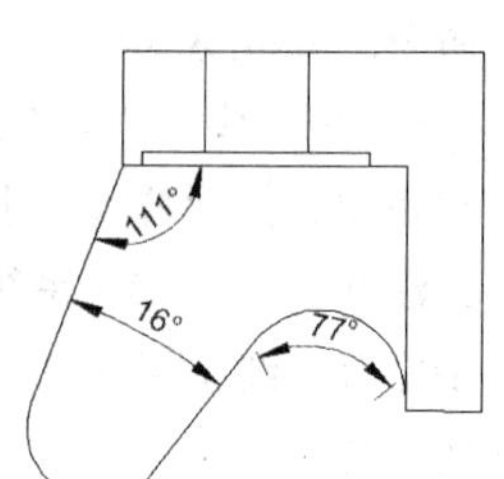

图 7.3.10　角度标注样式

7.3.9　基线标注

在 AutoCAD 2008 中，执行基线标注命令的方法有以下 3 种：

（1）单击“标注”工具栏中的“基线标注”按钮。

（2）选择 标注(N) → 基线(B) 命令。

（3）在命令行中输入命令 dimbaseline。

在进行基线标注之前，必须先建立或选择一个线性标注、坐标标注或角度标注作为基准标注，然后执行基线标注命令。命令行提示如下：

命令:_ dimbaseline

指定第二条尺寸界线原点或[放弃(U)/选择(S)]<选择>:（指定下一个尺寸标注原点）

标注文字=23.76（系统显示测量数据）

其中各命令选项功能介绍如下：

（1）指定第二条尺寸界线原点：确定第二条尺寸界线。

（2）放弃(U)：选择此命令选项，返回到最近的上一次操作。

（3）选择(S)：命令行继续提示，提示如下：

选择基准标注:（用拾取框选择新的基准标注）

基线标注的效果如图 7.3.11 所示。

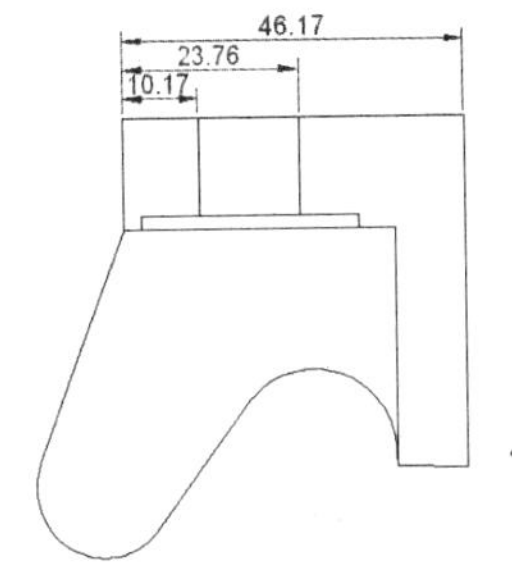

图 7.3.11　基线标注的效果

7.3.10　连续标注

在 AutoCAD 2008 中，执行连续标注命令的方法有以下 3 种：

（1）单击“标注”工具栏中的“连续标注”按钮。

（2）选择 标注(N) → 连续(C) 命令。

（3）在命令行中输入命令 dimcontinue。

和基线标注一样，在执行连续标注之前要建立或选择一个线性标注、坐标标注或角度标注作为基准标注，然后执行连续标注命令。命令行提示如下：

命令:_ dimcontinue

指定第二条尺寸界线原点或[放弃(U)/选择(S)]<选择>:（指定第二条尺寸界线原点）

标注文字=63.64（系统显示测量数据）

其中各命令选项功能介绍如下：

（1）指定第二条尺寸界线原点：确定第二条尺寸界线。

（2）放弃(U)：返回到最近一次操作。

（3）选择(S)：选择此命令选项，命令行会继续提示，提示如下：

选择连续标注:（用拾取框选择新的连续标注）

连续标注的效果如图 7.3.12 所示。

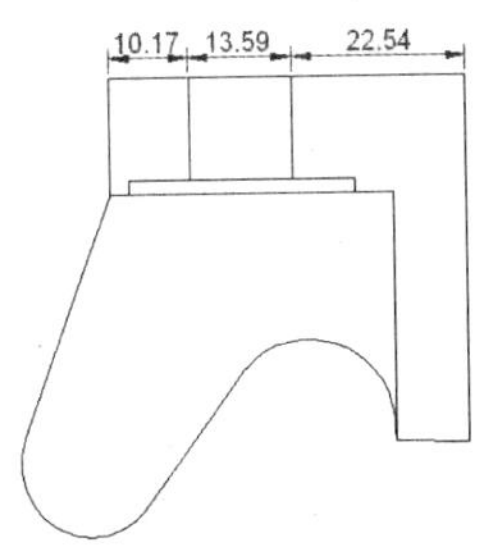

图 7.3.12　连续标注的效果

7.3.11　引线标注

在 AutoCAD 2008 中，执行引线标注命令的方法有以下 3 种：

（1）单击“标注”工具栏中的“快速引线”按钮。

（2）选择 标注(N) → 引线(E) 命令。

（3）在命令行中输入命令 qleader。

执行引线标注命令后，命令行提示如下：

指定第一个引线点或[设置(S)]<设置>:（指定引线的起点或对引线进行设置）

如果选择“指定第一个引线点”命令选项，则命令行提示如下：

指定下一点:（指定引线的转折点）

指定下一点:（指定引线的另一个端点）

指定文字宽度<0>:（指定文字的宽度）

输入注释文字的第一行<多行文字（M）>:（输入文字，按回车键结束标注）

如果选择“设置(S)”命令选项，则弹出 引线设置 对话框，如图 7.3.13 所示。

该对话框中包含 3 个选项卡，其功能介绍如下：

1） 注释 选项卡：该选项卡用于设置注释类型、多行文字和重复使用注释选项，如图 7.3.13 所示。其中各选项含义介绍如下：

①注释类型：该选项组用于设置引线注释类型，其中包括 5 个选项。如果选中 多行文字(M) 单选按钮，则提示创建多行文字注释，并弹出多行文字编辑器；如果选中 复制对象(C) 单选按钮，则提示为引线注释复制多行文字、文字、公差或块参照对象；如果选中 公差(T) 单选按钮，则弹出 形位公差 对话框，如图 7.3.14 所示，用于创建要附着到引线上的特性控制框；如果选中 块参照(B) 单选按钮，则提示为引线注释插入块参照；如果选中 无(O) 单选按钮，则创建不包含注释的引线。

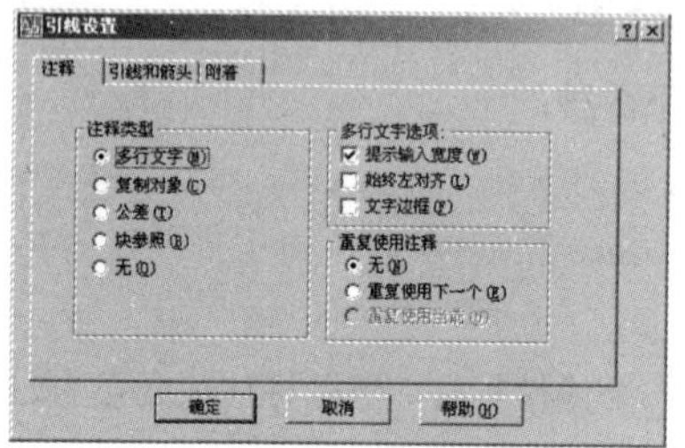

图 7.3.13 “引线设置”对话框

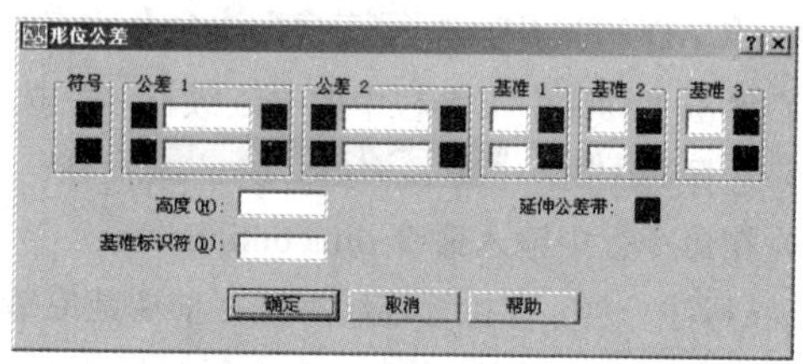

图 7.3.14 “形位公差”对话框

②多行文字选项：该选项组用于对多行文字进行设置，并且只有选择了多行文字注释类型时，该选项才可用。其中包括 3 个选项，如果选中 提示输入宽度(W) 复选框，在使用引线标注时，系统提示指定字宽；如果选中 始终左对齐(L) 复选框，则多行文字采用左对齐方式，该选项不与 提示输入宽度(W) 复选框同时使用；如果选中 文字边框(F) 复选框，注释文字时在文字上加边框。

③重复使用注释：该选项组用于设置引线注释重复使用的选项。其中包括 3 个选项，如果选中 无(N) 单选按钮，则不重复使用引线注释；如果选中 重复使用下一个(E) 单选按钮，则重复使用为所有后继引线创建的下一个注释；如果选中 重复使用当前(U) 单选按钮，则系统自动将上一次创建的文字注释复制到当前引线标注中。

2） 引线和箭头 选项卡：该选项卡用于设置引线和箭头特性，如图 7.3.15 所示。

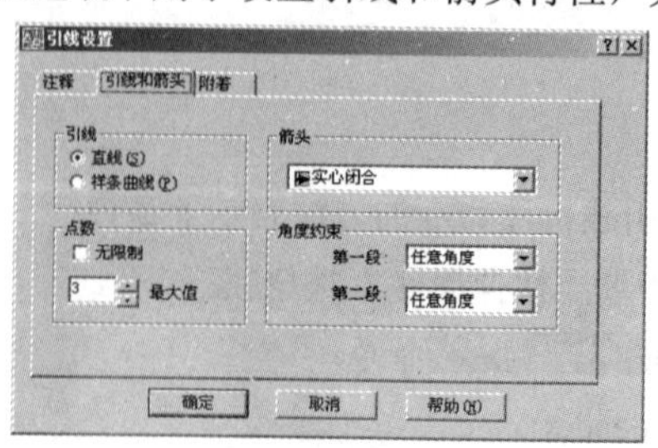

图 7.3.15 “引线和箭头”选项卡

其中包括以下选项：

①引线：该选项组用于设置引线格式。其中包括两种格式，如果选中 ⊙ 直线(S) 单选按钮，则标注的引线是直线；如果选中 ⊙ 样条曲线(P) 单选按钮，则标注的引线是样条曲线。

②点数：该选项组用于设置引线的节点数。系统默认为 3，最少为 2，即引线为一条线段，也可以在 最大值 微调框中输入节点数。如果选中 ☑ 无限制 复选框，则引线可以任意曲折。

③箭头：该选项组用于指定引线箭头的样式，系统提供了 21 种箭头样式。

④角度约束：该选项组用于设置第一条引线线段和第二条引线线段的角度约束。单击 第一段: 和 第二段: 下拉列表框右边的 ▼ 按钮，在弹出的下拉列表中选择合适的角度，系统分别提供了 6 种角度供用户选择。

3） 附着 选项卡：该选项卡用于设置引线附着到多行文字的位置，如图 7.3.16 所示。

该选项卡中包括 5 种文字与引线间的相对位置关系，这 5 种关系分别是“第一行顶部”、“第一行中间”、“多行文字中间”、“最后一行中间”和“最后一行底部”，这 5 个选项都有“文字在左边”和“文字在右边”之分。如果选中 ☑ 最后一行加下划线(U) 复选框，则前面这 5 项均不可用。

引线标注的效果如图 7.3.17 所示。

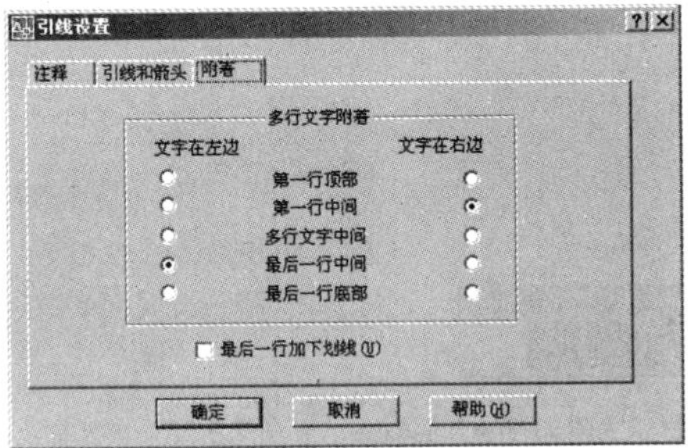

图 7.3.16　“附着”选项卡

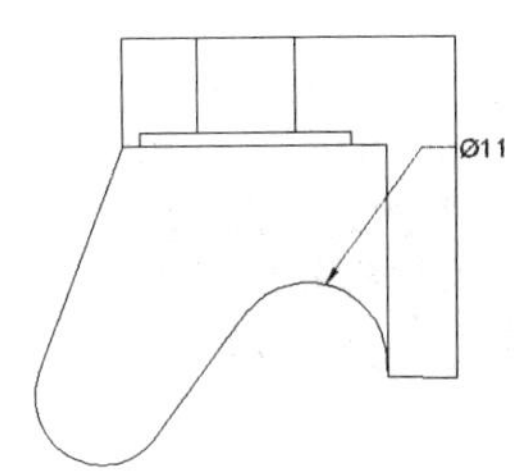

图 7.3.17　引线标注的效果

7.3.12　公差标注

形位公差是表示图形特征的形状、轮廓、方向、位置和跳动的允许偏差等。AutoCAD 中形位公差的组成如图 7.3.18 所示。

在 AutoCAD 2008 中，执行公差标注命令的方法有以下 3 种：

（1）单击“标注”工具栏中的“公差引线”按钮。

（2）选择 标注(N) → 公差(T)... 命令。

（3）在命令行中输入命令 tolerance。

执行形位公差命令后，弹出 形位公差 对话框，如图 7.3.19 所示。

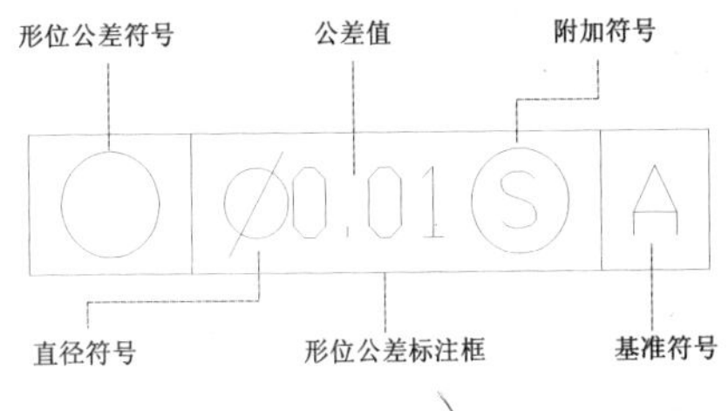

图 7.3.18　形位公差的组成

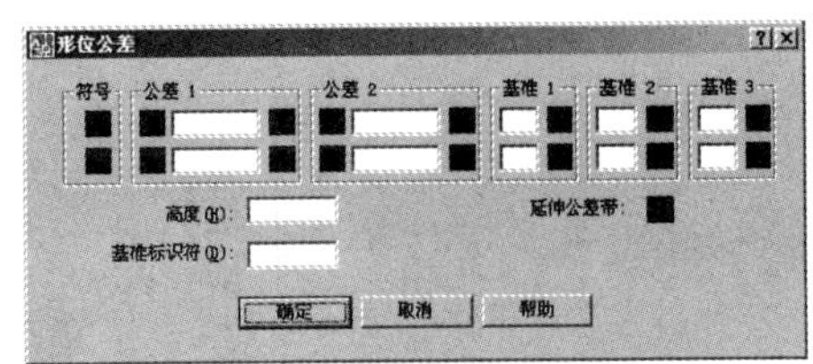

图 7.3.19　“形位公差”对话框

该对话框中各选项功能介绍如下：

1）符号选项组：单击此选项组中的■图标，打开特征符号面板，如图 7.3.20 所示，在该面板中选择合适的特征符号。

2）公差 1 和公差 2 文本框：单击文本框左边的■图标，添加直径符号，此时该图标变为Ø；可以在中间的文本框中输入公差值；单击文本框右边的■图标，打开附加符号面板，如图 7.3.21 所示，在该面板中选择合适的图标。

3）基准 1、基准 2 和基准 3 选项组：该选项组中的文本框用于创建基准参照值，直接在文本框中输入数值即可。单击文本框右边的■图标，同样打开附加符号面板（见图 7.3.21），在该面板中选择合适的图标。

4）高度(H): 文本框：直接在文本框中输入数值，指定公差带的高度。

5）基准标识符(D): 文本框：在文本框中输入字母，创建由参照字母组成的基准标识符。

6）延伸公差带: 设置项：单击■图标，在投影公差带值的后面插入投影公差带符号，此时，该图标变为Ⓟ形状。

公差标注的效果如图 7.3.22 所示。

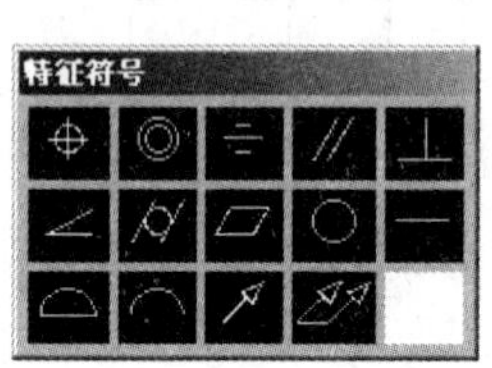

图 7.3.20 “特征符号”面板

图 7.3.21 “附加符号”面板

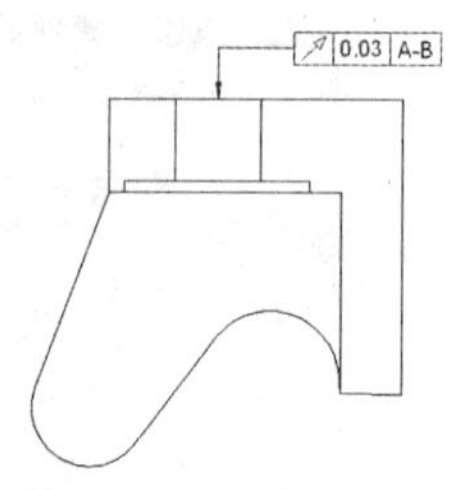

图 7.3.22 公差标注的效果

7.3.13 圆心标记

在 AutoCAD 2008 中，执行圆心标记命令的方式有以下 3 种：

（1）单击“标注”工具栏中的“圆心标注”按钮⊕。

（2）选择标注(N)→圆心标记(M)命令。

（3）在命令行中输入命令 dimcenter。

执行圆心标记命令后，命令行提示如下：

命令：_ dimcenter

选择圆弧或圆：(选择要标记的圆弧或圆)

圆心标记的样式有 3 种，如图 7.3.23 所示。选择“新建标注样式”对话框中的“直线和箭头”选项卡，在该选项卡中的“圆心标记”选项组中可以对圆心标记的类型和大小进行设置。

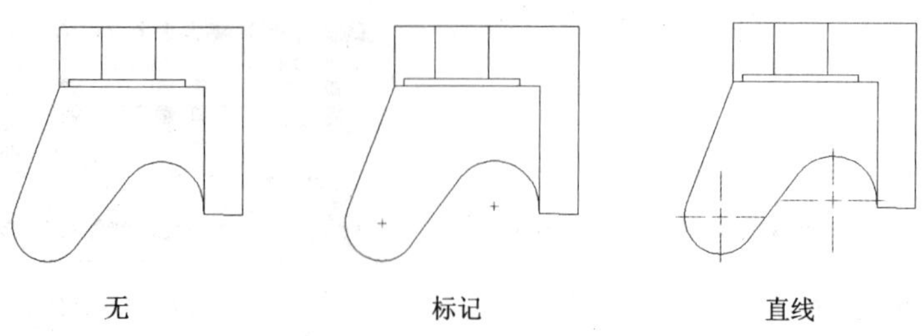

图 7.3.23 圆心标记的样式

7.3.14　快速标注

使用快速标注一次可标注多个对象或者编辑现有标注，这种方式在创建系列基线或连续标注，以及为一系列圆或圆弧创建标注时特别有用。

执行快速标注命令的方式有以下 3 种：

（1）单击“标注”工具栏中的“快速标注”按钮。

（2）选择 标注(N) → 快速标注(Q) 命令。

（3）在命令行中输入命令 qdim。

执行快速标注命令后，命令行提示如下：

命令:_ qdim

关联标注优先级=端点:（系统提示）

选择要标注的几何图形:（选择要标注的对象）

选择要标注的几何图形:（按回车键结束对象选择）

指定尺寸线位置或[连续(C)/并列(S)/基线(B)/坐标(O)/半径(R)/直径(D)/基准点(P)/编辑(E)/设置(T)]<连续>:（拖动鼠标确定尺寸线的位置）

其中各命令选项功能介绍如下：

（1）指定尺寸线位置：拖动鼠标确定尺寸线的位置。

（2）连续(C)：指定多个标注对象，再选择此命令选项，即可创建一系列连续标注。

（3）并列(S)：指定多个标注对象，再选择此命令选项，即可创建一系列并列标注。

（4）基线(B)：指定多个标注对象，再选择此命令选项，即可创建一系列基线标注。

（5）坐标(O)：指定多个标注对象，再选择此命令选项，即可创建一系列坐标标注。

（6）半径(R)：指定多个标注对象，再选择此命令选项，即可创建一系列半径标注。

（7）直径(D)：指定多个标注对象，再选择此命令选项，即可创建一系列直径标注。

（8）基准点(P)：为基线和坐标标注设置新的基准点。选择此命令选项后，命令行提示“选择新的基准点”，指定新基准点后，返回到上一提示。

（9）编辑(E)：编辑一系列标注。选择此命令选项后，命令行提示“指定要删除的标注点或[添加(A)/退出(X)]<退出>”，指定点后返回到上一提示。

（10）设置(T)：为指定的尺寸界线原点设置默认的对象捕捉模式。选择此命令选项后，命令行提示“关联标注优先级[端点(E)/交点(I)]<端点>”，选择此命令选项后，按回车键返回到上一提示。

7.4　编辑尺寸标注

AutoCAD 允许对已经创建的尺寸标注进行编辑修改，包括修改标注文字的内容、改变其位置、使标注文字倾斜一定的角度等，还可以对尺寸界线进行编辑。编辑尺寸标注可以使用 DIMEDIT 命令和 DIMTEDIT 命令，二者功能各不相同，本节主要介绍如何使用这两个命令对尺寸标注进行编辑。

7.4.1　使用 DIMEDIT 命令编辑尺寸标注

通过 dimedit 命令可以修改已有尺寸标注的标注文字内容，把标注文字倾斜一定的角度，还可以对尺寸界线进行修改，使其旋转一定角度，标注一段线段在某一方向上的投影尺寸。使用该命令可以同时对多个尺寸标注进行编辑。在命令行中输入该命令后，命令行提示如下：

命令: dimedit

输入标注编辑类型 [默认(H)/新建(N)/旋转(R)/倾斜(O)] <默认>:

其中各命令选项功能介绍如下：

（1）默认(H)：将编辑后的标注文字设置为默认状态。

（2）新建(N)：选择此命令选项，打开**文字格式**编辑器，在该编辑器中可更改标注文字。

（3）旋转(R)：旋转标注文字。

（4）倾斜(O)：调整线性标注尺寸界线的倾斜角度，如图 7.4.1 所示。

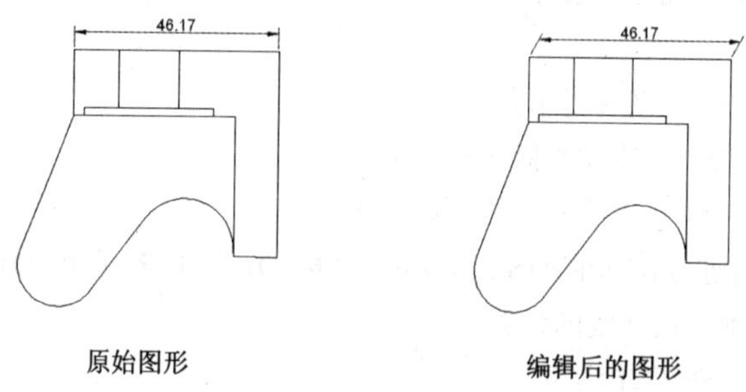

图 7.4.1　编辑尺寸界线的倾斜角度

7.4.2　使用 DIMTEDIT 命令编辑

通过 dimtedit 命令可以改变标注文字的位置，使其位于尺寸线上面左端、右端或中间，而且还可以使标注文字倾斜一定的角度。在命令行中输入该命令后，命令行提示如下：

命令: dimtedit

选择标注:（选择要编辑的尺寸标注）

指定标注文字的新位置或 [左(L)/右(R)/中心(C)/默认(H)/角度(A)]:（指定标注文字的新位置）

其中各命令选项功能介绍如下：

（1）左(L)：沿尺寸线左对正标注文字。本选项只适用于线性、直径和半径标注。

（2）右(R)：沿尺寸线右对正标注文字。本选项只适用于线性、直径和半径标注。

（3）中心(C)：将标注文字放在尺寸线的中间。

（4）默认(H)：将标注文字移回默认位置。

（5）角度(A)：修改标注文字的角度。

编辑尺寸的效果如图 7.4.2 所示。

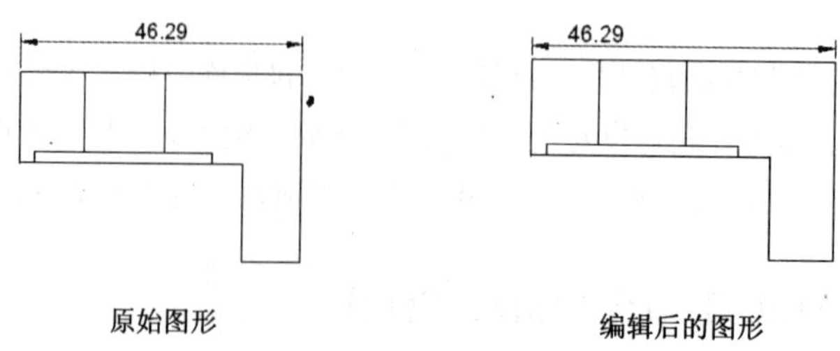

图 7.4.2　编辑尺寸的效果

7.5　典型实例——标注图形尺寸

绘制如图 7.5.1 所示图形，并标注图形尺寸。

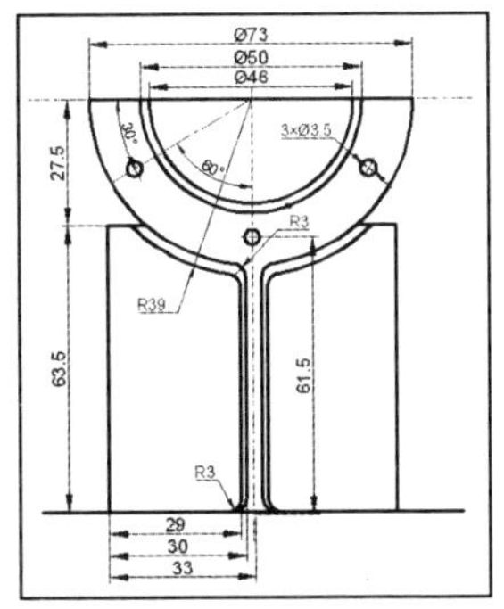

图 7.5.1　效果图

创作步骤

（1）单击“图层”工具栏中的“图层特性管理器”按钮，在弹出的图层特性管理器对话框中新建“轴线层”和“轮廓线”层，参数设置如图 7.5.2 所示。

（2）利用各种绘制与编辑图形的工具，参照如图 7.5.1 所示图形绘制图形，效果如图 7.5.3 所示。

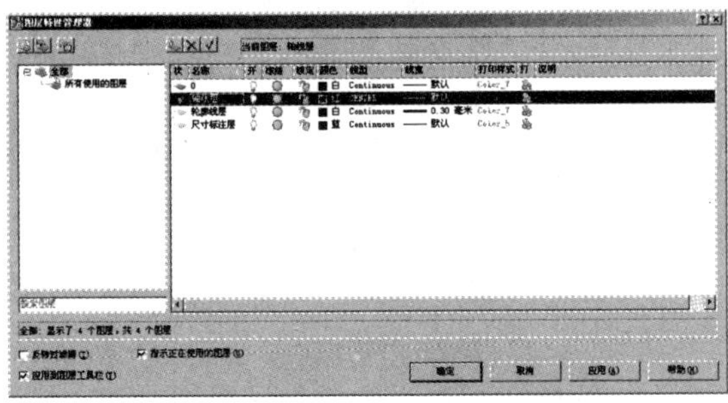

图 7.5.2　“图层特性管理器”对话框

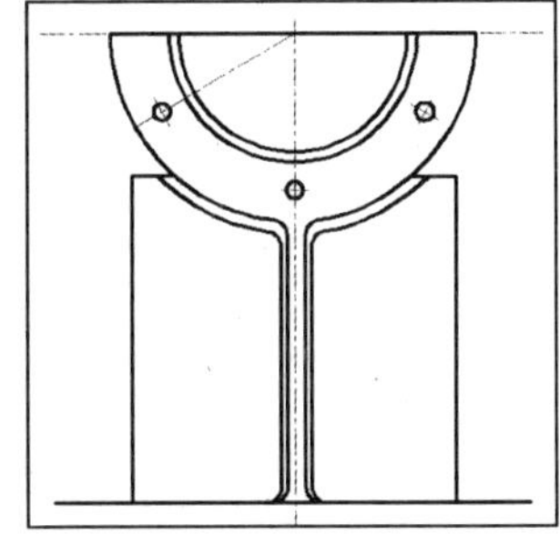

图 7.5.3　绘制轮廓

（3）设置“尺寸标注层”为当前图层，单击“标注”工具栏中的“线性”按钮，对绘制的图形进行线性标注，效果如图 7.5.4 所示。

（4）单击“标注”工具栏中的“半径”按钮，对绘制的图形中的圆弧进行半径标注，效果如图 7.5.5 所示。

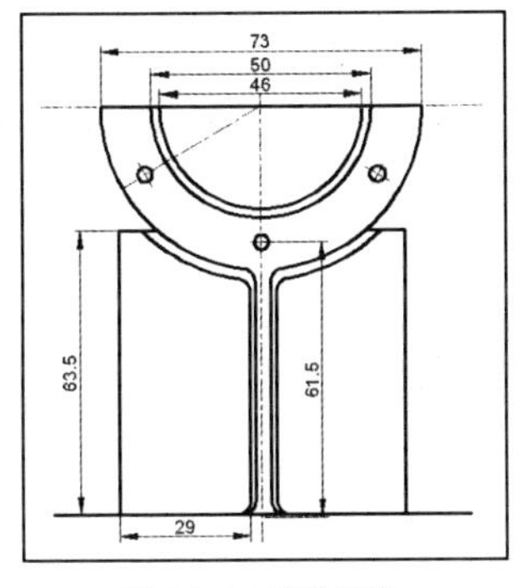

图 7.5.4　线性标注

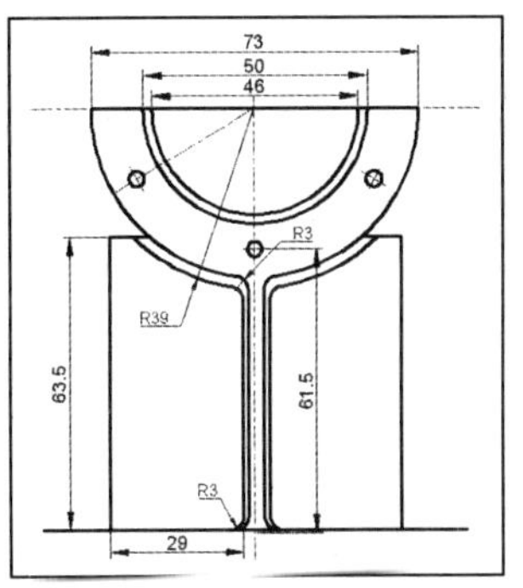

图 7.5.5　半径标注

（5）单击“标注”工具栏中的“直径”按钮，对绘制的图形中的圆进行直径标注。绘制的图形中的 3 个圆大小相同，直径标注的效果如图 7.5.6 所示。

（6）单击“标注”工具栏中的“角度”按钮，对绘制的图形进行角度标注，效果如图 7.5.7 所示。

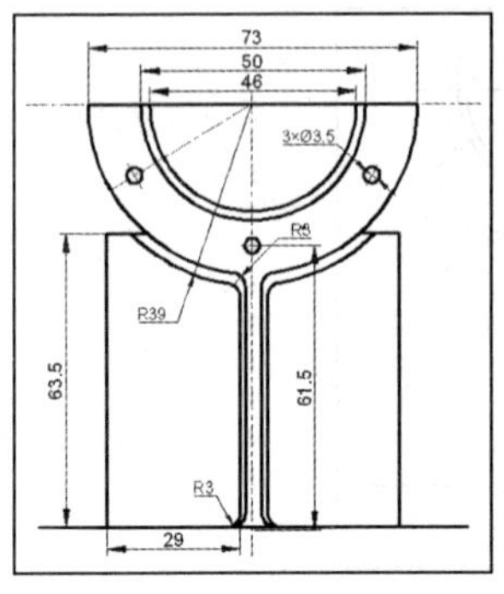

图 7.5.6　直径标注

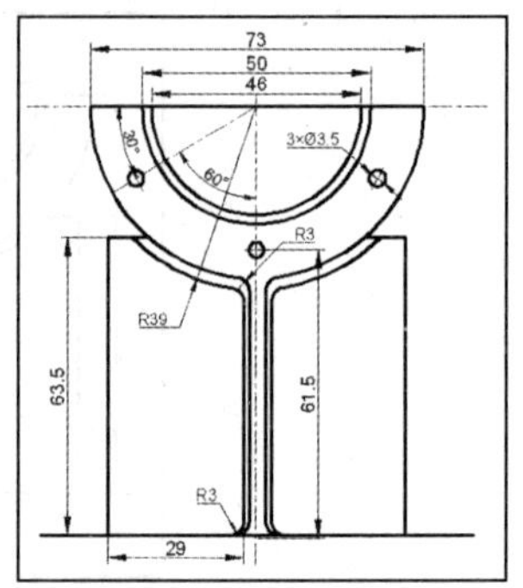

图 7.5.7　角度标注

（7）单击“标注”工具栏中的“基线”按钮，标注基线尺寸，效果如图 7.5.8 所示。

（8）单击“标注”工具栏中的“连续”按钮，标注连续尺寸，效果如图 7.5.9 所示。

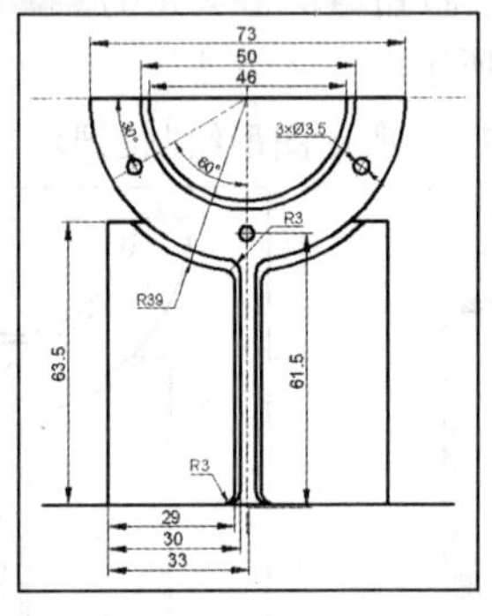

图 7.5.8　基线标注

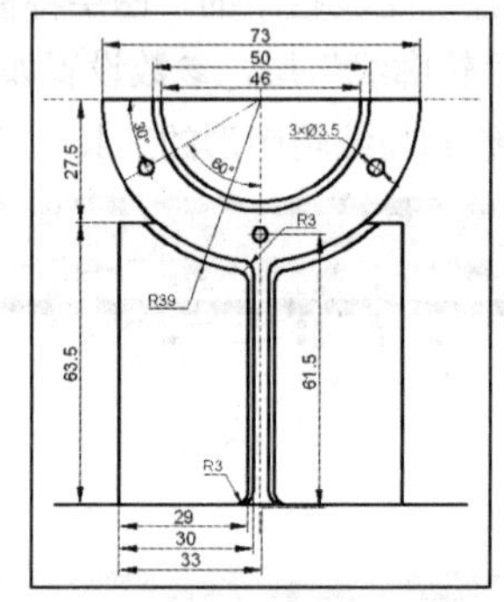

图 7.5.9　连续标注

（9）单击“标准”工具栏中的“对象特性”按钮，选中如图 7.5.9 所示图形中值为 46 的线性标注，在“对象特性”面板中的“文字”选项区的“文字替代”文本框中输入“%%C 46”，用同样的方法再替代值为 50 和 73 的线性标注，最终标注效果如图 7.5.1 所示。

小　结

本章主要介绍了尺寸标注的基本知识，包括尺寸标注基础、尺寸标注样式、基本标注命令，以及编辑尺寸标注等，通过本章的学习，读者应该能够熟练掌握尺寸标注的用法。

过关练习七

一、填空题

1．尺寸标注通常由 4 部分组成，分别是__________、__________、__________和__________。

2．在进行基线标注之前，必须先建立或选择一个__________作为基准标注，然后执行基线标注命令。

3．使用__________命令可以编辑标注对象上的标注文字和尺寸界线。

二、选择题

1．如题图 7.1 所示的图形中（　）是基线标注。

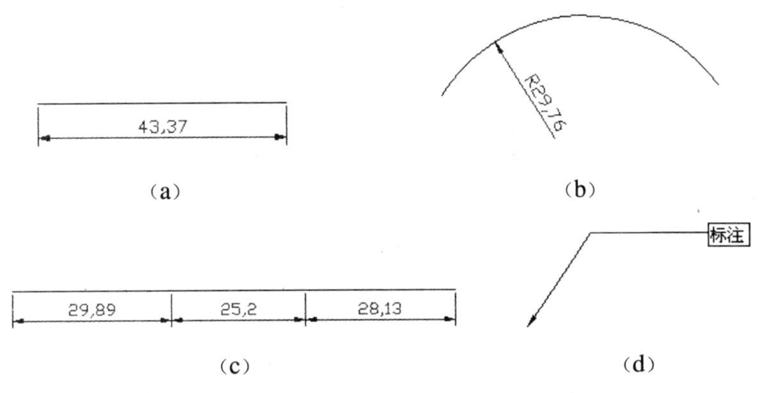

题图 7.1

A．(a)　　B．(b)

C．(c)　　D．(d)

2．（　）命令可以一次标注多个对象。

A．线性标注　　B．半径标注

C．快速标注　　D．引线标注

三、上机操作题

绘制如题图 7.2 所示的图形并标注尺寸。

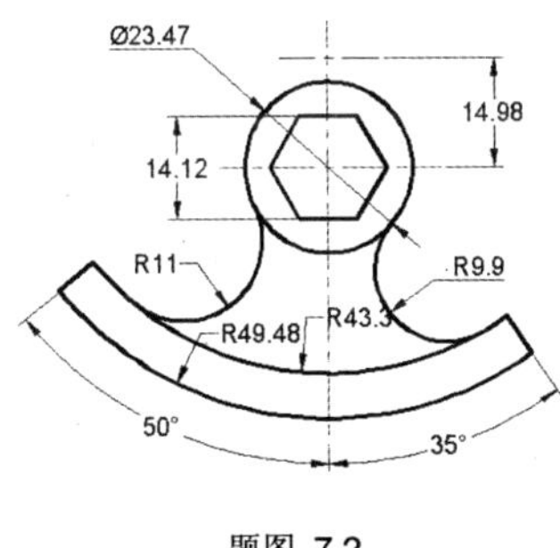

题图 7.2

第 8 章　基本三维图形的绘制

利用 AutoCAD 2008 不仅可以绘制二维图形，还可以绘制实体的三维模型，并可以对其进行各种编辑，创建出比二维图形更加逼真、直观的三维效果。本章主要介绍三维绘图的一些基础知识和一些简单三维对象的创建方法。

本章重点

（1）三维绘图基础。

（2）绘制三维点和线。

8.1　三维绘图基础

在绘制三维对象之前，首先应了解一些三维绘图的基础知识，包括用户坐标系的建立、设置视图观测点、动态观察图形、使用相机、漫游和飞行，以及观察三维图形的方法。

8.1.1　建立用户坐标系

前面已经介绍过，在 AutoCAD 2008 中，系统提供了两种坐标系，一种是世界坐标系（WCS），另一种是用户坐标系（UCS）。世界坐标系主要用于绘制二维图形时使用，而用户坐标系则主要用于绘制三维图形时使用。合理地创建 UCS，用户可以方便地创建三维模型。

在命令行中输入命令 UCS 后按回车键，即可创建用户坐标系，命令行提示如下：

命令: ucs

当前 UCS 名称: *世界*（系统提示）

指定 UCS 的原点或 [面(F)/命名(NA)/对象(OB)/上一个(P)/视图(V)/世界(W)/X/Y/Z/Z 轴(ZA)] <世界>:（指定新坐标系的原点）

其中各命令选项功能介绍如下：

（1）指定 UCS 的原点：选择该命令选项，使用一点、两点或三点定义一个新的 UCS。如果指定单个点，当前 UCS 的原点将会移动而不会更改 X，Y 和 Z 轴的方向。

（2）面(F)：选择该命令选项，依据在三维实体中选中的面来定义 UCS。

（3）命名(NA)：选择该命令选项，按名称保存并恢复使用的 UCS。

（4）对象(OB)：选择该命令选项，根据选定三维对象定义新的坐标系。新建 UCS 的拉伸方向（Z 轴正方向）与选定对象的拉伸方向相同。

（5）上一个(P)：选择该命令选项，恢复上一次使用的 UCS。

（6）视图(V)：选择该命令选项，以垂直于观察方向的平面为 XY 平面，建立新的坐标系。

（7）世界(W)：选择该命令选项，将当前用户坐标系设置为世界坐标系。

（8）X/Y/Z：选择该命令选项，绕指定轴旋转当前 UCS。

（9）Z 轴(ZA)：选择该命令选项，用指定的 Z 轴正半轴定义 UCS。

8.1.2　设置视图观测点

视图的观测点也称为视点，是指观测图形的方向。在三维空间中使用不同的视点来观测图形，会得到不同的效果。如图 8.1.1 所示为在三维空间不同视点处观测到三维物体的效果。

图 8.1.1　不同视点处观测到的三维物体效果

在 AutoCAD 2008 中，系统提供了两种视点，一种是标准视点，另一种是用户自定义视点，以下分别进行介绍。

1．标准视点

标准视点是系统为用户定义的视点，共有 10 种，这些视点包括俯视、仰视、左视、右视、主视、后视、西南等轴测、东南等轴测、东北等轴测和西北等轴测。选择 视图(V) → 三维视图(D) 命令的子命令，或单击“视图”工具栏中的相应按钮，即可切换标准视点，如图 8.1.2 所示。

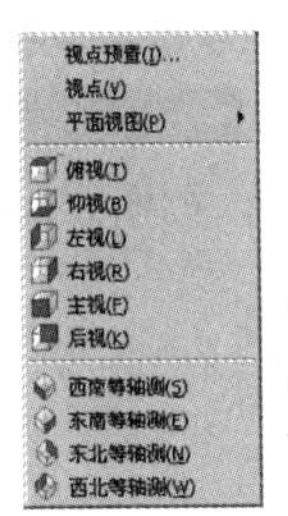

“三维视图”菜单子命令

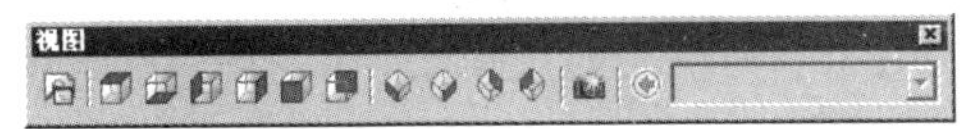

“视图”工具栏

图 8.1.2　标准视点

2．自定义视点

自定义视点是用户自己设置的视点，使用自定义视点可以精确地设置观测图形的方向。在 AutoCAD 2008 中，设置自定义视点的方法有以下几种：

（1）视点预置。用户可选择 视图(V) → 三维视图(D) → 视点预置(I)... 命令或在命令行中输入命令 ddvpoint，弹出 视点预置 对话框，如图 8.1.3 所示。

该对话框中各选项功能介绍如下：

1）设置观察角度：此选项用于选择观察角度。如果选中 绝对于 WCS(W) 单选按钮，则视点绝对于世界坐标系；如果选中 相对于 UCS(U) 单选按钮，则视点相对于当前用户坐标系。

2）自：在 X 轴(A): 315.0 或 XY 平面(P): 35.3 文本框中直接输入角度值，即可指定查看角度，也可以使用样例图像来指定查看角度。黑针指示新角度，灰针指示当前角度。通过选择圆或半圆的内部区域来指定一个角度，如果选择了边界外面的区域，则舍入在该区域显示的角度值；如果选择了内弧或内弧中的区域，角度将不会舍入，结果可能是一个分数。

3）设置为平面视图(V)：单击此按钮，设置查看角度以相对于选定坐标系显示平面视图。

（2）视点。用户可以通过选择 视图(V) → 三维视图(D) → 视点(V) 命令，或在命令行输入命令 vpoint 执行视点设置命令，如图 8.1.4 所示。通过拖动鼠标移动十字光标，同时坐标系图标也随之变换方向，如果十字光标位于小圆以内，则视点落在 Z 轴正方向上；如果十字光标位于小圆与大圆之间，则视点落在 Z 轴负方向上。当十字光标处于适当位置时，单击鼠标左键即可确定视点。

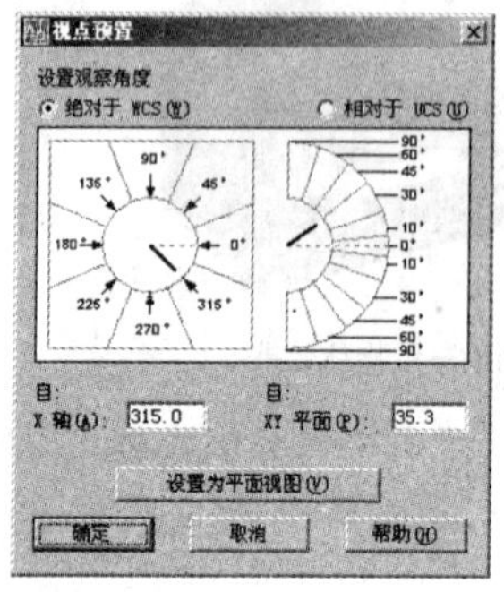

图 8.1.3 “视点预置”对话框

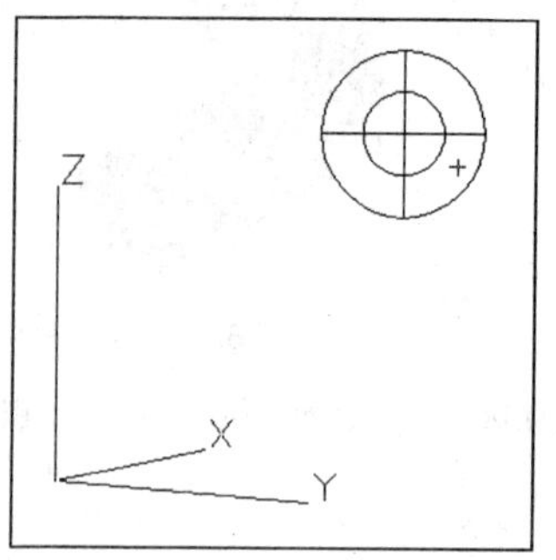

图 8.1.4 视点设置

8.1.3 动态观察

动态观察用于动态显示三维图形的效果，在 AutoCAD 2008 中，动态观察命令有 3 个，分别为“受约束的动态观察”、“自由动态观察”和“连续动态观察”，选择 视图(V) → 动态观察(B) 命令中的子命令或单击“动态观察”工具栏中的相应按钮即可执行动态观察命令，如图 8.1.5 所示。

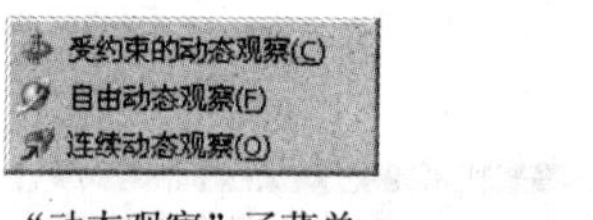

“动态观察”子菜单

动态观察

“动态观察”工具栏

图 8.1.5 动态观察

（1）受约束的动态观察：执行该命令后，即可激活三维动态观察视图，在视图中的任意位置拖动并移动鼠标，即可动态观察图形中的对象。释放鼠标后，对象保持静止。使用该命令观察三维图形时，视图的目标始终保持静止，而观察点将围绕目标移动，所以从用户的视点看起来就像三维模型正在随着鼠标光标的拖动而旋转。拖动鼠标时，如果水平拖动光标，视点将平行于世界坐标系的 XY 平面移动；如果垂直拖动光标，视点将沿 Z 轴移动。

（2）自由动态观察：执行该命令后，激活三维自由动态观察视图，并显示一个导航球，它被更小的圆分成 4 个区域，拖动鼠标即可动态观察三维模型。在执行该命令前，用户可以选中查看整个图形，或者选择一个或多个对象进行观察。

（3）连续动态观察：执行该命令后，在绘图区域中单击并沿任意方向拖动鼠标，即可使对象沿着鼠标拖动方向移动。释放鼠标后，对象在指定方向上继续沿着轨迹运动。拖动鼠标移动的速度决定了对象旋转的速度。

8.1.4 使用相机

AutoCAD 2008 系统引入了相机的概念。在模型空间中放置一台或多台相机，用户就可以使用相

机来观察三维图形的效果，如图 8.1.6 所示为使用相机观察三维物体的效果。

1. 创建相机

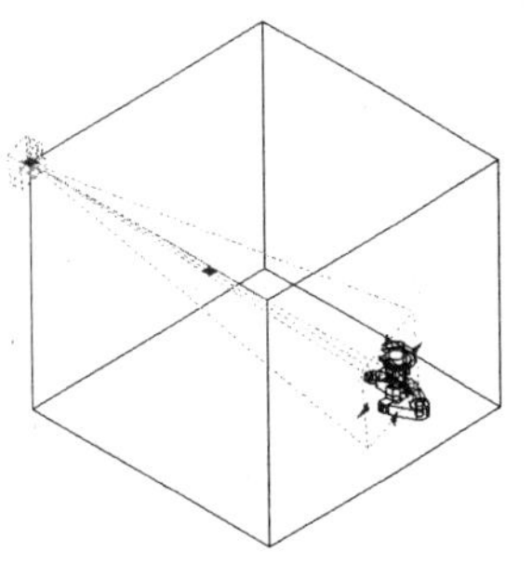

图 8.1.6　使用相机观察三维物体

在 AutoCAD 2008 中，选择 视图(V) → 创建相机(T) 命令，即可在指定位置为指定的对象创建相机，命令行提示如下：

命令: _camera

当前相机设置: 高度=0 镜头长度=20 毫米（系统提示）

指定相机位置:（拖动鼠标指定相机位置）

指定目标位置:（拖动鼠标指定目标位置）

输入选项 [?/名称(N)/位置(LO)/高度(H)/目标(T)/镜头(LE)/剪裁(C)/视图(V)/退出(X)] <退出>:（按回车键结束命令）

其中各命令选项功能介绍如下：

（1）?：选择此命令选项，列出当前已定义的相机列表。

（2）名称(N)：选择此命令选项，为当前创建的相机设置名称。

（3）位置(LO)：选择此命令选项，指定相机的位置。

（4）高度(H)：选择此命令选项，指定相机的高度。

（5）目标(T)：选择此命令选项，指定相机的目标。

（6）镜头(LE)：选择此命令选项，改变相机的焦距。

（7）剪裁(C)：选择此命令选项，定义前后剪裁平面并设置它们的值。

（8）视图(V)：选择此命令选项，设置当前视图以匹配相机设置。

（9）退出(X)：选择此命令选项，取消该命令。

2. 相机预览

当选中已创建的相机后，系统会弹出 相机预览 对话框，该对话框中显示了在相机视图下观察到的视图效果。在 视觉样式: 下拉列表框中选择不同的视觉样式模式，可以改变相机预览的效果，如图 8.1.7 所示。

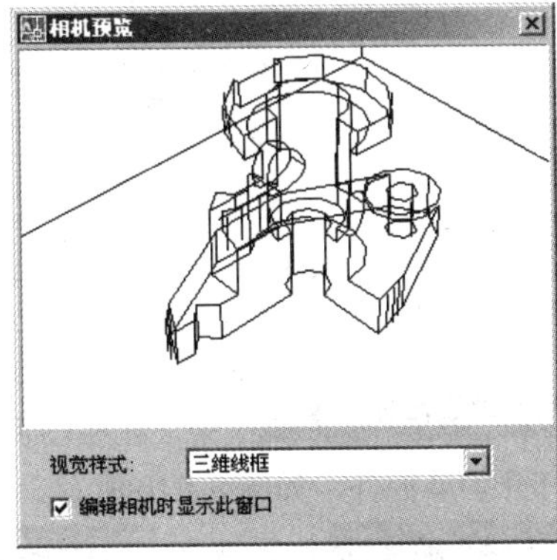

“三维线框”效果

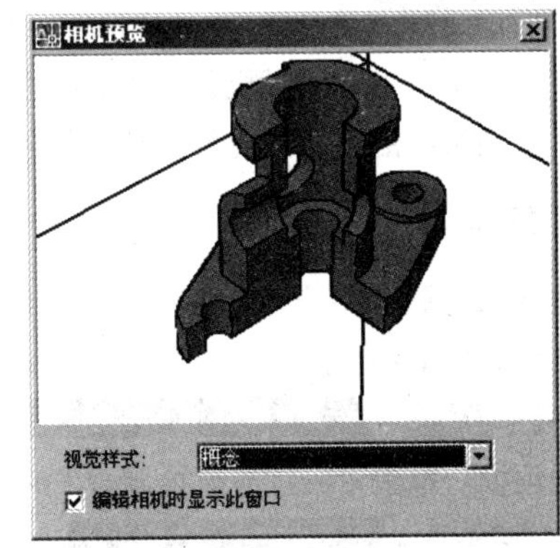

“概念”效果

图 8.1.7　相机预览效果

在使用相机预览的过程中，还可以通过选择 视图(V) → 相机(C) → 调整视距(A) 命令或 视图(V) → 相机(C) → 回旋(S) 命令对相机的位置和显示效果进行设置。

8.1.5　漫游和飞行

在 AutoCAD 2008 中，用户可以在漫游或飞行模式下通过键盘和鼠标来控制视图显示，并创建导航动画。

1．漫游和飞行设置

选择 视图(V) → 漫游和飞行(K) → 漫游(K) 或 飞行(F) 命令，进入漫游或飞行环境，同时弹出 漫游和飞行导航映射 提示框和 定位器 选项板，如图 8.1.8 所示。

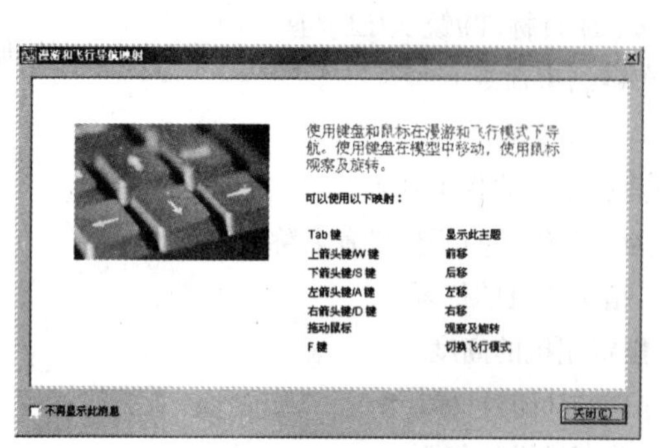

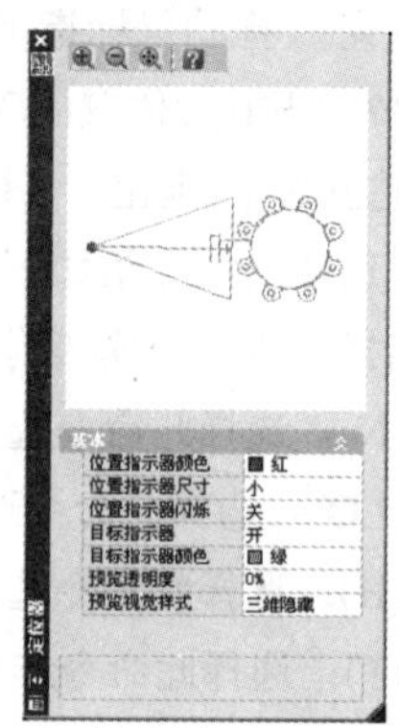

图 8.1.8　“漫游和飞行导航映射”提示框和“定位器”选项板

在“漫游和飞行导航映射”提示框中显示了用于导航的快捷键及其对应功能。而“定位器”选项板的功能类似于地图，在其预览窗口中显示模型的俯视图，并显示了当前用户在模型中所处的位置。当鼠标指针移动到指示器中时，指针就会变成一个“手”的形状，拖动鼠标即可改变指示器的位置。在“定位器”选项板中的“基本”选项区中可以设置指示器的颜色、尺寸、是否闪烁以及目标指示器的开关状态、颜色、预览透明度和预览视觉样式等。

选择 视图(V) → 漫游和飞行(K) → 漫游和飞行设置(S)... 命令，弹出 漫游和飞行设置 对话框，如图 8.1.9 所示。在该对话框中可以设置显示指令窗口的时机、窗口显示的时间，以及“当前图形设置”选项组中的漫游和飞行步长、每秒步数等参数。

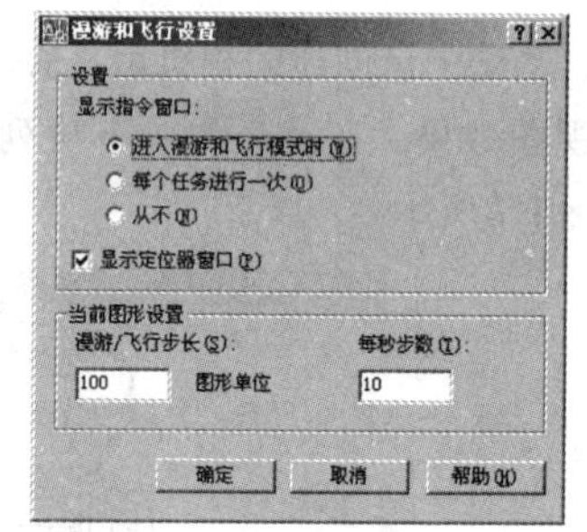

图 8.1.9　“漫游和飞行设置”对话框

2．创建导航动画

通过创建导航动画，用户可以模拟在三维图形中漫游和飞行。具体操作步骤如下：

（1）选择 工具(T) → 选项板 → 面板 命令，在绘图窗口的右侧打开“面板”选项板，单击“三维导航控制台”区域，打开扩展控件，如图 8.1.10 所示。

（2）选择 视图(V) → 漫游和飞行(K) → 漫游(K) 命令，打开 定位器 选项板，此时“面板”选项板中的“开始录制动画”按钮显示为红色，单击该按钮开始录制动画。

（3）在 定位器 选项板的预览窗口中拖动鼠标移动指示器的位置，改变漫游显示效果。

（4）改变漫游显示效果后，单击“面板”选项板中的“播放动画”按钮，此时弹出 动画预览 对话框，该对话框中显示了漫游动画效果，如图 8.1.11 所示。

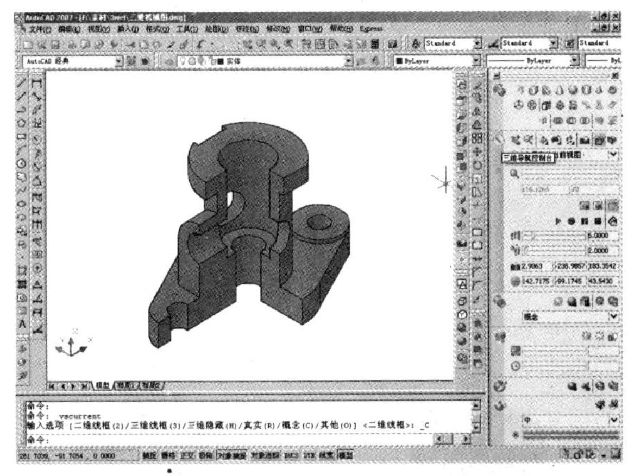

图 8.1.10　打开“面板”选项板

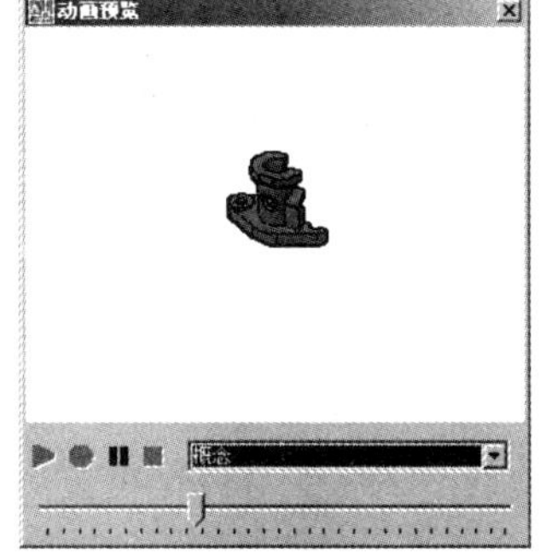

图 8.1.11　“动画预览”对话框

（5）在漫游模式下，用户可以按“F”键切换到飞行模式，在漫游和飞行模式下，均可以创建导航动画。创建导航动画结束后，可以单击“面板”选项板中的“保存动画”按钮■，对创建的动画进行保存。

8.1.6　观察三维图形

在 AutoCAD 2008 中，用户可以使用缩放和平移命令来观察三维图形，在观察三维图形时，还可以通过旋转、消隐及设置视觉样式等方法来观察三维图形。

1．消隐图形

使用消隐命令可以暂时隐藏位于实体背后被遮挡的部分，这样就可以更好地观察三维曲面及实体的效果，如图 8.1.12 所示。

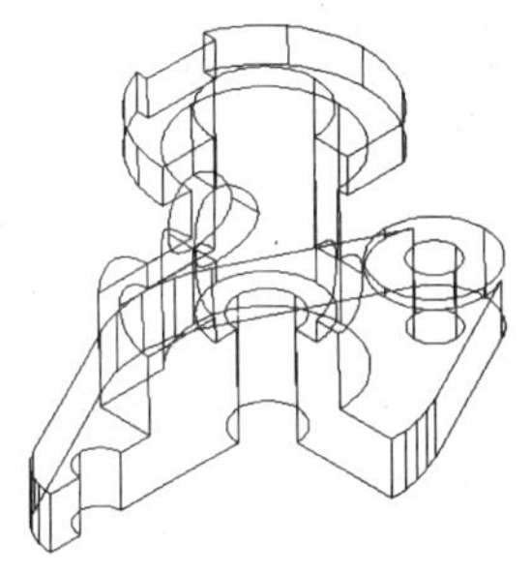

原始图形

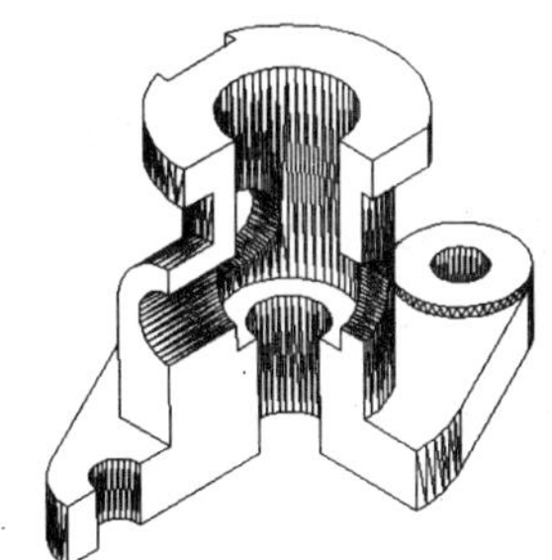

效果图

图 8.1.12　消隐图形

在 AutoCAD 2008 中，执行消隐命令的方法有以下两种：

（1）选择 视图(V) → 消隐(H) 命令。

（2）在命令行中输入命令 hide。

执行消隐命令后，绘图窗口将暂时无法使用“缩放”和“平移”命令，直到选择 视图(V) → 重生成(G) 命令后才能使用。

2．改变图形的视觉样式

在观察三维图形时，为了得到不同的观察效果，可以使用多种视觉样式进行观察，如图 8.1.13

所示为采用多种视觉样式观察三维图形的效果。

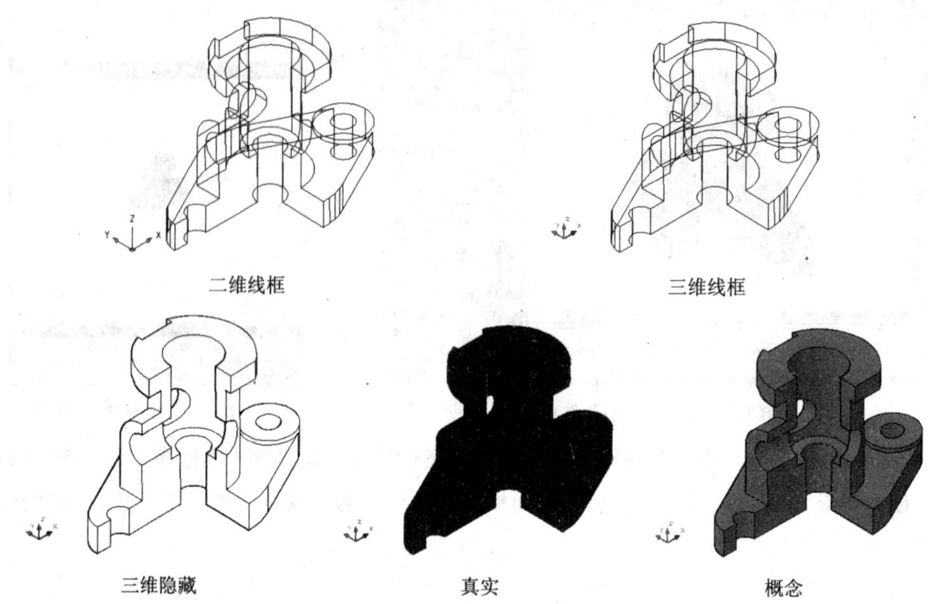

图 8.1.13　多种视觉样式观察三维图形

在 AutoCAD 2008 中，改变图形视觉样式的方法有以下两种：

（1）单击“视觉样式”工具栏中的相应按钮，如图 8.1.14 所示。

（2）选择 视图(V) → 视觉样式(S) 菜单子命令，如图 8.1.14 所示。

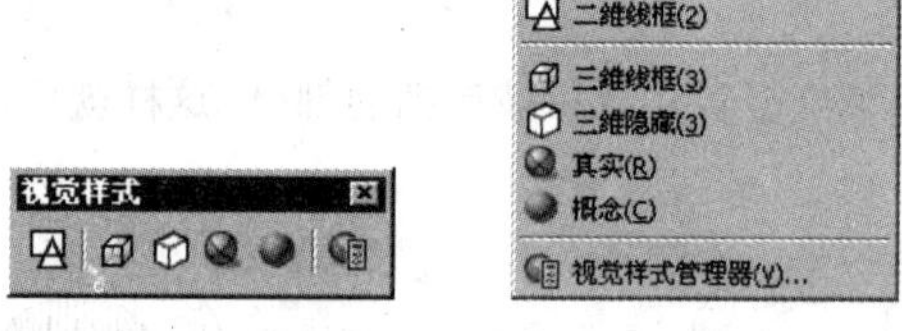

图 8.1.14　“视觉样式”工具栏和“视觉样式”子命令

3．设置曲面的轮廓素线

曲面的轮廓素线用于控制三维图形在线框模式下弯曲面的线条数，如图 8.1.15 所示。系统变量 ISOLINES 用于设置曲面的轮廓素线，系统默认值为 4，用户可以根据需要重新设置该系统变量值。曲面的轮廓素线越多，越接近三维实体。

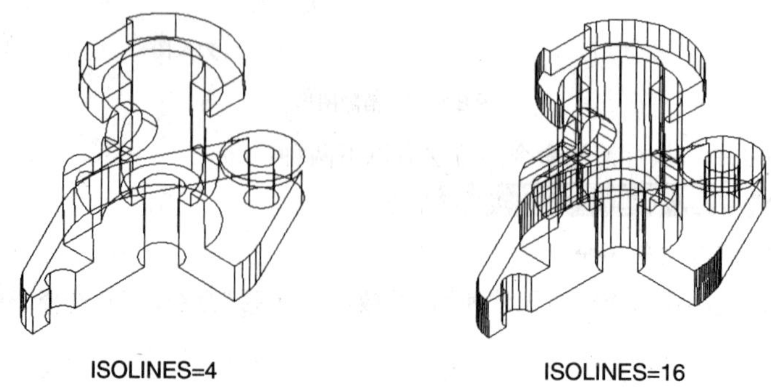

图 8.1.15　设置曲面轮廓素线

4．显示实体轮廓

在 AutoCAD 2008 中，使用系统变量 DISPSILH 可以以线框形式显示实体轮廓，但必须设置该系统变量值为 1，然后使用消隐命令。如果设置该系统变量值为 0，再使用消隐命令，则在显示实体轮廓的同时还显示实体表面的线框，效果如图 8.1.16 所示。

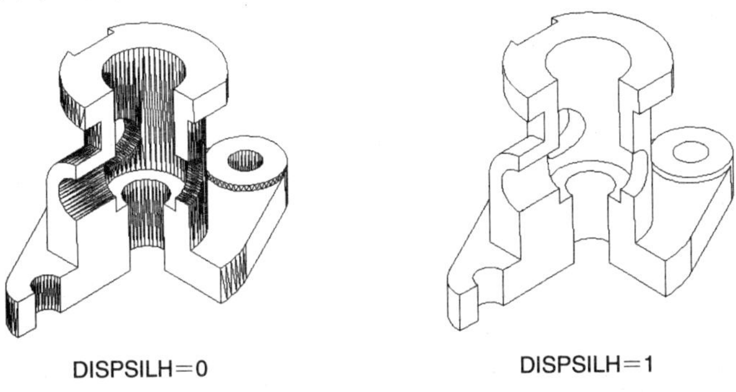

图 8.1.16　以线框形式显示实体轮廓

5．改变实体表面的平滑度

实体表面的平滑度由系统变量 FACETRES 控制，该系统变量用于设置曲面的面数，取值范围为 0.01～10。FACETRES 值越大，曲面越平滑。如图 8.1.17 所示为系统变量 FACETRES 为 1 和 10 时消隐后的效果。

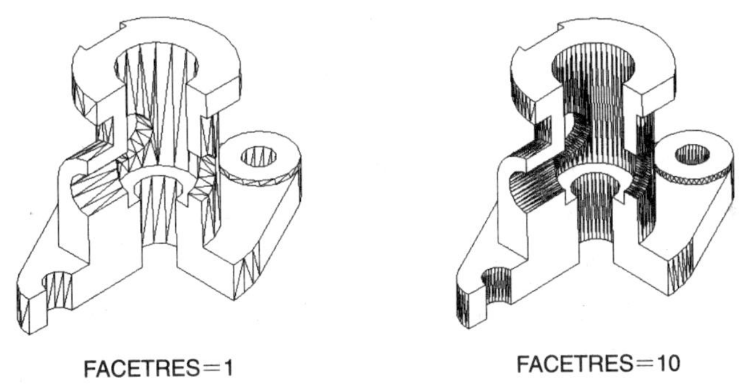

图 8.1.17　改变实体表面的平滑度

8.2　绘制三维点和线

在 AutoCAD 中，可以使用三维点、三维直线、样条曲线、多段线和螺旋线命令来绘制简单的三维图形，本节将详细进行介绍。

8.2.1　绘制三维点

在 AutoCAD 2008 中，绘制三维点的方法有以下 3 种：

（1）单击“绘图”工具栏中的“点”按钮。

（2）选择 绘图(D) → 点(O) → 单点(S) 命令。

（3）在命令行中输入命令 point。

执行该命令后，在命令行的提示下直接输入三维坐标即可绘制三维点。在输入三维坐标时，用户可以采用绝对坐标输入或相对坐标输入，同时也可以使用对象捕捉来拾取特殊点。

8.2.2 绘制三维直线

在 AutoCAD 2008 中，绘制三维直线的方法有以下 3 种：

（1）单击“绘图”工具栏中的“直线”按钮。

（2）选择 绘图(D) → 直线(L) 命令。

（3）在命令行中输入命令 line。

执行该命令后，根据命令行提示依次输入三维空间直线的起点和端点绘制三维直线。如果输入多个端点，则绘制空间折线。

例如，用三维直线命令绘制如图 8.2.1 所示的空间三维折线，具体操作方法如下：

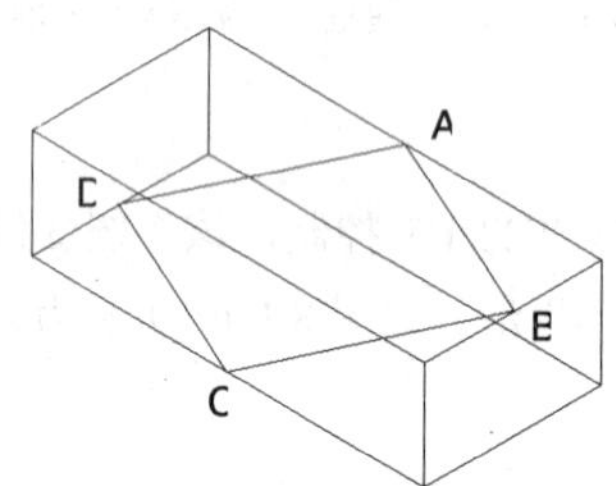

图 8.2.1　绘制三维空间折线

命令: _line
指定第一点:（捕捉如图 8.2.1 所示图形中的 A 点）
指定下一点或 [放弃(U)]:（捕捉如图 8.2.1 所示图形中的 B 点）
指定下一点或 [放弃(U)]:（捕捉如图 8.2.1 所示图形中的 C 点）
指定下一点或 [闭合(C)/放弃(U)]:（捕捉如图 8.2.1 所示图形中的 D 点）
指定下一点或 [闭合(C)/放弃(U)]: c（选择“闭合”命令闭合绘制的直线）

8.2.3 绘制三维样条曲线

在 AutoCAD 2008 中，绘制三维样条曲线的方法有以下 3 种：

（1）单击“绘图”工具栏中的“样条曲线”按钮。

（2）选择 绘图(D) → 样条曲线(S) 命令。

（3）在命令行中输入命令 spline。

执行该命令后，根据命令行提示依次输入三维样条曲线的起点和端点，并确定三维样条曲线的起点切向和端点切向即可绘制三维多段线。

例如，用三维样条曲线命令绘制如图 8.2.2 所示的三维样条曲线，具体操作方法如下：

命令: _spline
指定第一个点或 [对象(O)]:（捕捉如图 8.2.2 所示图形中的中点 A）
指定下一点:（捕捉如图 8.2.2 所示图形中的中点 B）
指定下一点或 [闭合(C)/拟合公差(F)] <起点切向>:（捕捉如图 8.2.2 所示图形中的中点 C）

指定下一点或 [闭合(C)/拟合公差(F)] <起点切向>:（捕捉如图 8.2.2 所示图形中的中点 D）

指定下一点或 [闭合(C)/拟合公差(F)] <起点切向>: c（选择“闭合”命令选项闭合绘制的多段线）

指定切向:（按回车键确定样条曲线的切线）

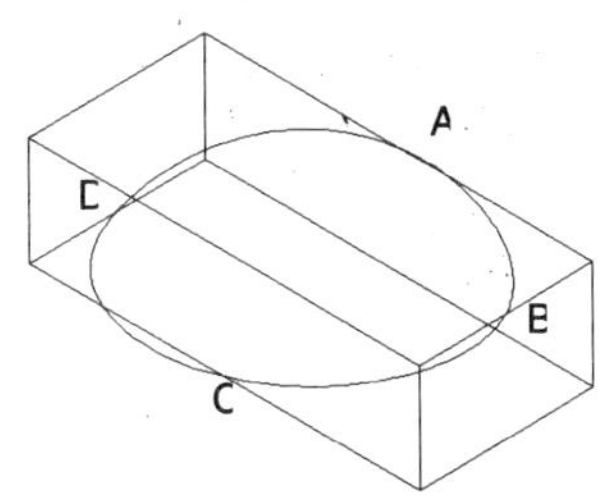

图 8.2.2　绘制三维样条曲线

8.2.4　绘制三维多段线

在 AutoCAD 2008 中，绘制三维多段线的方法有以下两种：

（1）选择 绘图(D) → 三维多段线(3) 命令。

（2）在命令行中输入命令 3dpoly。

执行该命令后，命令行提示如下：

命令: _3dpoly

指定多段线的起点:（指定三维多段线的起点）

指定直线的端点或 [放弃(U)]:（指定三维多段线的端点）

指定直线的端点或 [放弃(U)]:（指定下一段三维多段线的端点）

指定直线的端点或 [闭合(C)/放弃(U)]:（指定下一段三维多段线的端点）

指定直线的端点或 [闭合(C)/放弃(U)]:（按回车键结束命令）

执行绘制三维多段线命令后，根据系统提示依次输入三维多段线在三维空间中的起点和端点即可。如果执行 pline 命令，则只能绘制二维多段线，不能绘制三维多段线。

8.2.5　绘制螺旋线

在 AutoCAD 2008 中，绘制螺旋线的方法有以下 3 种：

（1）单击“建模”工具栏中的“螺旋”按钮。

（2）选择 绘图(D) → 螺旋(X) 命令。

（3）在命令行中输入命令 helix。

执行该命令后，命令行提示如下：

命令: _helix

圈数 = 3.0000　　扭曲=CCW（系统提示）

指定底面的中心点:（指定螺旋线底面的中心点）

指定底面半径或 [直径(D)] <1.0000>:（输入底面半径）

指定顶面半径或 [直径(D)] <6.9248>:（输入顶面半径）

指定螺旋高度或 [轴端点(A)/圈数(T)/圈高(H)/扭曲(W)] <1.0000>:（输入螺旋线的高度）

其中各命令选项功能介绍如下：

（1）轴端点(A)：选择该命令选项，在三维空间中的任意位置指定螺旋轴的端点。

（2）圈数(T)：选择该命令选项，输入螺旋的圈数。系统规定螺旋的圈数最多不能超过 500。

（3）圈高(H)：选择该命令选项，指定螺旋内一个完整圈的高度。

（4）扭曲(W)：选择该命令选项，指定以顺时针（CW）方向还是逆时针方向（CCW）绘制螺旋。螺旋扭曲的默认值是逆时针。

如图 8.2.3 所示为绘制的三维螺旋线。

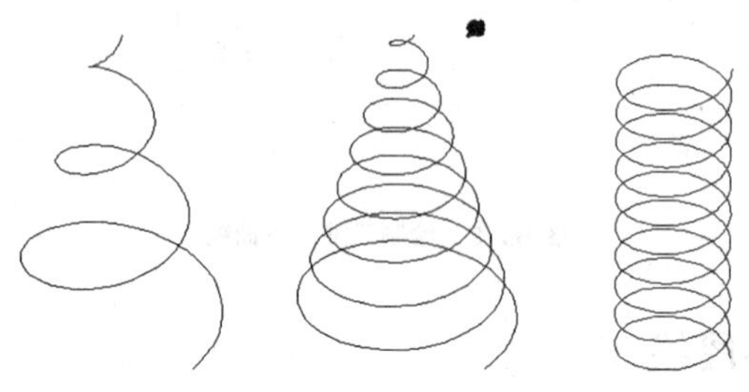

图 8.2.3　绘制的三维螺旋线

8.3　典型实例——绘制螺旋线

本节主要介绍螺旋线的绘制方法，绘制一个底面半径为 10，顶面半径为 2，高为 30，顺时针旋转 10 圈的螺旋线，以巩固本章所学的知识，效果如图 8.3.1 所示。

创作步骤

（1）单击“建模”工具栏中的“螺旋”按钮，命令行提示如下：

命令: _ helix

圈数 = 10.0000　　　扭曲=CCW（系统提示）

指定底面的中心点:（在绘图窗口中指定一点）

指定底面半径或 [直径(D)] <10.0000>:10（输入螺旋线底面半径）

指定顶面半径或 [直径(D)] <10.0000>:2（输入螺旋线顶面半径）

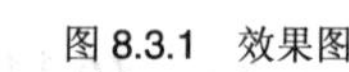

图 8.3.1　效果图

指定螺旋高度或 [轴端点(A)/圈数(T)/圈高(H)/扭曲(W)] <30.0000>:t（选择“圈数”命令选项）

输入圈数 <10.0000>:10（输入螺旋线的圈数）

指定螺旋高度或 [轴端点(A)/圈数(T)/圈高(H)/扭曲(W)] <30.0000>:w（选择“扭曲”命令选项）

输入螺旋的扭曲方向 [顺时针(CW)/逆时针(CCW)] <CCW>:cw（选择“顺时针”命令选项）

指定螺旋高度或 [轴端点(A)/圈数(T)/圈高(H):30（输入螺旋线的高度）

绘制的螺旋线效果如图 8.3.1 所示。

（2）选择 视图(V) → 动态观察(B) → 受约束的动态观察(C) 命令，鼠标指针状态如图 8.3.2 所示，拖动鼠标即可沿着鼠标移动方向旋转观测绘制的螺旋线，按回车键结束命令。

（3）选择 视图(V) → 动态观察(B) → 连续动态观察(O) 命令，鼠标指针状态如图 8.3.3 所示，拖动鼠标即可沿着鼠标移动方向旋转观察绘制的螺旋线，释放鼠标后，旋转继续，再次在绘图窗口中单击鼠标左键，旋转停止，按回车键结束命令。

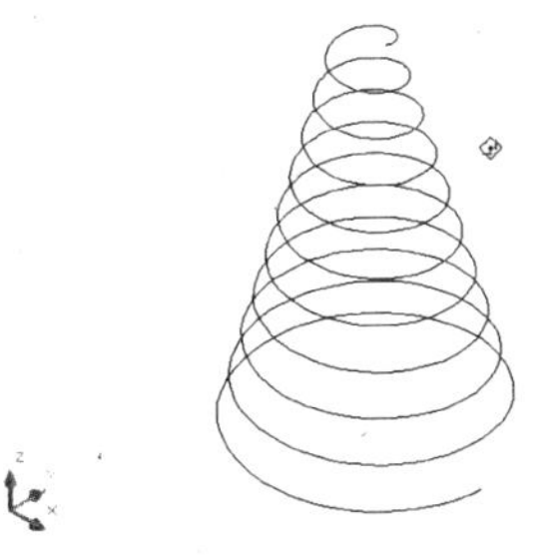

图 8.3.2　受约束的动态观察

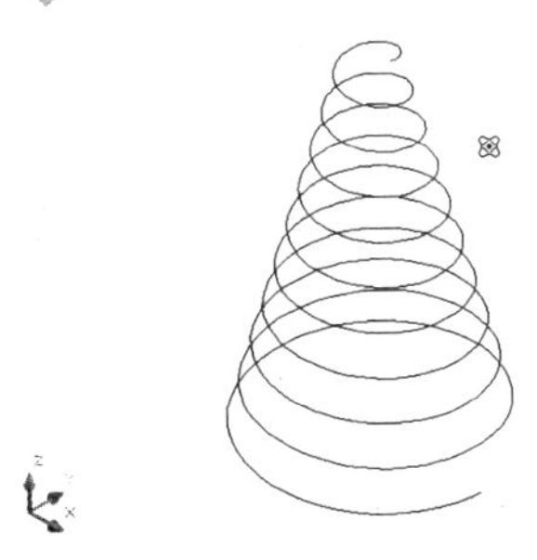

图 8.3.3　连续动态观察

小　结

本章主要讲解了基本三维对象的绘制方法，其中包括三维绘图基础、绘制三维点和线等，通过本章的学习，读者应该能熟练掌握基本三维对象的创建方法。

过关练习八

一、填空题

1. 在 AutoCAD 2008 中，系统提供了两种视点，一种是_________，另一种是_________。

2. 在 AutoCAD 2008 中，系统变量_________用于设置曲面的轮廓素线，系统变量_________用于设置曲面的面数。

二、选择题

1.（　）属于标准视点。

A. 俯视　　B. 右视

C. 西南等轴测　　D. 东北等轴测

2. 在 AutoCAD 2008 中，新增加了绘制（　）命令。

A. 三维多段线　　B. 三维直线

C. 三维样条曲线　　D. 螺旋线

三、上机操作题

绘制如题图 8.1 所示的图形，并用相机预览观察图形。

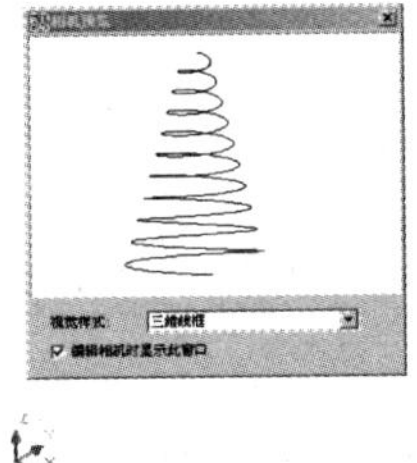

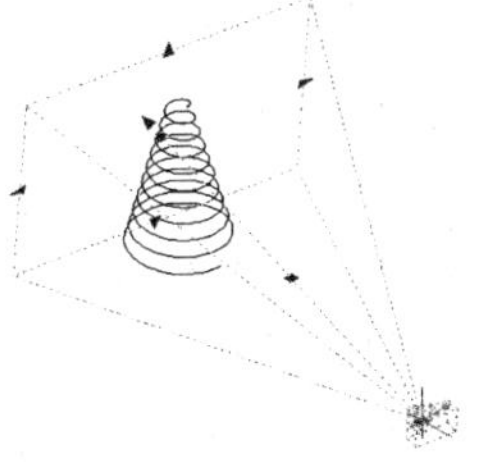

题图 8.1

第 9 章　三维实体的绘制

绘制三维图形是 AutoCAD 应用的另一个重要方面，通过三维网格和三维实体来表现三维对象的特性，更能够真实地再现实体对象。本章应主要掌握使用 AutoCAD 2007 绘制三维实体的方法。

本章重点

（1）绘制三维网格。

（2）绘制基本三维实体。

（3）通过二维图形创建实体。

（4）绘制机件模型。

9.1　绘制三维网格

在 AutoCAD 中，不仅可以绘制三维曲面，还可以绘制旋转网格、平移网格、直纹网格和边界网格。选择 绘图(D) → 建模(M) → 网格(M) 菜单子命令，即可执行绘制三维网格命令，如图 9.1.1 所示。

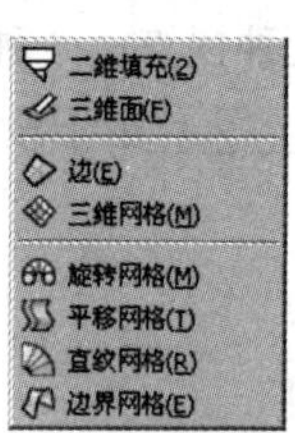

图 9.1.1　“网格”菜单子命令

9.1.1　绘制平面曲面

使用平面曲面命令可以创建平面曲面或将对象转换为平面对象。在 AutoCAD 2008 中，绘制平面曲面的方法有以下 3 种：

（1）单击“建模”工具栏中的“平面曲面”按钮。

（2）选择 绘图(D) → 建模(M) → 平面曲面(F) 命令。

（3）在命令行中输入命令 planesurf。

执行该命令后，命令行提示如下：

命令: _Planesurf

指定第一个角点或 [对象(O)] <对象>:（指定平面曲面的第一个角点）

指定其他角点:（指定平面曲面的另一个角点）

如果选择“对象(O)”命令选项，则在命令行“选择对象”的提示下选择要转换为平面的对象即可，如图 9.1.2 所示为绘制的平面曲面。

系统变量 surfu 和 surfv 控制曲面的行数和列数，系统默认为 6。

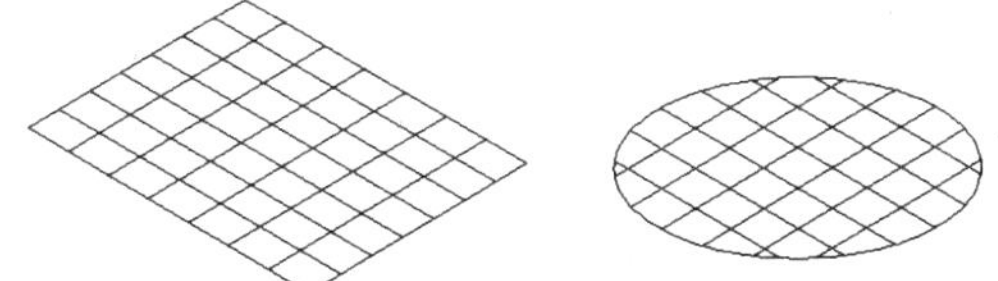

图 9.1.2　平面曲面

9.1.2　绘制三维面与多边三维面

使用三维面命令可以通过确定三维面上各顶点的方式绘制三维面。三维面是三维空间中的表面，它没有厚度，也没有质量属性。三维面的各个顶点可以不在一个平面上，但构成三维面的顶点数不能超过 4 个。如果构成面的 4 个顶点共面，则“消隐”命令认为该面是不透明的，即可以消隐；反之，消隐命令对其无效。在 AutoCAD 2008 中绘制三维面的方法有以下两种：

（1）选择 绘图(D) → 建模(M) → 网格(M) → 三维面(F) 命令。

（2）在命令行中输入命令 3dface。

执行该命令后，命令行提示如下：

命令: _3dface

指定第一点或 [不可见(I)]:（输入三维面的第一个顶点坐标）

指定第二点或 [不可见(I)]:（输入三维面的第二个顶点坐标）

指定第三点或 [不可见(I)] <退出>:（输入三维面的第三个顶点坐标）

指定第四点或 [不可见(I)] <创建三侧面>:（输入三维面的第四个顶点坐标）

指定第三点或 [不可见(I)] <退出>:（按回车键结束命令）

当命令行提示:“指定第三点或 [不可见(I)] <退出>”时，如果用户再次输入三维空间点坐标，则继续创建三维面。

例如，用三维面命令绘制如图 9.1.3 所示图形，具体操作步骤如下：

命令: _3dface

指定第一点或 [不可见(I)]:（指定如图 9.1.3 所示图形中的 A 点）

指定第二点或 [不可见(I)]:（指定如图 9.1.3 所示图形中的 B 点）

指定第三点或 [不可见(I)] <退出>:（指定如图 9.1.3 所示图形中的 C 点）

指定第四点或 [不可见(I)] <创建三侧面>:（指定如图 9.1.3 所示图形中的 D 点）

指定第三点或 [不可见(I)] <退出>:（指定如图 9.1.3 所示图形中的 E 点）

指定第四点或 [不可见(I)] <创建三侧面>:（指定如图 9.1.3 所示图形中的 F 点）

指定第三点或 [不可见(I)] <退出>:（按回车键结束命令）

使用“三维面”命令只能绘制 3 边或 4 边的三维面，如果要创建更多边的曲面，则必须使用多边三维面命令（PFACE）。例如，要在如图 9.1.4 所示图形中继续绘制平面 BCFG，具体操作步骤如下：

命令: pface

指定顶点 1 的位置:（指定如图 9.1.4 所示图形中的 B 点）

指定顶点 2 的位置 或 <定义面>:（指定如图 9.1.4 所示图形中的 C 点）

指定顶点 3 的位置 或 <定义面>:（指定如图 9.1.4 所示图形中的 F 点）

指定顶点 4 的位置 或 <定义面>:（指定如图 9.1.4 所示图形中的 G 点）

指定顶点 5 的位置 或 <定义面>:（按回车键结束命令）

面 1，顶点 1:（系统提示）

输入顶点编号或 [颜色(C)/图层(L)]: 1（输入顶点编号 1）

面 1，顶点 2:（系统提示）

输入顶点编号或 [颜色(C)/图层(L)] <下一个面>: 2（输入顶点编号 2）

面 1，顶点 3:（系统提示）

输入顶点编号或 [颜色(C)/图层(L)] <下一个面>: 3（输入顶点编号 3）

面 1，顶点 4:（系统提示）

输入顶点编号或 [颜色(C)/图层(L)] <下一个面>: 4（输入顶点编号 4）

面 1，顶点 5:（系统提示）

输入顶点编号或 [颜色(C)/图层(L)] <下一个面>:（按回车键结束命令）

面 2，顶点 1:（系统提示）

输入顶点编号或 [颜色(C)/图层(L)]: （按回车键结束命令）

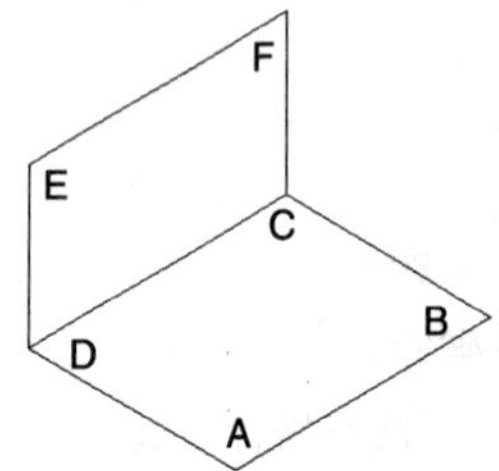

图 9.1.3 绘制三维面

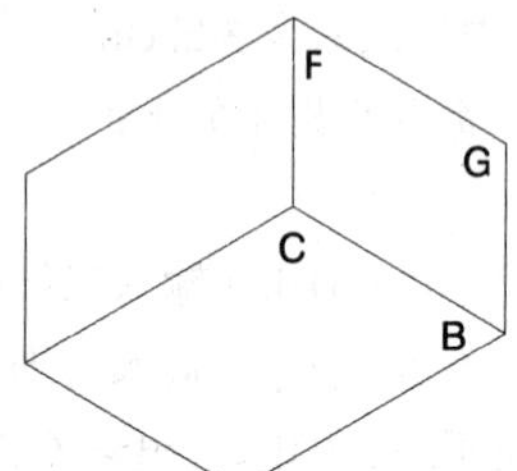

图 9.1.4 绘制的多边三维面

9.1.3 绘制三维网格

AutoCAD 可以根据用户指定的 M 行 N 列顶点和每一顶点的位置生成三维空间的多边形网格。绘制三维网格的方法有以下两种：

（1）选择 绘图(D) → 建模(M) → 网格(M) → 三维网格(M) 命令。

（2）在命令行中输入命令 3dmesh。

执行该命令后，命令行提示如下：

命令: _3dmesh

输入 M 方向上的网格数量:（输入网格在 M 方向上的节点数）

输入 N 方向上的网格数量:（输入网格在 N 方向上的节点数）

指定顶点 (0，0) 的位置:（指定网格第一行第一列的顶点坐标）

指定顶点 (0，1) 的位置:（指定网格第一行第二列的顶点坐标）

……

指定顶点 (M+1，N+1) 的位置:（指定网格第 M 行第 N 列的顶点坐标）

指定所有的顶点后，系统将自动生成一组多边形网格曲面，如图 9.1.5 所示为绘制的三维网格。

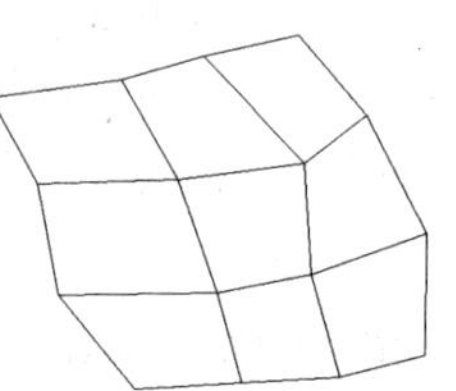

图 9.1.5 绘制的三维网格

9.1.4　绘制旋转网格

使用旋转网格命令可以将曲线绕旋转轴旋转一定的角度而形成曲面。创建旋转网格的方法有以下两种：

（1）选择 绘图(D) → 建模(M) → 网格(M) → 旋转网格(M) 命令。

（2）在命令行中输入命令 revsurf。

执行旋转网格命令后，命令行提示如下：

命令: _revsurf

当前线框密度: SURFTAB1=6　SURFTAB2=6（系统提示）

选择要旋转的对象:（选择被旋转的对象）

选择定义旋转轴的对象:（选择旋转轴）

指定起点角度 <0>:（确定起点角度）

指定包含角 (+=逆时针，-=顺时针) <360>:（确定旋转角度）

其中 SURFTAB1 和 SURFTAB2 的值决定了曲线沿旋转方向和轴线方向的线框密度，值越大，旋转形成的网格越光滑。

在绘制旋转网格时，首先要绘制出旋转对象和旋转轴。旋转对象可以是直线段、圆弧、圆、样条曲线、二维多段线及三维多段线等对象。旋转轴可以是直线段、二维多段线及三维多段线等对象。如图 9.1.6 所示为 SURFTAB1 和 SURFTAB2 的值为 20 时绘制的旋转网格。

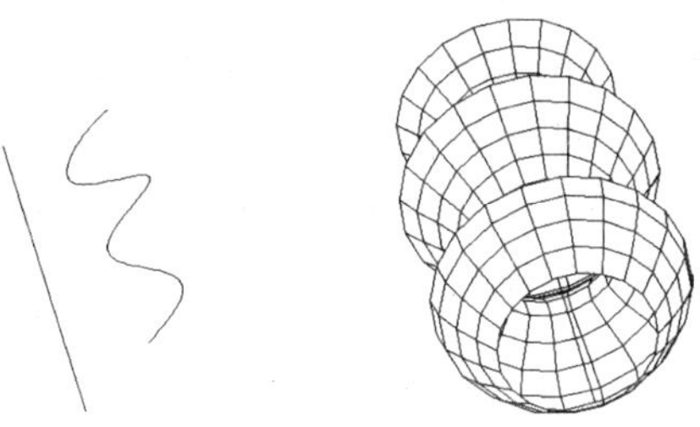

图 9.1.6　绘制的旋转网格

9.1.5　绘制平移网格

使用平移网格命令可以将轮廓曲线沿方向矢量平移后构成曲面。创建平移网格的方法有以下两种：

（1）选择 绘图(D) → 建模(M) → 网格(M) → 平移网格(T) 命令。

（2）在命令行中输入命令 tabsurf。

执行平移网格命令后，命令行提示如下：

命令: _tabsurf

当前线框密度: SURFTAB1=32（系统提示）

选择用做轮廓曲线的对象:（指定轮廓线对象）

选择用做方向矢量的对象:（指定方向矢量对象）

绘制平移网格时，先要绘制出作为轮廓曲线和方向矢量的对象。用做轮廓曲线的对象可以是直线段、圆弧、圆、样条曲线、二维多段线及三维多段线等对象。作为方向矢量的对象可以是直线段或非闭合的二维多段线、三维多段线等对象。如图 9.1.7 所示为系统变量 SURFTAB1=32 时绘制的平移网格。

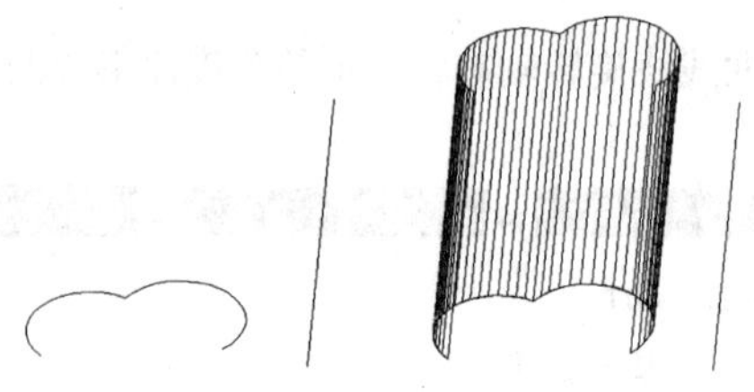

图 9.1.7　绘制的平移网格

9.1.6　绘制直纹网格

使用直纹网格命令可以在两条曲线之间构成曲面。创建直纹网格的方法有以下两种：

（1）选择 绘图(D) → 建模(M) → 网格(M) → 直纹网格(R) 命令。

（2）在命令行中输入命令 rulesurf。

执行直纹网格命令后，命令行提示如下：

命令: _rulesurf

当前线框密度: SURFTAB1=32（系统提示）

选择第一条定义曲线:（指定第一个对象）

选择第二条定义曲线:（指定第二个对象）

在绘制直纹网格时，首先要绘制出用来创建直纹网格的曲线，这些曲线可以是直线段、点、圆弧、圆、样条曲线、二维多段线或三维多段线等对象。如果一条曲线是封闭的，另一条曲线也必须是封闭的或是一个点；如果曲线不是封闭的，则直纹网格总是从曲线上离拾取点近的一端画出；如果曲线是闭合的，则直纹网格从圆的零度角位置画起。如图 9.1.8 所示为系统变量 SURFTAB1=32 时绘制的直纹网格。

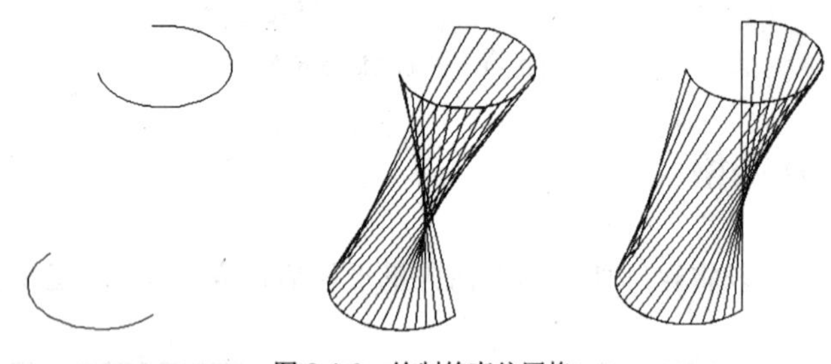

图 9.1.8　绘制的直纹网格

9.1.7　绘制边界网格

使用边界网格命令可以用 4 条首尾连接的边绘制边界网格。创建边界网格的方法有以下两种：

（1）选择 绘图(D) → 建模(M) → 网格(M) → 边界网格(E) 命令。

（2）在命令行中输入命令 edgesurf。

执行边界网格命令后，命令行提示如下：

命令: _edgesurf

当前线框密度: SURFTAB1=32　SURFTAB2=32（系统提示）

选择用做曲面边界的对象 1:（选择第一个边界对象）

选择用做曲面边界的对象 2:（选择第二个边界对象）

选择用做曲面边界的对象 3:（选择第三个边界对象）

选择用做曲面边界的对象 4:（选择第四个边界对象）

在绘制边界网格时，先要绘制出用于创建边界曲面的各对象，这些对象可以是直线段、圆弧、样条曲线、二维多段线、三维多段线等。在选择对象时，选择的第一个对象的方向为多边形网格的 M 方向，它的临边方向为网格的 N 方向。如图 9.1.9 所示为系统变量 SURFTAB1 和 SURFTAB2 为 32 时绘制的边界网格。

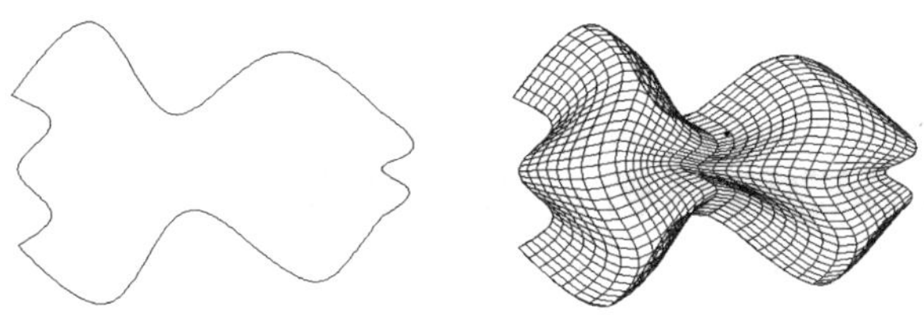

图 9.1.9　绘制的边界网格

9.2　绘制基本三维实体

实体建模是 AutoCAD 三维建模中比较重要的一部分。使用三维实体来创建实体模型，比使用三维线框、三维曲面更能表达实物，而且还可以分析实体的质量特性，如体积、重心等。

在 AutoCAD 2008 中，系统提供了多种基本三维实体的创建命令，利用这些命令可以非常方便地创建多段体、长方体、楔体、圆柱体、圆锥体、球体、圆环体和棱锥面等基本三维实体。

9.2.1　绘制多段体

多段体是 AutoCAD 2008 中新增加的一种实体，使用多段体命令可以创建实体或将对象转换为实体。绘制多段体的方法有以下 3 种：

（1）单击“建模”工具栏中的“多段体”按钮。

（2）选择 绘图(D) → 建模(M) → 多段体(P) 命令。

（3）在命令行中输入命令 polysolid。

执行该命令后，命令行提示如下：

命令: _Polysolid

指定起点或 [对象(O)/高度(H)/宽度(W)/对正(J)] <对象>:（指定多段体的起点）

指定下一个点或 [圆弧(A)/放弃(U)]:（指定多段体的下一点）

指定下一个点或 [圆弧(A)/放弃(U)]:（按回车键结束命令）

其中各命令选项的功能介绍如下：

（1）对象(O)：选择此命令选项，指定将二维图形转换成多段体。

（2）高度(H)：选择此命令选项，为绘制的多段体设置高度。

（3）宽度(W)：选择此命令选项，为绘制的多段体设置宽度。

（4）对正(J)：选择此命令选项，为绘制的多段体设置对齐方式，系统默认为居中对齐，还可以根据需要设置为左对齐或右对齐。

（5）圆弧(A)：选择此命令选项，创建圆弧多段体。

（6）放弃(U)：选择此命令选项，放弃上一步的操作。

如图 9.2.1 所示为绘制的多段体。

图 9.2.1　绘制的多段体

9.2.2　绘制长方体和立方体

长方体和立方体都是有 6 个相互垂直面的实体，只是各面的边长不同而已。所以，在 AutoCAD 2008 中，长方体和立方体的创建方法是相同的，绘制长方体和立方体的方法有以下 3 种：

（1）单击“建模”工具栏中的“长方体”按钮。

（2）选择 绘图(D) → 建模(M) → 长方体(B) 命令。

（3）在命令行中输入命令 box。

执行该命令后，命令行提示如下：

命令: _box

指定第一个角点或 [中心(C)]:（指定长方体底面的第一个角点）

指定其他角点或 [立方体(C)/长度(L)]:（指定长方体底面的第二个角点）

指定高度或 [两点(2P)]:（输入长方体的高）

其中各命令选项功能介绍如下：

（1）中心点(C)：选择此命令选项，使用指定的中心点创建长方体。

（2）立方体(C)：选择此命令选项，创建一个长、宽、高相同的长方体。

（3）长度(L)：选择此命令选项，按照指定的长、宽、高创建长方体。

（4）两点(2P)：选择此命令选项，指定两点确定长方体的高。

在创建长方体时，长方体各边分别与当前 UCS 的 X 轴、Y 轴和 Z 轴平行，输入各边长度时，正值表示沿相应坐标轴的正方向创建长方体，反之沿坐标轴的负方向创建长方体。如图 9.2.2 所示为绘制的长方体和立方体。

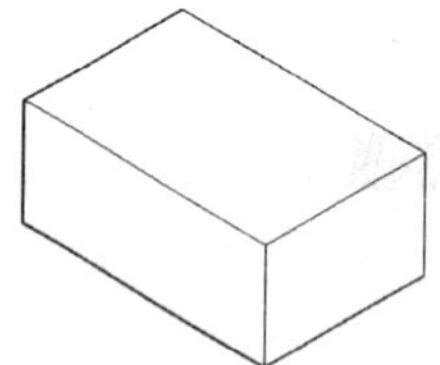

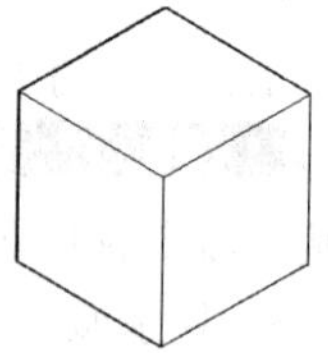

图 9.2.2　绘制的长方体和立方体

9.2.3　绘制楔体

楔体可以看做是长方体沿对角线切成两半后的结果。在 AutoCAD 2008 中，绘制楔体的方法有以下 3 种：

（1）单击“建模”工具栏中的“楔体”按钮。

（2）选择 绘图(D) → 建模(M) → 楔体(W) 命令。

（3）在命令行中输入命令 wedge。

执行该命令后，命令行提示如下：

命令: _wedge

指定第一个角点或 [中心(C)]:（指定楔体底面的第一个角点）

指定其他角点或 [立方体(C)/长度(L)]:（指定楔体底面的第二个角点）

指定高度或 [两点(2P)] <35.1247>:（输入楔体的高度）

其中各命令选项功能介绍如下：

（1）中心点(C)：选择此命令选项，使用指定中心点创建楔体。

（2）立方体(C)：选择此命令选项，创建等边楔体。

（3）长度(L)：选择此命令选项，创建指定长度、宽度和高度值的楔体。

（4）两点(2P)：选择此命令选项，通过指定两点来确定楔体的高度。

在指定楔体各边长度时，正值表示沿相应坐标轴的正方向创建楔体、反之沿坐标轴的负方向创建楔体，如图 9.2.3 所示为绘制的楔体。

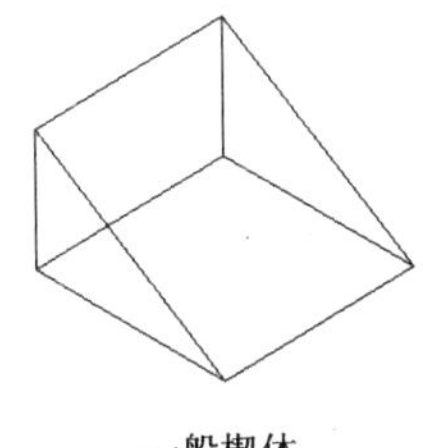

一般楔体　　　　等边楔体

图 9.2.3　绘制的楔体

9.2.4　绘制圆柱体

圆柱体是 AutoCAD 中经常用到的一种基本实体，根据圆柱体底面的不同，圆柱体可以分为一般圆柱体和椭圆圆柱体。在 AutoCAD 2008 中，绘制圆柱体的方法有以下 3 种：

（1）单击“建模”工具栏中的“圆柱体”按钮。

（2）选择 绘图(D) → 建模(M) → 圆柱体(C) 命令。

（3）在命令行中输入命令 cylinder。

执行该命令后，命令行提示如下：

命令: _cylinder

指定底面的中心点或[三点(3P)/两点(2P)/相切、相切、半径(T)/椭圆(E)]:（指定圆柱体底面中心点）

指定底面半径或 [直径(D)] <20.0000>:（输入圆柱体底面半径）

指定高度或 [两点(2P)/轴端点(A)] <60>:（输入圆柱体高度）

其中各命令选项功能介绍如下：

（1）三点(3P)：选择此命令选项，通过指定 3 点来确定圆柱体的底面。

（2）两点(2P)：选择此命令选项，通过指定两点来确定圆柱体的底面。

（3）相切、相切、半径(T)：选择此命令选项，通过指定圆柱体底面的两个切点和半径来确定圆柱体的底面。

（4）椭圆(E)：选择此命令选项，创建具有椭圆底的圆柱体。

（5）直径(D)：选择此命令选项，通过输入直径确定圆柱体的底面。

（6）两点(2P)：选择此命令选项，通过两点确定圆柱体的高。

（7）轴端点(A)：选择此命令选项，指定圆柱体轴的端点位置。

在创建圆柱体时，可以按指定的方式创建圆柱体的底面，如三点法，两点法或相切、相切、半径法等，圆柱体的直径可以通过指定两点之间的距离来确定，也可以由用户直接在命令行中输入，如图 9.2.4 所示为绘制的圆柱体。

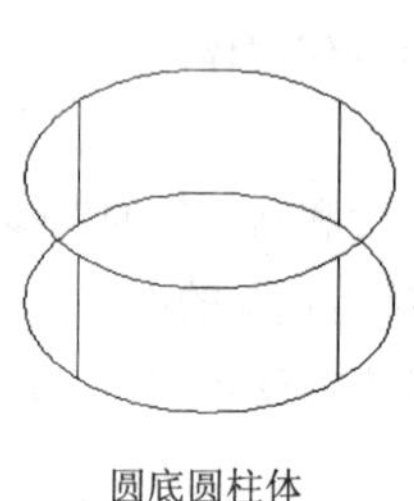

圆底圆柱体　　椭圆底圆柱体

图 9.2.4　绘制的圆柱体

9.2.5　绘制圆锥体

圆锥体是 AutoCAD 中常用的另一种基本实体。在 AutoCAD 2008 中，绘制圆锥体的方法有以下 3 种：

（1）单击“建模”工具栏中的“圆锥体”按钮。

（2）选择 绘图(D) → 建模(M) → 圆锥体(O) 命令。

（3）在命令行中输入命令 cone。

执行该命令后，命令行提示如下：

命令: _cone

指定底面的中心点或 [三点(3P)/两点(2P)/相切、相切、半径(T)/椭圆(E)]:（指定圆锥体底面的中心点）

指定底面半径或 [直径(D)] <20.0000>:（输入圆锥体底面的半径）

指定高度或 [两点(2P)/轴端点(A)/顶面半径(T)] <86.2584>:（输入圆锥体的高度）

其中各命令选项功能介绍如下：

（1）三点(3P)：选择此命令选项，通过指定 3 点来确定圆锥体的底面。

（2）两点(2P)：选择此命令选项，通过指定两点来确定圆锥体的底面，两点的连线为圆锥体底面圆的直径。

（3）相切、相切、半径(T)：选择此命令选项，通过指定圆锥体底面圆的两个切点和半径来确定圆锥体的底面。

（4）椭圆(E)：选择此命令选项，创建具有椭圆底的圆锥体。

（5）直径(D)：选择此命令选项，通过输入直径确定圆锥体的底面。

（6）两点(2P)：选择此命令选项，通过指定两点来确定圆锥体的高。

（7）轴端点(A)：选择此命令选项，指定圆锥体轴的端点位置。

（8）顶面半径(T)：选择此命令选项，输入圆锥体顶面圆的半径。

如图 9.2.5 所示为绘制的圆锥体。

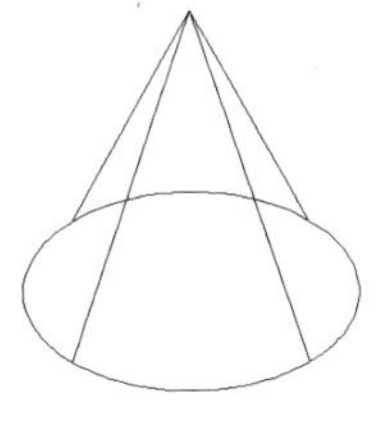

圆底圆锥体

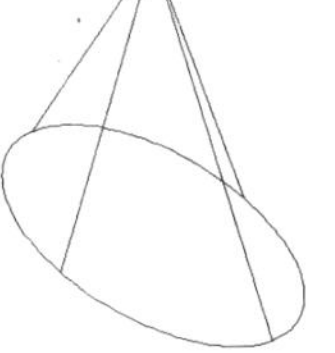

椭圆底圆锥体

图 9.2.5　绘制的圆锥体

9.2.6　绘制球体

球体是 AutoCAD 中经常使用的另一种基本实体。在 AutoCAD 2008 中，绘制球体的方法有以下 3 种：

（1）单击“建模”工具栏中的“球体”按钮。

（2）选择 绘图(D) → 建模(M) → 球体(S) 命令。

（3）在命令行中输入命令 sphere。

执行该命令后，命令行提示如下：

命令: _sphere

指定中心点或 [三点(3P)/两点(2P)/相切、相切、半径(T)]:（指定球体的球心）

指定半径或 [直径(D)]:（输入球体的半径或直径）

其中各命令选项功能介绍如下：

（1）三点(3P)：选择此命令选项，通过指定 3 点来确定球体的大小和位置。

（2）两点(2P)：选择此命令选项，通过指定两点来确定球体的大小和位置，两点的端点为球体一条直径的端点。

（3）相切、相切、半径(T)：选择此命令选项，通过指定球体表面的两个切点和半径来确定球体的大小和位置。

（4）直径(D)：选择此命令选项，通过指定球体的直径来确定球体的大小。

系统变量 ISOLINES 控制实体的线框密度，确定实体表面上的网格线数，效果如图 9.2.6 所示。

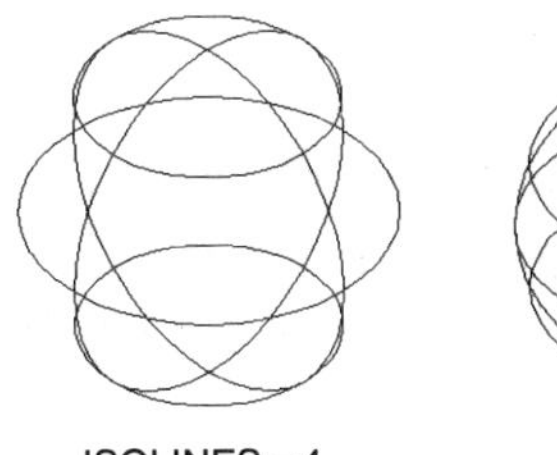

ISOLINES＝4

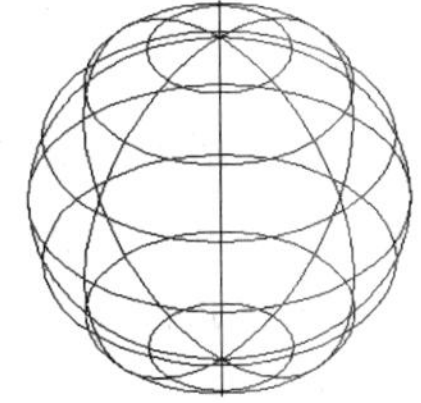

ISOLINES＝8

图 9.2.6　绘制的球体

9.2.7　绘制圆环体

圆环体是 AutoCAD 中比较特殊的一种基本实体，在 AutoCAD 2008 中，绘制圆环体的方法有以下 3 种：

（1）单击“建模”工具栏中的“圆环体”按钮。

（2）选择绘图(D)→建模(M)→圆环体(T)命令。

（3）在命令行中输入命令 torus。

执行该命令后，命令行提示如下：

命令: _torus

指定中心点或 [三点(3P)/两点(2P)/相切、相切、半径(T)]:（指定圆环体的中心）

指定半径或 [直径(D)] <56.1574>:（输入圆环体的半径或直径）

指定圆管半径或 [两点(2P)/直径(D)]:（输入圆管的半径或直径）

圆环体的半径和圆管的半径值决定了圆环的形状，且圆管半径必须为非零正数。如果圆环体半径为负值，则系统要求圆管半径必须大于圆环半径的绝对值。如图 9.2.7 所示为绘制的圆环体。

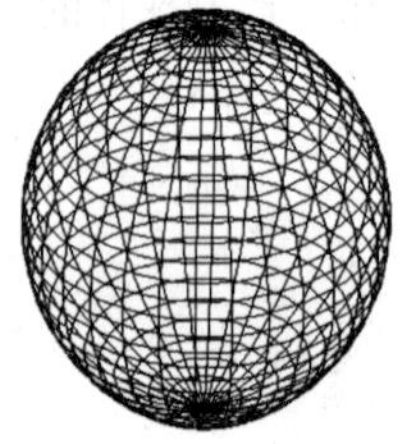

圆管半径>0>圆环体半径

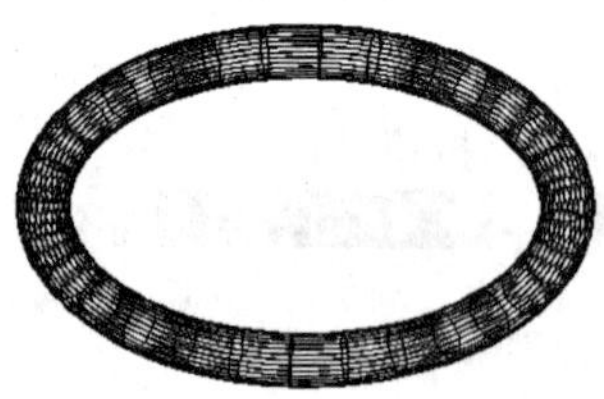

圆环体半径>圆管半径>0

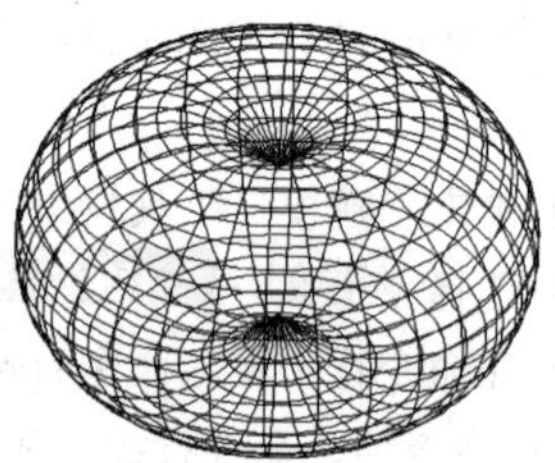

圆管半径>圆环体半径>0

图 9.2.7　绘制的圆环体

9.2.8　绘制棱锥面

在 AutoCAD 2008 中，使用棱锥面命令可以创建多边形棱锥或棱台。绘制棱锥面的方法有以下 3 种：

（1）单击“建模”工具栏中的“棱锥面”按钮。

（2）选择绘图(D)→建模(M)→棱锥面(Y)命令。

（3）在命令行中输入命令 pyramid。

执行该命令后，命令行提示如下：

命令: _pyramid

4 个侧面　外切（系统提示）

指定底面的中心点或 [边(E)/侧面(S)]:（指定棱锥面底面的中心点）

指定底面半径或 [内接(I)] <28.3684>:（输入棱锥面底面的半径）

指定高度或 [两点(2P)/轴端点(A)/顶面半径(T)] <59.5868>:（输入棱锥面的高度）

其中各命令选项功能介绍如下：

（1）边(E)：选择此命令选项，通过指定棱锥面底面的边长来确定棱锥面的底面。

（2）侧面(S)：选择此命令选项，确定棱锥面的侧面数。

（3）内接(I)：选择此命令选项，指定棱锥面底面内接于棱锥面的底面半径。

（4）两点(2P)：选择此命令选项，通过两点来确定棱锥面的高。

（5）轴端点(A)：选择此命令选项，指定棱锥面轴的端点位置。

（6）顶面半径(T)：选择此命令选项，指定棱锥面的顶面半径，并创建棱锥体平截面。

如图 9.2.8 所示为绘制的棱锥面。

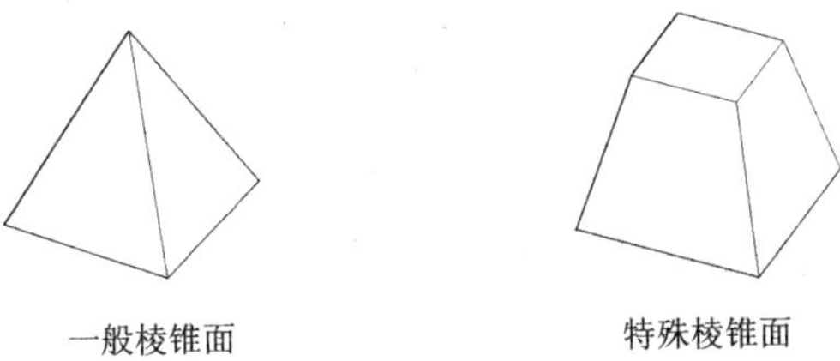

图 9.2.8　绘制的棱锥面

9.3　通过二维图形创建实体

在 AutoCAD 2008 中，不仅可以直接创建基本实体，而且还可以通过对二维图形进行拉伸、旋转、扫掠和放样等操作来创建实体对象，本节将详细介绍这些特殊三维实体的创建方法。

9.3.1　拉伸并创建实体

拉伸并创建实体是指将封闭的二维图形按指定高度或路径进行拉伸来创建实体对象。在 AutoCAD 2008 中，执行拉伸命令的方法有以下 3 种：

（1）单击“建模”工具栏中的“拉伸”按钮。

（2）选择 绘图(D) → 建模(M) → 拉伸(X) 命令。

（3）在命令行中输入命令 extrude。

执行该命令后，命令行提示如下：

命令: _extrude

当前线框密度:　ISOLINES=8（系统提示）

选择要拉伸的对象:（选择可拉伸的二维图形）

选择要拉伸的对象:（按回车键结束对象选择）

指定拉伸的高度或 [方向(D)/路径(P)/倾斜角(T)] <36.5478>:（指定拉伸高度）

其中各命令选项功能介绍如下：

（1）方向(D)：选择此命令选项，通过指定两个点来确定拉伸的高度和方向。

（2）路径(P)：选择此命令选项，将对象指定为拉伸的方向。

（3）倾斜角(T)：选择此命令选项，输入拉伸对象时倾斜的角度。

如图 9.3.1 所示为拉伸并创建的三维实体效果。

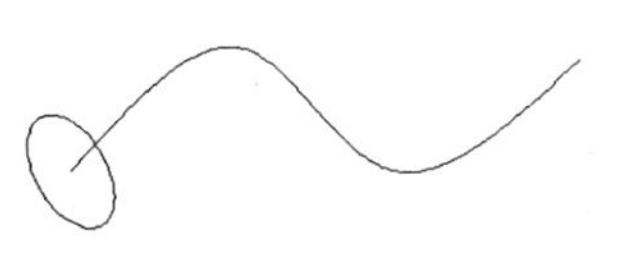

原始图形

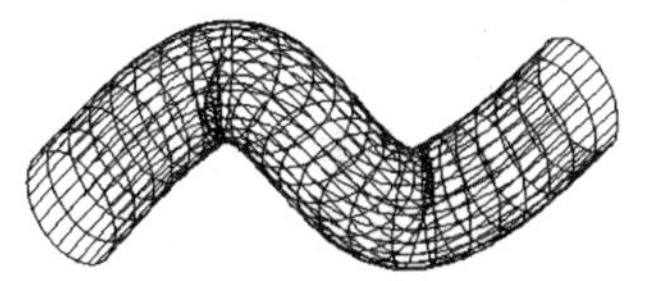

效果图

图 9.3.1　拉伸并创建实体

9.3.2 旋转并创建实体

旋转并创建实体是指通过绕旋转轴旋转二维对象来创建三维实体。在 AutoCAD 2008 中，执行旋转命令的方法有以下 3 种：

（1）单击“建模”工具栏中的“旋转”按钮。

（2）选择 绘图(D) → 建模(M) → 旋转(R) 命令。

（3）在命令行中输入命令 revolve。

执行旋转命令后，命令行提示如下：

命令: _revolve

当前线框密度: ISOLINES=4（系统提示）

选择要旋转的对象:（选择旋转的对象）

选择要旋转的对象:（按回车键结束对象选择）

指定轴起点或根据以下选项之一定义轴 [对象(O)/X/Y/Z] <对象>:（指定旋转轴的起点）

指定轴端点:（指定旋转轴的端点）

指定旋转角度或 [起点角度(ST)] <360>:（输入旋转角度）

其中各命令选项功能介绍如下：

（1）对象(O)：选择此命令选项，选择现有的直线或多段线中的单条线段定义轴，这个对象将绕该轴旋转。

（2）X：选择此命令选项，使用当前 UCS 的正向 X 轴作为轴的正方向。

（3）Y：选择此命令选项，使用当前 UCS 的正向 Y 轴作为轴的正方向。

（4）Z：选择此命令选项，使用当前 UCS 的正向 Z 轴作为轴的正方向。

如图 9.3.2 所示为旋转并创建的三维实体。

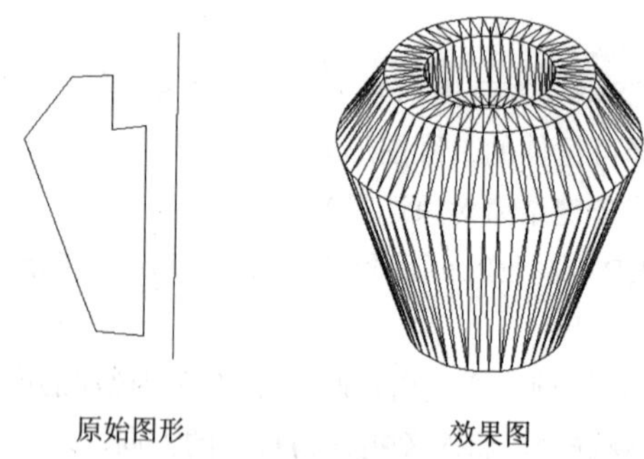

图 9.3.2 旋转并创建的三维实体

9.3.3 扫掠并创建实体

扫掠并创建实体是指创建网格面或三维实体。如果扫掠的平面曲线不闭合，则生成三维曲面，否则生成三维实体。执行扫掠命令的方法有以下 3 种：

（1）单击“建模”工具栏中的“扫掠”按钮。

（2）选择 绘图(D) → 建模(M) → 扫掠(P) 命令。

（3）在命令行中输入命令 sweep。

执行该命令后，命令行提示如下：

命令: _sweep

当前线框密度:　ISOLINES=4（系统提示）

选择要扫掠的对象:（选择扫掠的对象）

选择要扫掠的对象:（按回车键结束对象选择）

选择扫掠路径或 [对齐(A)/基点(B)/比例(S)/扭曲(T)]:（选择扫掠的路径）

其中各命令选项功能介绍如下：

（1）对齐(A)：选择此命令选项，确定是否对齐垂直于路径的扫掠对象。

（2）基点(B)：选择此命令选项，指定扫掠的基点。

（3）比例(S)：选择此命令选项，指定扫掠的比例因子。

（4）扭曲(T)：选择此命令选项，指定扫掠的扭曲度。

如图 9.3.3 所示为扫掠并创建的三维网格和实体。

图 9.3.3　扫掠并创建的三维网格和实体

9.3.4　放样并创建实体

放样并创建实体是指将二维图形放样生成三维实体。在 AutoCAD 2008 中，执行放样命令的方法有以下 3 种：

（1）单击“建模”工具栏中的“放样”按钮。

（2）选择 绘图(D) → 建模(M) → 放样(L) 命令。

（3）在命令行中输入命令 loft。

执行该命令后，命令行提示如下：

命令: _loft

按放样次序选择横截面:（选择第一个放样横截面）

按放样次序选择横截面:（选择下一个放样横截面）

按放样次序选择横截面:（按回车键结束对象选择）

输入选项 [导向(G)/路径(P)/仅横截面(C)] <仅横截面>（选择放样方式）

其中各命令选项功能介绍如下：

（1）导向(G)：选择此命令选项，为放样曲面或实体指定导向曲线，每条导向曲线均与放样曲面相交，且开始于第一个截面，终止于最后一个截面。

（2）路径(P)：选择此命令选项，为放样曲面或实体指定放样路径，路径必须与每个截面相交。

（3）仅横截面(C)：选择此命令选项，弹出 放样设置 对话框，如图 9.3.4 所示，在该对话框中可以设置放样横截面上的曲面控制选项。

如图 9.3.5 所示为放样生成的三维实体和曲面。

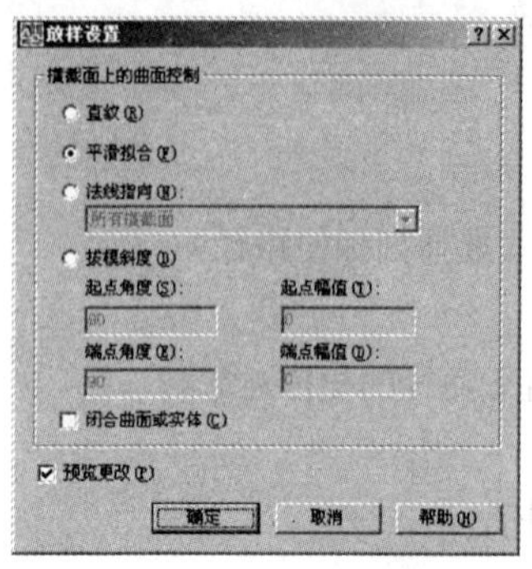

图 9.3.4 “放样设置”对话框

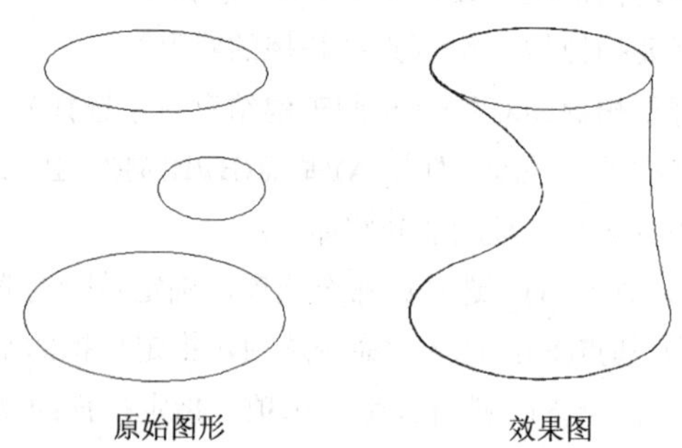

图 9.3.5 放样生成的三维实体和曲面

9.4 典型实例——绘制三通实体模型

绘制如图 9.4.1 所示的三通实体模型。

图 9.4.1 三通实体模型

创作步骤

（1）单击“视图”工具栏中的“西南等轴测”按钮，切换视图到西南等轴测。然后单击“UCS”工具栏中的“Y”按钮，将坐标系绕 Y 轴旋转 90°，单击“绘图”工具栏中的“圆”按钮，以坐标系原点为圆心，在绘图窗口中绘制一个半径为 2 的圆，效果如图 9.4.2 所示。

（2）单击“建模”工具栏中的“拉伸”按钮，命令行提示如下：

命令: _extrude

当前线框密度: ISOLINES=4

选择要拉伸的对象: 找到 1 个　　//选择绘制的圆

选择要拉伸的对象:　　//按回车键结束对象选择

指定拉伸的高度或 [方向(D)/路径(P)/倾斜角(T)]: t　　//选择“倾斜角”命令选项

指定拉伸的倾斜角度 <0>: -8　　//输入拉伸倾斜角度

指定拉伸的高度或 [方向(D)/路径(P)/倾斜角(T)]: 5　　//输入拉伸高度

拉伸后的效果如图 9.4.3 所示。

（3）恢复世界坐标系。单击“修改”工具栏中的“阵列”按钮，弹出阵列对话框，在该对话框中选中矩形阵列(R)单选按钮，设置各项参数如图 9.4.4 所示，矩形阵列拉伸后的实体对象，效果如图 9.4.5 所示。

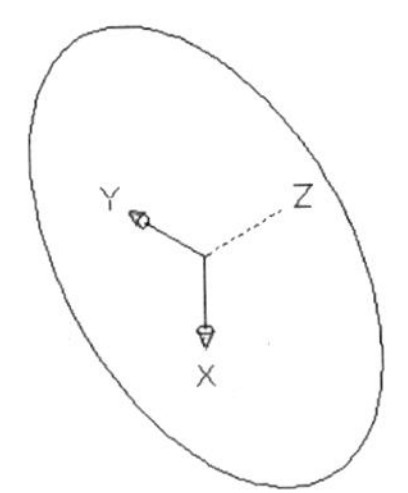

图 9.4.2　绘制圆

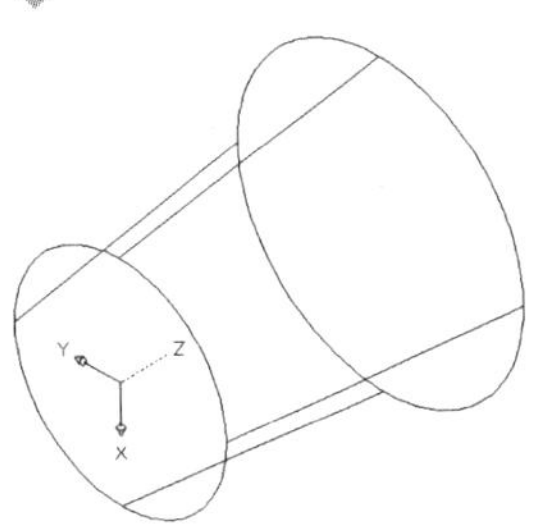

图 9.4.3　拉伸后的效果

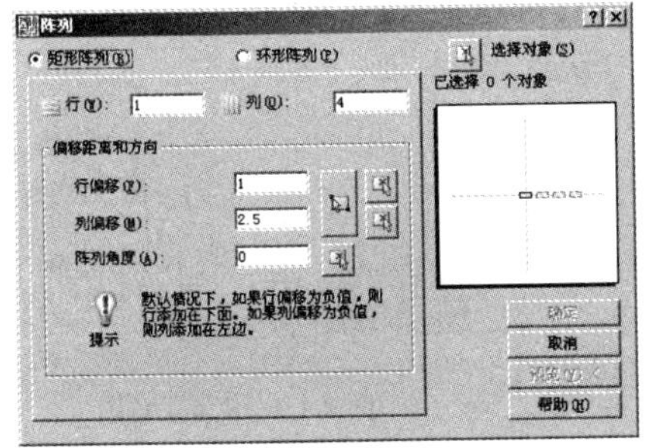

图 9.4.4　选择“矩形阵列”

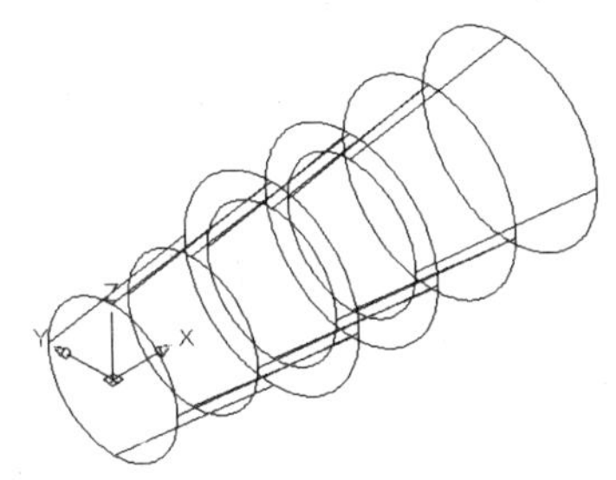

图 9.4.5　阵列后的效果

（4）单击“动态观察”工具栏中的“自由动态观察”按钮，调整显示阵列后的实体，效果如图 9.4.6 所示。

（5）单击“实体编辑”工具栏中的“拉伸面”按钮，命令行提示如下：

命令: _solidedit

实体编辑自动检查:　SOLIDCHECK=1

输入实体编辑选项 [面(F)/边(E)/体(B)/放弃(U)/退出(X)] <退出>: _face

输入面编辑选项[拉伸(E)/移动(M)/旋转(R)/偏移(O)/倾斜(T)/删除(D)/复制(C)/颜色(L)/材质(A)/放弃(U)/退出(X)] <退出>: _extrude　　//以上为系统提示

选择面或 [放弃(U)/删除(R)]: 找到一个面。　　//选择如图 9.4.6 所示图形中最右边的端面

选择面或 [放弃(U)/删除(R)/全部(ALL)]:　　//按回车键结束对象选择

指定拉伸高度或 [路径(P)]: 5　　//输入拉伸高度

指定拉伸的倾斜角度 <0>:　　//按回车键

已开始实体校验。　　//系统提示

已完成实体校验。　　//系统提示

输入面编辑选项[拉伸(E)/移动(M)/旋转(R)/偏移(O)/倾斜(T)/删除(D)/复制(C)/颜色(L)/材质(A)/放弃(U)/退出(X)] <退出>:　　//按回车键结束命令

拉伸实体面后的效果如图 9.4.7 所示。

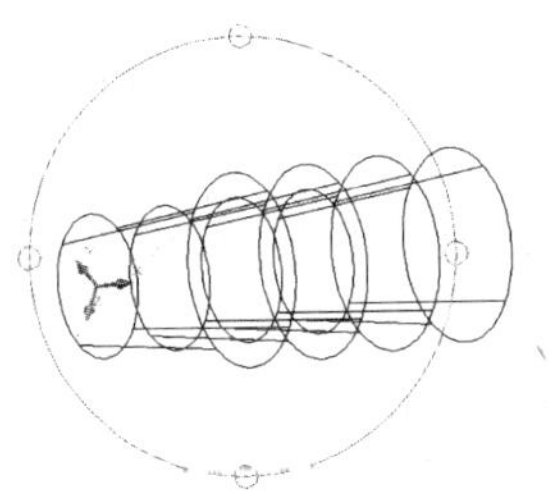

图 9.4.6　效果图

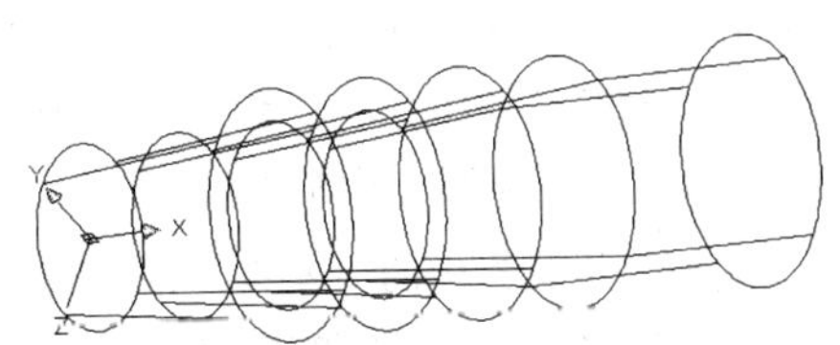

图 9.4.7　拉伸后的效果

（6）单击“建模”工具栏中的“球体”按钮，命令行提示如下：

命令: _sphere

指定中心点或 [三点(3P)/两点(2P)/相切、相切、半径(T)]: 17.5,0,0　　//输入球体的中心点

指定半径或 [直径(D)]: 4　　//输入球体的半径

绘制的球体如图 9.4.8 所示。

（7）参照步骤（1）的操作将坐标系绕 Y 轴旋转 90°。单击状态栏中的“允许/禁止动态 UCS”按钮 DUCS，单击“建模”工具栏中的“圆柱体”按钮，移动鼠标到如图 9.4.9 所示位置，捕捉步骤（5）中创建的实体的右端面，以该端面的圆心为圆柱体底面圆心，绘制一个底面半径为 2.5，高为 10 的圆柱体，效果如图 9.4.10 所示。

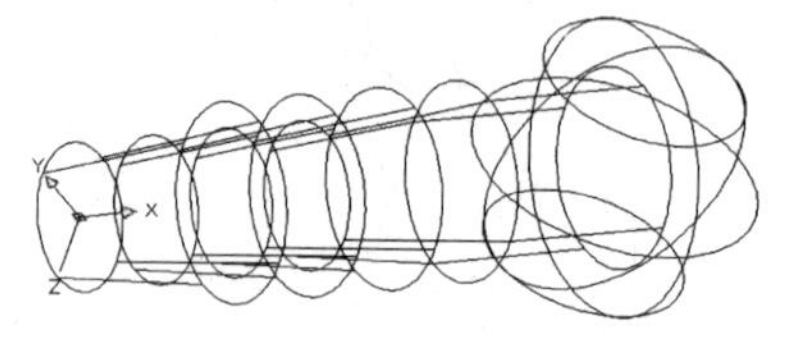

图 9.4.8　绘制球体

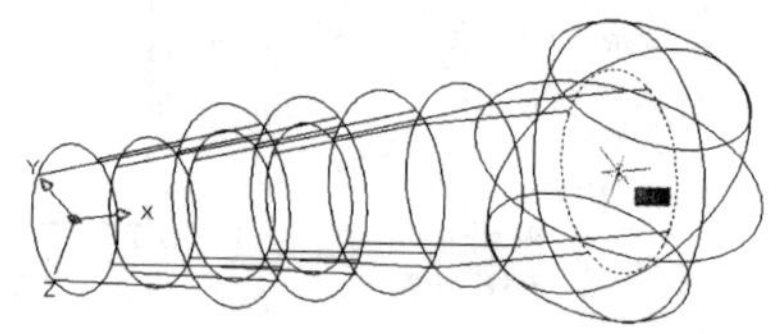

图 9.4.9　位置示意图

（8）单击“建模”工具栏中的“并集”按钮，对创建的所有实体进行并集操作，消隐后的效果如图 9.4.11 所示。

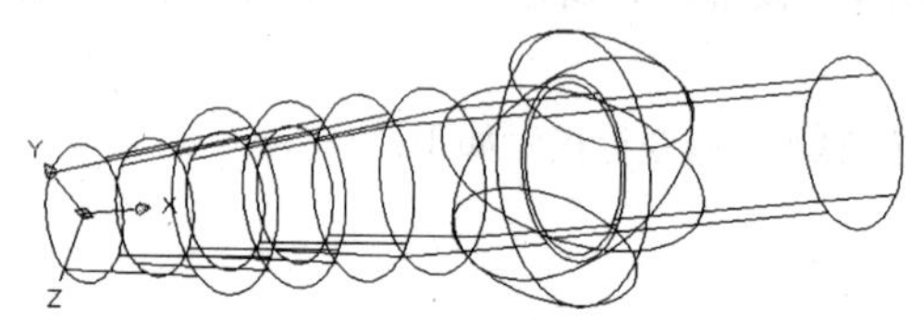

图 9.4.10　绘制圆柱体

图 9.4.11　消隐后的效果

（9）恢复西南等轴测视图。执行绘制圆柱体命令，以点（17.5，0，0）为圆柱体底面圆心，绘制一个底面半径为 4，高为 4 的圆柱体，效果如图 9.4.12 所示。

（10）执行并集运算，对创建的所有实体进行并集操作，消隐后的效果如图 9.4.13 所示。

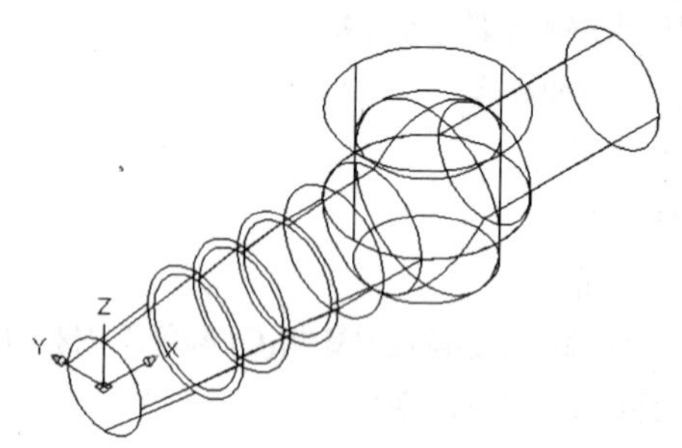

图 9.4.12　绘制圆柱体

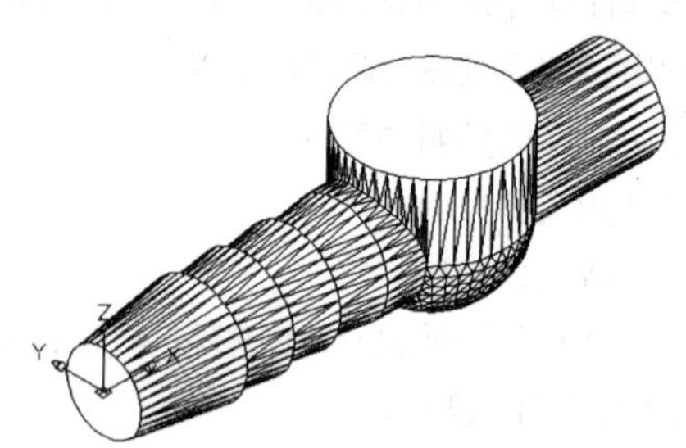

图 9.4.13　消隐后的效果

（11）执行绘制圆柱体命令，以点（17.5，0，-2）为圆柱体底面圆心，绘制一个底面半径为 2，高为 10 的圆柱体，效果如图 9.4.14 所示。

（12）继续执行绘制圆柱体命令，以点（17.5，0，8）为圆柱体底面圆心，绘制一个底面半径为 1.5，高为-11 的圆柱体，效果如图 9.4.15 所示。

（13）单击“建模”工具栏中的“差集”按钮，用步骤（10）中创建的实体减去步骤（11）和步骤（12）中绘制的圆柱体，消隐后的效果如图 9.4.16 所示。

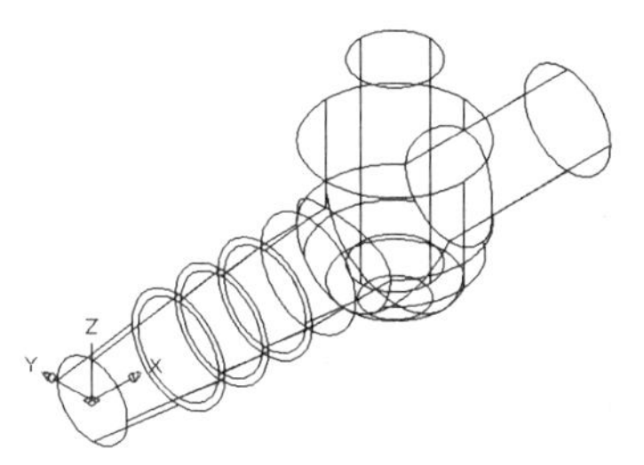

图 9.4.14　绘制圆柱体

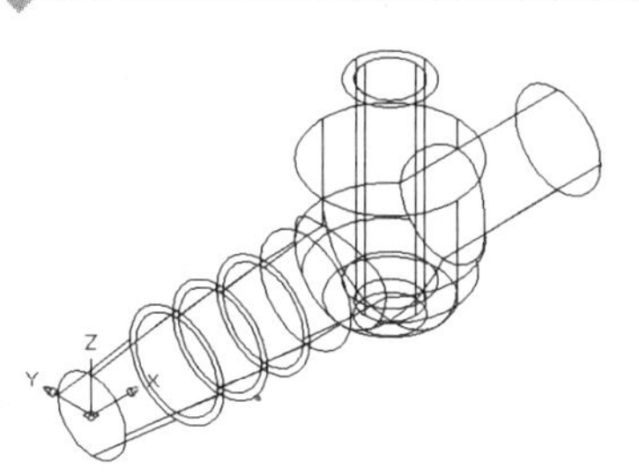

图 9.4.15　绘制圆柱体

（14）执行绘制圆柱体命令，捕捉如图 15.1.16 所示图形中最左边的端面，以该端面的圆心为圆柱体底面圆心，绘制一个底面半径为 1.25，高为-27.5 的圆柱体，效果如图 9.4.17 所示。

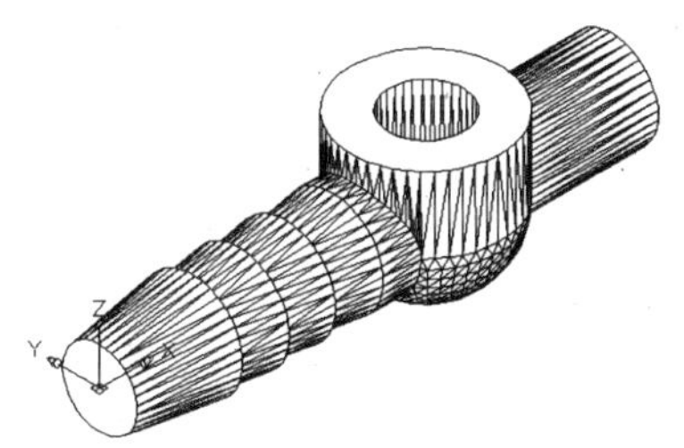

图 9.4.16　消隐后的效果

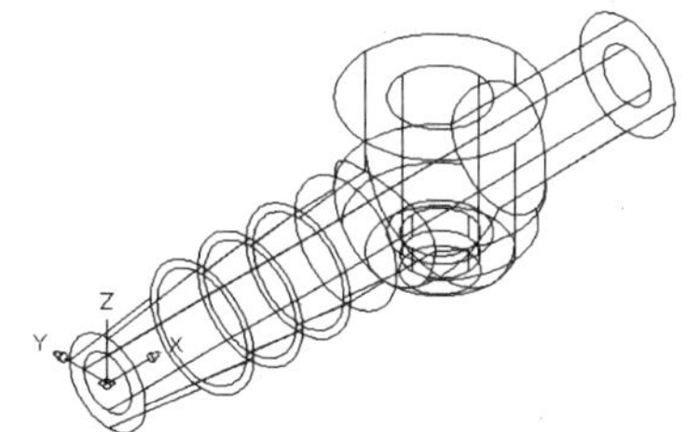

图 9.4.17　绘制圆柱体

（15）单击“修改”工具栏中的“阵列”按钮，弹出阵列对话框，在该对话框中选中 环形阵列(P) 单选按钮，设置各项参数如图 9.4.18 所示，环行阵列如图 9.4.17 所示的实体对象，阵列后的效果如图 9.4.19 所示。

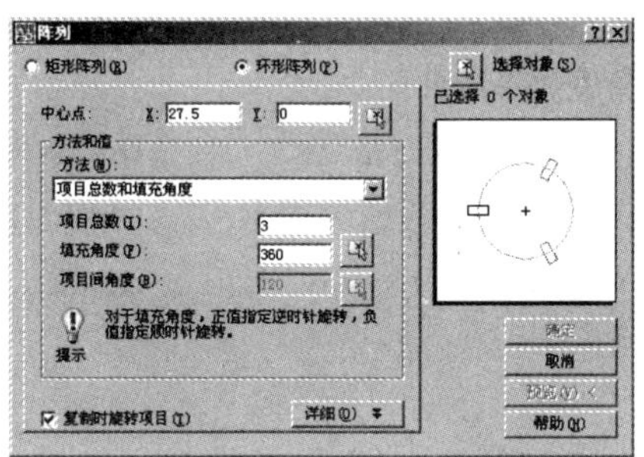

图 9.4.18　“阵列”对话框

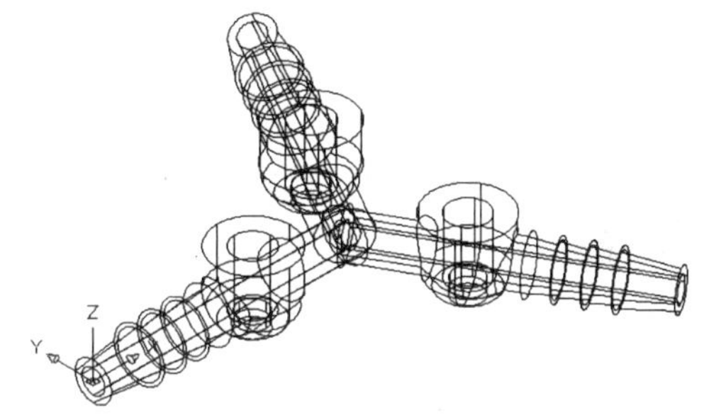

图 9.4.19　阵列后的效果

（16）执行并集运算命令，对阵列后的 3 个圆柱体和 3 个三通头分别进行并集运算，效果如图 9.4.20 所示。

（17）执行差集运算命令，用并集后的三通实体减去并集后的圆柱体，消隐后的效果如图 9.4.21 所示。

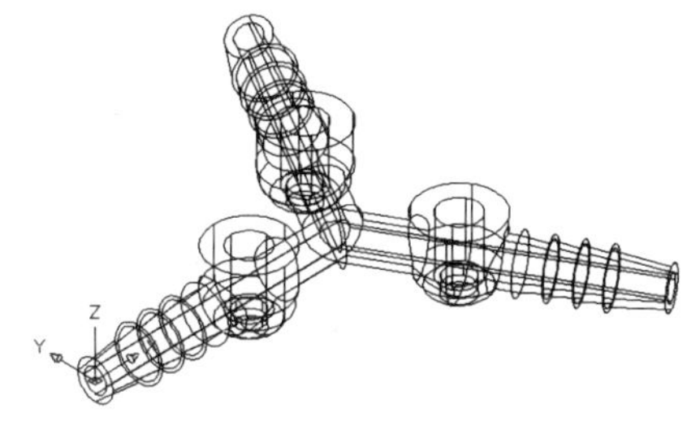

图 9.4.20　效果图

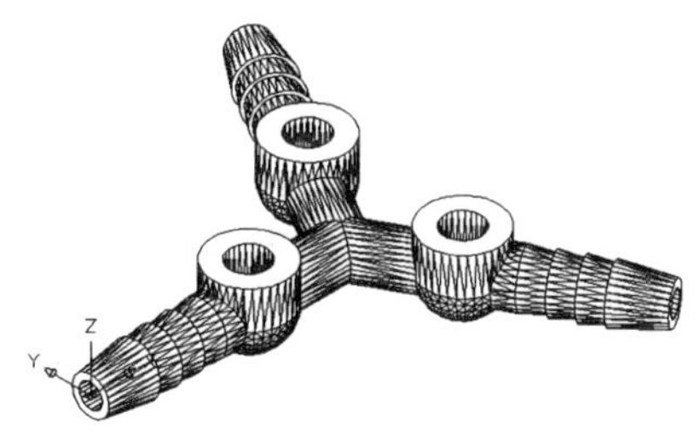

图 9.4.21　消隐后的效果

（18）选择 视图(V) → 渲染(E) → 材质(M)... 命令，弹出 材质 选项板，在该选项板中可为创建的实体对象附着材质。

（19）选择 视图(V) → 渲染(E) → 渲染(R) 命令，渲染创建的三通实体模型，最终效果如图 9.4.1 所示。

小　结

本章主要介绍了三维实体的绘制方法，其中包括绘制三维网格、基本三维实体和通过二维图形创建三维实体等。通过本章的学习，读者应熟练掌握三维网格和三维实体的绘制方法。

过关练习九

一、填空题

1．在 AutoCAD 2008 中，系统提供了_________、_________、_________、_________、圆柱体、圆锥体、_________和_________等基本实体的绘制命令。

2. 在 AutoCAD 2008 中，用户可以将二维图形经过_________、_________、_________和_________生成三维实体。

二、选择题

1．使用（　）命令可以将曲线绕旋转轴旋转一定的角度而形成曲面。

A．旋转网格　　B．平移网格　　C．直纹网格　　D．边界网格

2．单击（　）按钮可以执行放样命令。

A．　　B．　　C．　　D．

三、上机操作题

绘制如题图 9.1 和题图 9.2 所示的三维图形。

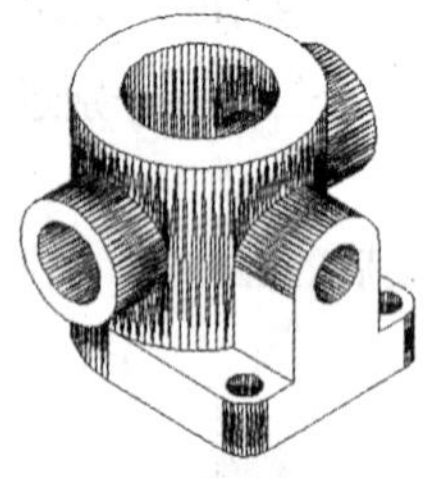

题图 9.1

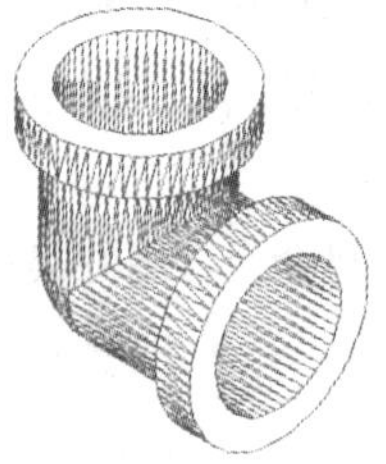

题图 9.2

第 10 章　三维实体的编辑

在 AutoCAD 2008 中，使用三维编辑命令可以对三维实体进行各种编辑操作，从而创建各种更加逼真的实体模型；另外，还可以对三维实体进行着色和渲染处理，增加色泽感和真实感。

本章重点

（1）编辑三维对象。

（2）编辑三维实体对象。

（3）视觉样式。

（4）渲染对象。

（5）绘制固件连接架。

10.1　编辑三维对象

在三维空间中，可以使用各种编辑命令对实体对象进行移动、旋转、对齐、复制、镜像和阵列等操作，本节主要介绍在三维空间中对实体模型的操作方法。

10.1.1　三维移动

在平面图形中，用户可以使用“移动”命令对二维图形进行移动，但这种移动仅仅局限在一个平面内，而要在三维空间中任意移动实体对象，就必须使用三维移动命令。在 AutoCAD 2008 中，执行三维移动命令的方法有以下 3 种：

（1）单击“建模”工具栏中的“三维移动”按钮。

（2）选择 修改(M) → 三维操作(3) → 三维移动(M) 命令。

（3）在命令行中输入命令 3dmove。

执行该命令后，命令行提示如下：

命令: _3dmove

选择对象:（选择要移动的对象）

选择对象:（按回车键结束对象选择）

指定基点或 [位移(D)] <位移>:（指定移动基点）

指定第二个点或 <使用第一个点作为位移>:（指定移动目标点）

执行该命令后，选择要移动的实体对象，此时在鼠标指针处会出现一个新的坐标轴，如图 10.1.1 所示。指定移动基点后，移动鼠标到该坐标轴的轴或面上，即可将选中的对象约束到指定的轴或面上，并进行移动。

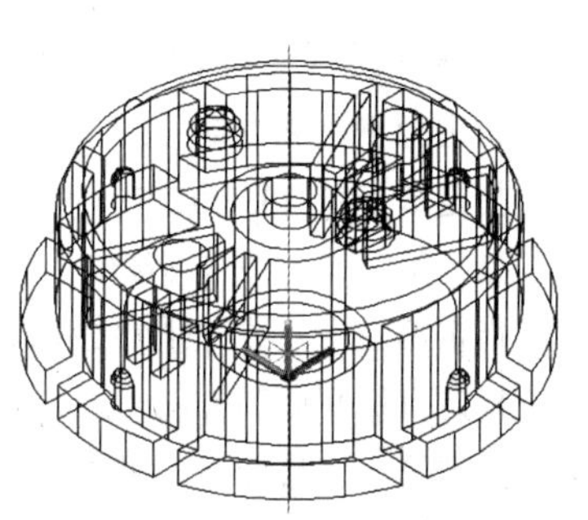

图 10.1.1　三维移动

10.1.2 三维旋转

在 AutoCAD 2008 中，使用三维旋转命令可以在三维空间中任意旋转指定的实体对象。执行三维旋转命令的方法有以下 3 种：

（1）单击“建模”工具栏中的“三维旋转”按钮。

（2）选择 修改(M) → 三维操作(3) → 三维旋转(R) 命令。

（3）在命令行中输入命令 3drotate。

执行该命令后，命令行提示如下：

命令: _3drotate

UCS 当前的正角方向： ANGDIR=逆时针 ANGBASE=0（系统提示）

选择对象:（选择需要旋转的对象）

选择对象:（按回车键结束对象选择）

指定基点:（指定对象上的基点）

拾取旋转轴:（捕捉旋转轴）

指定角的起点:（指定三维旋转的起点）

指定角的端点:（指定三维旋转的终点）

执行三维旋转命令并选中要旋转的对象后，系统会显示如图 10.1.2 所示的三维旋转图标，指定旋转基点并确定旋转轴和旋转角度后，即可按指定的设置在三维空间中旋转选定的对象。

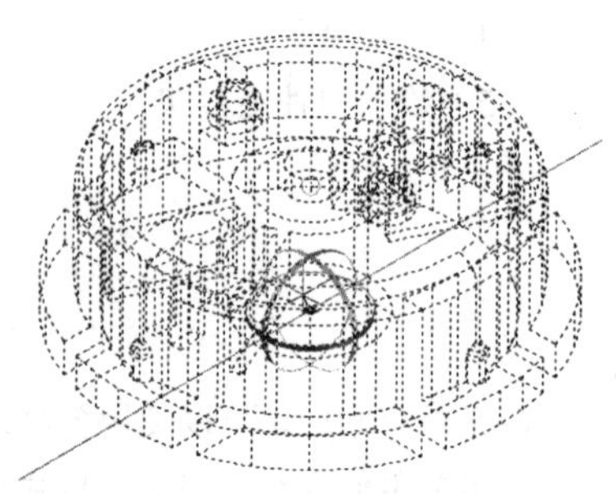

图 10.1.2 三维旋转

10.1.3 对齐位置

使用三维对齐命令可以用 3 个源点和目标点来对齐选中的实体对象。在 AutoCAD 2008 中，执行三维对齐命令的方法有以下 3 种：

（1）单击“建模”工具栏中的“三维对齐”按钮。

（2）选择 修改(M) → 三维操作(3) → 三维对齐(A) 命令。

（3）在命令行中输入命令 3dalign。

执行该命令后，命令行提示如下：

命令: _3dalign

选择对象:（选择要对齐的对象）

选择对象:（按回车键结束对象选择）

指定源平面和方向 ...（系统提示）

指定基点或 [复制(C)]:（指定对象上的基点）

指定第二个点或 [继续(C)] <C>:（指定对象上的第二个源点）

指定第三个点或 [继续(C)] <C>:（指定对象上的最后一个源点）

指定目标平面和方向 ...（系统提示）

指定第一个目标点:（指定第一个目标点）

指定第二个目标点或 [退出(X)] <X>:（指定第二个目标点）

指定第三个目标点或 [退出(X)] <X>:（指定第三个目标点）

例如，对齐如图 10.1.3（a）所示切割后的实体对象，具体操作步骤如下：

命令: _3dalign

选择对象: 找到 1 个（选择如图 10.1.3（a）所示切割的左边半个实体）

选择对象:（按回车键结束对象选择）

指定源平面和方向 ...（系统提示）

指定基点或 [复制(C)]:（捕捉如图 10.1.3（a）所示图形中的 A 点）

指定第二个点或 [继续(C)] <C>:（捕捉如图 10.1.3（a）所示图形中的 B 点）

指定第三个点或 [继续(C)] <C>:（捕捉如图 10.1.3（a）所示图形中的 C 点）

指定目标平面和方向 ...（系统提示）

指定第一个目标点:（捕捉如图 10.1.3（a）所示图形中的 A_1 点）

指定第二个目标点或 [退出(X)] <X>:（捕捉如图 10.1.3（a）所示图形中的 B_1 点）

指定第三个目标点或 [退出(X)] <X>:（捕捉如图 10.1.3（a）所示图形中的 C_1 点）

对齐后的效果如图 10.1.3（b）所示。

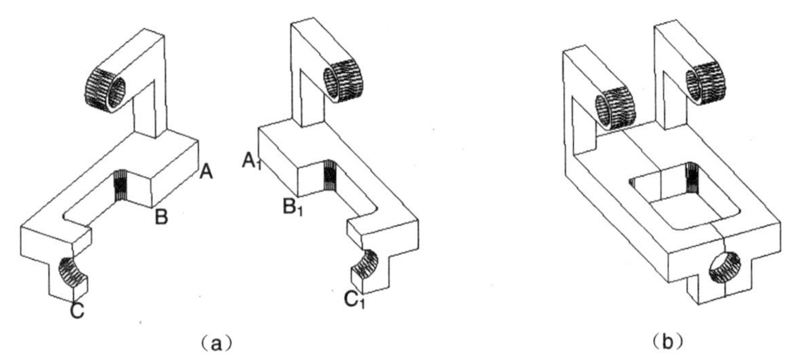

图 10.1.3　三维对齐

（a）原始图形；（b）效果图

10.1.4　三维镜像

在三维空间中使用三维镜像命令可以将指定对象相对于某一平面进行镜像操作。在 AutoCAD 2008 中，执行三维镜像命令的方法有以下两种：

（1）选择 修改(M) → 三维操作(3) → 三维镜像(M) 命令。

（2）在命令行中输入命令 mirror3d。

执行此命令后，命令行提示如下：

命令: _mirror3d

选择对象:（选择需要镜像的对象）

选择对象:（按回车键结束对象选择）

指定镜像平面(三点) 的第一个点或[对象(O)/最近的(L)/Z 轴(Z)/视图(V)/XY 平面(XY)/YZ 平面(YZ)/ZX 平面(ZX)/三点(3)] <三点>:

其中各命令选项功能介绍如下：

（1）对象(O)：选择此命令选项，使用选定平面对象的平面作为镜像平面。可用于选择的对象包括圆、圆弧或二维多段线。

（2）最近的(L)：选择此命令选项，使用上一次指定的平面作为镜像平面进行镜像操作。

（3）Z 轴(Z)：选择此命令选项，根据平面上的一个点和平面法线上的一个点定义镜像平面。

（4）视图(V)：选择此命令选项，将镜像平面与当前视口中通过指定点的视图平面对齐。

（5）XY 平面(XY) /YZ 平面(YZ) /ZX 平面(ZX)：选择相应的命令选项，将镜像平面与一个通过指定点的标准平面（XY，YZ 或 ZX）对齐。

（6）三点(3)：选择此命令选项，通过指定 3 点确定镜像平面。

例如，用三维镜像命令复制如图 10.1.4（a）所示图形，效果如图 10.1.4（b）所示，具体操作步骤如下：

命令: _mirror3d

选择对象: 找到 1 个（选择如图 10.1.4（a）所示图形）

选择对象:（按回车键结束对象选择）

指定镜像平面 (三点) 的第一个点或[对象(O)/最近的(L)/Z 轴(Z)/视图(V)/XY 平面(XY)/YZ 平面(YZ)/ZX 平面(ZX)/三点(3)] <三点>:（捕捉如图 10.1.4（a）所示图形中的 A 点）

在镜像平面上指定第二点:（捕捉如图 10.1.4（a）所示图形中的 B 点）

在镜像平面上指定第三点:（捕捉如图 10.1.4（a）所示图形中的 C 点）

是否删除源对象？[是(Y)/否(N)] <否>:（直接按回车键结束命令）

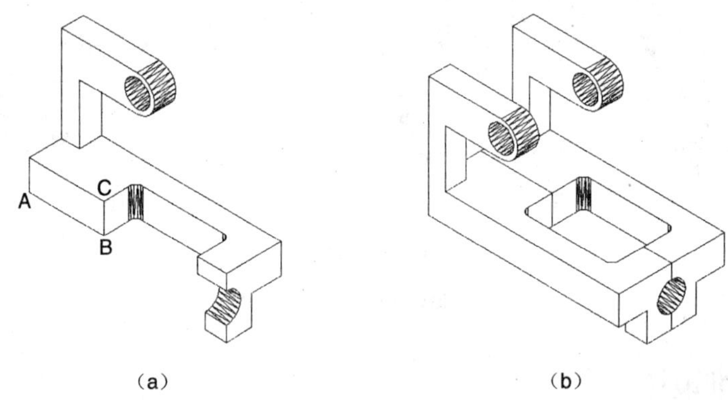

图 10.1.4　三维镜像

（a）原始图形；（b）效果图

10.1.5　三维阵列

在三维空间中使用三维阵列命令可以按环形或矩形方式复制对象。在 AutoCAD 2008 中，执行三维阵列命令的方法有以下两种：

（1）选择 修改(M) → 三维操作(3) → 三维阵列(3) 命令。

（2）在命令行中输入命令 3darray 后按回车键。

执行该命令后，命令行提示如下：

命令: _3darray

选择对象:（选择需要阵列的对象）

选择对象:（按回车键结束对象选择）

输入阵列类型 [矩形(R)/环形(P)] <矩形>:（选择阵列的类型）

三维阵列也分为矩形阵列和环形阵列两种，选择不同的阵列类型，具体操作也不同。

1．矩形阵列

如果选择矩形阵列，则命令行提示如下：

输入行数 (---) <1>:（指定阵列的行数）

输入列数 (|||) <1>:（指定阵列的列数）

输入层数 (...) <1>:（指定阵列的层数）

指定行间距 (---):（指定行间距）

指定列间距 (|||):（指定列间距）

指定层间距 (...):（指定层间距）

阵列的行数、列数和层数均为正数；阵列的行、列、层间距可以是正数，也可以是负数，正数表示沿相应坐标轴正方向阵列，负数表示沿坐标轴负方向阵列。

例如，使用矩形阵列命令对如图 10.1.5（a）所示图形进行阵列操作，具体操作步骤如下：

命令: _3darray

选择对象: 找到 1 个（选择如图 10.1.5（a）所示的图形）

选择对象:（按回车键结束对象选择）

输入阵列类型 [矩形(R)/环形(P)] <矩形>:（直接按回车键选择矩形阵列）

输入行数 (---) <1>: 4（输入阵列的行数 4）

输入列数 (|||) <1>: 3（输入阵列的列数 3）

输入层数 (...) <1>: 2（输入阵列的层数 2）

指定行间距 (---): 150（输入阵列的行间距 150）

指定列间距 (|||): 150（输入阵列的列间距 150）

指定层间距 (...): 200（输入阵列的层间距 200）

三维矩形阵列后的效果如图 10.1.5（b）所示的图形。

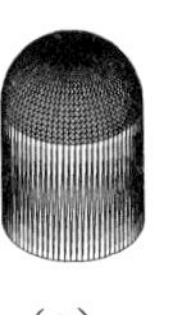

（a）

（b）

图 10.1.5　三维矩形阵列

（a）原始图形；（b）效果图

2．环形阵列

如果选择环形阵列，则命令行提示如下：

输入阵列中的项目数目:（指定环形阵列的数目）

指定要填充的角度 (+=逆时针, -=顺时针) <360>:（指定环形阵列的填充角度）

旋转阵列对象？ [是(Y)/否(N)] <Y>:（选择环形阵列的同时是否旋转阵列的对象）

指定阵列的中心点:（指定环形阵列旋转轴上的第一点）

指定旋转轴上的第二点:（指定环形阵列旋转轴上的第二点）

在进行环形阵列时，如果不指定旋转阵列对象，则阵列后的图形会保持原来的方向不变。

例如，使用环形阵列命令对如图 10.1.6（a）所示图形进行阵列，具体操作步骤如下：

命令: _3darray

选择对象: 找到 1 个（选择如图 10.1.6（a）所示图形）

选择对象:（按回车键结束对象选择）

输入阵列类型 [矩形(R)/环形(P)] <矩形>:p（选择“环形”命令选项）

输入阵列中的项目数目: 12（输入阵列的数目）

指定要填充的角度 (+=逆时针, -=顺时针) <360>:（按回车键默认旋转 360°）

旋转阵列对象？ [是(Y)/否(N)] <Y>:（按回车键选择旋转阵列对象）

指定阵列的中心点:（捕捉如图 10.1.6（b）所示图形中的 A 点）

指定旋转轴上的第二点:（捕捉如图 10.1.6（b）所示图形中的 B 点）

环形阵列后的效果如图 10.1.6（b）所示。

图 10.1.6　三维环形阵列

（a）原始图形；（b）效果图

10.2　编辑三维实体对象

在 AutoCAD 2008 中，可以使用各种编辑命令对实体对象进行布尔运算、分解、倒角和圆角、剖切、加厚等编辑操作，而且还可以单独对实体的面和边进行编辑。

10.2.1　三维实体的布尔运算

在 AutoCAD 中，使用布尔运算对实体进行并集、差集、交集和干涉操作，可以创建出各种复杂的实体对象。

1．对实体进行并集运算

使用并集运算可以将多个相交或不相交的实体对象组合成一个实体对象。如果多个对象不相交，则并集运算后的显示效果与原图形相同，但实际上并集后的所有对象均被视做一个对象。在 AutoCAD 2008 中，执行并集运算命令的方法有以下 3 种：

（1）单击“实体编辑”工具栏中的“并集”按钮。

（2）选择 修改(M) → 实体编辑(N) → 并集(U) 命令。

（3）在命令行中输入命令 union。

执行并集命令后，命令行提示如下：

命令: _union

选择对象:（选择需要进行并集运算的对象，至少两个）

选择对象:（按回车键结束命令）

如图 10.2.1 所示为对实体并集运算的效果。

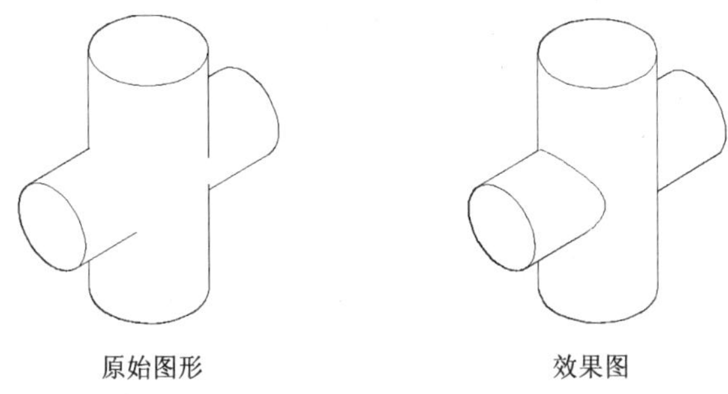

原始图形　　效果图

图 10.2.1　并集运算

2．对实体进行差集运算

使用差集运算可以从一些实体中减去另一些实体，从而得到新的实体。如果被减去的实体与原实体相交，且小于原实体，则差集运算后会创建出一个新的实体对象；如果被减去的实体大于原实体，或被减去的实体与原实体不相交，则执行差集运算后实体对象被删除。在 AutoCAD 2008 中，执行差集运算命令的方法有以下 3 种：

（1）单击“实体编辑”工具栏中的“差集”按钮。

（2）选择 修改(M) → 实体编辑(N) → 差集(S) 命令。

（3）在命令行中输入命令 subtract。

执行差集命令后，命令行提示如下：

命令: _subtract

选择要从中减去的实体或面域...（系统提示）

选择对象:（选择作为减数的对象）

选择对象:（按回车键结束作为减数对象的选择）

选择要减去的实体或面域...（系统提示）

选择对象:（选择作为被减数的对象）

选择对象:（按回车键结束对象选择，同时结束差集命令）

如图 10.2.2 所示为差集运算的效果。

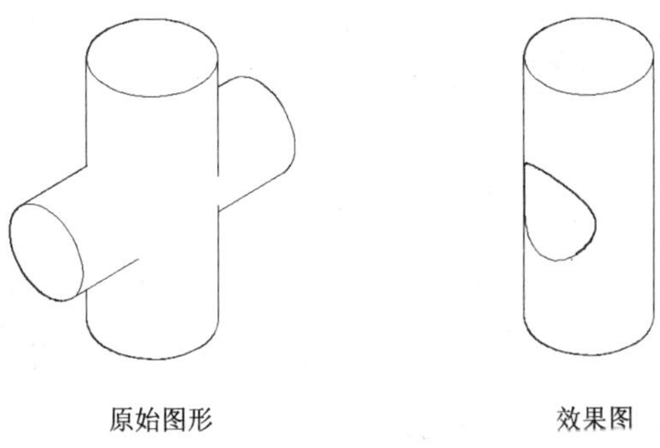

原始图形　　效果图

图 10.2.2　差集运算

3. 对实体进行交集运算

使用交集运算可以将多个实体的公共部分创建成新的实体对象。如果多个实体没有相交的部分，则执行交集运算后多个实体被删除。在 AutoCAD 2008 中，执行交集运算命令的方法有以下 3 种：

（1）单击“实体编辑”工具栏中的“交集”按钮。

（2）选择 修改(M) → 实体编辑(N) → 交集(I) 命令。

（3）在命令行中输入命令 intersect。

执行交集运算命令后，命令行提示如下：

命令: _intersect

选择对象:（选择要进行交集运算的面域对象）

选择对象:（按回车键结束交集运算命令）

如图 10.2.3 所示为交集运算的效果。

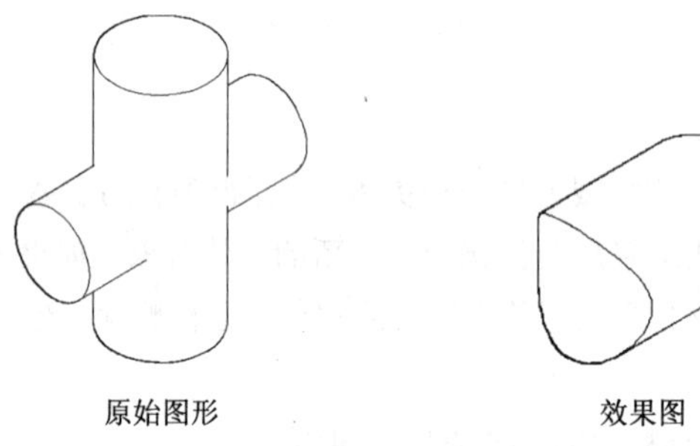

原始图形　　效果图

图 10.2.3　交集运算

4. 对实体进行干涉运算

使用干涉运算可以用多个实体的交集生成一个新实体，同时将原实体保留下来。在 AutoCAD 2008 中，执行干涉运算命令的方法有以下两种：

（1）选择 修改(M) → 三维操作(3) → 干涉检查(I) 命令。

（2）在命令行中输入命令 interfere。

执行干涉检查命令后，命令行提示如下：

命令: _interfere

选择第一组对象或 [嵌套选择(N)/设置(S)]:（选择一组对象）

选择第一组对象或 [嵌套选择(N)/设置(S)]:（选择下一组对象）

选择第一组对象或 [嵌套选择(N)/设置(S)]:（按回车键结束对象选择）

选择第二组对象或 [嵌套选择(N)/检查第一组(K)] <检查>:（按回车键执行干涉检查）

执行干涉检查命令后，弹出 干涉检查 对话框，如图 10.2.4 所示，同时干涉对象亮显，如图 10.2.5 所示。

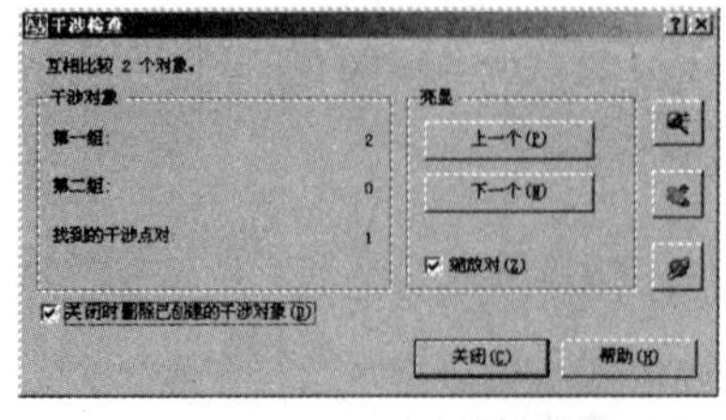

图 10.2.4　“干涉检查”对话框

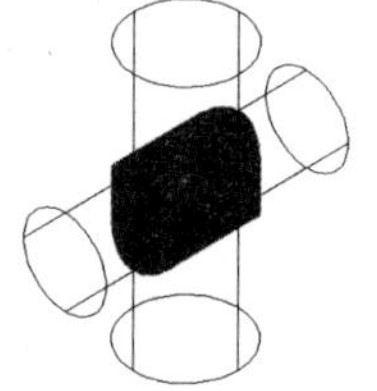

图 10.2.5　干涉对象

在该对话框中的干涉对象选项组中显示了干涉检查的各种信息，单击该对话框中亮显选项组中的上一个(P)和下一个(N)按钮可以查看干涉后的对象，或者单击该对话框右边的“实时缩放”按钮、“实时平移”按钮、“三维动态观察器”按钮观察干涉后的对象。取消选中该对话框下边的 关闭时删除已创建的干涉对象(D) 复选框，单击关闭(C)按钮保留创建的干涉实体。

10.2.2　分解实体

使用分解命令可以将实体分解为一系列面域和主体。实体被分解后，平面部分被转换成面域，曲面部分被转换成主体。如果继续对分解生成的面域和主体使用分解命令，这些面域和主体就会被分解成直线、圆和圆弧等基本图形对象。在 AutoCAD 2008 中，执行分解命令的方法有以下 3 种：

（1）单击“修改”工具栏中的“分解”按钮。

（2）选择修改(M)→分解(X)命令。

（3）在命令行中输入命令 explode 后按回车键。

如图 10.2.6 所示为分解实体的效果。

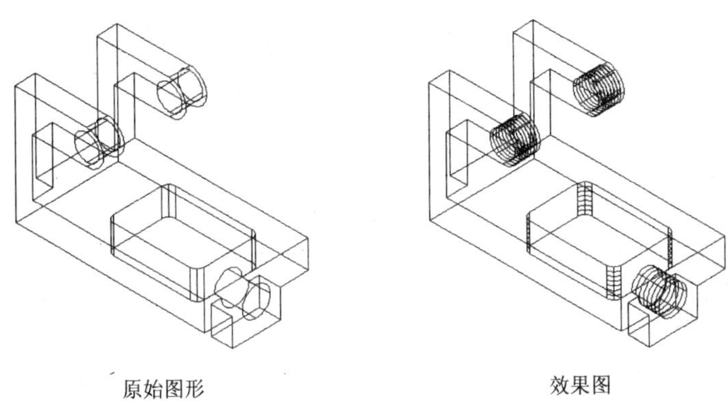

原始图形　　　　效果图

图 10.2.6　分解实体

10.2.3　对实体倒角和圆角

在 AutoCAD 2008 中，使用倒角和圆角命令不仅可以对平面图形进行编辑，而且还可以对实体模型进行编辑，但具体操作却有所不同。

1．对实体倒角

使用倒角命令可以对实体的棱边进行编辑，在两个相邻曲面之间生成一个平坦的过渡面。在 AutoCAD 2008 中，执行倒角命令的方法有以下 3 种：

（1）单击“修改”工具栏中的“倒角”按钮。

（2）选择修改(M)→倒角(C)命令。

（3）在命令行中输入命令 chamfer。

执行倒角命令后，命令行提示如下：

命令: _chamfer

（“修剪”模式）当前倒角距离 1 = 0.0000，距离 2 = 0.0000（系统提示）

选择第一条直线或 [放弃(U)/多段线(P)/距离(D)/角度(A)/修剪(T)/方式(E)/多个(M)]:（选择三维实

体模型）

基面选择...（系统提示）

输入曲面选择选项 [下一个(N)/当前(OK)] <当前>:（选择曲面）

指定基面的倒角距离 <1.0000>:（指定基面倒角距离）

指定其他曲面的倒角距离 <1.0000>:（指定另外曲面的倒角距离）

选择边或 [环(L)]:（指定用于倒角的边）

选择边或 [环(L)]:（按回车键结束命令）

其中各命令选项功能介绍如下：

（1）下一个(N)：选择此命令选项，更换选择基面。

（2）当前(OK)：选择此命令选项，指定当前选择面作为基面。

（3）选择边：选择此命令选项，表示选择基面上的一条或多条边。

（4）环(L)：选择此命令选项，表示一次选择基面上的所有边。

例如，使用倒角命令对如图 10.2.7（a）所示图形中实体的棱边进行倒角，具体操作步骤如下：

命令: _chamfer

(“修剪”模式) 当前倒角距离 1 = 0.0000，距离 2 = 0.0000（系统提示）

选择第一条直线或 [放弃(U)/多段线(P)/距离(D)/角度(A)/修剪(T)/方式(E)/多个(M)]:（选择如图 10.2.7（a）所示图形中的面 a）

基面选择...（系统提示）

输入曲面选择选项 [下一个(N)/当前(OK)] <当前(OK)>:（按回车键）

指定基面的倒角距离 <0.0000>: 3（输入第一个倒角距离）

指定其他曲面的倒角距离 <0.0000>: 5（输入第二个倒角距离）

选择边或 [环(L)]: （选择如图 10.2.7（a）所示图形中的边 AB）

选择边或 [环(L)]:（按回车键结束命令）

对实体边倒角后的效果如图 10.2.7（b）所示。

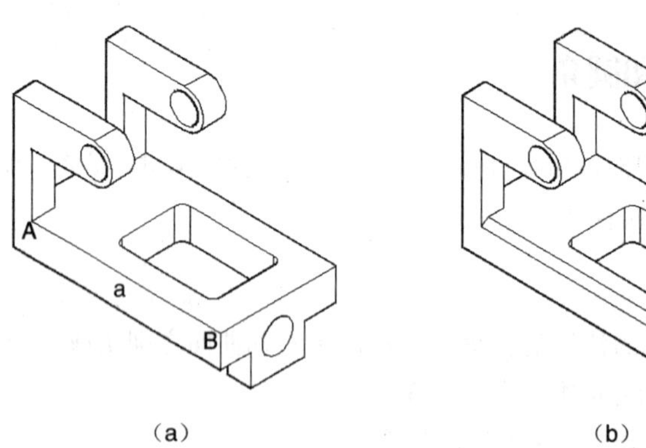

（a）　　　　（b）

图 10.2.7　对实体倒角

（a）原始图形；（b）效果图

2. 对实体圆角

使用圆角命令可以对实体的棱边进行编辑，在两个相邻曲面之间生成一个圆滑的过渡面。在 AutoCAD 2008 中，执行圆角命令的方法有以下 3 种：

（1）单击“修改”工具栏中的“圆角”按钮。

（2）选择 修改(M) → 圆角(F) 命令。

（3）在命令行中输入命令 fillet。

执行该命令后，命令行提示如下：

命令: _fillet

当前设置: 模式 = 修剪，半径 = 0.0000（系统提示）

选择第一个对象或 [放弃(U)/多段线(P)/半径(R)/修剪(T)/多个(M)]:（选择要进行圆角的边）

输入圆角半径:（指定圆角的半径）

选择边或 [链(C)/半径(R)]:（指定圆角的边）

选择边或 [链(C)/半径(R)]:（按回车键结束命令）

其中各命令选项的功能介绍如下：

（1）选择边：此命令选项为默认选项，可以选取三维对象的多条边，同时对其进行圆角操作。

（2）链(C)：选择此命令选项，当选取三维对象的一条边时，同时选取与其相切的边。

（3）半径(R)：选择此命令选项，可重新设置圆角的半径。

例如，用圆角命令对如图 10.2.8（a）所示图形中实体的棱边进行圆角操作，具体操作步骤如下：

命令: _fillet

当前设置: 模式 = 修剪，半径 = 0.0000（系统提示）

选择第一个对象或 [放弃(U)/多段线(P)/半径(R)/修剪(T)/多个(M)]:（选择如图 10.2.8（a）所示图形中的边 AB）

输入圆角半径 <0.0000>: 10（输入圆角半径）

选择边或 [链(C)/半径(R)]:（按回车键结束命令）

已选定 1 个边用于圆角。（系统提示）

对实体边圆角后的效果如图 10.2.8（b）所示。

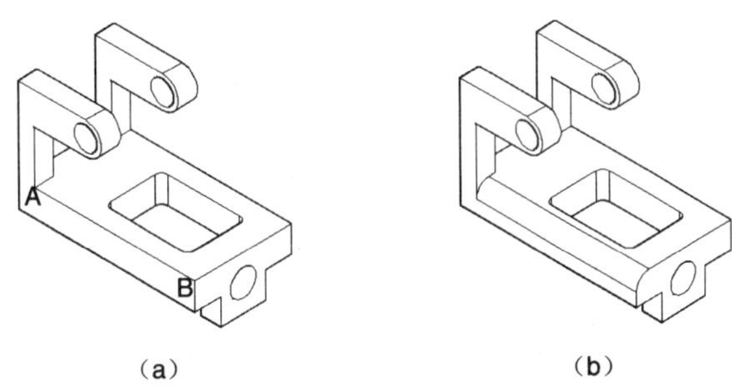

图 10.2.8　对实体圆角

（a）原始图形；（b）效果图

10.2.4　剖切实体

使用剖切命令可以将指定的实体以平面进行剖切。在 AutoCAD 2008 中，执行剖切命令的方法有以下两种：

（1）选择 修改(M) → 三维操作(3) → 剖切(S) 命令。

（2）在命令行中输入命令 slice。

执行该命令后，命令行提示如下：

命令: _slice

选择对象:（选择要进行剖切的实体对象）

选择对象:（按回车键结束对象选择）

指定切面上的第一个点，依照 [对象(O)/Z 轴(Z)/视图(V)/XY 平面(XY)/YZ 平面(YZ)/ZX 平面(ZX)/三点(3)] <三点>:（指定切面上的第一个点）

指定平面上的第二个点:（指定切面上的第二个点）

指定平面上的第三个点:（指定切面上的第三个点）

在要保留的一侧指定点或 [保留两侧(B)]:（指定要保留的一侧实体）

其中各命令选项功能介绍如下：

（1）对象(O)：选择此命令选项，将指定圆、椭圆、圆弧、椭圆弧、二维样条曲线或二维多段线为剪切面。

（2）Z 轴(Z)：选择此命令选项，通过平面上指定一点和在平面的 Z 轴（法向方向）上指定另一点来定义剪切平面。

（3）视图(V)：选择此命令选项，将指定当前视口的视图平面为剪切平面，指定一点定义剪切平面的位置。

（4）XY 平面(XY)：选择此命令选项，将指定当前用户坐标系（UCS）的 XY 平面为剪切平面。指定一点定义剪切平面的位置。

（5）YZ 平面(YZ)：选择此命令选项，将指定当前 UCS 的 YZ 平面为剪切平面，指定一点定义剪切平面的位置。

（6）ZX 平面(ZX)：选择此命令选项，将指定当前 UCS 的 ZX 平面为剪切平面，指定一点定义剪切平面的位置。

（7）三点(3)：选择此命令选项，指定三点来定义剪切平面，此选项为系统默认的定义剪切面的方法。

（8）在要保留的一侧指定点：选择此命令选项，定义一点从而确定图形将保留剖切实体的哪一侧，该点不能位于剪切平面上。

（9）保留两侧(B)：选择此命令选项，将剖切实体的两侧均保留。

例如，使用剖切命令对如图 10.2.9（a）所示图形进行剖切操作，并保留部分剖切后的实体，具体操作步骤如下：

命令: _slice

选择要剖切的对象: 找到 1 个（选择如图 10.2.9（a）所示的图形）

选择要剖切的对象:（按回车键结束对象选择）

指定切面的起点或 [平面对象(O)/曲面(S)/Z 轴(Z)/视图(V)/XY/YZ/ZX/三点(3)] <三点>:（捕捉如图 10.2.9（a）所示图形中的中点 A）

指定平面上的第二个点:（捕捉如图 10.2.9（a）所示图形中的中点 B）

在所需的侧面上指定点或 [保留两个侧面(B)] <保留两个侧面>:（捕捉如图 10.2.9（a）所示图形中的中点 C）

该点不可以在剖切平面上。（系统提示）

在所需的侧面上指定点或 [保留两个侧面(B)] <保留两个侧面>:（捕捉如图 10.2.9（a）所示图形

中的角点 D）

剖切实体后的效果如图 10.2.9（b）所示。

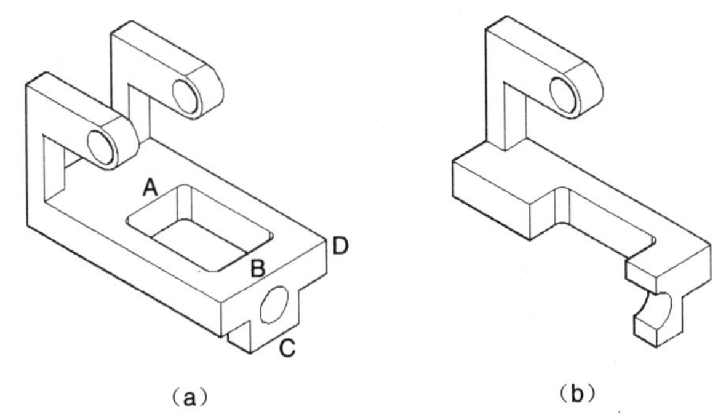

（a）　　　　（b）

图 10.2.9　剖切实体

（a）原始图形；（b）效果图

10.2.5　加厚实体

使用加厚命令为曲面添加厚度，使其转换成实体对象。在 AutoCAD 2008 中，执行加厚命令的方法有以下两种：

（1）选择 修改(M) → 三维操作(3) → 加厚(T) 命令。

（2）在命令行中输入命令 Thicken。

命令: _Thicken

选择要加厚的曲面:（选择要加厚的曲面）

选择要加厚的曲面:（按回车键结束对象选择）

指定厚度 <0.0000>:（输入厚度值）

例如，对如图 10.2.10（a）所示曲面图形添加厚度，使其转换成实体对象，效果如图 10.2.10（b）所示。

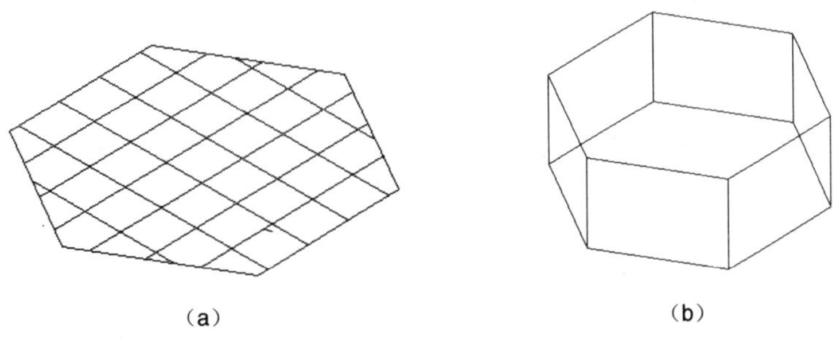

（a）　　　　（b）

图 10.2.10　对曲面添加厚度

（a）原始图形；（b）效果图

10.2.6　编辑实体的面

AutoCAD 允许用户对实体的面单独进行编辑，单击“实体编辑”工具栏中的相应按钮，或选择 修改(M) → 实体编辑(N) 菜单子命令即可执行相应的操作，如图 10.2.11 所示。

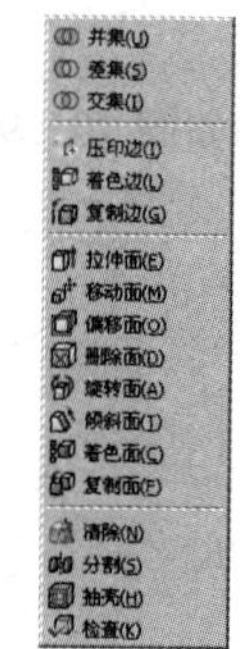

图 10.2.11 “实体编辑”工具栏和“实体编辑”子菜单

1. 拉伸面

使用拉伸面可以将实体的面拉伸指定的高度，或沿指定路径进行拉伸。在 AutoCAD 2008 中，执行拉伸面命令的方法有以下两种：

（1）单击“实体编辑”工具栏中的“拉伸面”按钮。

（2）选择 修改(M) → 实体编辑(N) → 拉伸面(E) 命令。

执行该命令后，命令行提示如下：

命令: _solidedit

实体编辑自动检查： SOLIDCHECK=1

输入实体编辑选项 [面(F)/边(E)/体(B)/放弃(U)/退出(X)] <退出>: _face

输入面编辑选项[拉伸(E)/移动(M)/旋转(R)/偏移(O)/倾斜(T)/删除(D)/复制(C)/颜色(L)/材质(A)/放弃(U)/退出(X)] <退出>: _extrude

选择面或 [放弃(U)/删除(R)]:（选择要拉伸的实体面）

选择面或 [放弃(U)/删除(R)/全部(ALL)]:（按回车键结束对象选择）

指定拉伸高度或 [路径(P)]:（指定拉伸的高度或选择拉伸的路径）

指定拉伸的倾斜角度 <0>:（指定拉伸的倾斜角度）

拉伸面的效果如图 10.2.12 所示。

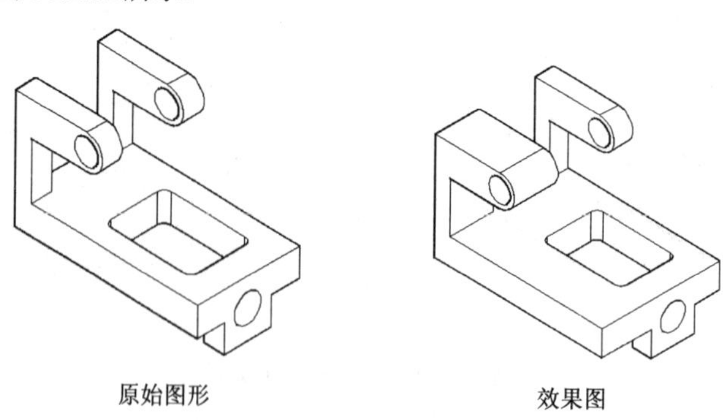

图 10.2.12 拉伸面

2. 移动面

使用移动面命令可以按指定的高度或距离移动选定的实体面。在 AutoCAD 2008 中，执行移动面命令的方法有以下两种：

（1）单击“实体编辑”工具栏中的“移动面”按钮。

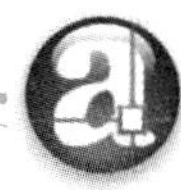

（2）选择 修改(M) → 实体编辑(N) → 移动面(M) 命令。

执行此命令后，命令行提示如下：

命令: _solidedit

实体编辑自动检查: SOLIDCHECK=1

输入实体编辑选项 [面(F)/边(E)/体(B)/放弃(U)/退出(X)] <退出>: _face

输入面编辑选项[拉伸(E)/移动(M)/旋转(R)/偏移(O)/倾斜(T)/删除(D)/复制(C)/颜色(L)/材质(A)/放弃(U)/退出(X)] <退出>: _move

选择面或 [放弃(U)/删除(R)]:（选择要移动的面）

选择面或 [放弃(U)/删除(R)/全部(ALL)]:（按回车键结束对象选择）

指定基点或位移:（指定移动的基点）

指定位移的第二点:（指定位移的第二点）

移动面的效果如图 10.2.13 所示。

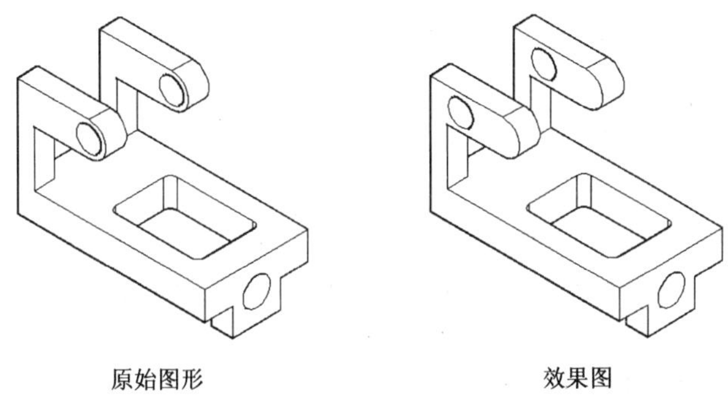

图 10.2.13 移动面

3. 偏移面

使用偏移面命令可以按指定的距离或通过指定的点将实体的面均匀地移动。在 AutoCAD 2008 中，执行偏移面命令的方法有以下两种：

（1）单击“实体编辑”工具栏中的“偏移面”按钮。

（2）选择 修改(M) → 实体编辑(N) → 偏移面(O) 命令。

执行此命令后，命令行提示如下：

命令: _solidedit

实体编辑自动检查: SOLIDCHECK=1

输入实体编辑选项 [面(F)/边(E)/体(B)/放弃(U)/退出(X)] <退出>: _face

输入面编辑选项[拉伸(E)/移动(M)/旋转(R)/偏移(O)/倾斜(T)/删除(D)/复制(C)/颜色(L)/材质(A)/放弃(U)/退出(X)] <退出>: _offset

选择面或 [放弃(U)/删除(R)]:（选择要偏移的面）

选择面或 [放弃(U)/删除(R)/全部(ALL)]:（按回车键结束对象选择）

指定偏移距离:（指定偏移的距离）

偏移面的效果如图 10.2.14 所示。

4. 删除面

使用删除面命令可以将实体表面不用的对象清除掉，包括圆角和倒角等对象。在 AutoCAD 2008

中，执行删除面命令的方法有以下两种：

（1）单击“实体编辑”工具栏中的“删除面”按钮。

（2）选择 修改(M) → 实体编辑(N) → 删除面(D) 命令。

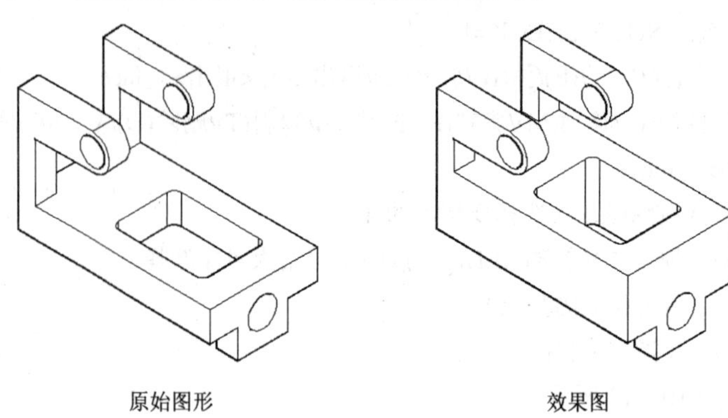

图 10.2.14　偏移面

执行此命令后，命令行提示如下：

命令: _solidedit

实体编辑自动检查:　SOLIDCHECK=1

输入实体编辑选项 [面(F)/边(E)/体(B)/放弃(U)/退出(X)] <退出>: _face

输入面编辑选项[拉伸(E)/移动(M)/旋转(R)/偏移(O)/倾斜(T)/删除(D)/复制(C)/颜色(L)/材质(A)/放弃(U)/退出(X)] <退出>:_delete

选择面或 [放弃(U)/删除(R)]:（选择要删除的面）

选择面或 [放弃(U)/删除(R)/全部(ALL)]:（按回车键结束命令）

删除面的效果如图 10.2.15 所示。

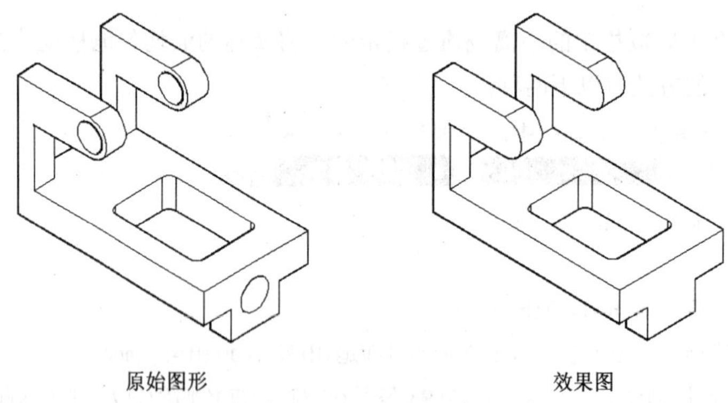

图 10.2.15　删除面

5. 旋转面

使用旋转面命令可以绕指定的轴旋转一个或多个面或实体的某些部分。在 AutoCAD 2008 中，执行旋转面命令的方法有以下两种：

（1）单击“实体编辑”工具栏中的“旋转面”按钮。

（2）选择 修改(M) → 实体编辑(N) → 旋转面(A) 命令。

执行此命令后，命令行提示如下：

命令: _solidedit

实体编辑自动检查:　SOLIDCHECK=1

输入实体编辑选项 [面(F)/边(E)/体(B)/放弃(U)/退出(X)] <退出>: _face

输入面编辑选项[拉伸(E)/移动(M)/旋转(R)/偏移(O)/倾斜(T)/删除(D)/复制(C)/颜色(L)/材质(A)/放弃(U)/退出(X)] <退出>: _rotate

选择面或 [放弃(U)/删除(R)]:（选择要旋转的面）

选择面或 [放弃(U)/删除(R)/全部(ALL)]:（按回车键结束对象选择）

指定轴点或 [经过对象的轴(A)/视图(V)/X 轴(X)/Y 轴(Y)/Z 轴(Z)] <两点>:（指定旋转轴的第一点）

在旋转轴上指定第二个点:（指定旋转轴的第二点）

指定旋转角度或 [参照(R)]:（指定旋转角度）

旋转面的效果如图 10.2.16 所示。

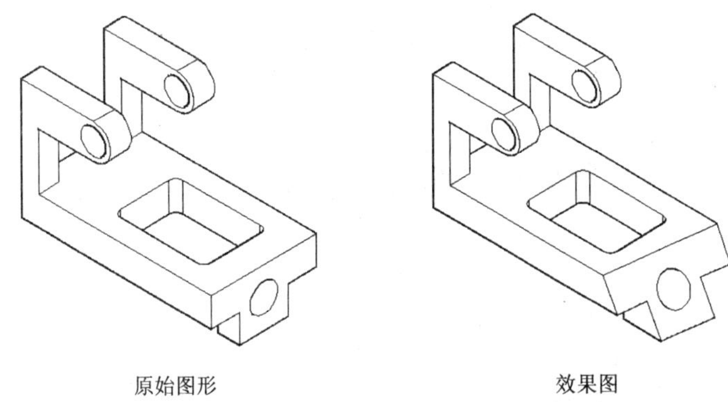

原始图形　　　　效果图

图 10.2.16　旋转面

6. 倾斜面

使用倾斜面命令可以按一个角度将实体的面进行倾斜。在 AutoCAD 2008 中，执行倾斜面命令的方法有以下两种：

（1）单击“实体编辑”工具栏中的“倾斜面”按钮。

（2）选择 修改(M) → 实体编辑(N) → 倾斜面(T) 命令。

执行此命令后，命令行提示如下：

命令: _solidedit

实体编辑自动检查:　SOLIDCHECK=1

输入实体编辑选项 [面(F)/边(E)/体(B)/放弃(U)/退出(X)] <退出>: _face

输入面编辑选项[拉伸(E)/移动(M)/旋转(R)/偏移(O)/倾斜(T)/删除(D)/复制(C)/颜色(L)/材质(A)/放弃(U)/退出(X)] <退出>: _taper

选择面或 [放弃(U)/删除(R)]:（选择要倾斜的面）

选择面或 [放弃(U)/删除(R)/全部(ALL)]:（按回车键结束对象选择）

指定基点:（指定倾斜轴的第一点）

指定沿倾斜轴的另一个点:（指定倾斜轴的第二点）

指定倾斜角度:（指定倾斜角）

倾斜面的效果如图 10.2.17 所示。

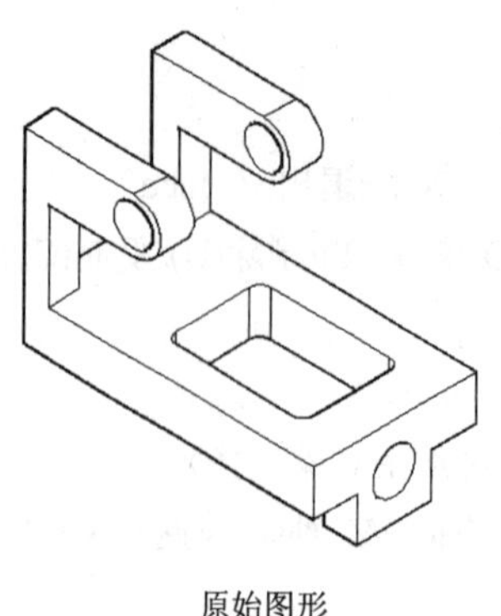

原始图形

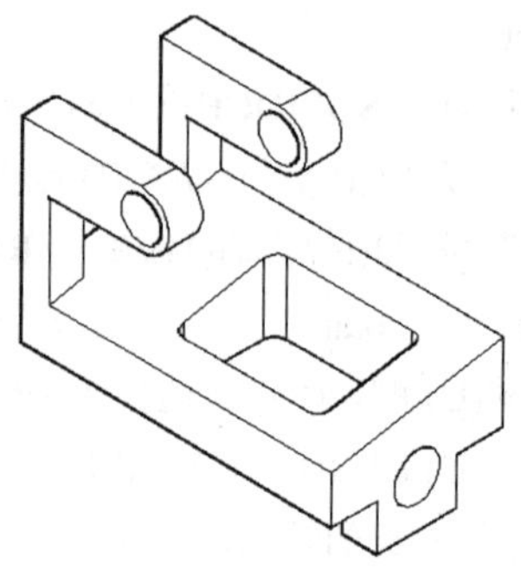

效果图

图 10.2.17　倾斜面

7. 着色面

使用着色面命令可以为实体的面选择指定的颜色。在 AutoCAD 2008 中，执行着色面命令的方法有以下两种：

（1）单击“实体编辑”工具栏中的“着色面”按钮。

（2）选择 修改(M) → 实体编辑(N) → 着色面(C) 命令。

执行此命令后，命令行提示如下：

命令: _solidedit

实体编辑自动检查:　SOLIDCHECK=1

输入实体编辑选项 [面(F)/边(E)/体(B)/放弃(U)/退出(X)] <退出>: _face

输入面编辑选项[拉伸(E)/移动(M)/旋转(R)/偏移(O)/倾斜(T)/删除(D)/复制(C)/颜色(L)/材质(A)/放弃(U)/退出(X)] <退出>: _color

选择面或 [放弃(U)/删除(R)]:（选择要着色的面）

系统弹出 选择颜色 对话框，在该对话框中为实体的面选择一种颜色，然后单击 确定 按钮结束命令。着色面的效果如图 10.2.18 所示。

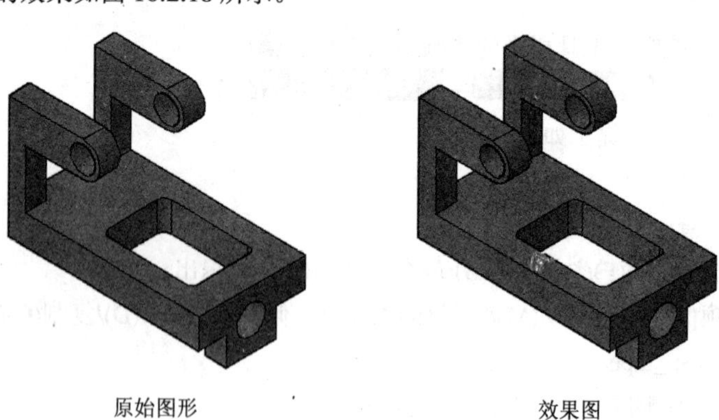

原始图形　　　　效果图

图 10.2.18　着色面

8. 复制面

使用复制面命令可以为三维实体的面创建副本。在 AutoCAD 2008 中，执行复制面命令的方法有以下两种：

（1）单击“实体编辑”工具栏中的“复制面”按钮。

（2）选择 修改(M) → 实体编辑(N) ▸ → 复制面(F) 命令。

执行此命令后，命令行提示如下：

命令: _solidedit

实体编辑自动检查:　SOLIDCHECK=1

输入实体编辑选项 [面(F)/边(E)/体(B)/放弃(U)/退出(X)] <退出>: _face

输入面编辑选项[拉伸(E)/移动(M)/旋转(R)/偏移(O)/倾斜(T)/删除(D)/复制(C)/颜色(L)/材质(A)/放弃(U)/退出(X)] <退出>: _copy

选择面或 [放弃(U)/删除(R)]:（选择要复制的面）

选择面或 [放弃(U)/删除(R)/全部(ALL)]:（按回车键结束对象选择）

指定基点或位移:（指定复制面的基点）

指定位移的第二点:（指定位移的第二点）

复制面的效果如图 10.2.19 所示。

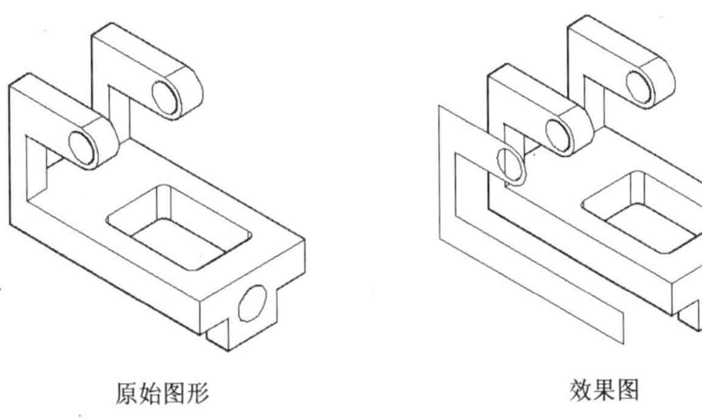

图 10.2.19　复制面

10.2.7　编辑实体的边

在 AutoCAD 2008 中，不仅可以单独对实体的面进行编辑，而且还可以单独对实体的边进行编辑。选择 修改(M) → 实体编辑(N) ▸ 菜单中的子命令即可执行相应的操作，如图 10.2.20 所示。

图 10.2.20　“实体编辑”工具栏和“实体编辑”子菜单

1．对实体压印边

使用压印命令可以在实体的表面压制出一个对象。在 AutoCAD 2008 中，执行压印命令的方法有以下两种：

（1）单击“实体编辑”工具栏中的“压印”按钮。

（2）选择 修改(M) → 实体编辑(N) → 压印边(I) 命令。

执行该命令后，命令行提示如下：

命令: _imprint

选择三维实体:（选择要压印的三维实体）

选择要压印的对象:（选择要压印的对象）

是否删除源对象 [是(Y)/否(N)] <N>:（选择是否删除源对象）

选择要压印的对象:（按回车键结束命令）

压印的效果如图 10.2.21 所示。

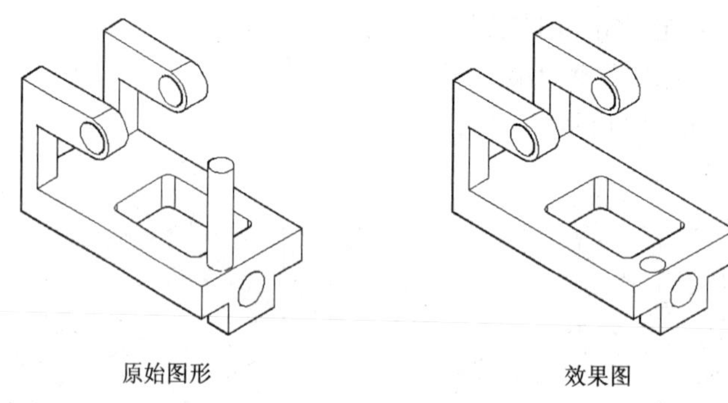

图 10.2.21　压印效果

2. 对实体着色边

使用着色边命令可以对实体的边进行着色。在 AutoCAD 2008 中，执行着色边命令的方法有以下两种：

（1）单击“实体编辑”工具栏中的“着色边”按钮。

（2）选择 修改(M) → 实体编辑(N) → 着色边(L) 命令。

执行此命令后，命令行提示如下：

命令: _solidedit

实体编辑自动检查:　SOLIDCHECK=1

输入实体编辑选项 [面(F)/边(E)/体(B)/放弃(U)/退出(X)] <退出>: _edge

输入边编辑选项 [复制(C)/着色(L)/放弃(U)/退出(X)] <退出>: _color

选择边或 [放弃(U)/删除(R)]:（选择要着色的边后按回车键）

系统弹出 选择颜色 对话框，在该对话框中为实体的边选择一种颜色，然后单击 确定 按钮结束命令。

3. 对实体复制边

使用复制边命令可以复制实体的边。在 AutoCAD 2008 中，执行复制边命令的方法有以下两种：

（1）单击“实体编辑”工具栏中的“复制边”按钮。

（2）选择 修改(M) → 实体编辑(N) → 复制边(G) 命令。

执行此命令后，命令行提示如下：

命令: _solidedit

实体编辑自动检查:　SOLIDCHECK=1

输入实体编辑选项 [面(F)/边(E)/体(B)/放弃(U)/退出(X)] <退出>: _edge

输入边编辑选项 [复制(C)/着色(L)/放弃(U)/退出(X)] <退出>: _copy

选择边或 [放弃(U)/删除(R)]:（选择要复制的边）

选择边或 [放弃(U)/删除(R)]:（按回车键结束对象选择）

指定基点或位移:（指定复制边的基点）

指定位移的第二点:（指定位移的第二点）

复制边的效果如图 10.2.22 所示。

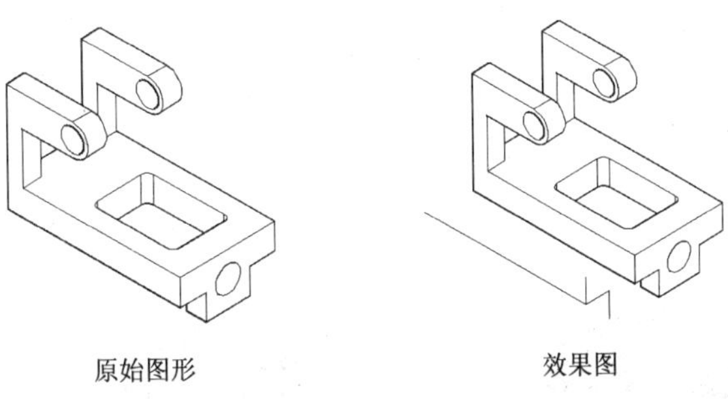

原始图形　　效果图

图 10.2.22　复制边

10.3　视觉样式

视觉样式决定了三维实体的显示效果。在 AutoCAD 2008 中，单击“视觉样式”工具栏中的相应按钮，或选择 视图(V) → 视觉样式(S) 菜单中的子命令，可以改变三维实体的视觉样式，如图 10.3.1 所示。

图 10.3.1　“视觉样式”工具栏和“视觉样式”子菜单

10.3.1　应用视觉样式

AutoCAD 2008 为用户提供了 5 种视觉样式，分别为“二维线框”、“三维线框”、“三维隐藏”、“真实”和“概念”。在这些视觉样式下，用户对实体的平移和缩放等操作都不会影响实体的显示效果。

（1）二维线框：该模式用于显示直线和曲线表示边界的对象。光栅和 OLE 对象、线型和线宽均可见。

（2）三维线框：该模式用于显示用直线和曲线表示边界的对象，同时显示三维坐标球和已经使用的材质颜色。

（3）三维隐藏：该模式用于显示用三维线框表示的对象，并隐藏当前视图中看不到的直线。

（4）真实：该模式用于着色多边形平面间的对象，并使对象的边平滑化，同时显示已附着到对象的材质。

（5）概念：该模式用于着色多边形平面间的对象，并使对象的边平滑化。着色使用古氏面样式，一种冷色和暖色之间的过渡而不是从深色到浅色的过渡。该模式下显示的对象效果缺乏真实感，但可以更方便地查看对象的细节。

各种视觉样式显示的效果如图 10.3.2 所示。

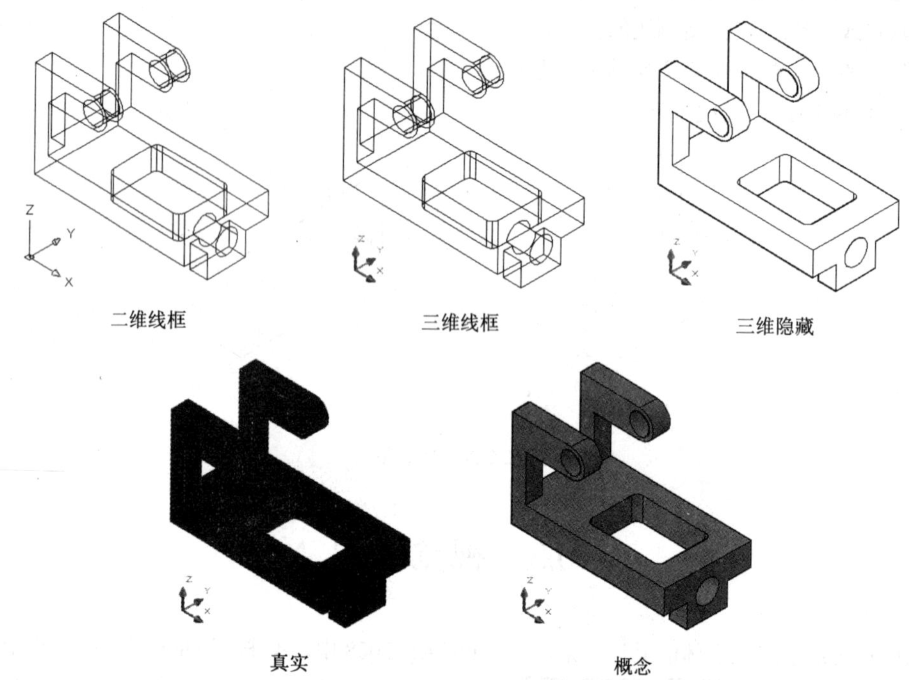

图 10.3.2　三维实体在不同视觉样式下的显示效果

10.3.2　管理视觉样式

在 AutoCAD 2008 中可以使用多种视觉样式显示三维实体，而且还可以创建新的视觉样式。选择 视图(V) → 视觉样式(S) → 视觉样式管理器(V)... 命令，或单击"视觉样式"工具栏中的"管理视觉样式"按钮，在打开的 视觉样式管理器 选项板中对各种视觉样式进行管理，如图 10.3.3 所示。

该选项板中各选项功能介绍如下：

（1）图形中的可用视觉样式 列表框：该列表框中列出了当前所有可以使用的视觉样式，选中某一种视觉样式后，单击该列表框下边的"将选定的视觉样式应用于当前视口"按钮，即可改变当前视口中实体的显示效果。

（2）"创建新视觉样式"按钮：单击此按钮，弹出 创建新的视觉样式 对话框，如图 10.3.4 所示，在该对话框中的 名称: 文本框中输入新建视觉样式的名称，在 说明: 文本框中输入新建文本框的说明，单击 确定 按钮后即可创建新的视觉样式。

（3）"将选定的视觉样式应用于当前视口"按钮：在 图形中的可用视觉样式 列表框中选中一种视觉样式后，单击此按钮即可改变当前视口中实体的显示效果。

（4）"将选定的视觉样式输出到工具选项板"按钮：单击此按钮，在"工具选项板"中创建视觉样式按钮。

（5）"删除选定的视觉样式"按钮：在 图形中的可用视觉样式 列表框中选定创建的视觉样式，单

击此按钮后即可将其删除。

在视觉样式管理器选项板的参数选项区中可以设置选定样式的面设置、环境设置、边设置等参数的相关信息，以进一步设置视觉样式。

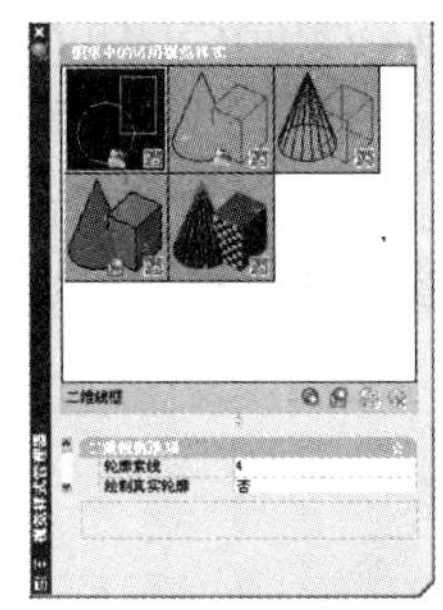

图 10.3.3　“视觉样式管理器”选项板

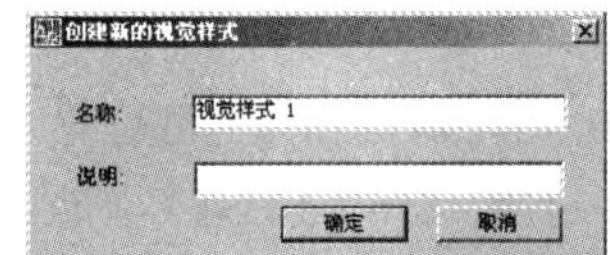

图 10.3.4　“创建新的视觉样式”对话框

10.4　渲染对象

使用渲染命令可以创建出更加逼真的三维效果。选择视图(V)→渲染(E)命令中的子命令或单击“渲染”工具栏中的相应按钮，即可执行渲染以及在渲染前的各项操作，如图 10.4.1 所示。

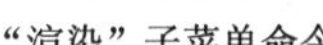

“渲染”子菜单命令

“渲染”工具栏

图 10.4.1　“渲染”子菜单命令和“渲染”工具栏

10.4.1　设置光源

光源是渲染过程中非常重要的一个条件，它由强度和颜色两个因素决定，直接反映了三维实体表面的光照情况。在 AutoCAD 2008 中，用户可以为三维实体设置自然光、点光源、平行光和聚光灯等一种或多种光源。单击“渲染”工具栏中的“光源”按钮，或选择视图(V)→渲染(E)→光源(L)菜单中的子命令可以创建和管理光源，如图 10.4.2 所示。

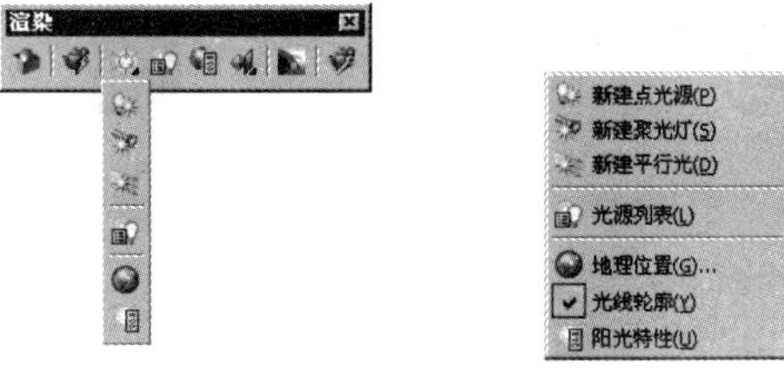

图 10.4.2　“光源”下拉列表和“光源”子菜单

1. 创建光源

AutoCAD 系统默认的光源为自然光，如果要突出表现三维对象的光照效果，还可以创建点光源、聚光灯或平行光，具体操作方法如下：

（1）创建点光源：单击“渲染”工具栏中“光源”下拉列表中的“新建点光源”按钮，或选

择 视图(V) → 渲染(E) → 光源(L) → 新建点光源(P) 命令，命令行提示如下：

命令: _pointlight

指定源位置 <0，0，0>:（用鼠标指定光源位置或直接输入光源位置）

输入要更改的选项 [名称(N)/强度(I)/状态(S)/阴影(W)/衰减(A)/颜色(C)/退出(X)] <退出>:（按回车键结束命令或选择设置其他选项）

（2）创建聚光灯：单击“渲染”工具栏中“光源”下拉列表中的“新建聚光灯”按钮，或选择 视图(V) → 渲染(E) → 光源(L) → 新建聚光灯(S) 命令，命令行提示如下：

命令: _spotlight

指定源位置 <0，0，0>:（指定光源位置）

指定目标位置 <128，256，143>:（指定目标对象位置）

输入要更改的选项 [名称(N)/强度(I)/状态(S)/聚光角(H)/照射角(F)/阴影(W)/衰减(A)/颜色(C)/退出(X)]:（按回车键结束命令）

（3）创建平行光：单击“渲染”工具栏中“光源”下拉列表中的“新建平行光”按钮，或选择 视图(V) → 渲染(E) → 光源(L) → 新建平行光(D) 命令，命令行提示如下：

命令: _distantlight

指定光源方向 FROM <0，0，0> 或 [矢量(V)]:（指定光源来的方向）

指定光源方向 TO <1，1，1>:（指定光源去的方向）

输入要更改的选项[名称(N)/强度(I)/状态(S)/阴影(W)/颜色(C)/退出(X)]<退出>:（按回车键退出命令）

2．管理光源

当在图形中创建多个光源时，可以通过单击“渲染”工具栏中“光源”下拉列表中的“光源列表”按钮，或选择 视图(V) → 渲染(E) → 光源(L) → 光源列表(L) 命令，在弹出的 模型中的光源 选项板中查看和管理所有光源，如图 10.4.3 所示。

10.4.2 设置材质

在渲染对象时，可以为对象附着合适的材质，增强渲染对象的真实感。单击“渲染”工具栏中的“材质”按钮，或选择 视图(V) → 渲染(E) → 材质(M)... 命令，在弹出的 材质 选项板中可以为对象附着材质，如图 10.4.4 所示。

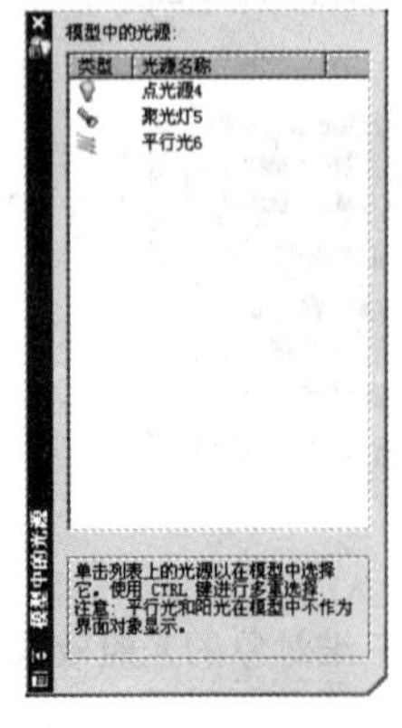

图 10.4.3 “模型中的光源”选项板

图 10.4.4 “材质”选项板

10.4.3　设置贴图

贴图是指在渲染对象时将材质映射到对象上。在 AutoCAD 2008 中，贴图的方式有 4 种，分别为平面贴图、长方体贴图、柱面贴图和球面贴图，单击“渲染”工具栏中的“贴图”下拉列表中的相应按钮，或选择视图(V)→渲染(E)→贴图(A)菜单中的子命令即可设置贴图方式，如图 10.4.5 所示。

10.4.4　渲染环境

渲染环境是指在渲染对象时进行的雾化和深度设置，单击“渲染”工具栏中的“渲染环境”按钮，或选择视图(V)→渲染(E)→渲染环境(E)...命令，在弹出的渲染环境对话框中可以设置雾化和深度的启用或关闭、颜色、背景和距离等，如图 10.4.6 所示。

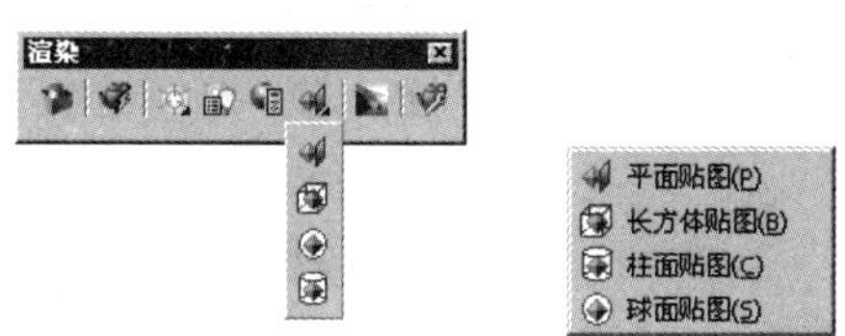

图 10.4.5　“贴图”下拉列表和“贴图”子菜单

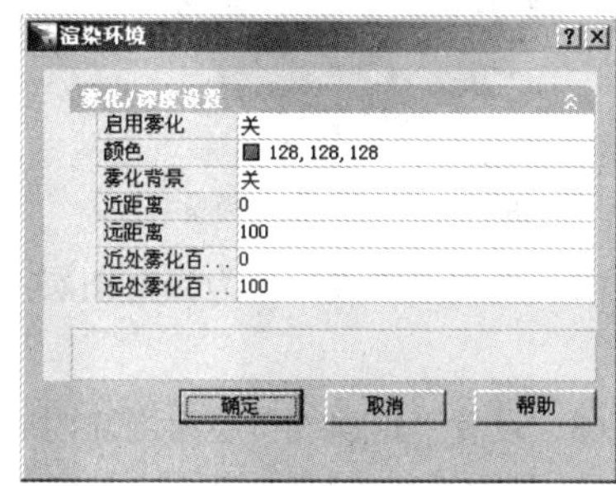

图 10.4.6　“渲染环境”对话框

10.4.5　设置高级渲染环境

渲染环境设置只对雾化和深度进行设置，如果要进一步对渲染环境进行设置，可以单击“渲染”工具栏中的“高级渲染设置”按钮，或选择视图(V)→渲染(E)→高级渲染设置(D)...命令，在弹出的高级渲染设置选项板中进行设置，如图 10.4.7 所示。

高级渲染设置包括了渲染类型的基本、光线跟踪间接发光、诊断、处理等参数设置。高级渲染设置可以分为“草稿”、“低”、“中”、“高”和“演示”5 种，同时还可以在“选择渲染预设”下拉列表中选择“管理渲染预设”选项，在弹出的渲染预设管理器对话框中自定义渲染预设，如图 10.4.8 所示。

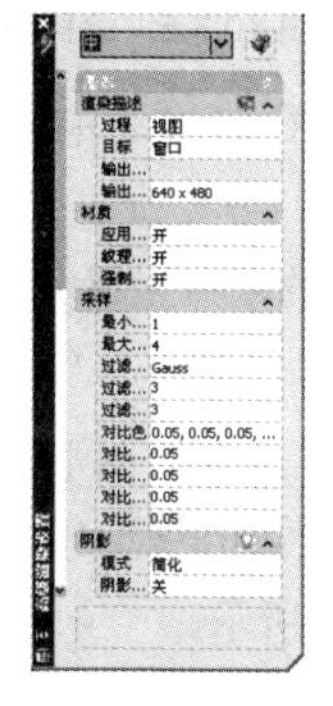

图 10.4.7　“高级渲染设置”选项板

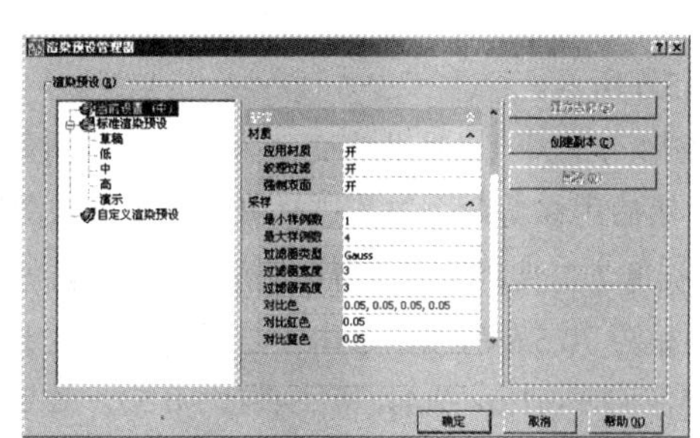

图 10.4.8　“渲染预设管理器”对话框

10.5 典型实例——绘制齿轮蒙面模型

绘制如图 10.5.1 所示的齿轮蒙面模型。

创作步骤

（1）单击“图层”工具栏中的“图层特性管理器”按钮，在弹出的图层特性管理器对话框中新建名称为“轴线”和“轮廓线”的两个图层，参数设置如图 10.5.2 所示。

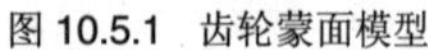

图 10.5.1　齿轮蒙面模型

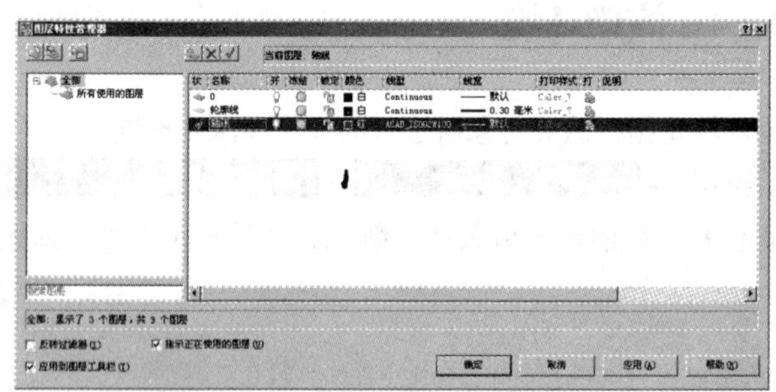

图 10.5.2　“图层特性管理器”对话框

（2）设置“轴线”层为当前图层，在绘图窗口中绘制两条相互垂直的辅助线，效果如图 10.5.3 所示。

（3）设置“轮廓线”层为当前图层，单击“绘图”工具栏中的“圆”按钮，以辅助线的交点为圆心，分别绘制半径为 10，33.5 和 38 的圆，效果如图 10.5.4 所示。

（4）单击“修改”工具栏中的“偏移”按钮，设置偏移距离为 13，将水平的辅助线向上进行偏移。再次执行偏移命令，设置偏移距离为 3，将垂直的辅助线分别向两边进行偏移，偏移后的效果如图 10.5.5 所示。

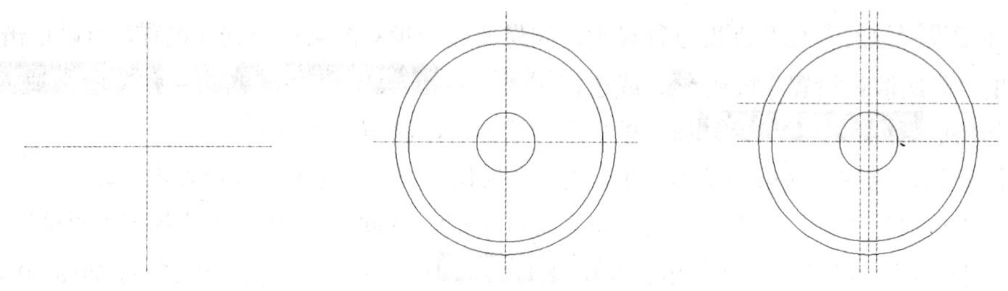

图 10.5.3　绘制辅助线　　图 10.5.4　绘制圆　　图 10.5.5　偏移辅助线

（5）单击“修改”工具栏中的“修剪”按钮，对绘制的图形进行修剪，并将其匹配到轮廓线层，效果如图 10.5.6 所示。

（6）执行绘制直线命令，以辅助线交点为圆心绘制两条直线，直线的端点坐标分别为（@ 50 < 85）和（@ 50 <95），然后用修剪命令对其进行修剪，效果如图 10.5.7 所示。

（7）单击“标准”工具栏中的“窗口缩放”按钮，局部放大显示绘制的图形，效果如图 10.5.8 所示。新建 UCS 如图 10.5.8 所示，单击“绘图”工具栏中的“圆弧”按钮，分别指定圆弧上的 3 个点坐标为（-0.5，5），（-1.6，2.4）和（-2.1，-0.5），效果如图 10.5.8 所示。

（8）执行修剪命令，对如图 10.5.8 所示图形进行修剪，然后单击“修改”工具栏中的“镜像”按钮，以垂直的辅助线为镜像线，对修剪后的圆弧进行镜像操作，效果如图 10.5.9 所示。

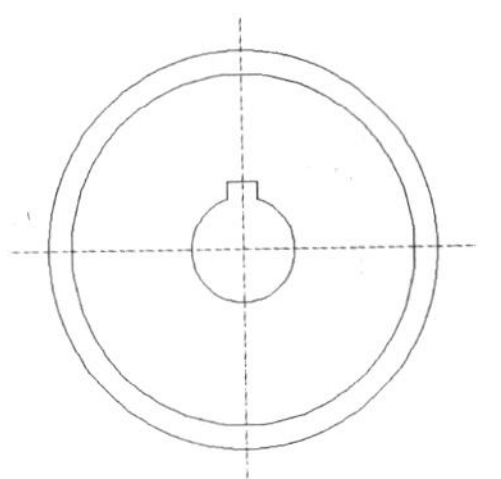

图 10.5.6　修剪图形

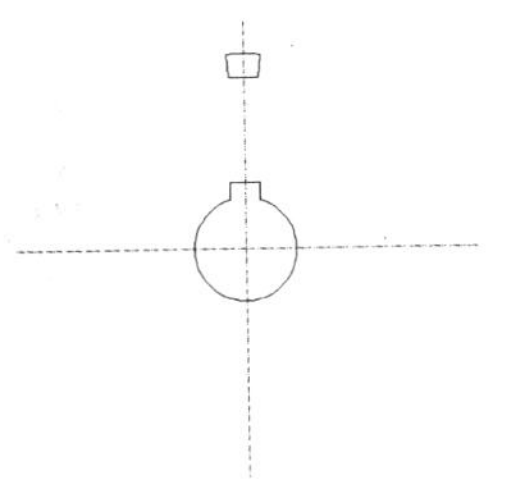

图 10.5.7　绘制直线并修剪图形

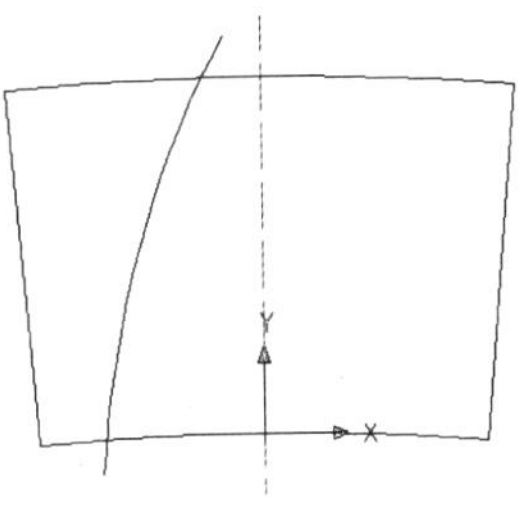

图 10.5.8　绘制圆弧

（9）恢复世界坐标系，然后单击“修改”工具栏中的“阵列”按钮，在弹出的阵列对话框中选中环形阵列(P)单选按钮，以辅助线的交点为阵列中心点，对如图 10.5.9 所示图形进行环形阵列，阵列的数目为 36，效果如图 10.5.10 所示。

（10）在命令行中输入 pedit 命令，将轮廓线上的对象合并成两条多段线。

（11）切换视图到东南等轴测，单击“修改”工具栏中的“复制”按钮，复制绘制的所有对象，指定目标点坐标为（@0，0，20），效果如图 10.5.11 所示。

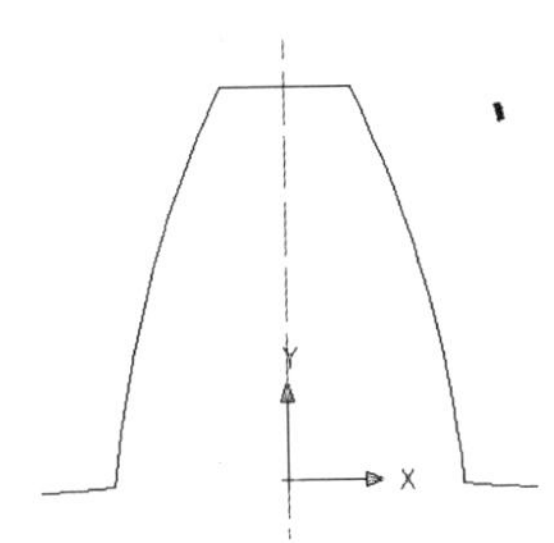

图 10.5.9　修剪并镜像圆弧

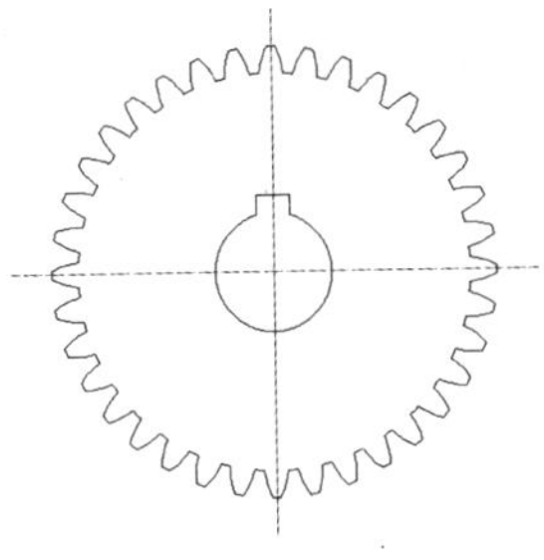

图 10.5.10　阵列图形

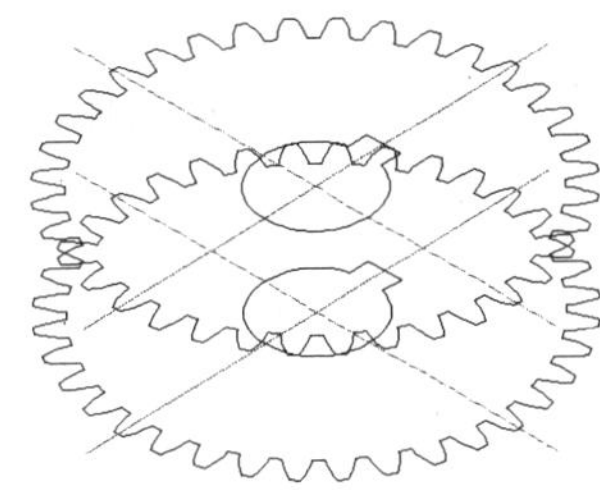

图 10.5.11　复制对象

（12）单击“修改”工具栏中的“旋转”按钮，以复制的辅助线交点为中心，旋转复制后的齿轮轮廓线，旋转角度为 6.785°，效果如图 10.5.12 所示。

（13）在命令行中输入命令 surftab1，设置 surftab1 的值为 360，然后选择绘图(D)→建模(M)→网格(M)→直纹网格(R)命令，分别选择下齿轮线和上齿轮线，创建的齿轮蒙面效果如图 10.5.13 所示。

（14）单击“修改”工具栏中的“移动”按钮，将创建的齿轮蒙面移开，移动的目标点坐标为（@0，200，0）。单击“修改”工具栏中的“打断于点”按钮，以齿轮线与辅助线的交点为断点将其打断，断点分别为 A，B，C，D，E，F，G 和 H，如图 10.5.14 所示。

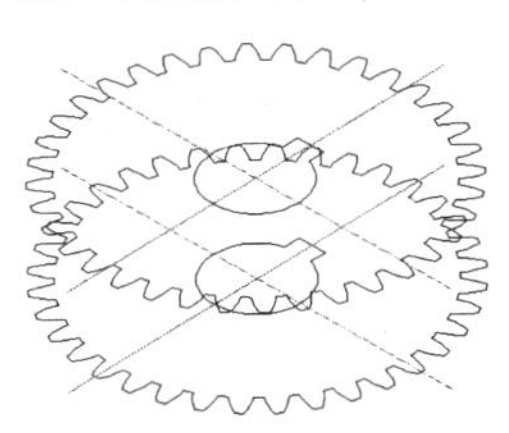

图 10.5.12　旋转对象

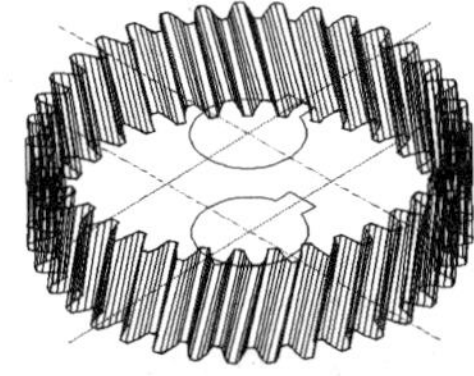

图 10.5.13　创建齿轮蒙面

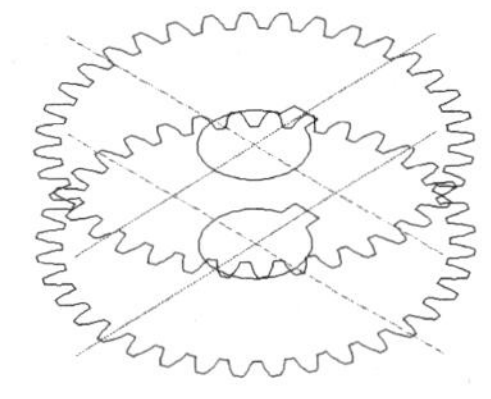

图 10.5.14　打断齿轮轮廓线

（15）选择绘图(D)→建模(M)→网格(M)→直纹网格(R)命令，在命令行的提示下依次选中如图 10.5.15 所示的 M 点和 N 点，然后再次执行该命令，依次选中如图 10.5.15 所示图形中的 P 点和 Q 点，绘制的蒙面效果如图 10.5.16 所示。

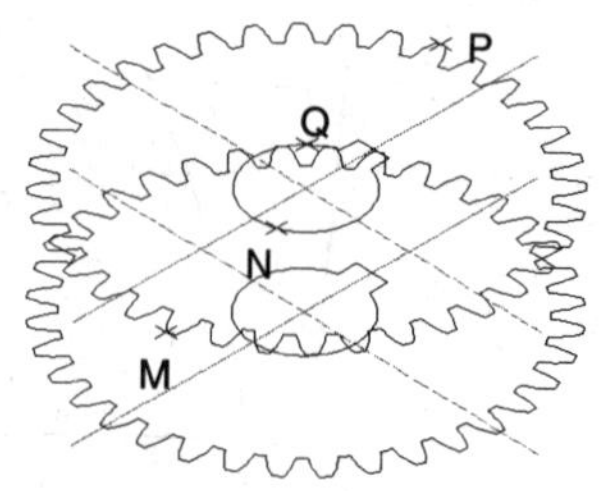

图 10.5.15　选择对象上的点

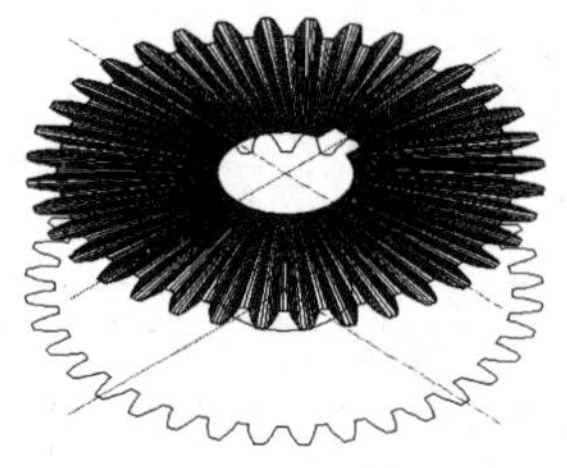
图 10.5.16　绘制蒙面效果

（16）用移动命令将创建的蒙面移开，然后用同样的方法绘制另一侧的蒙面，并将中心孔轮廓线也创建成蒙面，再将所有创建的蒙面移回到原来位置，着色后的最终效果如图 10.5.1 所示。

小　结

本章主要讲解了三维实体的编辑方法，使用这些方法可以在三维空间对实体对象进行各种编辑，如移动、旋转、对齐、镜像、阵列、剖切和加厚等，以及渲染实体对象的方法，通过本章的学习，读者就可以创建出各种三维实体对象，并渲染出逼真的实体模型。

过关练习十

一、填空题

1．在 AutoCAD 2008 中，对三维对象的操作包括__________、__________、__________、三维镜像和__________。

2．在 AutoCAD 2008 中，可以使用__________、__________、__________、__________和__________ 5 种视觉样式显示三维对象。

二、选择题

1．在 AutoCAD 2008 中，可以对实体的面单独进行编辑，如（　）等。

A．移动面　　B．旋转面　　C．倾斜面　　D．着色面

2．光源是渲染过程中非常重要的一个条件，它由（　）两个因素决定，直接反映了三维实体表面的光照情况。

A．强度　　B．颜色　　C．角度　　D．时间

三、上机操作

绘制如题图 10.1 所示的三维实体并渲染图形。

题图 10.1

第 11 章　行业应用实例

为了更好地了解并掌握 AutoCAD 2008，本章准备了一些具有代表性的实例。所举实例由浅入深地贯穿本书的知识点，相信通过本章实例的学习，读者能够掌握该软件的强大功能。

本章重点

（1）箱体零件剖视图。

（2）端盖零件图。

（3）绘制建筑结构图。

（4）别墅首层平面图。

实例 1　机械设计——箱体零件剖视图

创作目的

本例绘制箱体零件图，效果如图 11.1.1 所示。

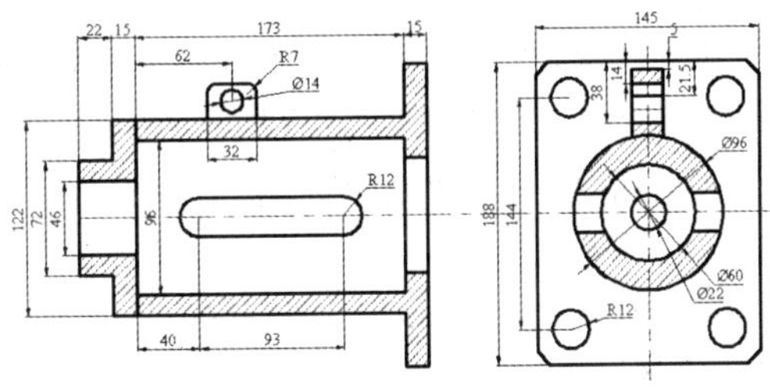

图 11.1.1　效果图

创作步骤

（1）单击“图层”工具栏中的“图层特性管理器”按钮，在弹出的图层特性管理器对话框中新建“轴线”、“轮廓线”、“图案填充”和“尺寸标注”四个新图层，设置其属性如图 11.1.2 所示。

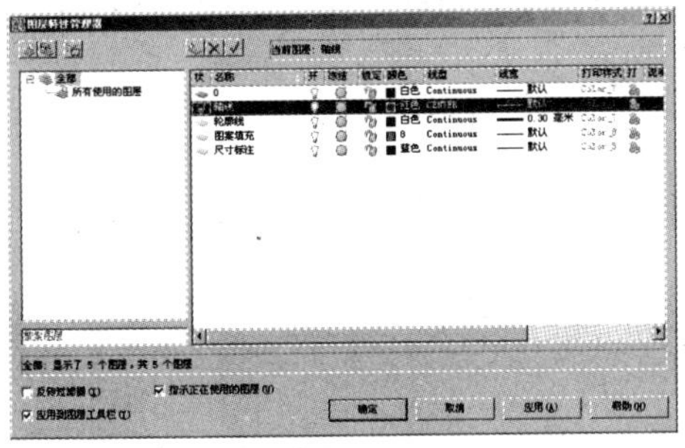

图 11.1.2　“图层特性管理器”对话框

（2）设置“轴线”层为当前图层，单击“绘图”工具栏中的“直线”按钮，在绘图窗口中绘制两条相互垂直的直线，效果如图 11.1.3 所示。

（3）单击“修改”工具栏中的“偏移”按钮，将绘制的水平直线向下偏移，偏移距离分别为 23，36，48，61 和 94，将绘制的垂直直线向右进行偏移，偏移距离分别为 22，37，210 和 225，效果如图 11.1.4 所示。

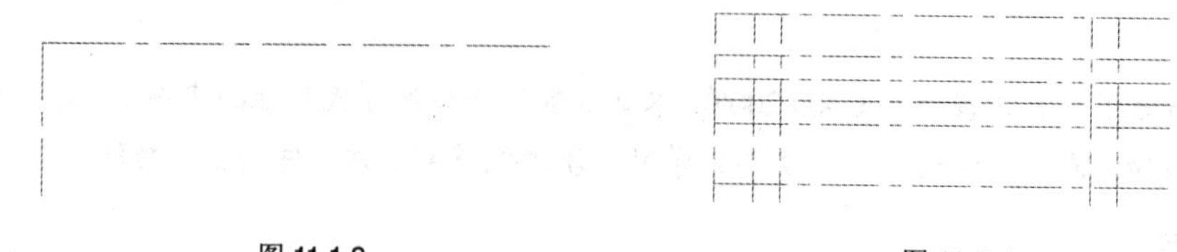

图 11.1.3　　　　图 11.1.4

（4）单击“修改”工具栏中的“修剪”按钮，对如图 11.1.4 所示图形进行修剪操作，效果如图 11.1.5 所示。

（5）选中如图 11.1.5 所示直线 AB 以下的所有图形对象，在图层工具栏中的 轴线 下拉列表中选中 轮廓线 选项，将选中的图形对象转换到轮廓线层，效果如图 11.1.6 所示。

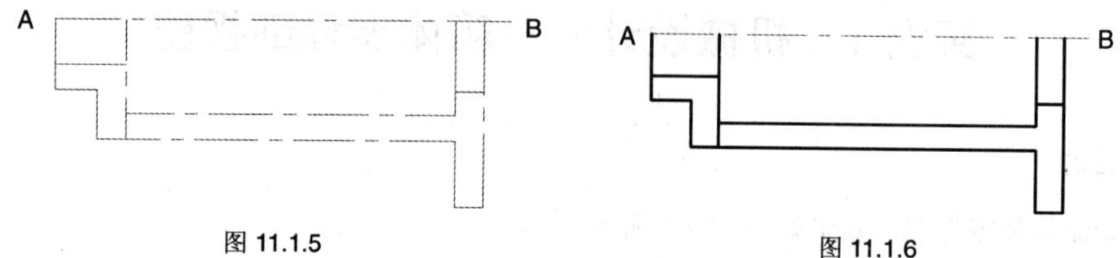

图 11.1.5　　　　图 11.1.6

（6）单击“修改”工具栏中的“镜像”按钮，以如图 11.1.6 所示图形中的直线 AB 为镜像线，对轮廓线层上的所有对象进行镜像操作，效果如图 11.1.7 所示。

（7）设置“轮廓线”层为当前图层，单击“绘图”工具栏中的“圆”按钮，命令行提示如下：

命令: _circle

指定圆的圆心或 [三点(3P)/两点(2P)/相切、相切、半径(T)]:（按住“Shift”键单击鼠标右键，在弹出的快捷菜单中选择“捕捉自”命令）

_from 基点:（捕捉如图 11.1.7 所示图形中的 A 点）

<偏移>: @40,0（输入偏移距离）

指定圆的半径或 [直径(D)]: 12（输入圆的半径）

执行复制命令，将绘制的圆平行向右进行复制，移动距离为 93，效果如图 11.1.8 所示。

（8）执行绘制直线命令，设置对象捕捉模式为“切点”，绘制如图 11.1.8 所示两个圆的切线，效果如图 11.1.9 所示。

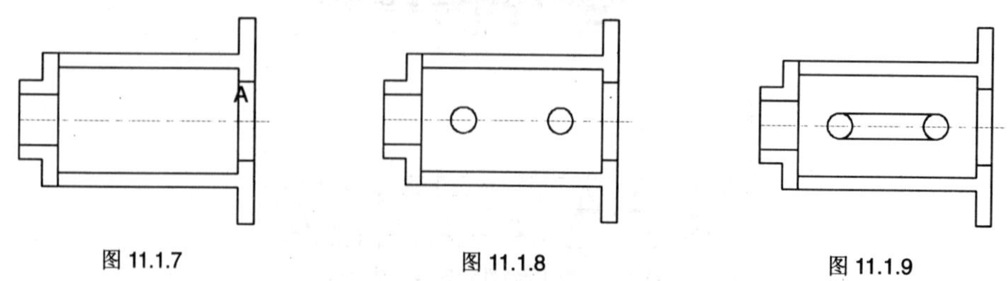

图 11.1.7　　　　图 11.1.8　　　　图 11.1.9

（9）执行修剪命令，对如图 11.1.9 所示图形进行修剪，效果如图 11.1.10 所示。

（10）单击“绘图”工具栏中的“多段线”按钮，命令行提示如下：

命令: _pline

指定起点:（单击鼠标右键，在弹出的快捷菜单中选择“捕捉自”命令）

_from 基点:（捕捉如图 11.1.11 所示图形中的 A 点）

<偏移>: @50,0（输入偏移距离）

当前线宽为 0.0000（系统提示）

指定下一点或 [圆弧(A)/半宽(H)/长度(L)/放弃(U)/宽度(W)]: @ 0,22（输入端点坐标）

指定下一点或 [圆弧(A)/闭合(C)/半宽(H)/长度(L)/放弃(U)/宽度(W)]: @ 32,0（输入端点坐标）

指定下一点或 [圆弧(A)/闭合(C)/半宽(H)/长度(L)/放弃(U)/宽度(W)]: @ 0,-22（输入端点坐标）

指定下一点或 [圆弧(A)/闭合(C)/半宽(H)/长度(L)/放弃(U)/宽度(W)]:（按回车键结束命令）

绘制的多段线如图 11.1.11 所示。

（11）单击“绘图”工具栏中的“圆”按钮，命令行提示如下：

命令: _circle

指定圆的圆心或 [三点(3P)/两点(2P)/相切、相切、半径(T)]:（单击鼠标右键，在弹出的快捷菜单中选择“两点之间的中点”命令）

_m2p 中点的第一点:（捕捉如图 11.1.12 所示图形中的中点 A）

中点的第二点:（捕捉如图 11.1.12 所示图形中的中点 B）

指定圆的半径或 [直径(D)] <12.0000>: 7（输入圆的半径）

绘制的圆如图 11.1.12 所示。

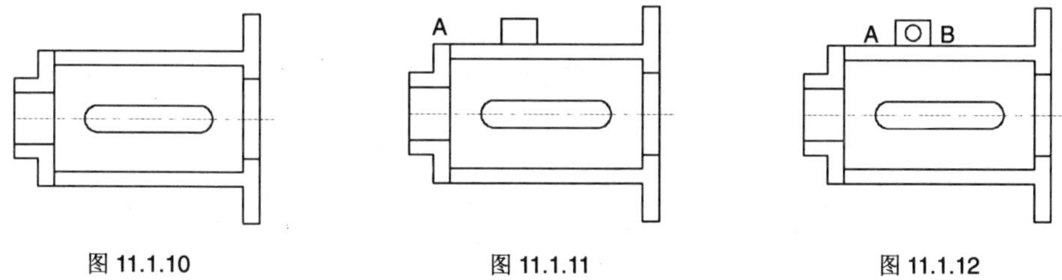

图 11.1.10　　图 11.1.11　　图 11.1.12

（12）单击“修改”工具栏中的“圆角”按钮，设置圆角半径为 7，分别对如图 11.1.13 所示图形中的角点 A 和角点 B 进行圆角操作，效果如图 11.1.13 所示.

（13）执行偏移命令，设置偏移距离为 70，将如图 11.1.13 所示图形中的直线 CD 向右进行偏移，继续执行偏移命令，设置偏移距离为 145，将偏移后的执行再向右进行偏移，效果如图 11.1.14 所示。

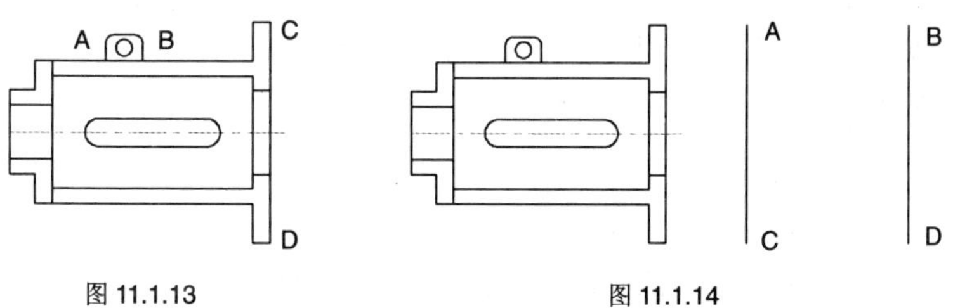

图 11.1.13　　图 11.1.14

（14）执行绘制直线命令，连接如图 11.1.14 所示直线的端点 A，B，C 和 D，效果如图 11.1.15 所示。

（15）执行偏移命令，设置偏移距离为 22，将如图 11.1.15 所示右边矩形的边分别向矩形内部进行偏移，效果如图 11.1.16 所示。

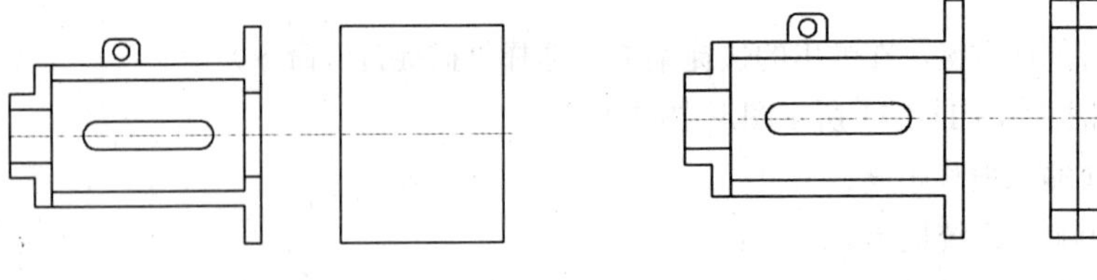

图 11.1.15　　图 11.1.16

（16）执行绘制圆命令，分别以如图 11.1.16 所示图形中的交点 A，B，C 和 D 为圆心，绘制 4 个半径为 12 的圆，效果如图 11.1.17 所示。

（17）设置“轴线”层为当前图形，执行绘制直线命令，通过如图 11.1.17 所示图形中的中点 A 和 B 绘制一条垂直的轴线。然后执行偏移命令，设置偏移距离为 10，将绘制的垂直轴线分别向两边进行偏移，偏移后的效果如图 11.1.18 所示。

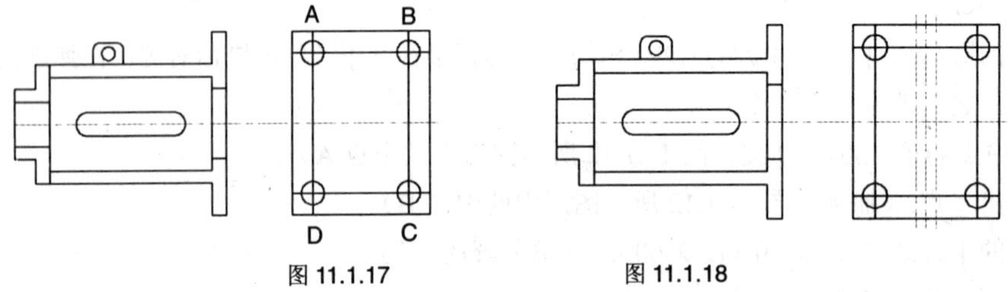

图 11.1.17　　图 11.1.18

（18）设置“轮廓线”层为当前图层，执行绘制圆命令，以如图 11.1.18 所示中间垂直轴线与水平轴线的交点为圆心，分别绘制半径为 11，30 和 48 的圆，效果如图 11.1.19 所示。

（19）执行修剪和删除命令，对如图 11.1.19 所示图形进行编辑，效果如图 11.1.20 所示。

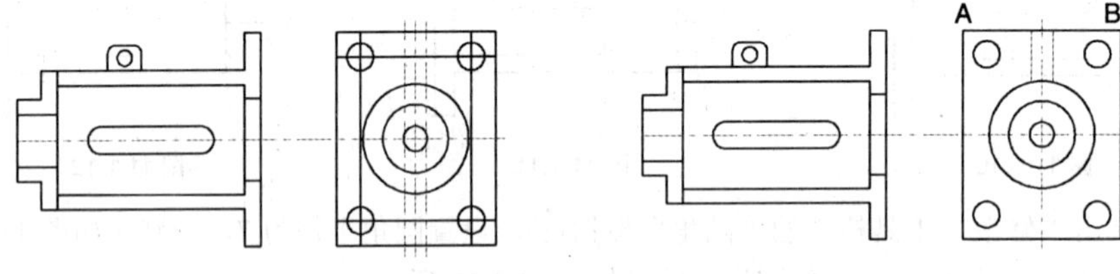

图 11.1.19　　图 11.1.20

（20）执行偏移命令，设置偏移距离分别为 5，14，21.5，29 和 38，将如图 11.1.20 所示图形中的直线 AB 分别向下进行偏移，偏移后的效果如图 11.1.21 所示。

（21）执行修剪和删除命令，对如图 11.1.21 所示图形进行编辑，并用特性匹配命令将修剪后的直线匹配到相应的图层，效果如图 11.1.22 所示。

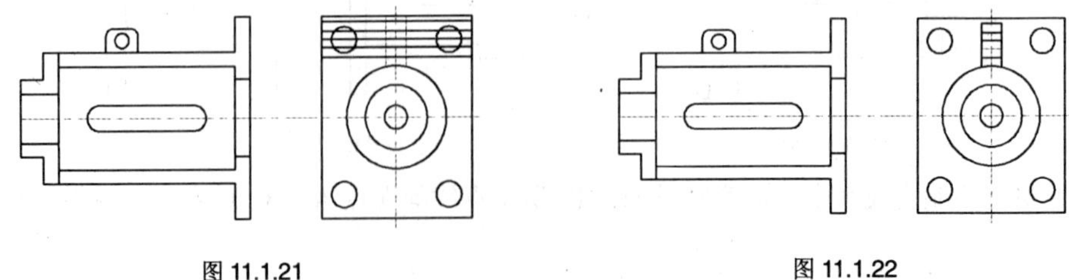

图 11.1.21　　图 11.1.22

（22）单击“修改”工具栏中的“延伸”按钮，将如图 11.1.22 所示图形中的直线 AB 和 CD 延伸到如图 11.1.23 所示位置。

（23）执行修剪命令，对延伸后的直线进行修剪，修剪后的效果如图 11.1.24 所示。

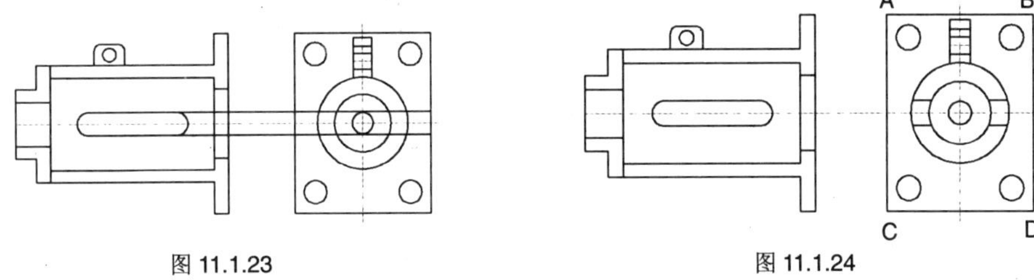

图 11.1.23　　　　图 11.1.24

（24）单击“修改”工具栏中的“倒角”按钮，命令行提示如下：

命令: _chamfer

(“修剪”模式) 当前倒角距离 1 = 0.0000，距离 2 = 0.0000（系统提示）

选择第一条直线或 [放弃(U)/多段线(P)/距离(D)/角度(A)/修剪(T)/方式(E)/多个(M)]: d（选择“距离”命令选项）

指定第一个倒角距离 <0.0000>: 8（输入第一个倒角距离）

指定第二个倒角距离 <8.0000>:（直接按回车键默认第二个倒角距离）

选择第一条直线或 [放弃(U)/多段线(P)/距离(D)/角度(A)/修剪(T)/方式(E)/多个(M)]: m（选择“多个”命令选项）

选择第一条直线或 [放弃(U)/多段线(P)/距离(D)/角度(A)/修剪(T)/方式(E)/多个(M)]:（捕捉如图 11.1.24 所示图形中的直线 AB）

选择第二条直线，或按住“Shift”键选择要应用角点的直线:（捕捉如图 11.1.24 所示图形中的直线 BC）

选择第一条直线或 [放弃(U)/多段线(P)/距离(D)/角度(A)/修剪(T)/方式(E)/多个(M)]:（捕捉如图 11.1.24 所示图形中的直线 BC）

选择第二条直线，或按住“Shift”键选择要应用角点的直线:（捕捉如图 11.1.24 所示图形中的直线 CD）

选择第一条直线或 [放弃(U)/多段线(P)/距离(D)/角度(A)/修剪(T)/方式(E)/多个(M)]:（捕捉如图 11.1.24 所示图形中的直线 CD）

选择第二条直线，或按住“Shift”键选择要应用角点的直线:（捕捉如图 11.1.24 所示图形中的直线 AD）

选择第一条直线或 [放弃(U)/多段线(P)/距离(D)/角度(A)/修剪(T)/方式(E)/多个(M)]:（捕捉如图 11.1.24 所示图形中的直线 AD）

选择第二条直线，或按住“Shift”键选择要应用角点的直线:（捕捉如图 11.1.24 所示图形中的直线 AB）

选择第一条直线或 [放弃(U)/多段线(P)/距离(D)/角度(A)/修剪(T)/方式(E)/多个(M)]:（按回车键结束命令）

倒角后的效果如图 11.1.25 所示。

（25）设置“图案填充”层为当前图层，单击“绘图”工具栏中的“图案填充”按钮，在弹出的图案填充和渐变色对话框中选中图案填充选项卡，单击该选项卡中的图案(P):下拉列表后边的...按钮，弹出填充图案选项板对话框，如图 11.1.26 所示。

（26）在该对话框中选择一种填充图案，单击确定按钮后返回到图案填充和渐变色对话框，在该对话框中设置参数如图 11.1.27 所示。

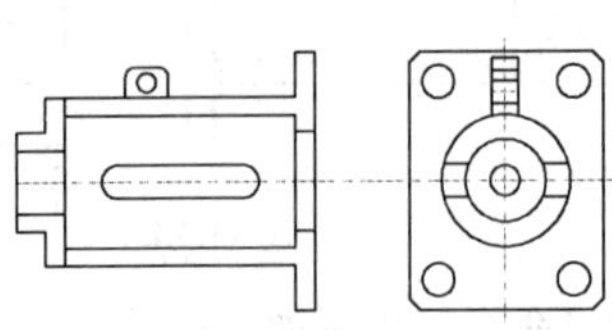
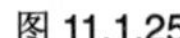

图 11.1.25

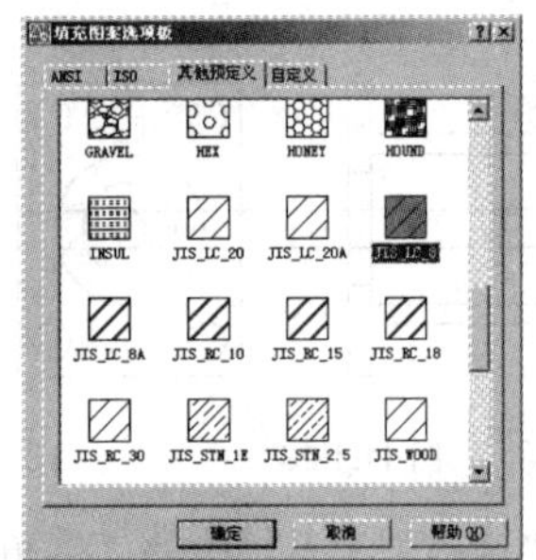

图 11.1.26 “填充图案选项板”对话框

（27）单击 图案填充和渐变色 对话框中的 添加:拾取点 按钮，系统切换到绘图窗口，在绘图窗口中指定如图 11.1.25 所示图形中的封闭区域 A，B，C 和 D，按回车键返回到 图案填充和渐变色 对话框，单击该对话框中的 确定 按钮结束图案填充命令，图案填充的效果如图 11.1.28 所示。

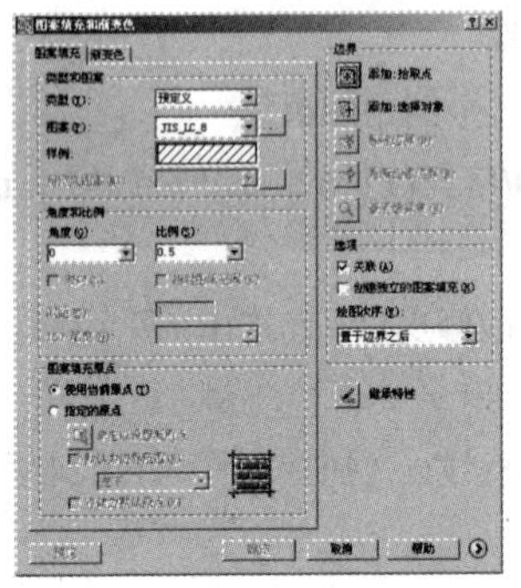

图 11.1.27 “图案填充和渐变色”对话框

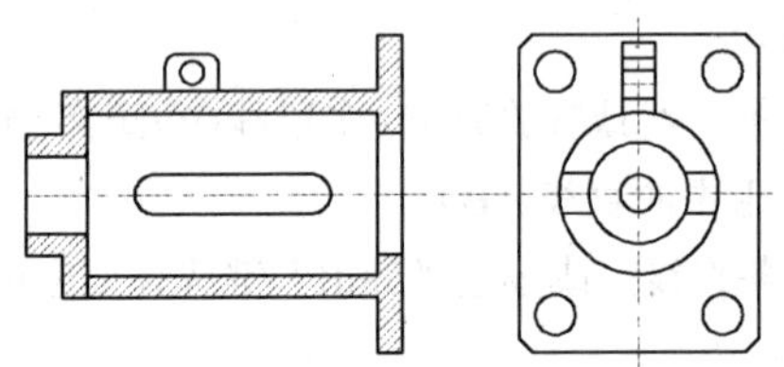

图 11.1.28

（28）再次执行图案填充命令，对如图 11.1.28 右边的图形填充图案，效果如图 11.1.29 所示。

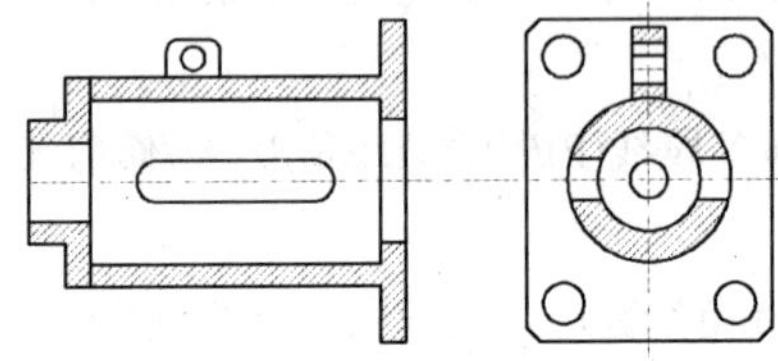

图 11.1.29

（29）设置“尺寸标注”层为当前图层，对绘制的图形进行尺寸标注，最终效果如图 11.1.1 所示。

实例 2 机械设计——端盖零件图

创作目的

本例绘制端盖零件图，效果如图 11.2.1 所示。

创作步骤

（1）单击“图层”工具栏中的“图层特性管理器”按钮，在弹出的 图层特性管理器 对话框中新建“轴线”、“轮廓线”、“图案填充”、“文字标注”和“尺寸标注”5 个新图层，设置其属性如图

11.2.2 所示。

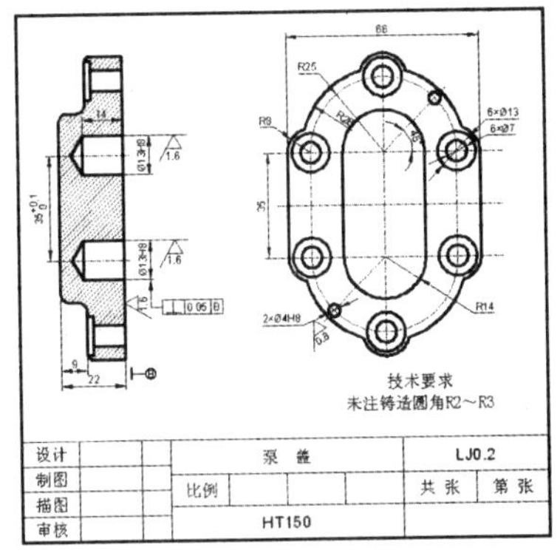

图 11.2.1　效果图

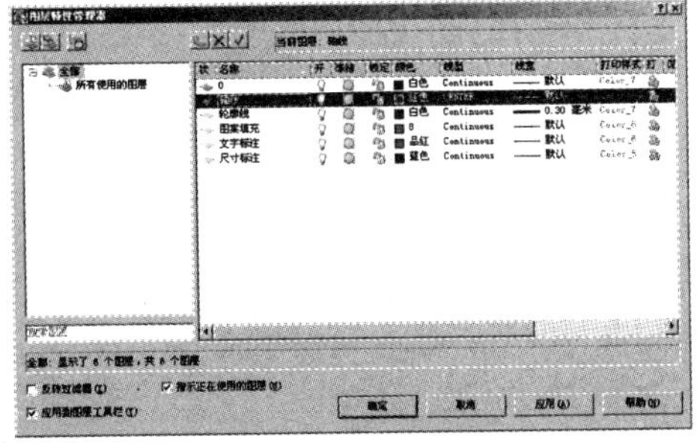

图 11.2.2　“图层特性管理器”对话框

（2）设置“轴线”层为当前图层，单击“绘图”工具栏中的“直线”按钮，在绘图窗口中绘制两条相互垂直的直线，效果如图 11.2.3 所示。

（3）单击“修改”工具栏中的“偏移”按钮，设置偏移距离为 33，将垂直的轴线分别向左右两边进行偏移，再次执行偏移命令，设置偏移距离为 17.5，将水平轴线分别向上下两边进行偏移，效果如图 11.2.4 所示。

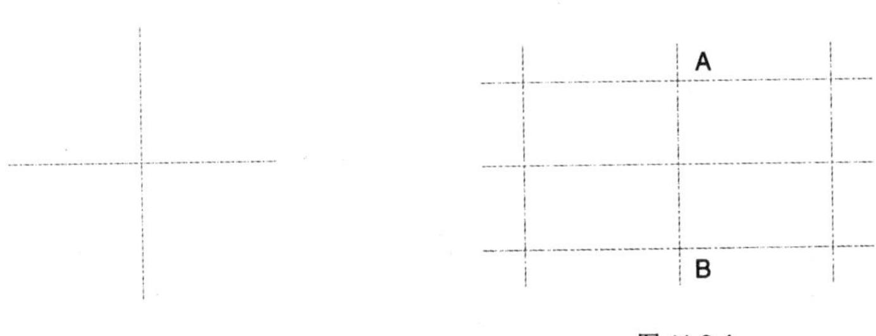

图 11.2.3　　图 11.2.4

（4）单击“绘图”工具栏中的“圆”按钮，分别以如图 11.2.4 所示图形中的 A 点和 B 点为圆心，绘制半径为 25 的圆，效果如图 11.2.5 所示。

（5）执行绘制直线命令，设置捕捉模式为切点，绘制半径为 25 的圆的切线，效果如图 11.2.6 所示。

（6）设置“轮廓线”层为当前图层，执行绘制圆命令，分别以如图 11.2.6 所示图形中的 A 点和 B 点为圆心，绘制半径为 28 的圆，效果如图 11.2.7 所示。

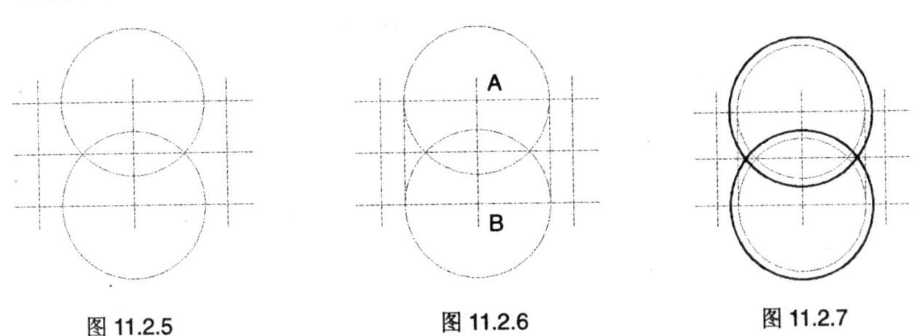

图 11.2.5　　图 11.2.6　　图 11.2.7

（7）单击“修改”工具栏中的“修剪”按钮，对如图 11.2.7 所示图形进行修剪操作，效果如图 11.2.8 所示。

（8）执行绘制圆命令，分别以如图 11.2.8 所示图形中的 A，B，C，D，E 和 F 点为圆心，绘制半径为 3.5，6.5 和 8 的圆，效果如图 11.2.9 所示。

（9）单击“标准”工具栏中的“特性匹配”按钮，将步骤（3）向左右偏移 33 的轴线匹配到轮廓线层，效果如图 11.2.10 所示。

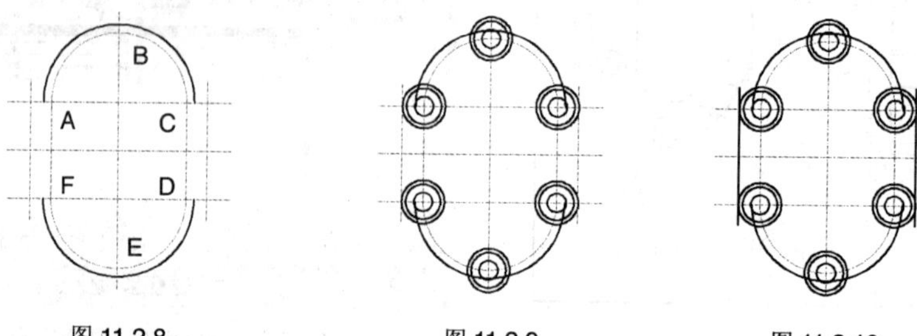

图 11.2.8　　图 11.2.9　　图 11.2.10

（10）执行修剪命令，对如图 11.2.10 所示图形进行修剪操作，效果如图 11.2.11 所示。

（11）执行绘制圆命令，以如图 11.2.11 所示图形中的 A 点和 B 点为圆心，绘制半径为 14 的两个圆，然后执行绘制直线命令，绘制这两个圆的切线，效果如图 11.2.12 所示。

（12）执行修剪命令，对如图 11.2.12 所示图形进行修剪操作，效果如图 11.2.13 所示。

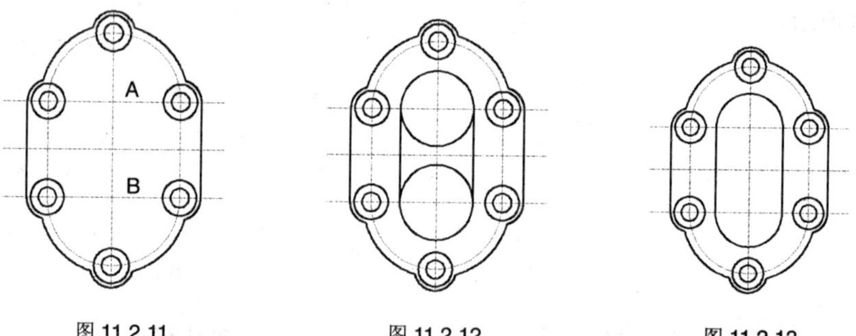

图 11.2.11　　图 11.2.12　　图 11.2.13

（13）设置“轴线”层为当前图层，执行绘制直线命令，以如图 11.2.13 所示图形中的 A 点为起点，以点（@30，45）为端点，绘制一条极轴角为 45° 的轴线。再次执行绘制直线命令，以如图 11.2.13 所示图形中的 B 点为起点，以点（@30，-45）为端点，绘制一条极轴角为-45° 的轴线，效果如图 11.2.14 所示。

（14）设置“轮廓线”层为当前图层，执行绘制圆命令，步骤（13）绘制的轴线与半径为 25 的圆的交点为圆心，分别绘制两个半径为 2 的圆，效果如图 11.2.15 所示。

（15）执行偏移命令，设置偏移距离分别为 90，103 和 112，将如图 11.2.15 所示图形中的中间垂直轴线向左进行偏移，效果如图 11.2.16 所示。

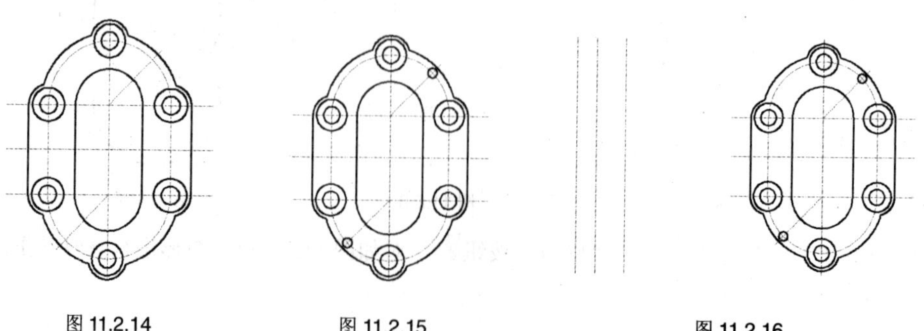

图 11.2.14　　图 11.2.15　　图 11.2.16

（16）设置“轴线”层为当前图层执行绘制直线命令，以如图 11.2.16 所示左边图形中圆与中间垂直轴线的交点为起点，分别向左边绘制水平的轴线，效果如图 11.2.17 所示。

（17）单击“修改”工具栏中的“修剪”按钮，对绘制的轴线进行修剪，修剪后的效果如图 11.2.18 所示。

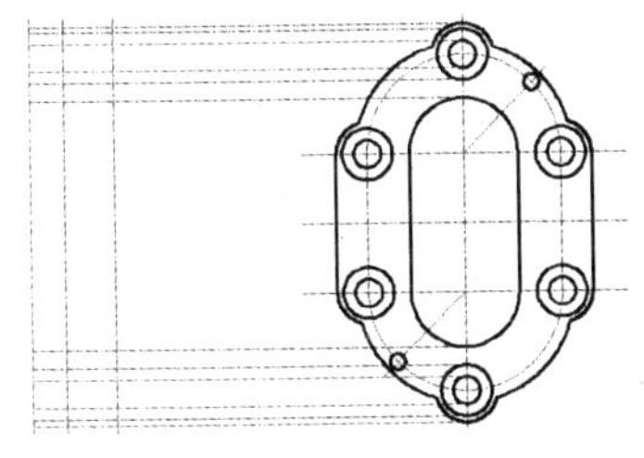

图 11.2.17

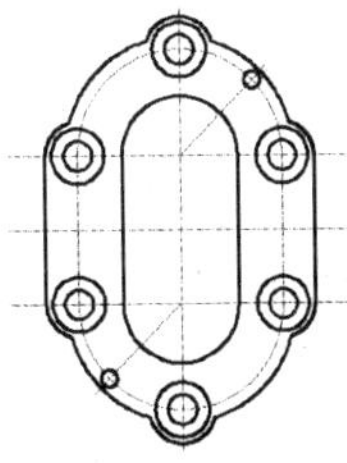

图 11.2.18

（18）执行特性匹配命令，将修剪后的轴线匹配到轮廓线层，效果如图 11.2.19 所示。

（19）单击“修改”工具栏中的“圆角”按钮，设置圆角半径为 3，对如图 11.2.19 所示图形中左边的图形进行圆角操作，效果如图 11.2.20 所示。

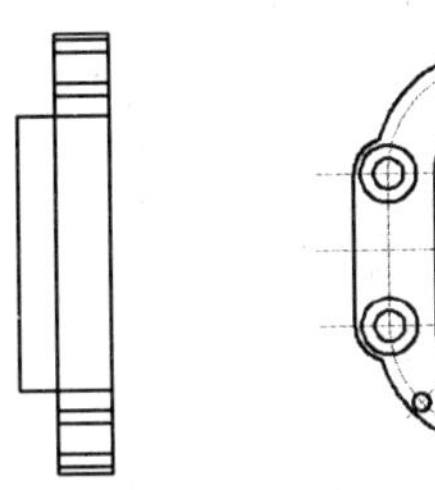
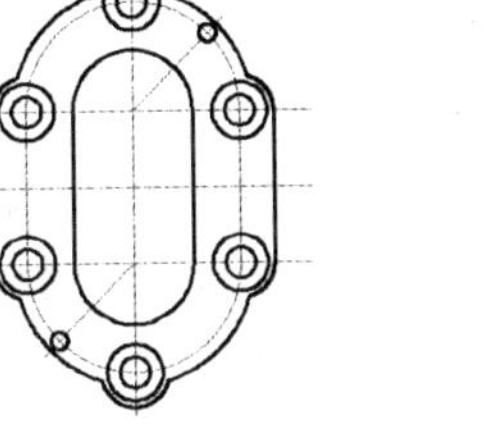

图 11.2.19

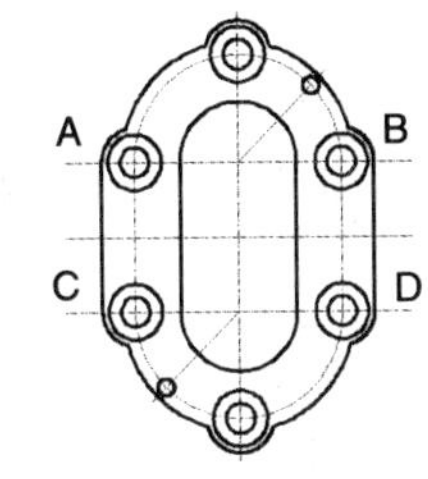

图 11.2.20

（20）单击“修改”工具栏中的“延伸”按钮，将如图 11.2.20 所示右边图形中水平轴线 AB 和 CD 延伸到如图 11.2.21 所示位置，然后单击“修改”工具栏中的“打断”按钮，将延伸的轴线打断，效果如图 11.2.21 所示。

（21）执行偏移命令，设置偏移距离为 14，将如图 11.2..21 所示图形中的直线 AB 向左进行偏移，再次执行偏移命令，设置偏移距离为 6.5，将如图 11.2.21 所示图形中的水平轴线分别向上和向下进行偏移，效果如图 11.2.22 所示。

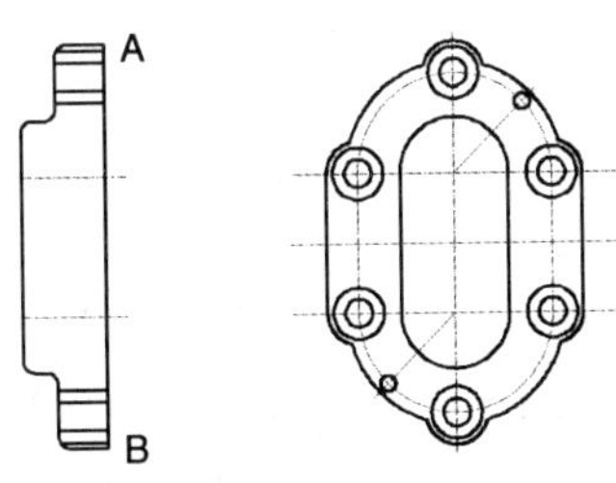

图 11.2.21

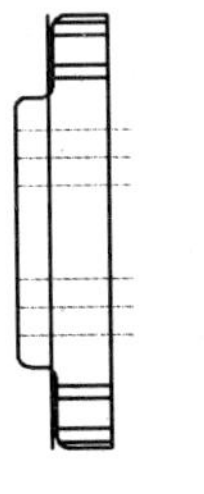
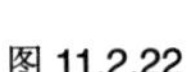

图 11.2.22

（22）执行修剪命令，对如图 11.2.22 所示图形进行修剪，然后用特性匹配命令将修剪后的轴线匹配到轮廓线层，效果如图 11.2.23 所示。

（23）执行绘制直线命令，分别以如图 11.2.23 所示图形中的 A 点和 B 点为起点，然后输入端点坐标（@-4，-6.5）和（@4，-6.5），效果如图 11.2.24 所示。

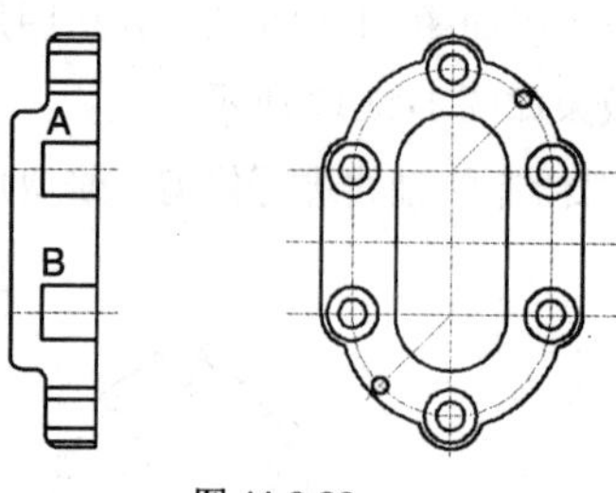

图 11.2.23

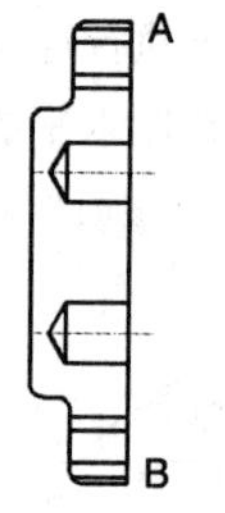

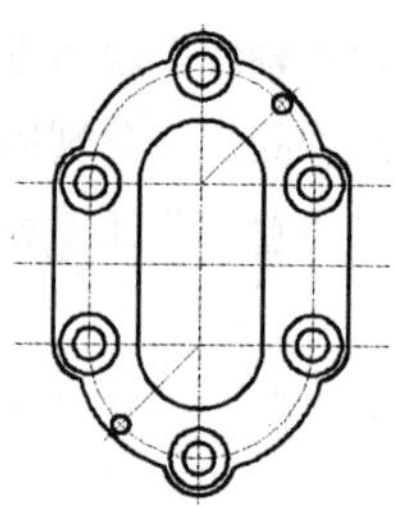

图 11.2.24

（24）执行偏移命令，设置偏移距离为 11，将如图 11.2.24 所示图形中的直线 AB 向左进行偏移，然后对偏移后的图形进行修剪，效果如图 11.2.25 所示。

（25）设置“图案填充”层为当前图层，单击“绘图”工具栏中的“图案填充”按钮，在弹出的图案填充和渐变色对话框中选择图案填充选项卡，单击该选项卡中的图案(P):下拉列表后边的...按钮，弹出填充图案选项板对话框，如图 11.2.26 所示。

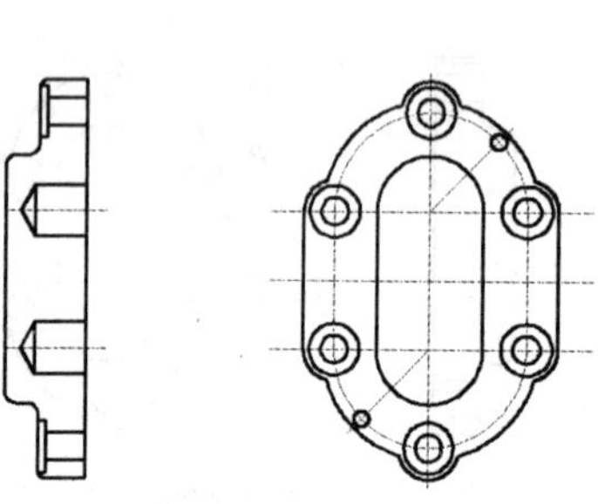

图 11.2.25

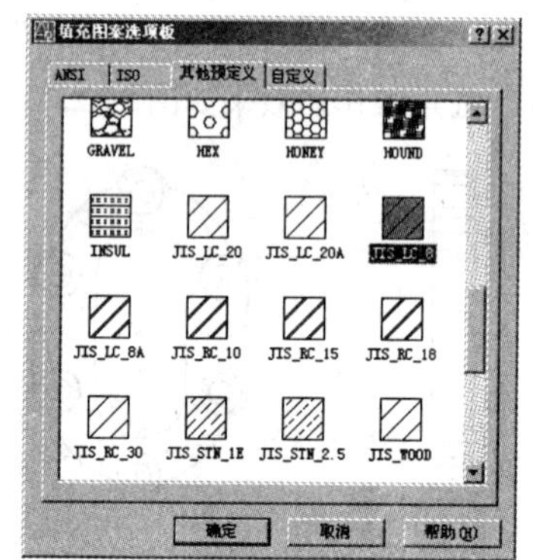

图 11.2.26 “图案填充选项板”对话框

（26）在该对话框中选择一种填充图案，单击确定按钮后返回到图案填充和渐变色对话框，在该对话框中设置参数如图 11.2.27 所示。

（27）单击图案填充和渐变色对话框中的添加:拾取点按钮，系统切换到绘图窗口，在绘图窗口中指定如图 11.2.25 所示图形中的封闭区域 A，B 和 C，按回车键返回到图案填充和渐变色对话框，单击该对话框中的确定按钮结束图案填充命令，图案填充的效果如图 11.2.28 所示。

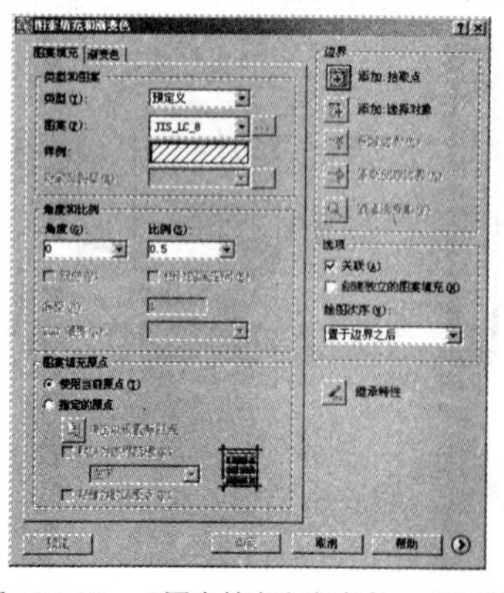

图 11.2.27 “图案填充和渐变色”对话框

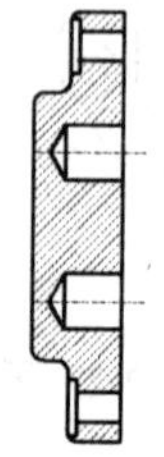

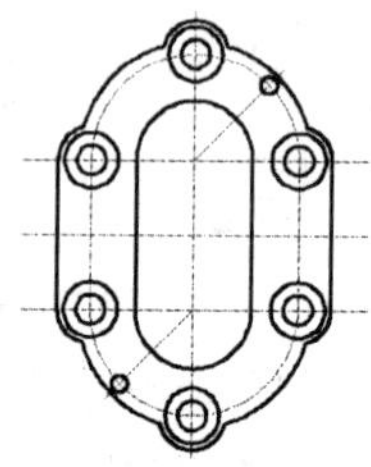

图 11.2.28

（28）单击“标注”工具栏中的“标注样式”按钮，在弹出的标注样式管理器对话框中单击新建(N)...按钮，在弹出的创建新标注样式对话框中输入新尺寸标注样式名称为“尺寸标注样式 1”，

基础样式选择 ISO-25，定义该尺寸标注样式应用于所有标注，如图 11.2.29 所示。单击该对话框中的 继续 按钮后弹出 新建标注样式：尺寸标注样式1 对话框，在该对话框中打开 公差 选项卡，设置参数如图 11.2.30 所示。

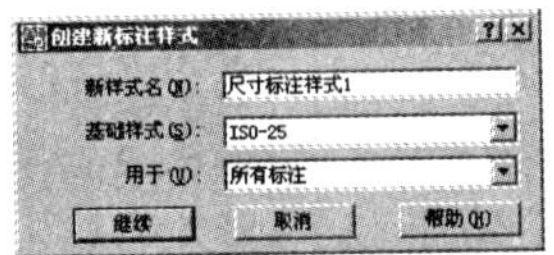

图 11.2.29　“创建新标注样式”对话框

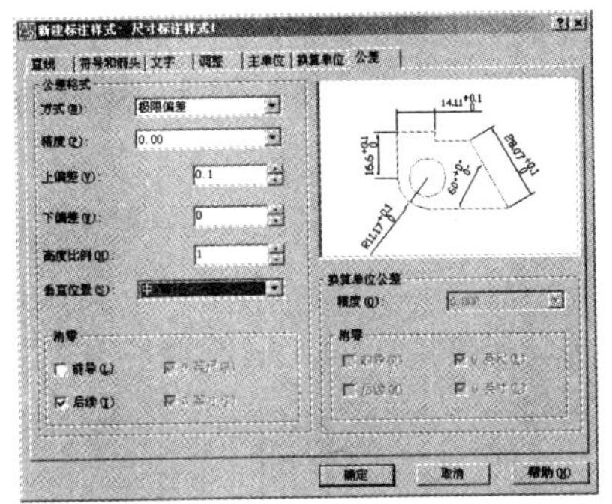

图 11.2.30　“新建标注样式：尺寸标注样式 1”对话框

（29）参数设置完成后，单击 确定 按钮返回到 标注样式管理器 对话框，单击该对话框中的 置为当前(U) 按钮将新建的尺寸标注样式设置为当前，单击 关闭 按钮后关闭 标注样式管理器 对话框。

（30）设置“尺寸标注”层为当前图层，单击“标注”工具栏中的“线性”按钮，对绘制的图形进行尺寸标注，效果如图 11.2.31 所示。

（31）设置尺寸标注样式“ISO-25”为当前标注样式，对绘制的图形进行尺寸标注，效果如图 11.2.32 所示。

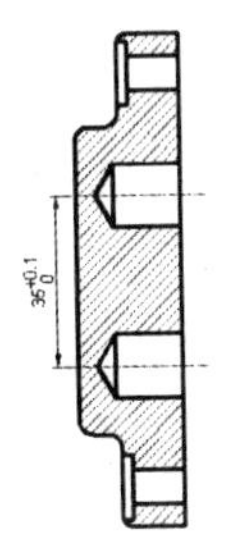

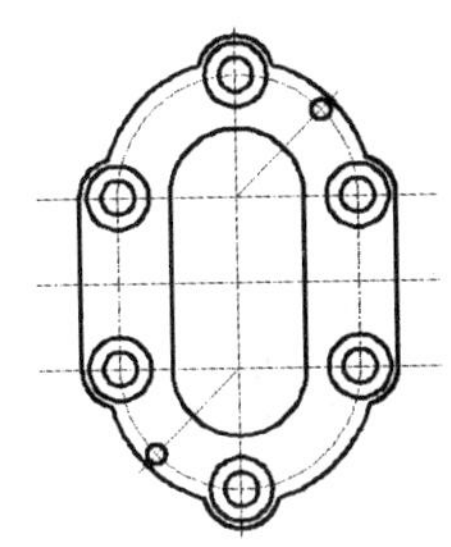

图 11.2.31

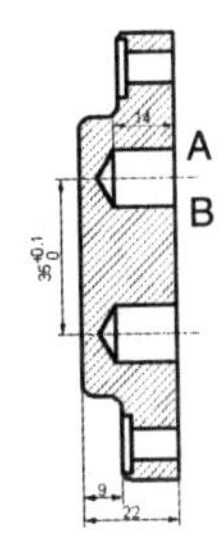

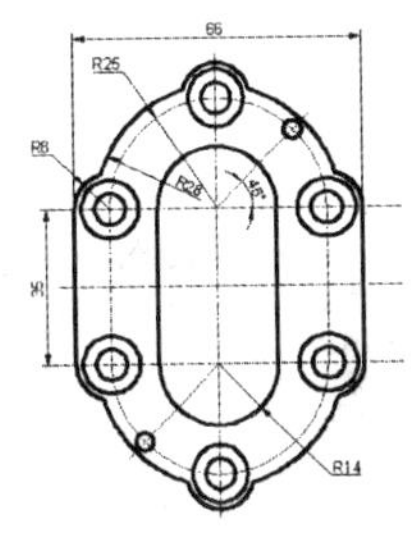

图 11.2.32

（32）单击“标注”工具栏中的“线性”按钮，命令行提示如下：

命令: _dimlinear

指定第一条尺寸界线原点或 <选择对象>:（捕捉如图 11.2.32 所示图形中的 A 点）

指定第二条尺寸界线原点:（捕捉如图 11.2.32 所示图形中的 B 点）

指定尺寸线位置或 [多行文字(M)/文字(T)/角度(A)/水平(H)/垂直(V)/旋转(R)]: t（选择“文字”命令选项）

输入标注文字 <13>: %%c13H8（输入字符串）

指定尺寸线位置或 [多行文字(M)/文字(T)/角度(A)/水平(H)/垂直(V)/旋转(R)]:（拖动鼠标指定尺寸线的位置）

标注文字 = 13（系统提示）

再次执行该命令，对另一个槽孔进行标注，效果如图 11.2.33 所示。

（33）单击“标注”工具栏中的“直径”按钮，命令行提示如下：

命令: _dimdiameter

选择圆弧或圆:（捕捉如图 11.2.33 所示图形中右边图形左下角的小圆）

标注文字 =4（系统提示）

指定尺寸线位置或 [多行文字(M)/文字(T)/角度(A)]: t（选择“文字”命令选项）

输入标注文字 <4>: 2×%%c4H8（输入字符串）

指定尺寸线位置或 [多行文字(M)/文字(T)/角度(A)]:（拖动鼠标确定尺寸线的位置）

继续执行该命令，标注其他尺寸，效果如图 11.2.34 所示。

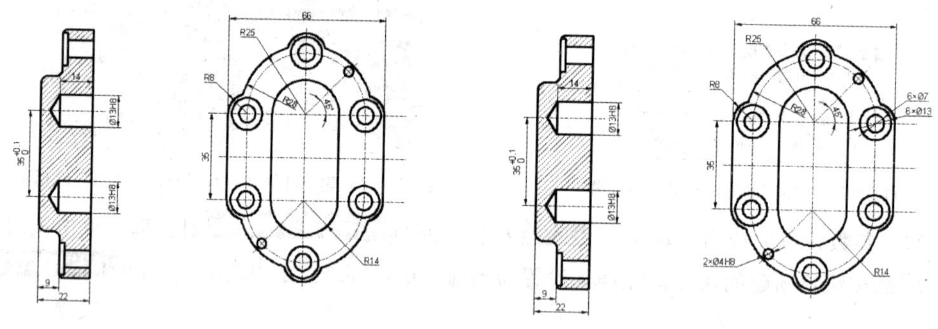

图 11.2.33　　　　图 11.2.34

（34）单击“尺寸”工具栏中的“公差”按钮，在弹出的形位公差对话框中设置参数如图 11.2.35 所示，单击 确定 按钮后对图形进行标注，效果如图 11.2.36 所示。

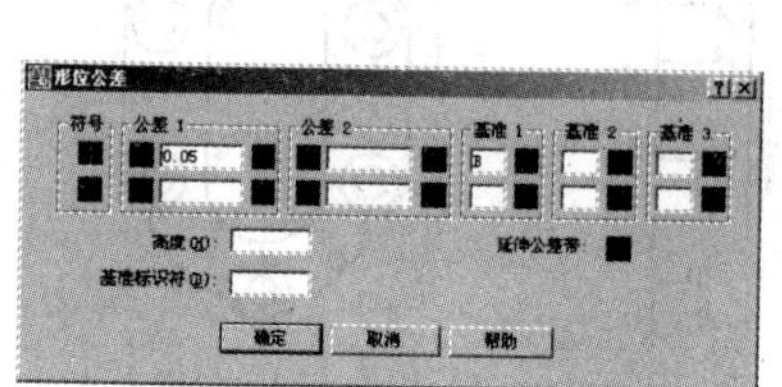

图 11.2.35　“形位公差”对话框

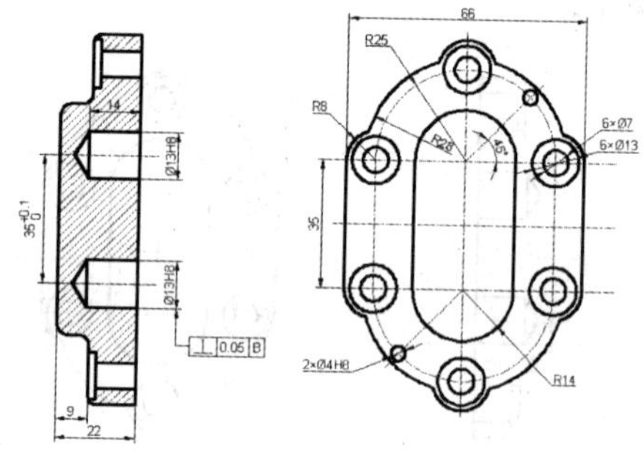

图 11.2.36

（35）执行绘制直线命令，绘制粗糙度符号如图 11.2.37 所示，并将其创建成具有属性的块插入到绘制的图形中，效果如图 11.2.38 所示。

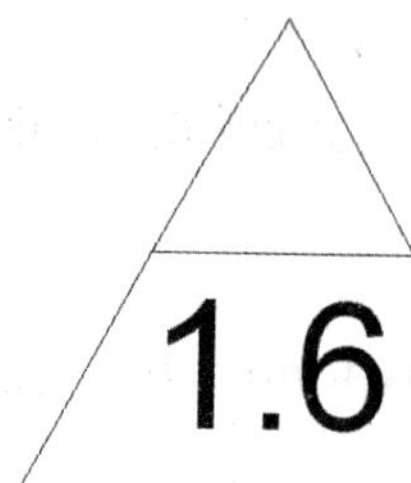

图 11.2.37

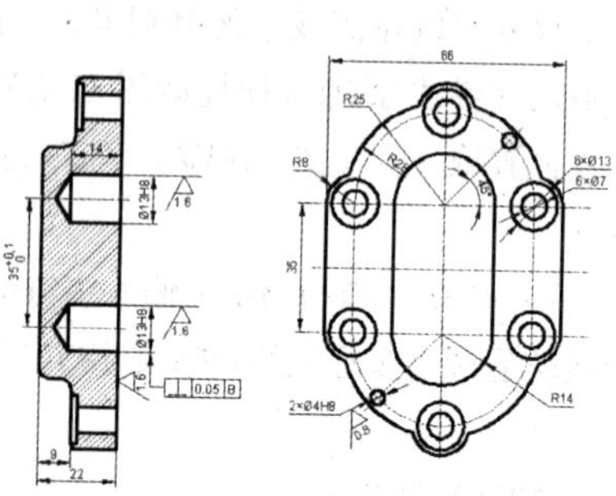

图 11.2.38

（36）执行绘制多段线、圆和文字标注命令，绘制基点 B，效果如图 11.2.39 所示。

（37）创建新文字样式，执行多行文字标注命令，为绘制的图形添加文字标注，效果如图 11.2.40 所示。

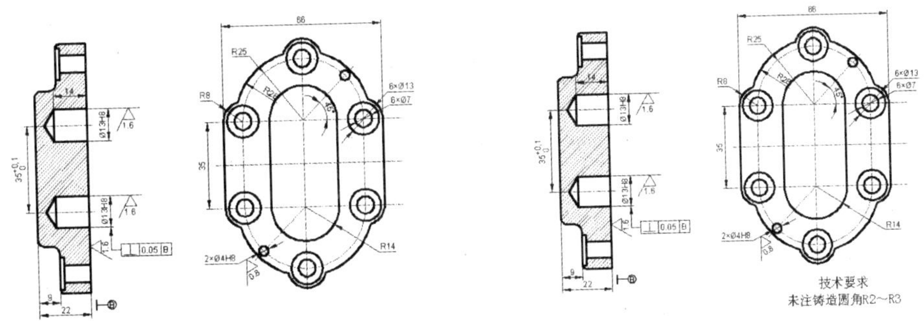

图 11.2.39　　　　图 11.2.40

（38）新建表格样式，为绘制的图形添加标题栏，最终效果如图 11.2.1 所示。

实例 3　建筑设计——绘制建筑结构图

创作目的

本例绘制建筑结构图，效果如图 11.3.1 所示。

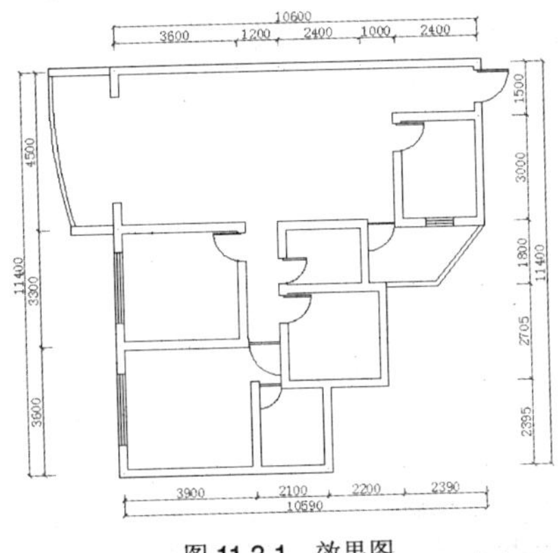

图 11.3.1　效果图

创作步骤

（1）单击“图层”工具栏中的“图层特性管理器”按钮，在弹出的图层特性管理器对话框中新建“轴线”、“墙线”、“门窗”和“尺寸标注”4 个新图层，设置其属性如图 11.3.2 所示。

（2）设置“轴线”层为当前图层。单击“绘图”工具栏中的“直线”按钮，在绘图窗口中绘制两条相互垂直的直线，水平直线长为 10 590，垂直直线长为 11 400，效果如图 11.3.3 所示。

（3）单击“修改”工具栏中的“偏移”按钮，将垂直直线依次向右进行偏移，偏移的距离分别为 3 600，1 200，2 400，1 000 和 2 400，效果如图 11.3.4 所示。

（4）再次执行偏移命令，将最左边的垂直直线依次向右进行偏移，偏移的距离分别为 3 900，2 100 和 1 700，偏移后的效果如图 11.3.5 所示。

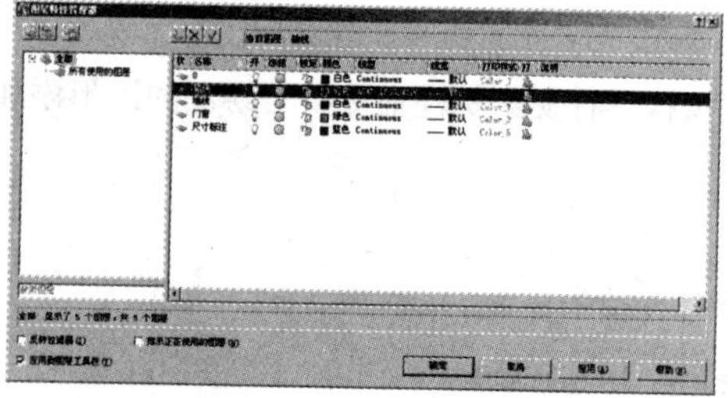

图 11.3.2 “图层特性管理器”对话框

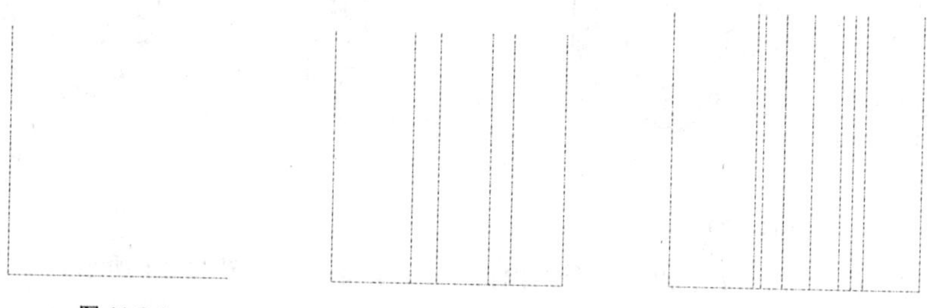

图 11.3.3　　图 11.3.4　　图 11.3.5

（5）再次执行偏移命令，将最下边的水平直线依次向上进行偏移，偏移的距离分别为 3 600，3 300 和 4 500，偏移后的效果如图 11.3.6 所示。

（6）再次执行偏移命令，将最下边的水平直线依次向上进行偏移，偏移的距离分别为 2 395，2 705 和 4 800，偏移后的效果如图 11.3.7 所示。

（7）设置“墙线”层为当前图层，选择 绘图(D) → 多线(M) 命令，设置多线比例为 240，多线对正方式为“无”，沿着辅助线绘制墙线，效果如图 11.3.8 所示。

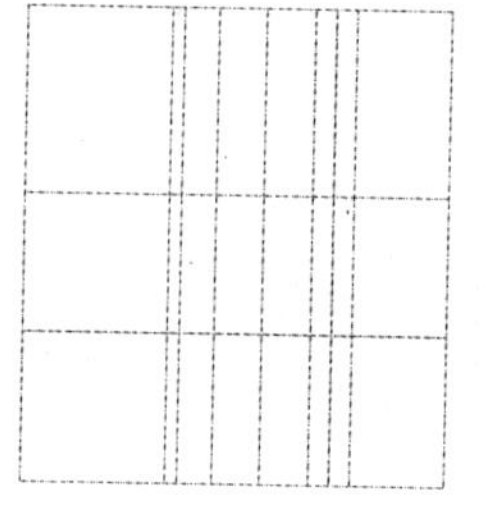

图 11.3.6

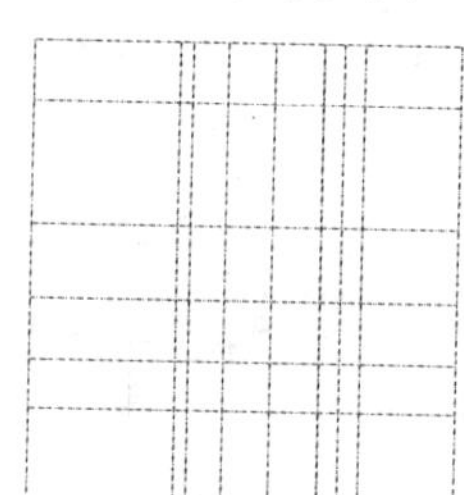

图 11.3.7

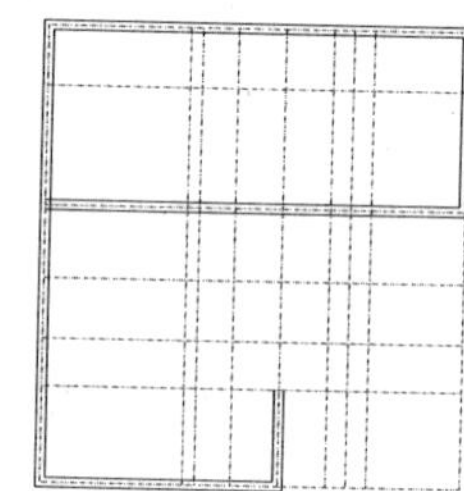

图 11.3.8

（8）再次执行绘制多线命令，绘制剩余的墙线，效果如图 11.3.9 所示。

（9）选择 修改(M) → 对象(O) → 多线(M)... 命令，弹出 多线编辑工具 对话框，如图 11.3.10 所示，在该对话框中单击“T 型打开”按钮，对绘制的多线进行编辑，关闭轴线层的效果如图 11.3.11 所示。

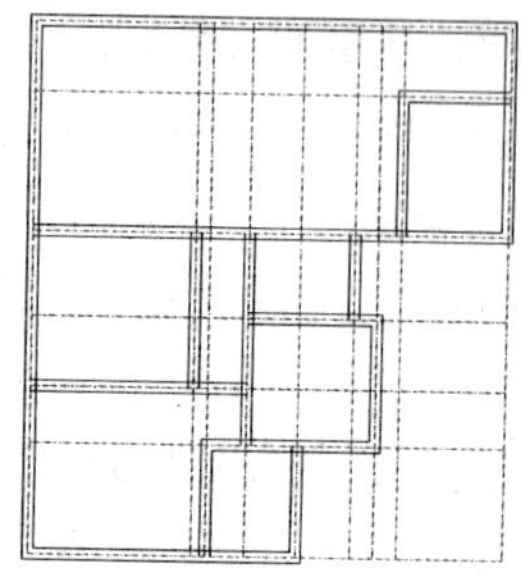

图 11.3.9

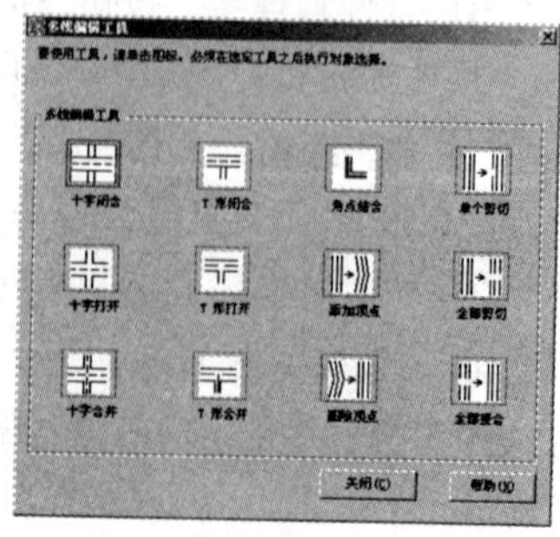

图 11.3.10 “多线编辑工具”对话框

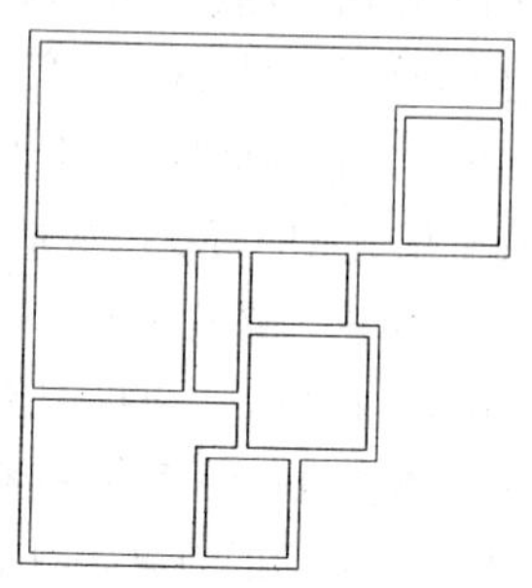

图 11.3.11

（10）单击“修改”工具栏中的“分解”按钮，对编辑后的多线进行分解，然后单击“修改”工具栏中的“延伸”按钮，选中所有直线互为延伸边界，对分解后的多线进行延伸操作，效果如图 11.3.12 所示。

（11）单击“修改”工具栏中的“修剪”按钮，以延伸后的直线为修剪边，对多余的直线进行修剪，修剪后的效果如图 11.3.13 所示。

（12）执行偏移命令，将最上边的外墙线依次向下进行偏移，偏移的距离分别为 340 和 900，效果如图 11.3.14 所示。

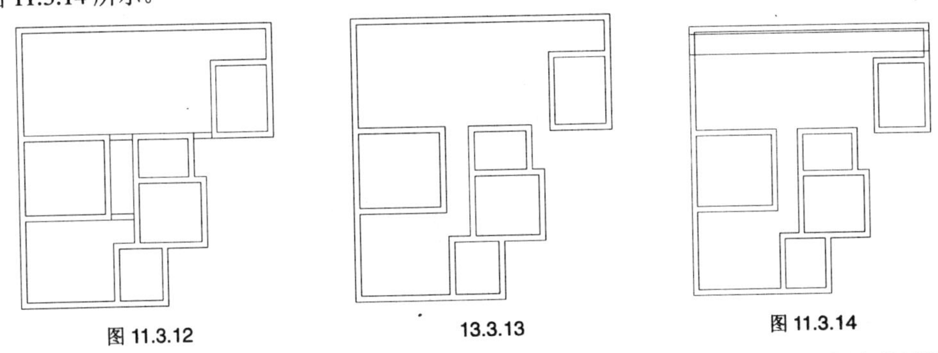

图 11.3.12　　13.3.13　　图 11.3.14

（13）执行修剪命令，选择所有直线互为修剪边，对墙线和步骤（12）偏移的直线进行修剪，绘制进户门洞，效果如图 11.3.15 所示。

（14）执行偏移命令，设置偏移距离为 50，将如图 11.3.15 所示图形中的直线 AB 向右进行偏移，偏移后的效果如图 11.3.16 所示。

（15）执行延伸命令，以步骤（14）偏移后的直线为延伸边界，对下边的两条直线进行延伸操作，效果如图 11.3.17 所示。

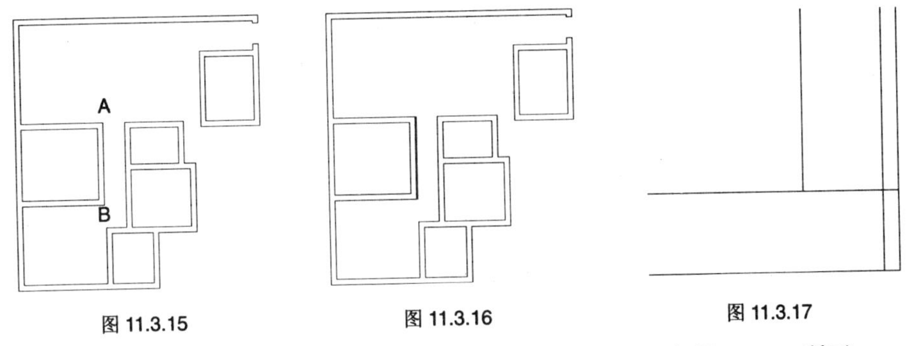

图 11.3.15　　图 11.3.16　　图 11.3.17

（16）执行修剪命令，对延伸后的直线进行修剪，修剪后的效果如图 11.3.18 所示。

（17）参照进户门洞的绘制方法，绘制其他的门洞和窗洞，效果如图 11.3.19 所示。

（18）设置“门窗层”为当前图层。单击“绘图”工具栏中的“矩形”按钮，以如图 11.3.19 所示图形中右上角门洞线的中点为矩形的第一个角点，绘制一个长为 900，宽为 50 的矩形，表示进户门的大小和厚度，效果如图 11.3.20 所示。

（19）选择 绘图(D) → 圆弧(A) → 起点、端点、半径(R) 命令，以进户门洞墙线中点和步骤（18）绘制的矩形的角点为圆弧的起点和端点，绘制一个半径为 900 的圆弧，完成进户门弧线的绘制，效果如图 11.3.21 所示。

（20）参照进户门的绘制方法，绘制其他的卧室门和卫生间门，效果如图 11.3.22 所示。

（21）执行绘制直线命令，用直线连接如图 11.3.22 所示图形中右边窗洞墙线的上角点，效果如

图 11.3.23 所示。

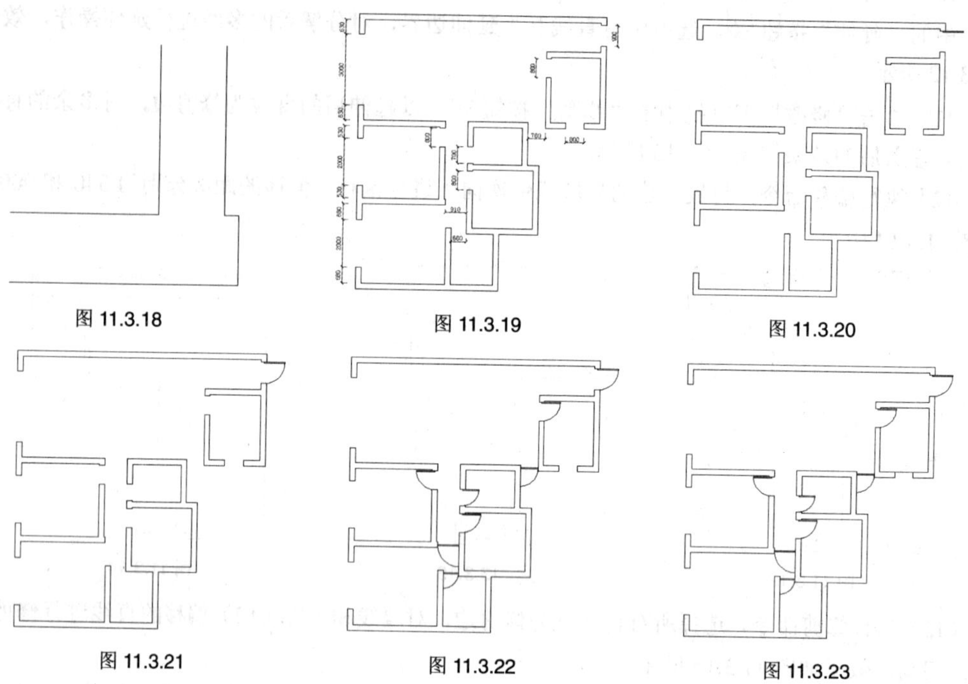

图 11.3.18　　图 11.3.19　　图 11.3.20

图 11.3.21　　图 11.3.22　　图 11.3.23

（22）执行偏移命令，设置偏移距离为 80，将绘制的直线依次向下偏移 3 次，绘制窗户，效果如图 11.3.24 所示。

（23）参照步骤（21）和步骤（22）绘制其他的窗线，效果如图 11.3.25 所示。

（24）执行绘制直线命令，以如图 11.3.25 所示图形中右边窗户的最下边一条窗线中点为起点，向下绘制一条长为 1 560 的垂直直线，效果如图 11.3.26 所示。

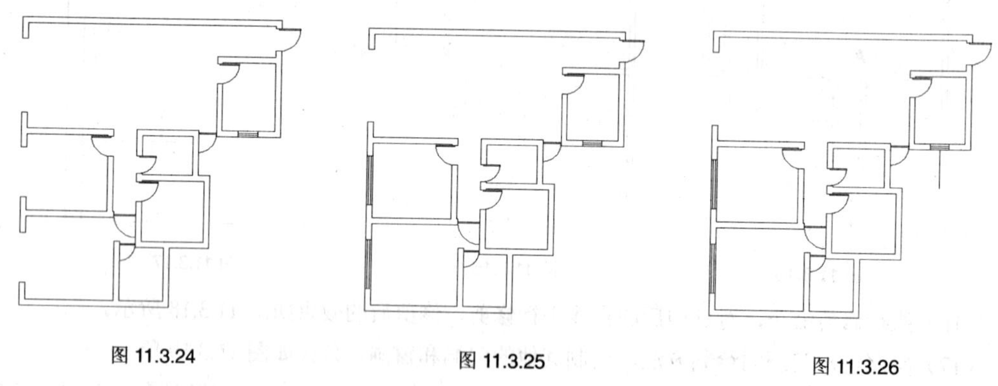

图 11.3.24　　图 11.3.25　　图 11.3.26

（25）再次执行绘制直线命令，以如图 11.3.27 所示图形中墙线的角点为起点，以垂直直线的端点和其右边墙线的角点为端点，绘制如图 11.3.27 所示的直线，最后删除绘制的垂直直线，效果如图 11.3.27 所示。

（26）执行偏移命令，设置偏移距离为 120，将绘制的水平直线向下进行偏移，将绘制的倾斜直线向左上进行偏移，偏移后的效果如图 11.3.28 所示。

（27）单击“修改”工具栏中的“圆角”按钮，设置圆角半径为 0，分别对水平直线和倾斜直线进行圆角操作，最后用修剪命令对多余的线段进行修剪，效果如图 11.3.29 所示。

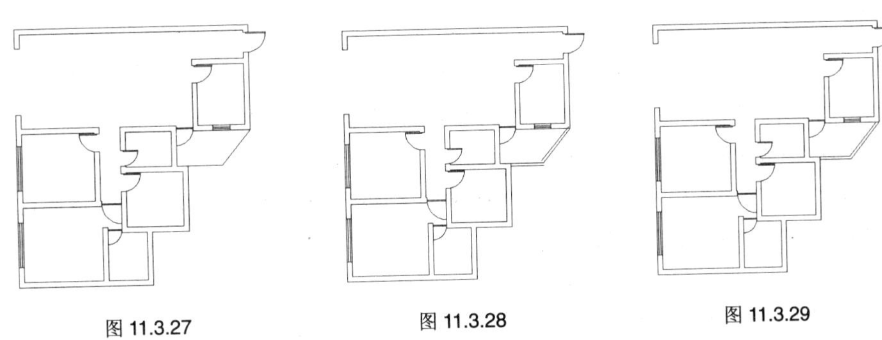

图 11.3.27　　图 11.3.28　　图 11.3.29

（28）设置“墙体”层为当前图层。执行绘制直线命令，以墙线的角点为起点，分别向左绘制一条长为 1 800 和 1 240 的水平直线，效果如图 11.3.30 所示。

（29）执行偏移命令，设置偏移距离为 240，将绘制的两条直线分别向下进行偏移，偏移后的效果如图 11.3.31 所示。

（30）再次执行绘制直线命令，连接偏移后直线的左边端口线。然后设置门窗层为当前图层，执行绘制圆弧命令，绘制阳台弧度，并将其向右进行偏移，偏移距离为 120，效果如图 11.3.32 所示。

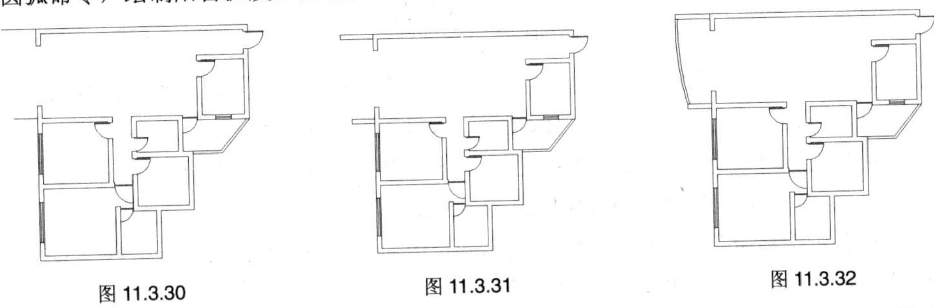

图 11.3.30　　图 11.3.31　　图 11.3.32

（31）设置“尺寸标注”层为当前图层。打开轴线层，对绘制的图形进行尺寸标注，然后关闭轴线层，最终效果如图 11.3.1 所示。

实例 4　建筑设计——别墅首层平面图

创作目的

本例绘制别墅首层平面图，效果如图 11.4.1 所示。

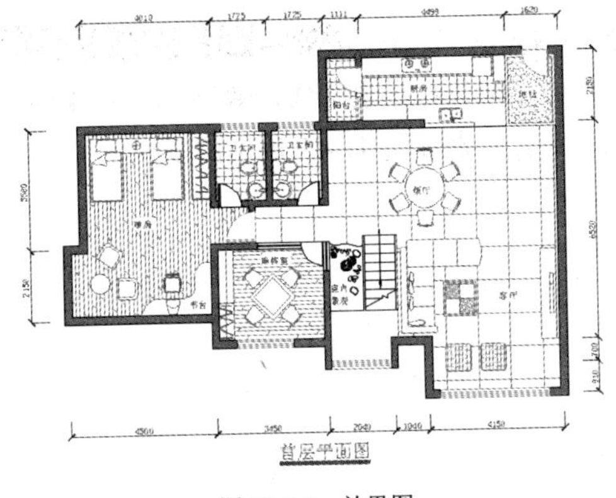

图 11.4.1　效果图

创作步骤

（1）单击“图层”工具栏中的“图层特性管理器”按钮，弹出图层特性管理器对话框，在该对话框中新建“轴线”、“墙体线”、“门窗线”、“室内家具”、“图案填充”、“尺寸标注”和“文字标注”7 个图层，各图层参数设置如图 11.4.2 所示。

（2）设置“轴线”层为当前图层，单击“绘图”工具栏中的绘制直线按钮，在绘图窗口中分别绘制两条相互垂直的辅助线，其中水平辅助线长为 15 500，垂直辅助线长为 10 300，效果如图 11.4.3 所示。

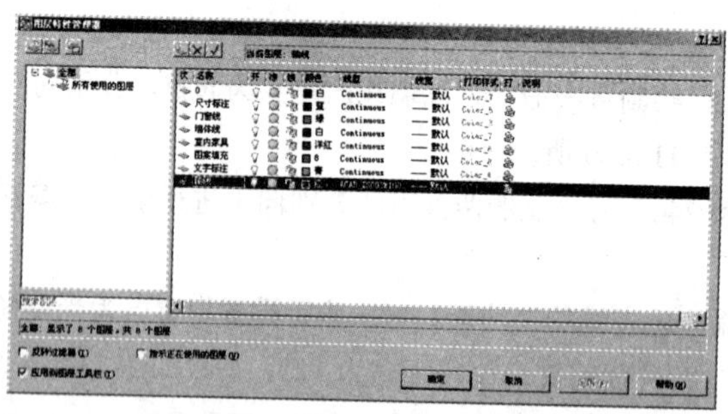

图 11.4.2 “图层特性管理器”对话框

图 11.4.3

（3）单击“修改”工具栏中的“偏移”按钮，使用偏移命令向上偏移水平辅助线，偏移距离分别为 910，700，5 500，1 020 和 2 150，偏移后的效果如图 11.4.4 所示。

（4）再次执行偏移命令，将如图 11.4.4 所示图形中从上到下第二条辅助线向下进行偏移，偏移距离分别为 3 580 和 2 150，偏移后的效果如图 11.4.5 所示。

（5）再次执行偏移命令，将如图 11.4.5 所示图形中的垂直辅助线向右进行偏移，偏移距离分别为 4 500，3 450，2 040，1 040 和 4 150，效果如图 11.4.6 所示。

图 11.4.4　　图 11.4.5　　图 11.4.6

（6）再次执行偏移命令，将如图 11.4.6 所示图形中的从左到右第二条辅助线向左进行偏移，偏移距离为 2 140，偏移后的效果如图 11.4.7 所示。

（7）设置“墙体线”层为当前图层，选择 绘图(D) → 多线(M) 命令，设置多线比例为 240，多线对正方式为“无”，沿着绘制的辅助线绘制墙线，效果如图 11.4.8 所示。

（8）继续执行绘制多线命令，绘制如图 11.4.9 所示的多线。

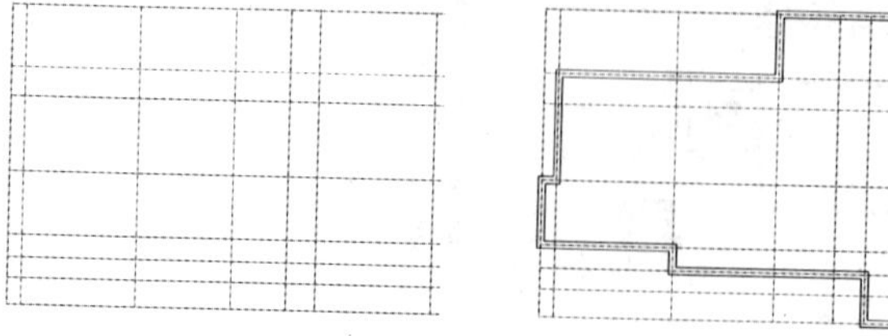

图 11.4.7

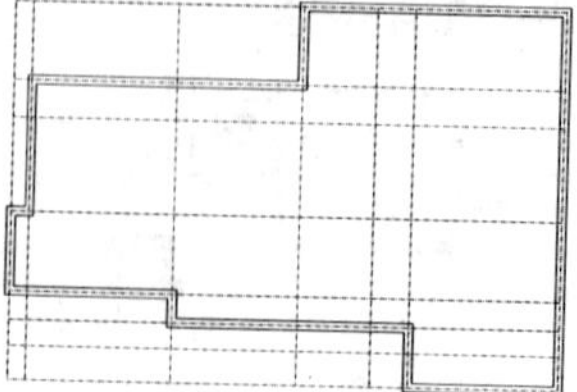

图 11.4.8

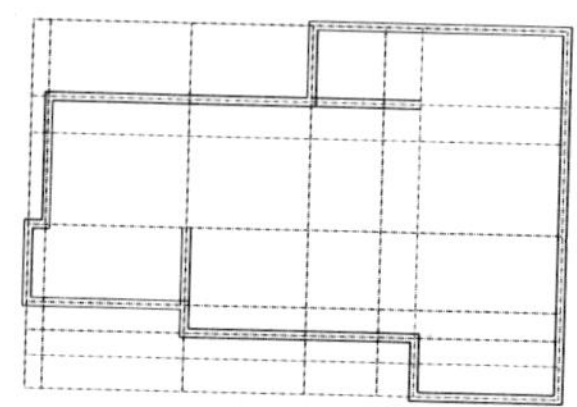

图 11.4.9

（9）执行偏移命令，将如图 11.4.9 所示图形中从左到右第三条垂直辅助线向右进行偏移，偏移距离分别为 1 725 和 2 836，然后再将从上到下第二条辅助线向下进行偏移，偏移距离为 2 300，效果如图 11.4.10 所示。

（10）执行绘制多线命令，命令行提示如下：

命令: _mline

当前设置: 对正 = 无，比例 = 180.00，样式 = STANDARD（系统提示）

指定起点或 [对正(J)/比例(S)/样式(ST)]:　s（选择"比例"命令选项）

输入多线比例 <180.00>:　180（输入多线比例）

当前设置: 对正 = 无，比例 = 180.00，样式 = STANDARD（系统提示）

指定起点或 [对正(J)/比例(S)/样式(ST)]:（捕捉如图 11.4.11 所示图形中的 M 点）

指定下一点:（捕捉如图 11.4.11 所示图形中的 N 点）

指定下一点或 [放弃(U)]:（捕捉如图 11.4.11 所示图形中的 P 点）

指定下一点或 [闭合(C)/放弃(U)]:（捕捉如图 11.4.11 所示图形中的 Q 点）

指定下一点或 [闭合(C)/放弃(U)]:（按回车键结束命令）

绘制的多线效果如图 11.4.11 所示。

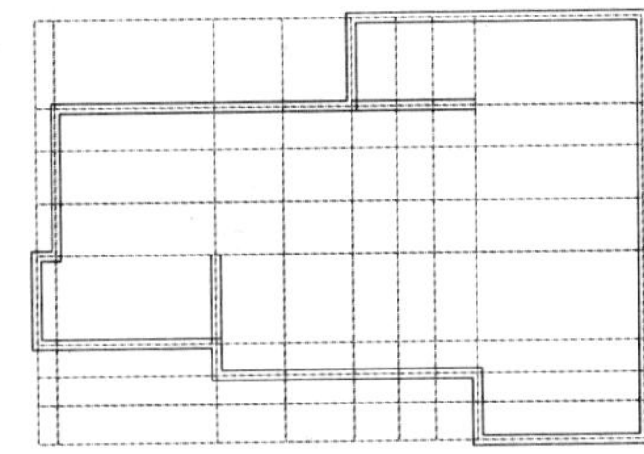

图 11.4.10

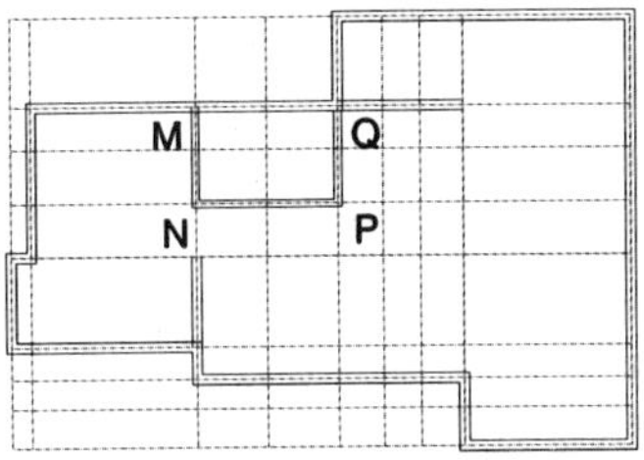

M Q N P

图 11.4.11

（11）继续执行绘制多线命令，绘制其他的多线，效果如图 11.4.12 所示。

（12）选择 修改(M) → 对象(O) → 多线(M)... 命令，在弹出的 多线编辑工具 对话框中选择合适的多线编辑工具，并对绘制的多线进行编辑，效果如图 11.4.13 所示。

（13）执行绘制直线命令，绘制如图 11.4.14 所示图形中的垂线，然后利用偏移命令将其向右进行偏移，偏移距离为 530 和 1 750，效果如图 11.4.14 所示。

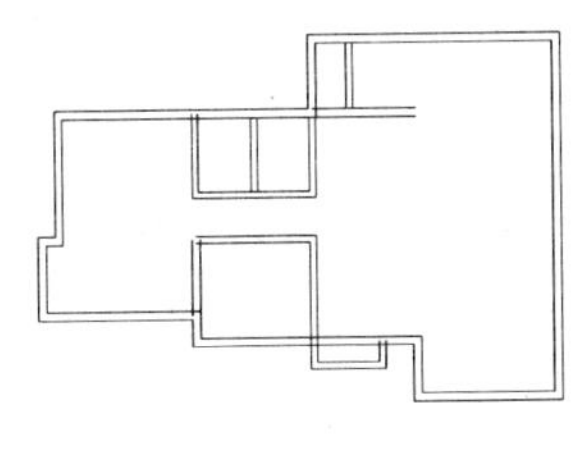

图 11.4.12

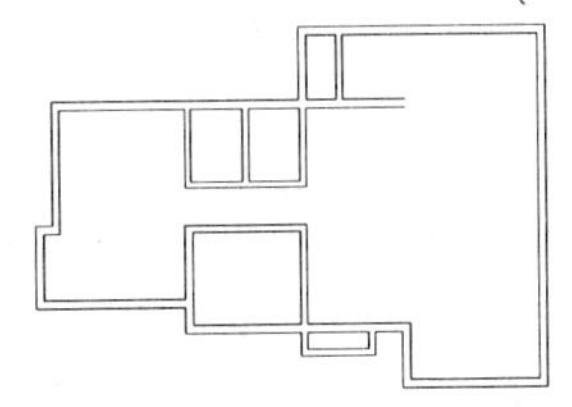

图 11.4.13

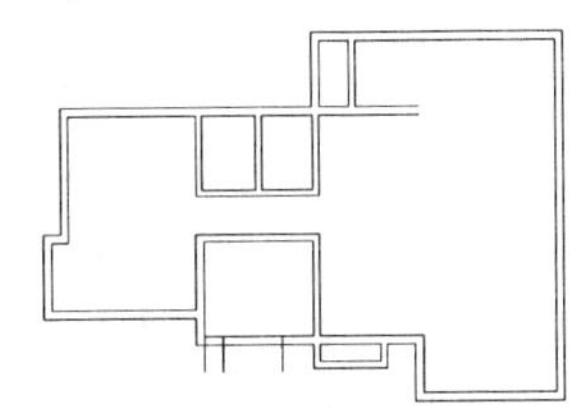

图 11.4.14

（14）执行修剪命令，以偏移后的直线为修剪边，修剪绘制的多线，然后将偏移的直线删除，效果如图 11.4.15 所示。

（15）参照步骤（13）和步骤（14）绘制如图 11.4.16 所示图形。

（16）切换"门窗线"层为当前图层，单击"绘图"工具栏中的"圆"按钮，在绘图窗口的空白区域绘制一个半径为 700 的圆，然后执行绘制直线命令，绘制两条相互垂直的圆的直径，效果如图 11.4.17 所示。

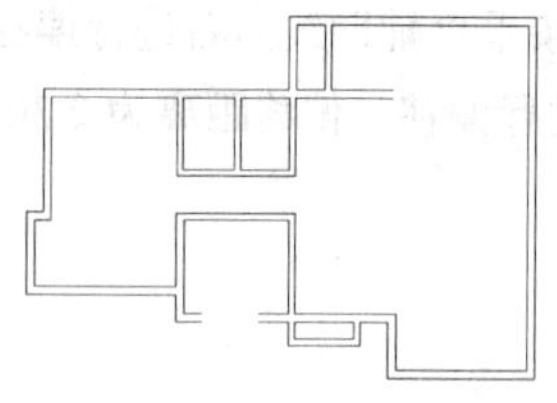

图 11.4.15

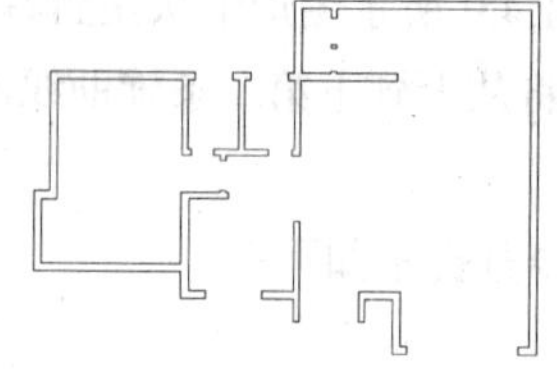

图 11.4.16

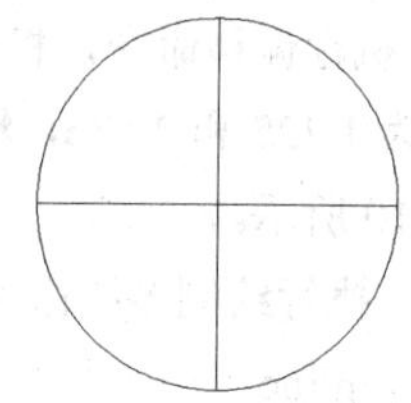

图 11.4.17

（17）单击“绘图”工具栏中的“矩形”按钮，以垂直直径与圆的交点为起点，绘制一个长为 40，宽为-700 的矩形，效果如图 11.4.18 所示。

（18）执行修剪命令，对如图 11.4.18 所示图形进行修剪，修剪后的效果如图 11.4.19 所示。

（19）单击“绘图”工具栏中的“创建块”按钮，弹出块定义对话框，在该对话框中设置各项参数如图 11.4.20 所示，将修剪后的图形创建成块并保存。

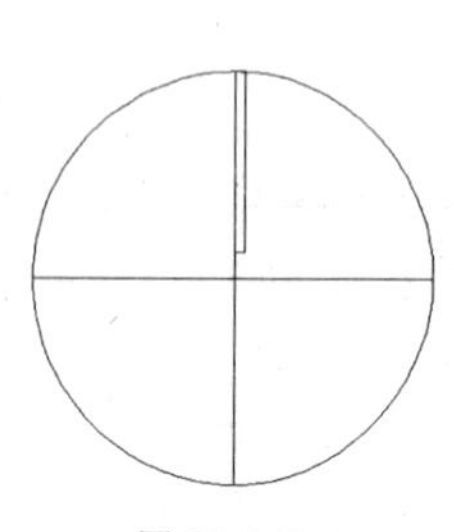

图 11.4.18

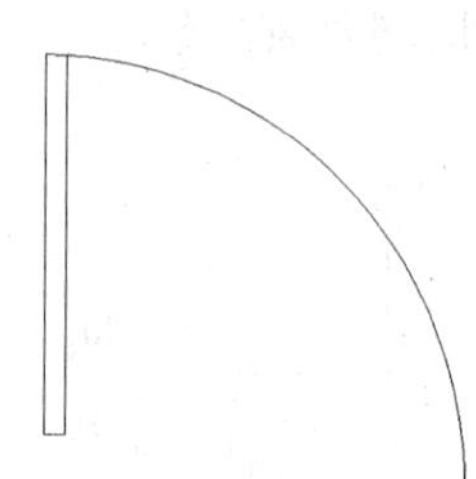

图 11.4.19

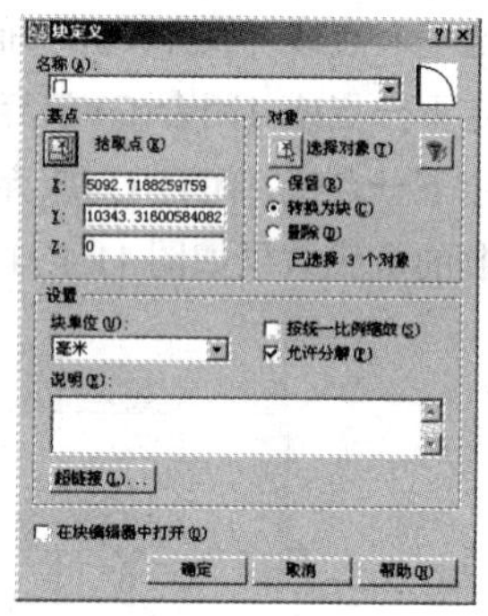

图 11.4.20 “块定义”对话框

（20）单击“绘图”工具栏中的“插入块”按钮，在弹出的插入对话框中选择创建的块“门”，如图 11.4.21 所示，然后将其插入到如图 11.4.22 所示位置。

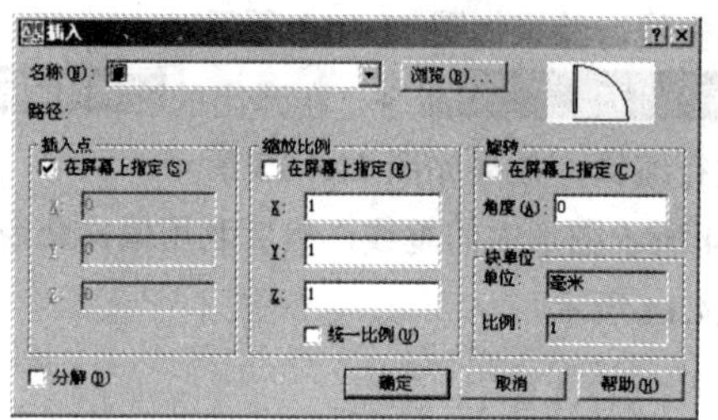

图 11.4.21 “插入”对话框

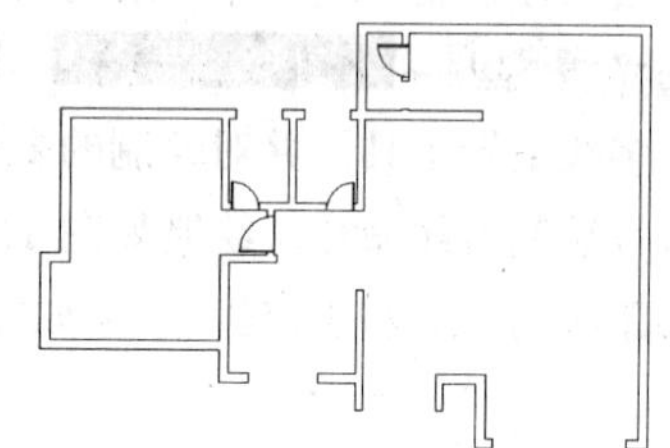

图 11.4.22

（21）执行绘制直线命令，用直线连接如图 11.4.22 所示图形右下角窗口的端点，然后用偏移命令将绘制的直线向上进行偏移，偏移距离均为 60，效果如图 11.4.23 所示。

（22）参照步骤（21）绘制其他的窗户，效果如图 11.4.24 所示。

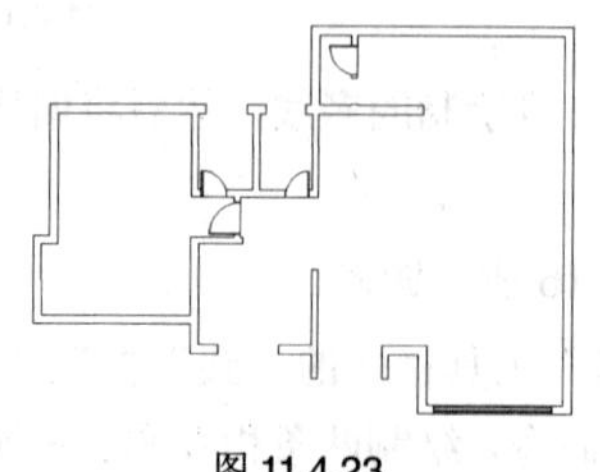

图 11.4.23

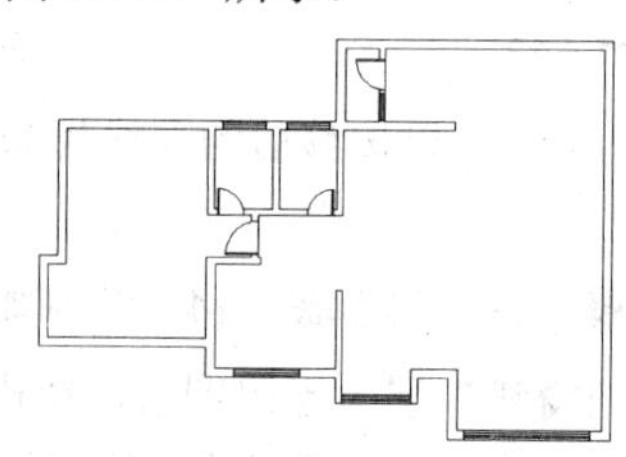

图 11.4.24

（23）设置“墙体线”层为当前图层，执行绘制直线命令，沿如图 11.4.25 所示图形的墙体线绘制两条长为 850 的垂直直线，然后在直线的端点处插入一个门，效果如图 11.4.25 所示。

（24）执行绘制直线命令，用直线绘制另一边墙的端口到插入的门的边线，然后执行绘制多段线命令，在绘制的直线中间绘制宽为 60 的多段线，效果如图 11.4.26 所示。

（25）设置“室内家具”层为当前图层，利用各种绘图与编辑命令绘制如图 11.4.27 所示图形中的椅子，然后将其创建成块并保存。

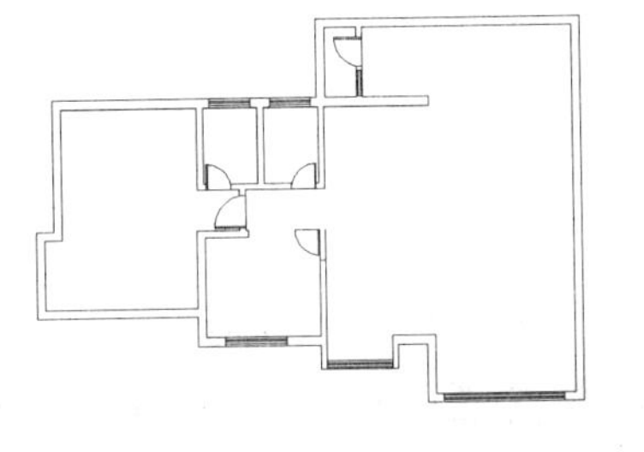

图 11.4.25

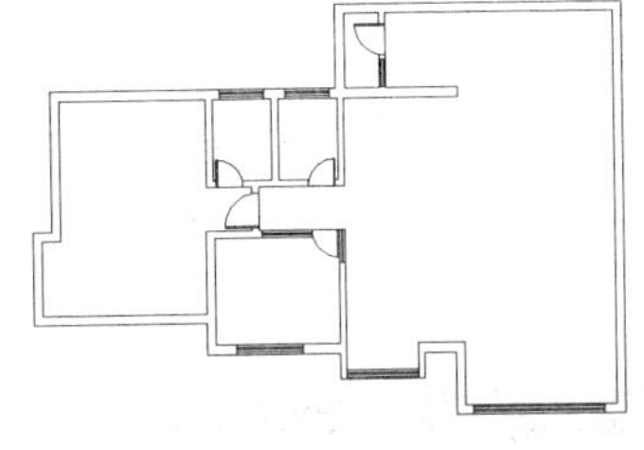

图 11.4.26

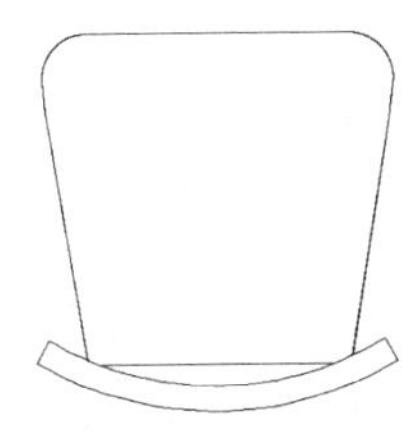

图 11.4.27

（26）执行绘制圆命令，在如图 11.4.28 所示图形中绘制一个半径为 600 的圆，然后在圆的正下方距圆的象限点 80 处插入一个椅子，效果如图 11.4.28 所示。

（27）单击“修改”工具栏中的“阵列”按钮，在弹出的“阵列”对话框中选中 ⊙ 环形阵列(P) 单选按钮，设置步骤（26）绘制的圆的圆心为中心点，阵列的数目为 6，项目填充角度为 360°，如图 11.4.29 所示，对插入的椅子进行环形阵列，阵列后的效果如图 11.4.30 所示。

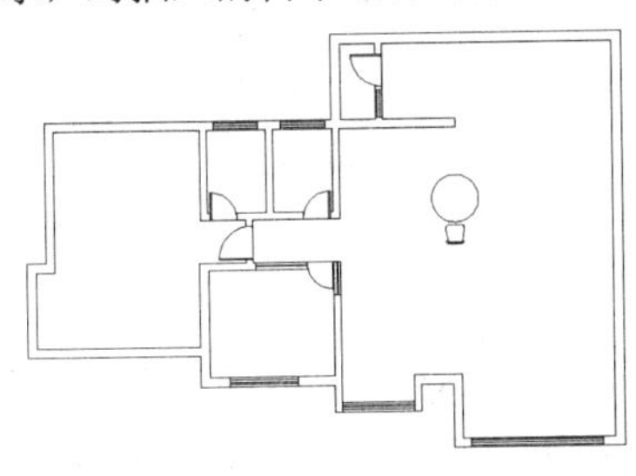

图 11.4.28

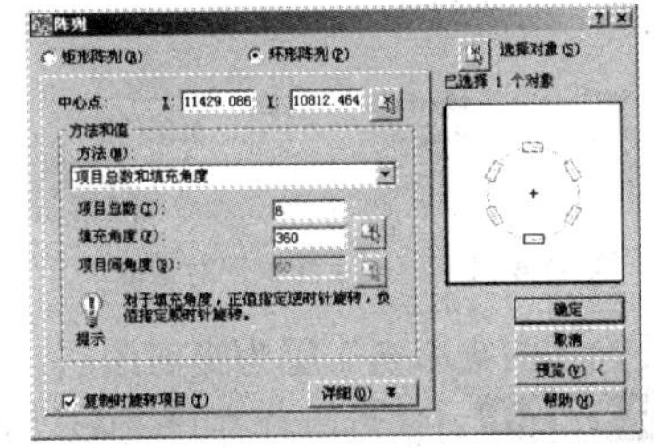

图 11.4.29

（28）执行绘制矩形命令，在如图 11.4.31 所示位置绘制一个边长为 800 的正方形，然后利用偏移命令将绘制的正方形向外进行偏移，偏移的距离为 100，偏移后的效果如图 11.4.31 所示。

（29）执行插入块命令，在偏移后正方形的正下方 80 处插入一个椅子，然后执行环形阵列命令，以正方形的中心点为基点，环形阵列插入的椅子，阵列的数目为 4，项目填充角度为 360°，对插入的椅子进行环形阵列，阵列后的效果如图 11.4.32 所示。

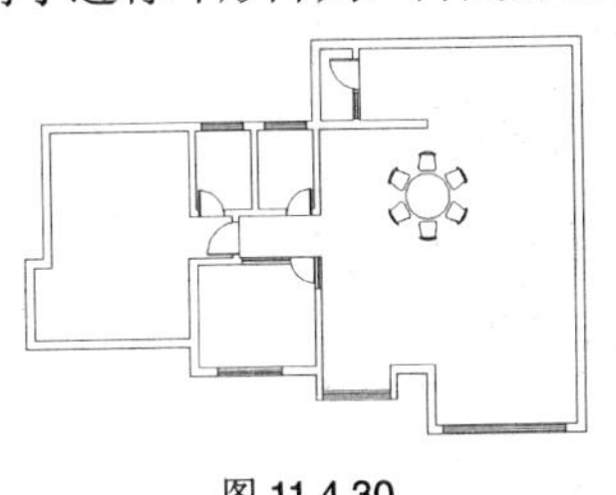

图 11.4.30

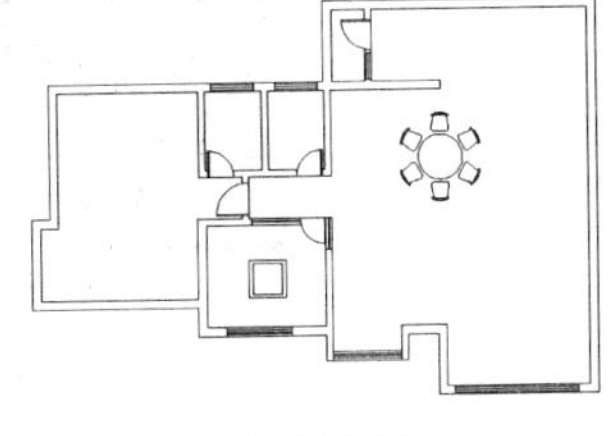

图 11.4.31

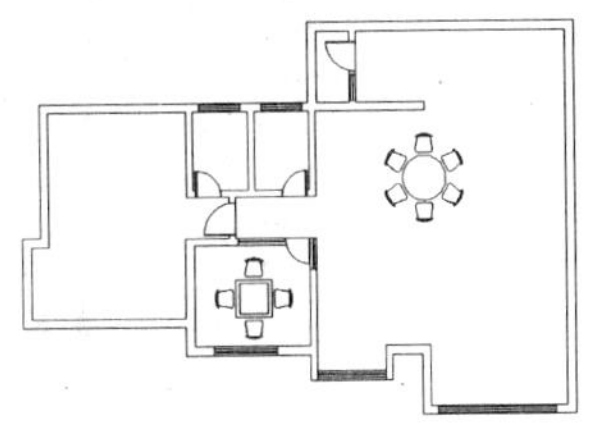

图 11.4.32

（30）单击“修改”工具栏中的“旋转”按钮，以如图 11.4.32 所示内部正方形的中心点为基点，将偏移后的正方形和阵列后的椅子旋转 45°，效果如图 11.4.33 所示。

（31）选择 工具(T) → 选项板 → 设计中心(G) CTRL+2 命令，在弹出的 设计中心 选项板中选择合适的家具插入到如图 11.4.33 所示图形中，效果如图 11.4.34 所示。

（32）设置 0 层为当前图层，利用直线、矩形和多段线命令绘制如图 11.4.35 所示的楼梯，并在设计中心中选择一些合适的室内植物插入到楼梯旁，效果如图 11.4.35 所示。

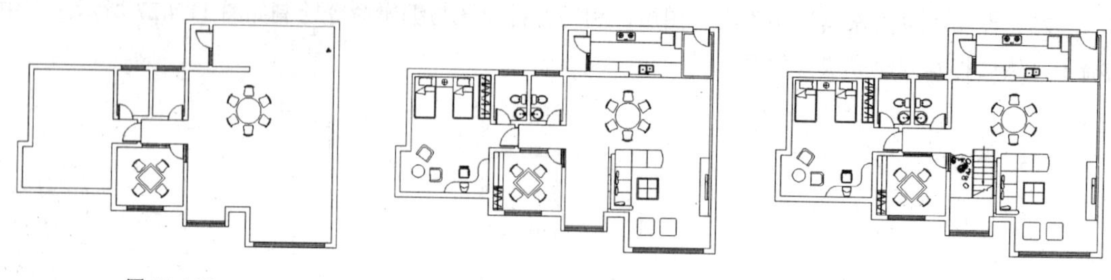

图 11.4.33　　图 11.4.34　　图 11.4.35

（33）选择 格式(O) → 文字样式(S)... 命令，在弹出的 文字样式 对话框中创建新的文字样式，各项参数设置如图 11.4.36 所示。

（34）设置“文字标注”层为当前图层。选择 绘图(D) → 文字(X) → 单行文字(S) 命令，为如图 11.4.35 所示图形添加文字标注，效果如图 11.4.37 所示。

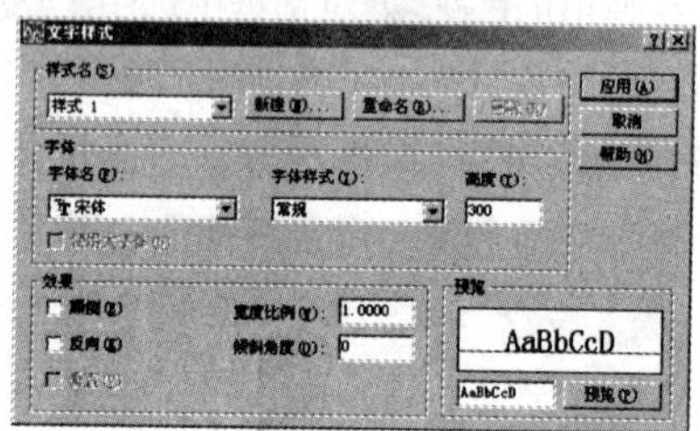

图 11.4.36　“文字样式”对话框

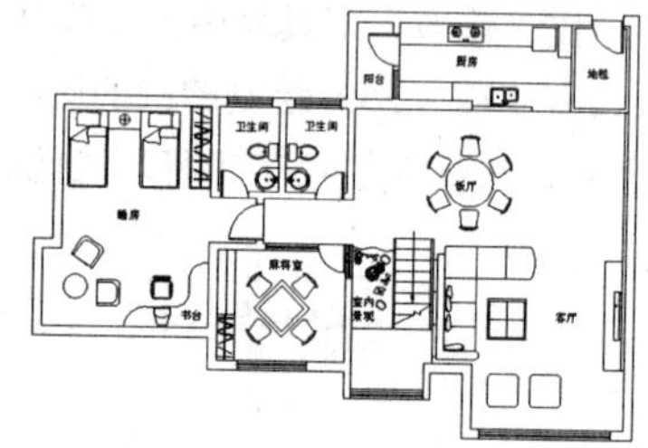

图 11.4.37

（35）设置“图案填充”层为当前图层，单击“绘图”工具栏中的“图案填充”按钮，在弹出的 图案填充和渐变色 对话框中打开 图案填充 选项卡，如图 11.4.38 所示，在该选项卡中选择合适的图案对绘制的图形进行填充。

（36）选择 格式(O) → 标注样式(D)... 命令，在弹出的 标注样式管理器 对话框中新建一个尺寸标注样式，设置尺寸标注样式的箭头格式为“建筑标记”，箭头和文字大小均为 200，然后执行对齐和连续标注命令，对绘制的图形标注尺寸，效果如图 11.4.39 所示。

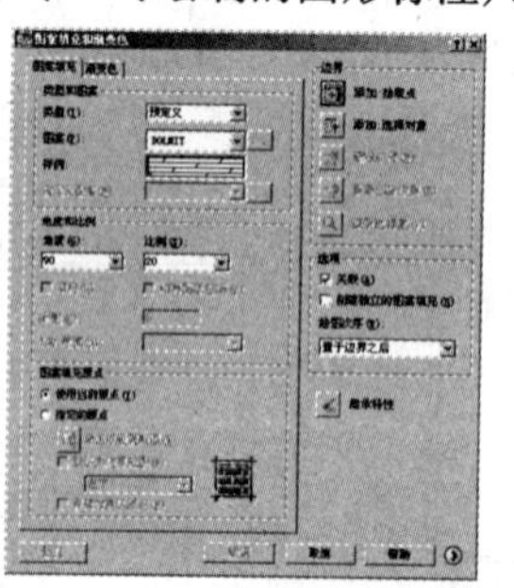

图 11.4.38　“图案填充和渐变色”对话框

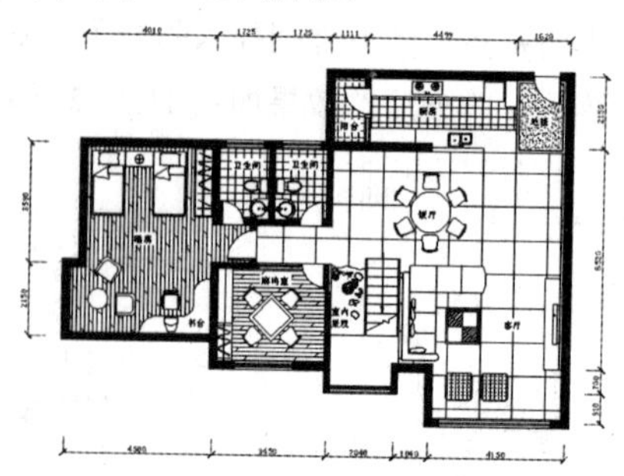

图 11.4.39

（37）设置“文字标注”层为当前图层，在绘制的图形下方创建图名“首层平面图”，最终效果如图 11.4.1 所示。